建筑工程工程量清单计价

（第2版）

刘钟莹　茅　剑

魏　宪　卜宏马　　**编著**

东南大学出版社

·南京·

内 容 提 要

本书系统阐述了建筑工程工程量清单计价的基础知识、费用结构、施工资源消耗量的确定、施工资源价格原理、工程量清单计价原理以及工程计量的原理和方法,详细介绍了江苏省建筑与装饰工程计价表的应用与示例,并结合《建设工程工程量清单计价规范》(GB 50500—2008),介绍工程量清单及标底价格编制的方法,对建筑工程承包商投标报价及应用计算机编制建筑工程造价作了较详细的论述。

本书可作为高等院校工程管理、土木工程等专业的教材,也可供从事建筑工程造价工作的技术人员参考。

图书在版编目(CIP)数据

建筑工程工程量清单计价/刘钟莹等编著. —2 版.
—南京:东南大学出版社, 2010.6(2014.1重印)
(建设工程工程量清单计价丛书/刘钟莹,卜龙章主编)
ISBN 978-7-5641-2127-3

Ⅰ. ①建… Ⅱ. ①刘… Ⅲ. ①建筑工程-工程造价
Ⅳ. ①TU723.3

中国版本图书馆 CIP 数据核字(2010)第 037285 号

东南大学出版社出版发行
(南京市四牌楼 2 号 邮编 210096)
出版人:江建中
江苏省新华书店经销   溧阳市晨明印刷有限公司印刷
787 mm×1 092 mm   印张: 22.75 字数: 565 千字
2010 年 6 月第 2 版   2014 年 1 月第 5 次印刷
ISBN 978-7-5641-2127-3
印数: 30001~40000   定价: 39.00 元

建设工程工程量清单计价丛书

编审人员

丛书主审：赵佳木　徐　红

丛书主编：刘钟莹　卜龙章

丛书副主编：(以姓氏笔画为序)

朱永恒　　李　泉　李　俊　　陈　艳

茅　剑　　周　欣

丛书编写人员：(以姓氏笔画为序)

卜龙章　　卜宏马　　朱永恒　　孙晓春

刘钟莹　　李　泉　　李　俊　　李　蓉

陈　艳　　陈冬梅　　茅　剑　　周　欣

徐　华　　徐丽敏　　徐敬雯　　陶冬至

魏　宪

第 2 版前言

本书 2004 年 9 月出版第 1 版,当时正处于《建筑工程工程量清单计价规范》(GB 50500—2003)的推广阶段。几年来,清单计价规范在实践中不断完善,新版《建设工程工程量清单计价规范》(GB 50500—2008)于 2008 年 7 月 9 日以国家标准发布,自 2008 年 12 月 1 日起在全国范围内实施。2008 版《计价规范》是对 2003 版《计价规范》的补充和完善,不仅较好地解决了清单计价从 2003 年执行以来存在的主要问题,而且对清单计价的指导思想进行了进一步的深化。在"政府宏观调控、企业自主报价、市场形成价格"的基础上提出了"加强市场监管"的思路,以进一步推进清单计价的执行。2008 版《计价规范》新增招标控制价、投标报价的编制、合同价款的约定、工程量的计量和价款支付、索赔与现场签证、工程价款调整、竣工结算的办理及工程计价争议的处理。2008 版《计价规范》基本涵盖了工程实施阶段的全过程。

为了配合 2008 版《计价规范》的实施,江苏省建设厅发布了相关的配套文件与费用定额。第二版以《建设工程工程量清单计价规范》及《江苏省建筑与装饰工程计价表》为基础,分两条思路展开:一是介绍计价表条件下的造价构成、计价表应用、工程量计算,进而掌握应用计价表计价的基本技能;二是介绍清单计价条件下工程计量、工程量清单编制、标底价格编制、承包商投标报价的基本方法。第二版不仅在相关章节中体现了 2008 版《计价规范》对实施阶段全过程的造价控制,还增加了附录三,介绍实施阶段全过程造价控制的具体应用方法。

本书在编写中,既重视理论概念的阐述,也注重工程实例的讲解,并尽量反映科学技术的最新成果。由于建筑工程造价工作有较强的实践性和政策性,本书内容如与有关政策不符,应按有关政策文件执行。

　　本书由刘钟莹编写第 1、7、9 章,参编第 3、6、8 章;茅剑编写第 2、4 章及附录三,参编第 3、6、8 章;魏宪编写第 5 章,参编第 3、6、8 章;卜宏马编写第 10 章及附录一、二,参编第 3、6、8 章。全书由刘钟莹统稿。

　　当前,我国工程造价管理正处于变革时期,新旧体制交替,不少问题还有待研究探讨,加之作者水平有限,书中肯定会存在缺点和错误,恳请读者批评指正。

编　者
2010.4

目　　录

1

1 工程量清单计价概述

1.1 工程造价的产生与发展

1.1.1 工程造价的产生

在生产规模小、技术水平低的生产条件下,生产者在长期劳动中积累起生产某种产品所需的知识和技能,也获得了生产一件产品究竟需要投入多少劳动时间和材料的经验。这种生产管理的经验常应用于组织规模宏大的生产活动之中,在古代的土木建筑工程中尤为多见。埃及的金字塔,我国的长城、都江堰和赵州桥等等,不但在技术上使今人为之叹服,而且可以想象就是在管理上也不乏科学方法的采用。北宋时期丁渭修复皇宫工程中采用的挖沟取土、以沟运料、废料填沟的办法,所取得的"一举三得"的显效,可谓古代工程管理的范例,肯定其中也包括算工算料方面的方法和经验。著名的古代土木建筑家北宋李诚编修的《营造法式》,成书于公元 1100 年。它不仅是土木建筑工程技术的巨著,也是工料计算方面的巨著。《营造法式》共有 34 卷,分为释名、各作制度、功限、料例和图样 5 个部分。34 卷中,有 13 卷是关于算工算料的规定,这些规定,我们也可看做是古代的工料定额。由此也可以看到,那时已有了工程造价。

清工部《工程做法则例》主要是一部算工算料的书。梁思成先生在《清式营造则例》一书的序中曾说,"《工程做法则例》是一部名不符实的书,因为只是二十七种建筑物的各部尺寸单和瓦工油漆等算工算料算账法。"在古代和近代,在算工算料方面流传着许多秘传抄本,其中失传了很多。梁思成先生根据所搜集到的秘传抄本编著的《营造算例》,"在标列尺寸方面的确是一部原则的书,在权衡比例上则有计算的程式……其主要目的在算料"。这些都说明,在中国古代工程中,是很重视材料消耗的计算的,并已形成了许多则例,形成一些计算工程工料消耗的方法和计算工程费用的方法。

国外工程造价的起源可以追溯到 16 世纪以前,以英国为例,当时的手工艺人受到当地行会的控制。行会负责监督管理手工艺人的工作,维护行会的工作质量和价格水准,那时建筑师尚未成为一种独立的职业。事实上,除了宗教、军队建筑以外大多数的建筑都比较小,且设计简单。业主一般请当地的工匠来负责房屋的设计和建造,而对于那些重要的建筑,业主则直接购买材料,雇用工匠或者雇用一个主要的工匠,通常是石匠来代表其权益,负责监督项目的建造。而当工程完成后则按双方事先协商好的总价支付,或者先确定单价,然后乘以实际完成的工程量。

现代意义上的工程造价是随着资本主义社会化大生产的出现而出现,最先产生于现代工业发展最早的英国。16—18 世纪,一方面技术发展促使大批工业厂房的兴建;另一方面许多农民在失去土地后向城市集中,需要大量住房,从而使建筑业逐渐得到发展,设计和施工便逐步分离为独立的专业。工程数量和工程规模的扩大要求有专人对已完工程量进行测量、计算工料和造价。从事这些工作的人员逐步专门化,并被称为工料测量师。他们以工匠小组的名义与工程委托人和建筑师洽商,估算和确定工程价款。工程造价由此产生。

1.1.2　工程造价的发展

历时 23 年之久的英法战争(1793—1815)几乎耗尽了英国的财力,国家负债严重,货币贬值,物价飞升。当时英国军队需要大量的军营,为了节约成本,特别成立了军营筹建办公室。由于工程数量多,又要满足建造速度快、价格便宜的要求,军营筹建办公室决定每一个工程由一个承包商负责,由该承包商负责统筹工程中各个工种的工作,并且通过竞争报价的方式来选择承包商。这种承包方式有效地控制了费用的支出。这样,竞争性的招标方式开始被认为是达到物有所值的最佳方法。

竞争性招标需要每个承包商在工程开始前根据图纸计算工程量,然后根据工程情况做出造价。开始时,每个参与投标的承包商各自雇用造价师来计算工程量,后来,为了避免重复地对同一工程进行工程量计算,参与投标的承包商联合起来雇用一个造价师。建筑师为了保护业主和自己的利益再另行雇用自己的造价师。

这样在造价领域里便有了两种类型的造价师:一种受雇于业主或业主的代表建筑师;另一种则受雇于承包商。到了 19 世纪 30 年代,计算工程量、提供工程量清单成为业主造价师的职责,所有的投标都以业主提供的工程量清单为基础,从而使得最后的投标结果具有可比性。从此,工程造价逐渐形成了独立的专业。1881 年英国皇家测量师学会成立,这个时期完成了工程造价的第一次飞跃。至此,工程委托人能够做到在工程开工之前,大概了解到需要支付的投资额,但是他还不能做到在设计阶段就对工程项目所需的投资进行准确预计,不能对设计进行有效的监督、控制。因此,往往在招标时或招标后才发现,根据当时完成的设计,工程费用过高,投资不足,不得不中途停工或修改设计。业主为了使投资花得明智和恰当,为了使各种资源得到最有效的利用,迫切要求在设计的早期阶段以至在作投资决策时,就开始进行投资估算,并对设计进行控制。

1950 年,英国的教育部为了控制大型教育设施的成本,采用了分部工程成本规划法(Elemental Cost Planning),随后英国皇家特许测量师协会(RICS)的成本研究小组(RICS Cost Research Panel)也提出了其他的成本分析和规划的方法,例如比较成本规划法等。成本规划法的提出大大改变了造价工作的意义,使造价工作从原来被动的工作状况转变成主动,从原来设计结束后做造价转变成与设计工作同时进行。甚至在设计之前即可作出估算,并可根据工程委托人的要求使工程造价控制在限额以内。这样,从 20 世纪 50 年代开始,一个"投资计划和控制制度"就在英国等经济发达的国家应运而生,完成了工程造价的第二次飞跃。承包商为适应市场的需要,也强化了自身的造价管理和成本控制。

1964 年 RICS 的成本信息服务部门(RICS Building Cost Information Service,简称 BCIS)又在造价领域跨出了一大步。BCIS 颁布了划分建筑工程的标准方法,这样使得每个工程的成本可以用相同的方法分摊到各分部中,从而方便了不同工程的成本比较和成本信息资料的贮存。

到了 20 世纪 70 年代末,建筑业有了一种普遍的认识,认为在面对各种可选造价时仅仅考虑初始成本是不够的,还应考虑到工程交付使用后的维修和运行成本。这种"使用成本"或"总成本"论进一步地拓展了造价工作的含义,从而使造价工作贯穿了项目的全过程。

从上述工程造价发展简史中不难看出,工程造价是随着工程建设的发展和商品经济的发展而产生并日臻完善的。这个发展过程归纳起来有以下几个趋势和成果：

（1）从事后算账发展到事先算账。即从最初只是消极地反映已完工程量的价格，逐步发展到在开工前进行工程量的计算和估价，进而发展到在初步设计时提出概算，在可行性研究时提出投资估算，成为业主作出投资决策的重要依据。

（2）从被动地反映设计和施工发展到能动地影响设计和施工。最初负责施工阶段工程造价的确定和结算，以后逐步发展到在设计阶段、投资决策阶段对工程造价作出预测，并对设计和施工过程中投资的支出进行监督和控制，进行工程建设全过程的造价控制和管理。

（3）从依附于施工者或建筑师发展成为一个独立的专业。如在英国，有专业学会，有统一的业务职称评定和职业守则。不少高等院校也开设了工程造价专业，培养专门人才。

1.1.3　我国工程造价发展概况

（1）新中国成立以前

我国现代意义上的工程造价的产生，应追溯到 19 世纪末至 20 世纪上半叶。当时在外国资本侵入的一些口岸和沿海城市，工程投资的规模有所扩大，出现了招投标承包方式，建筑市场开始形成。为适应这一形势，国外工程造价方法和经验逐步传入。但是，由于受历史条件的限制，特别是受到经济发展水平的限制，工程造价及招投标仅在狭小的地区和少量的工程建设中采用。

（2）概预算制度的建立时期

1949 年新中国成立后，三年经济恢复时期和第一个五年计划时期，全国面临着大规模的恢复重建工作。为合理确定工程造价，用好有限的基本建设资金，引进了前苏联一套概预算定额管理制度，同时也为新组建的国营建筑施工企业建立了企业管理制度。

（3）概预算制度的削弱时期

1958—1966 年，概预算定额管理逐渐被削弱。各级基建管理机构的概算部门被精简，设计单位概预算人员减少，只算政治账，不讲经济账，概预算控制投资作用被削弱，投资大撒手之风逐渐滋长。尽管在短时期内也有过重整定额管理的迹象，但总的趋势并未改变。

（4）概预算制度的破坏时期

1966—1976 年，概预算定额管理遭到严重破坏。概预算和定额管理机构被撤销，预算人员改行，大量基础资料被销毁，定额被说成是"管、卡、压"的工具。1967 年，建工部直属企业实行经常费制度。工程完工后向建设单位实报实销，从而使施工企业变成了行政事业单位。这一制度实行了 6 年，于 1973 年 1 月 1 日被迫停止，恢复建设单位与施工单位施工图预算结算制度。

（5）概预算制度的恢复和发展时期

1977—1992 年，这一阶段是概预算制度的恢复和发展时期。1977 年，国家恢复重建造价管理机构。1978 年，国家计委、国家建委和财政部颁发《关于加强基本建设概、预、决算管理工作的几项规定》，强调了加强"三算"在基本建设管理中的作用和意义。1983 年，国家计委、中国人民建设银行又颁发了《关于改进工程建设概预算工作的若干规定》。1988 年，建设部成立标准定额司，各省市、各部委建立了定额管理站，全国颁布一系列推动概预算管理和定额管理发展的文件，以及大量的预算定额、概算定额、估算指标。20 世纪 80 年代后期，中国建设工程造价管理协会成立，全过程造价管理概念逐渐为广大造价管理人员所接受，对推动建筑业改革起到了促进作用。

（6）市场经济条件下工程造价管理体制的建立时期

1993—2001年，在总结10年改革开放经验的基础上，党的十四大明确提出我国经济体制改革的目标是建立社会主义市场经济体制。广大工程造价管理人员也逐渐认识到，传统的概预算定额管理必须改革，不改革就没有出路，而改革又是一个长期的艰难的过程，不可能一蹴而就，只能是先易后难，循序渐进，重点突破。与过渡时期相适应的"统一量、指导价、竞争费"工程造价管理模式被越来越多的工程造价管理人员所接受，改革的步伐不断加快。

（7）与国际惯例接轨

2001年，我国顺利加入WTO。为逐步建立起符合中国国情的、与国际惯例接轨的工程造价管理体制，《建设工程工程量清单计价规范》（GB 50500—2003）（简称《计价规范》）于2003年2月17日以国家标准发布。GB 50500—2008于2008年7月9日以国家标准发布，自2008年12月1日起在全国范围内实施。《计价规范》的发布实施开创了工程造价管理工作的新格局，必将推动工程造价管理改革的深入和体制的创新，最终建立由政府宏观调控、市场有序竞争的新机制。

1.2　国际工程造价管理

工程造价管理包括两个层面。一是站在投资者或业主的角度，关注工程建设总投资，称为工程建设投资管理，即在拟定的规划、设计方案条件下预测、计算、确定和监控工程造价及其变动的系统活动。工程建设投资管理又分为宏观投资管理和微观投资管理。宏观投资管理的任务是合理地确定投资的规模和方向，提高宏观投资的经济效益；微观投资管理包含国家对投资项目的管理和投资者对自己投资的管理两个方面。国家对企事业单位及个人的投资，通过产业政策和经济杠杆，将分散的资金引导到符合社会需要的建设项目，投资者对自己投资的项目应做好计划、组织和监督工作。二是对建筑市场建设产品交易价格的管理，称为工程价格管理，属于价格管理范畴，包括宏观和微观两个层次。在宏观层次上，政府根据社会经济发展的要求，利用法律、经济、行政等手段，建立并规范市场主体的价格行为；在微观层次上，市场交易主体各方在遵守交易规则的前提下，对建设产品的价格进行能动的计划、预测、监控和调整，并接受价格对生产的调节。

建设投资管理和工程价格管理既有联系又有区别。在建设投资管理中，投资者进行项目决策和项目实施时，完善项目功能，提高工程质量，降低投资费用，工程按期或提前交付使用，是投资者始终关注的问题，降低工程造价是投资者始终如一的追求。工程价格管理是投资者或业主与承包商双方共同关注的问题，投资者希望工程质量好、成本低、工期短，承包商追求的是尽可能高的利润。

1.2.1　英联邦工程造价管理

英联邦成员遍布世界各大洲，虽然它们所处地域不同，经济、社会、政治发展状态各异，但他们的工程造价管理制度有着千丝万缕的联系。英国是英联邦的核心，其工程造价管理体系最完整，许多英联邦国家（地区）的工程造价管理制度以此为基础，再融合各自实际情况而形成。

英国只有统一的工程量计算规则,没有计价的定额或标准,充分体现了市场经济的特点,工程造价由承包商依据统一的工程量计算规则,参照政府和各类咨询机构发布的造价指数自由报价,通过竞争,合同定价。英国计价模式有着深厚的社会基础,以下四点为全社会广泛认同、共同遵守:一是有着统一的工程量计算规则。1992 年英国首次在全国范围内制定一套工程量计算规则,现名为《建筑工程量标准计算方法(SMM)》,该方法详细规定了项目划分、计量单位和工程量计算规则。二是有一大批高智能的咨询机构和高素质的测量师(以英国皇家测量师学会会员为核心),为业主和承包商提供造价指数、价格信息指数以及全过程的咨询服务。三是有严格的法律体系规范市场行为,对政府项目和私人投资项目实行分类管理,政府项目实行公开招标,并对工程结算、承包商资格实行系统管理。而对私人项目可采用邀请议标等多种方式确定承包商,政府采取不干预政策。四是有通用合同文本,一切按合同办事。

我国的香港特别行政区仍沿袭着英联邦的工程造价管理方式,且与大陆情况较为接近,其做法也较为成功,现将香港的工程造价管理归纳如下。

1) 政府间接调控

在香港,建设项目划分为政府工程和私人工程两类。政府工程由政府专业部门以类似业主的身份组织实施,统一管理,统一建设;而对于占工程总量大约 70% 的私人工程的具体实施过程采取"不干预"政策。

香港政府对工程造价的间接调控主要表现为:

(1) 建立完善的法律体系,以此制约建筑市场主体的价格行为。香港目前制定有 100多项有关城市规划、建设与管理的法规,如《建筑条例》、《香港建筑管理法规》、《标准合同》、《标书范本》等等。一项建筑工程从设计、征地、筹资、标底制定、招标到施工结算、竣工验收、管理维修等环节都有具体的法规制度可以遵循,各政府部门依法照章办事,防止了办事人员的随意性,因而相互推诿、扯皮的事很少发生;另一方面,业主、建筑师、工程师、测量师的责任在法律中都有明确规定,违法者将负民事、刑事责任。健全的法规、严密的机构,为建筑业的发展提供了有力保障。

(2) 制定与发布各种工程造价信息,对私营建筑业施加间接影响。政府有关部门制定的各种应用于公营工程计价与结算的造价指数以及其他信息,虽然对私人工程的业主与承包商不存在行政上的约束力,但由于这些信息在建筑行业具有较高的权威性和广泛的代表性,因而能为业主与承包商所共同接受,实际上起到了指导价格的作用。

(3) 政府与测量师学会及各测量师行保持密切联系,间接影响测量师的估价。在香港,工料测量师受雇于业主,是进行工程造价管理的主要力量。政府在对其进行行政监督的同时,主要通过测量师学会的作用,如进行操守评定、资历与业绩考核等,达到间接控制的目的。这种学会历来与政府有着密切关系,学会在保护行业利益与推行政府决策方面起着重要作用,体现了政府与行业之间的对话,起到了政府与行业之间的桥梁作用。

2) 动态估价,市场定价

在香港,无论是政府工程还是私人工程,均被视为商品,在工程招标报价中一般都采用自由竞争,按市场经济规律要求进行动态估价。业主对工程的估价一般要委托工料测量师行来完成。测量师行的估价大体上是按比较法和系数法进行,经过长期的估价实践,他们都拥有极为丰富的工程造价实例资料,甚至建立了工程造价数据库。承包商在投标时的估价一般凭自己的经验来完成,他们往往把投标工程划分为若干个分部工程,根据本企业定额计算出所需人工、材料、机械等的耗用量,而人工单价主要根据报价,材料单价主要根据各材料供应商的报价加以比较确定,承包商根据建筑市场供求情况随行就市,自行确定管理费率,最后作出体现当时当地实际价格的工程报价。总之,工程任一方的估价,都是以市场状况为重要依据,是完全意义的动态估价。

3）发育健全的咨询服务业

伴随着建筑工程规模的日趋扩大和建筑生产的高度专业化,香港各类社会服务机构迅速发展起来,他们承担着各建设项目的管理和服务工作,是政府摆脱对微观经济活动直接控制和参与的保证,是承发包双方的顾问和代言人。

在这些社会咨询服务机构中,工料测量师行是直接参与工程造价管理的咨询部门,在工程建设过程中发挥着积极作用。

4）多渠道的工程造价信息发布体系

在香港这个市场经济社会中,能否及时、准确地捕捉建筑市场价格信息是业主和承包商保持竞争优势和取得盈利的关键,它是建筑产品估价和结算的重要依据,是建筑市场价格变化的指示灯。

工程造价信息的发布往往采取价格指数的形式。按照指数内涵划分,香港地区发布的主要工程造价指数可分为三类,即投入品价格指数、成本指数和价格指数,分别依据投入品价格、建造成本和建造价格的变化趋势编制。在香港建筑工程诸多投入品中,劳工工资和材料价格是经常变动的因素,因而有必要定期发布指数信息,供估算及价格调整之用。建造成本(Construction Cost)是指承包商为建造一项工程所付出的代价。建造价格(Construction Price)是承包商为业主造一项工程所收取的费用,除了包括建造成本外,还有承建商所赚取的利润。

按照发布机构分类,工程造价指数可分为政府指数和民间指数。政府指数是由建筑署定期发布,包括建筑工料综合成本指数(Labour and Material Consolidated Index)、劳工指数(Labour Cost Index)、建材价格指数(Material Cost Index)和投标价格指数(Tender Price Index)。政府指数主要是用于政府工程结算调价和估算。私人工程也可参照政府指数调整,但这要视业主与承包商签订的合同而定。民间指数是由一些工料测量师行根据其造价资料综合而成,其中最具权威性的指数是威宁谢(香港)公司和利比测量师事务所发布的造价指数。这两种指数虽属民间性质,仅供报价与估价参考之用,但由于它们具有良好的声誉,能够被业主和承包商所共同接受,因而有着不可取代的地位。

目前,香港特区工程造价信息从编制到发布已形成了较成熟的体系,信息及时、准确、实用,具有快速、高效、多变的特点,基本上满足了建筑市场主体对价格信息的需要。

1.2.2 日本工程造价管理

日本工程造价管理(建筑积算)起步较晚,主要是在明治时代实行文明开放政策后,伴随西方建筑技术的引进,借鉴英国工料测量制度而发展起来的。这对于我国如何结合本国实际,借鉴西方成功经验具有较高的参考价值。

日本的工程计价称为建筑工程积算。其计价有以下几个特点:一是有统一的积算基准。为了使承发包双方有一个统一的、科学的工程计价标准,日本建设省发布了一整套工程积算基准(即工程计价标准),如《建筑工程积算基准》、《土木工程积算基准》等。对公共建筑工程(主要指政府的房屋建筑工程),建设省于 1983 年发布了《建筑工程预算编制要领》、《建筑工程标准定额》、《建筑工程量计算基准》三个文件。二是量、价分开的定额制度。日本也有定额,但量与价分开,量是公开的,价是保密的。劳务单价通过银行进行调查取得。材料、设备价格由"建设物价调查会"和"经济调查会"(均为财团法人)两所专门机构负责定期采集、整理和编辑出版。政府和建筑企业利用这些价格制定内部的工程复合单价,即我们所称的单位估价表。三是政府项目与私人投资项目实施不同的管理。对政府投资项目的工程造价从调查(规划)开始直至引渡(交工)、保全(维修服务)实行全过程管理。为把造价严格控制在批准的投资额度内,各级政府都掌握有自己的劳务、材料、机械单价,或利用出版的物价指数编制内部掌握的工程复合单价。对私人投资项目,政府通过对建筑市场的管理,用招标办法加以确认。四是重视和扶植咨询业的发展。制定完整的概预算活动概要,规范咨询机构的行为,制定了《建设咨询人员注册章程》,确保咨询业务质量。

日本工程造价管理的特点归纳起来有三点:行业化、系统化、规范化。

1) 行业化

日本工程造价管理作为一个行业经历了较长的历史过程。早期的积算管理方法源于英国。早在明治十年,受英国的影响而懂得建筑积算在工程建设中的作用,并由设计部门在实际工作中应用建筑积算。到了大正时代,出版了《建筑工程工序及积算法》等书。昭和二十年(1945 年),开始出现民间咨询机构,昭和四十二年(1967 年)成立了民间建筑积算事务所协会,昭和五十年(1975 年),日本建筑积算协会成为社团法人,从此建筑积算成为一个独立的行业活跃于日本各地。建设省于 1990 年正式承认日本建筑积算协会组织的全国统考,并授予通过考试者"国家建筑积算士"资格,使建筑积算得以职业化。

2) 系统化

日本的工程造价管理在 20 世纪 50 年代后通过借鉴国外经验逐步形成了一套科学体系。

日本对国家投资工程的管理分部门进行。在建设省内设置了管厅营缮部、建设经济局、河川局、道路局和住宅局,分别负责国家机关建筑物的修建与维修、房地产开发、河川整治与水资源开发、道路建设和住宅建设等,基本上做到分工明确。此外设有 8 个地方建设局,每个地方建设局设 15~30 个工程事务所,每个工程事务所下设若干个派出机构"出张所"。建设省负责制定计价规定、办法和依据,地方建设局和工程事务所对具体投标厂商的指名、招标、定标和签订合同,以及政府统计计价依据的调查研究、工程项目的结算与决算等工作。出张所直接面对各具体工程,对造价实行监督、控制、检查。

日本政府对建设工程造价实行全过程管理。在立项阶段,对规划设计作出切合实际的投资估算(包括工程费、设计费和土地购置费),并根据审批权限审批。立项后,政府主管部门依照批准的规划和投资估算,委托设计单位在估算限额内进行设计。一旦作出了设计,则要对不同阶段设计的工程造价进行详细计算和确认,检查是否突破批准的估算。如未突破即以实施设计的预算作为施工发包的标底也就是预定价格;如突破了,则要求设计单位修改设计,缩小建设规模或降低建设标准。

在承发包和施工阶段,政府与项目主管部门以控制工程造价在预定价格内为中心,将管理贯穿于选择投标单位、组织招投标、确定中标单位和签订工程承发包合同之中,并对质量、工期、造价进行严格的监控,对于由物价上涨引起的工程造价变动超过总造价的15%时,其超出部分才准许调整。

3) 规范化

日本工程造价管理在20世纪50年代前大多凭经验进行,后随着建筑业的发展,学习国外经验,制定各种规章,逐步形成了比较完整的法规体系。

日本政府各部门制定了一系列有关确定工程造价的规定和依据,如《新营预算单价》(估算指标)、《建筑工事积算基准》、《土木工事积算基准》、《建筑数量积算基准——解说》(工程量计算规则)、《建筑工事内识书标准书式》(预算书标准格式)等。

日本的法规既有指令性的又有指导性的。指令性的要做到有令必行、违令必究,维护其严肃性;而指导性的则提供丰富、真实且具有权威性的信息,真正做到其指导性。

1.2.3　美国工程造价管理

美国没有统一的计价依据和标准,是典型的市场化价格。工程造价计价由各地区的咨询机构根据地区的特点,制定出单位建筑面积消耗量、基价和费用估算格式。估价师综合考虑具体项目的多种因素提出估价意见,并由承发包双方通过一定的市场交易行为确定工程造价。

美国工程估价计价方法的确立有着深厚的社会基础,即社会咨询业的高度发达。大多数咨询公司为了准确地估算和控制工程造价,均十分注意历史资料的积累和分析整理,广泛运用电脑,建立起完整的信息数据库,形成信息反馈、分析、判断、预测等一整套科学管理体系,为政府、业主和承包商确定工程造价、控制工程造价提供服务,在某种意义上充当了代理人或顾问。咨询业的发展又有赖于人才的培养。美国高度重视工程造价人才的培养,推行咨询工程师注册制度。

美国除了咨询公司制定发布本公司的计价办法之外,地方政府为控制政府投资项目的造价也提供计价要求和造价指南,如华盛顿综合开发局制定的《小时人工单价》、《人工设备组合价目表》、《人工材料单价表》,加利福尼亚州政府发行的《建设成本指南》等等。但对私人投资项目,这些计价要求和造价指南均与各类咨询机构提供的估价信息一样,仅为一种信息服务。

1) 美国政府对工程造价的管理

美国政府对工程造价的管理包括对政府工程的管理和对私人投资工程的管理。美国政府对建设工程造价的管理,主要采用的是间接手段。

(1) 美国政府对政府工程的造价管理

美国政府对于政府工程造价管理一般采用两种形式:一是由政府设专门机构对政府工程进行直接管理。二是将一些政府工程通过公开招标的形式,委托私营企业设计、估价,或委托专业公司按照该部门的规定进行管理。

对于政府委托给私营承包商的政府工程的管理,各级政府都十分重视,严把招标投标这一关,以确保合理的工程成本和良好的工程质量。决标的标准并不是报价越低越好,而是综合考虑投标者的信誉、施工技术、施工经验以及过去对同类工程建设的历史记录,综合确定中标者。当政府工程被委托给私营承包商建设之后,各级政府还要对这些项目进行监督检查。

（2）美国政府对私营工程的造价管理

在美国的建设工程总量中，私营工程占较大的比重。各级政府对私营工程项目进行管理的中心思想是尊重市场调节的作用，提供服务引导型管理。美国政府对私人投资项目的管理体现在对私人投资方向的诱导和对私人投资项目规模的管理两个方面。

2）美国工程估价编制

在美国，建设工程造价被称为建设工程成本。美国工程造价协会（AACE）统一将工程成本划分为两部分费用，其一是与工程设计直接有关的工程本身的建设费用，称为造价估算，主要包括：设备费、材料费、人工费、机械使用费、勘测设计费等。其二是由业主掌握的一些费用，称为工程预算，主要包括：场地使用费、生产准备费、执照费、保险费和资金筹措费等。在上述费用的基础上，还将按一定比例提取的管理费和利润也计入工程成本。

（1）工程造价计价标准和要求

在美国，对确定工程造价的依据和标准并没有统一的规定。确定工程造价的依据基本上可分为两大类：一类是由政府部门制定的造价计价标准，另一类是由专业公司制定的造价计价标准。

美国各级政府都分别对各自管辖的工程项目制定计价标准，但这些政府发布的计价标准只适用于政府投资工程，而对全社会并不要求强制执行，仅供社会参考。对于非政府工程主要由各地工程咨询公司根据本地区的特点，为本地区内项目规定计价标准。这种做法便于使计价标准更接近项目所在地区的具体实际。

（2）工程估价的具体编制

在美国，工程估价主要由设计部门或专业估价公司承担。估价师在编制工程估价时，除了考虑工程项目本身的特征因素外，如项目拟采用的独特工艺和新技术、项目管理方式、现有场地条件以及资源获得的难易程度等，一般还对项目进行较为详细的风险评估，对于风险性较大的项目，预备费的比例较高，否则则较小。他们通过掌握不同的预备费率来调节工程估价的总体水平。

美国工程估价中的人工费由基本工资和工资附加两部分组成，其中，工资附加项目包括管理费、保险金、劳动保护金、税金等。

3）美国工程造价的动态控制

（1）项目实施过程中的造价控制

美国建设工程造价管理十分重视工程项目具体实施过程中的造价控制和管理。他们对工程预算执行情况的检查和分析工作做得非常细致。对于建设工程的各分部分项工程都有详细的成本计划，美国的建筑承包商以各分部分项工程的成本详细计划为根据来检查工程造价计划的执行情况。对于工程实施阶段实际成本与计划目标出现偏差的工程项目，则按照例外管理原则，根据事先确定的标准去筛选成本差异，然后进行重要成本差异分析，拟定采取的纠偏措施以及实施这些措施的时间、人力及所需条件等。对于不同类型的工程变更，如合同变更、工程内部调整和正式重新规划等都详细规定了执行工程变更的基本程序，而且建立了较为详细的工程变更记录制度。

（2）工程造价的反馈控制

美国工程造价的动态控制还体现在造价信息的反馈系统。就单一的微观造价管理单位而言，他们十分注意收集在造价管理各个阶段上的造价资料。微观组织向有关行业提供造价信息资料,几乎成为了一种制度,微观组织也将提供造价信息视为一种应尽的义务。这就使得一些专业咨询公司能够及时将造价信息公布于众,便于全社会实施造价的动态管理。

4) 美国工程造价的职能化管理及其社会基础

在美国,大多数的工程项目都是由专业公司来管理的。这些专业公司包括设计部门、专业估价公司、专业工程公司和咨询服务公司。这些专业公司脱离于业主之外,无论是政府工程还是私营工程,都需到社会中,到市场上去寻找自己信得过的专业公司来承担工程项目的全方位管理。

(1) 工程造价职能化管理

实施工程造价的全过程管理,是美国工程造价管理的一个主要特点。即对工程项目从方案选择、编制估算,到优化设计、编制概预算,再到项目实施阶段的造价控制,一般都是由业主委托同一个专业公司全面负责。专业公司在实施其造价管理的职能过程中,有相当大的自主权。在工程各个设计阶段的造价估算、标底的编制、承发包价格的制定、工程进度及造价控制、合同管理、工程款支付的认可、索赔处理以及造价控制紧急应变措施的采取方面,只要不违反业主或有关部门的要求和规定,便可自行决策。这种职责对等的造价管理,有利于专业公司发挥造价管理的主动性和创造性,提高了他们对造价控制的责任心。

(2) 工程造价职能化管理的社会基础

美国实行的是市场经济体制,体系较为完善、发育比较健全的市场经济机制是美国建设工程造价职能化管理的重要基础,特别是规模庞大的社会咨询服务业在美国的工程造价管理中起着不可低估的作用。众多的咨询服务机构在政府与私人承包商之间起到了中介作用,咨询服务机构的活动使得政府不必对项目进行直接管理,而主要依靠间接管理手段即可达到目的。因此,规模庞大、信誉良好的社会咨询服务机构可以充当业主和承包商的代理人,同时也是美国建设工程造价实施专业化职能管理的必要前提。

(3) 工程造价职能化管理的手段

在美国,社会咨询服务业在造价管理中作用的发挥还得益于发达的计算机信息网络系统。各种造价资料及其变化通过计算机联网系统,可及时提供到全美各地,各地的造价信息也通过社会化的计算机网络互通有无,及时交流,这不仅便于对造价实施动态管理,而且保证了造价信息的及时性、准确性和科学性。

1.3 我国工程造价管理综述

1.3.1 政府对工程造价的管理

我国政府在工程造价管理中既是宏观管理主体,也是政府投资项目的微观管理主体。从宏观管理的角度,政府对工程造价的管理有一个严密的组织系统,设置了多层管理机构,规定了管理权限和职责范围。现在建设部标准定额司是归口领导机构,各专业部,如交通部、水利部等也设置了相应的造价管理机构。建设部标准定额司负责制定工程造价管理的法规制度;制定全国统一经济定额和部管行业经济定额;负责咨询单位资质管理和工程造价专业人员的执业资格管理。各省、市、自治区和行业主管部,在其管辖范围内行使管理职能;省辖市和地区的造价管理部门在所辖地区内行使管理职能。地方造价管理机构的职责和建设部的工程造价管理机构相对应。

1.3.2 工程造价微观管理

设计单位和工程造价咨询单位,按照业主或委托方的意图,在可行性研究和规划设计阶段合理确定和有效控制建设项目的工程造价,通过限额设计等手段实现设定的造价管理目标;在招标工作中编制标底,参加评标、议标;在项目实施阶段,通过对设计变更、工期、索赔和结算等项管理进行造价控制。设计单位和造价咨询单位,通过在全过程造价管理中的业绩,赢得自己的信誉,提高市场竞争力。承包商的工程造价管理是企业管理中的重要组成部分,设有专门的职能机构参与企业的投标决策,并通过对市场的调查研究,利用过去积累的经验,科学估价,研究报价策略,提出报价;在施工过程中,进行工程造价的动态管理,注意各种调价因素的发生和工程价款的结算,避免收益的流失,以促进企业盈利目标的实现。承包商在加强工程造价管理的同时,还要加强企业内部的各项管理,特别要加强成本控制,才能切实保证企业有较高的利润水平。

1.3.3 中国建设工程造价管理协会

中国建设工程造价管理协会目前挂靠在建设部,协会成立于 1990 年 7 月。它的前身是 1985 年成立的"中国工程建设概预算委员会"。

协会的性质是:由从事工程造价管理与工程造价咨询服务的单位及具有注册资格的造价工程师和资深专家、学者自愿组成的具有社会团体法人资格的全国性社会团体,是对外代表造价工程师和工程造价咨询服务机构的行业性组织。经建设部同意,民政部核准登记,协会属非营利性社会组织。

协会的业务范围包括:

(1)研究工程造价管理体制的改革、行业发展、行业政策、市场准入制度及行为规范等理论与实践问题。

(2)探讨提高政府和业主项目投资效益并科学预测和控制工程造价,促进现代化管理技术在工程造价咨询行业的运用,向国家行政部门提供建议。

(3)接受国家行政主管部门委托,承担工程造价咨询行业和造价工程师执业资格及职业教育等具体工作,提出与工程造价有关的规章制度及工程造价咨询行业的资质标准、合同范本、职业道德规范等行业标准,并推动实施。

(4)对外代表我国造价工程师组织和工程造价咨询行业与国际组织及各国同行组织建立联系与交往,签订有关协议,为会员开展国际交流与合作等对外业务服务。

(5)建立工程造价信息服务系统,编辑、出版有关工程造价方面的刊物和参考资料,组织交流和推广先进工程造价咨询经验,举办有关职业培训和国际工程造价咨询业务研讨活动。

(6)在国内外工程造价咨询活动中,维护和增进会员的合法权益,协调解决会员和行业间的有关问题,受理关于工程造价咨询执业违规的投诉,配合行政主管部门进行处理,并向政府部门和有关方面反映会员单位和工程造价咨询人员的建议和意见。

(7)指导各专业委员会和地方造价协会的其他业务。

(8)组织完成政府有关部门和社会各界委托的其他业务。

协会在工程造价理论探索、信息交流、国际往来、咨询服务、人才培养等方面做了大量工作。但从国外的经验看,协会的作用还需要更好地发挥,其职责范围还可拓展。在政府机构改革、职能转换中,协会的职能应得到强化,由政府剥离出来的一些工作应该更多地由协会承担。

1.3.4 我国工程造价管理改革的主要任务

我国工程造价管理体制改革的最终目标是逐步建立以市场形成价格为主的价格机制。改革的具体内容和任务是:

(1)改革现行的工程定额管理方式,实行量价分离,逐步建立起由工程定额作为指导的通过市场竞争形成工程造价的机制。由国务院建设行政主管部门统一制定符合国家有关标准、规范,并反映一定时期施工水平的人工、材料、机械等消耗量标准,实现国家对消耗量标准的宏观管理;制定统一的工程项目划分、工程量计算规则,为逐步实行工程量清单报价创造条件。对人工、材料、机械单价等,由工程造价管理机构依据市场价格的变化发布工程造价相关信息和指数。但这些计价依据仅在编制预算时作为指导或指令性依据,在投标报价中仅作为报价参考资料。

(2)加强工程造价信息的收集、处理和发布工作。借鉴国外工程造价管理经验,工程造价管理机构应做好工程造价资料积累工作,建立相应的信息网络系统,及时发布信息;必须大力培育中介机构,加强协会对中介机构的联络功能,规定协会会员有责任和义务,将自己经办的已完工程的造价资料,按规定的格式认真填报后输入计算机的数据库,实现全国联网,数据共享,这样可以有效地提高专业管理水平。

(3)对政府投资工程和非政府投资工程,实行不同的定价方式。对于政府投资工程,应以统一的工程消耗量定额为依据,按生产要素市场价格编制标底,并以此为基础,实行在合理幅度内确定中标价方式。对于非政府投资工程,应强化市场定价原则,既可参照政府投资工程的做法,采取合理低价中标方式,也可由承发包双方依照合同约定的其他方式定价。

(4)加强对工程造价的监督管理,逐步建立工程造价的监督检查制度,规范定价行为,确保工程质量和工程建设的顺利进行。

(5)建立合格的市场主体、完备的制度规范、完善的管理体制、配套的市场体系,为工程造价管理改革创设良好的社会条件。

1.4 建设工程工程量清单计价规范

《建设工程工程量清单计价规范》(GB 50500—2008)于 2008 年 7 月 9 日以国家标准发布,自 2008 年 12 月 1 日起在全国范围内实施。

1.4.1 基本概念

1)工程量清单的含义

工程量清单(BOQ:Bill of Quantity)的含义有:

(1)工程量清单是按照招标要求和施工设计图纸要求,将拟建招标工程的全部项目和内容依据统一的工程量计算规则和子目分项要求,计算分部分项工程实物量,列在清单上作为招标文件的组成部分,供投标单位逐项填写单价用于投标报价。

(2)工程量清单是把承包合同中规定的准备实施的全部工程项目和内容,按工程部位、性质以及它们的数量、单价、合价等列表表示出来,用于投标报价和中标后计算工程价款的依据,工程量清单是承包合同的重要组成部分。

(3)工程量清单,严格地说不单是工程量,工程量清单已超出了施工设计图纸量的范围,它是一个工作量清单的概念。

2)工程量清单的作用和要求

(1)工程量清单是编制招标工程标底价,投标报价和工程结算时调整工程量的依据。

(2)工程量清单必须依据行政主管部门颁发的工程量计算规则、分部分项工程项目划分及计算单位的规定、施工设计图纸、施工现场情况和招标文件中的有关要求进行编制。

(3)工程量清单应由具有相应资质的中介机构进行编制。

(4)工程量清单格式应当符合有关规定要求。

1.4.2 实行工程量清单计价的必要性

工程量清单计价是由有编制招标文件能力的招标人或受其委托具有相应资质的中介机构,依据《计价规范》、投标须知、设计规范、图纸等,编制拟建工程的分部分项工程项目、措施项目、其他项目的名称和相应的明细清单,投标人按照招标文件所提供的工程量清单、施工现场实际情况及拟定的施工方案、施工组织设计,按企业定额或建设行政主管部门发布的消耗定额以及工程造价管理机构发布的市场价格,结合市场竞争情况,充分考虑风险,自主报价,通过市场竞争形成价格的计价方式。

(1)实行工程量清单计价,是工程造价管理深化改革的产物

我国长期以来发承包计价、定价以工程预算定额为主要依据。工程建设预算定额管理制度,尽管曾在历史上对合理确定和控制工程造价起过积极作用,表现出其具有科学性、统一性、系统性、权威性、强制性、时效性和相对稳定性的特点。但是,随着我国经济体制改革的深入和对外开放的扩大,这一制度的弊端越来越明显。一是量价合一形成"活市场"和"死单价"的矛盾,不能在市场中真实地、及时地、准确地反映建筑产品价格。二是现行预算定额综合程度较大,施工实物性消耗和施工措施性消耗不分,不利于施工企业发挥优势,提高竞争力。三是定额计价是按图纸计算工程量,套对应定额子目,按规定费率取费,执行文件政策调整来确定工程造价,这实质是政府定价,企业没有自主定价的权利。这一模式难以满足招标投标和评标的要求,不能充分体现市场公平竞争,工程量清单计价将改革以工程预算定额为计价依据的计价模式。

(2)实行工程量清单计价是适应市场经济发展要求

自2000年《招标投标法》实施以来,建设工程招投标制度已在建设市场中占主导地位,特别是国有投资和国有资金为主体的建设工程基本实行公开招标,通过招标投标竞争成为形成工程造价的主要形式。而现行预算定额规定的消耗量和有关施工措施性费用是按社会平均水平编制的,以此为依据形成的工程造价基本上也属于社会平均价格。这实质上是政府定价,企业没有自主定价的权利,在一定程度上限制了企业的公平竞争。为满足招标投标竞争定价的要求,推行工程量清单计价已成为当前建设工程发承包计价改革的重要举措。工程量清单计价按照国家统一的《计价规范》,投标人自主报价,经评审合理低价中标。**能够**

反映出工程个别成本,有利于企业自主报价和公平竞争,适应市场经济的发展要求。

(3) 实行工程量清单计价是与国际惯例接轨的需要

工程量清单计价是目前国际上通行的做法,如英联邦等许多国家、地区和世界银行等国际金融组织均采用这种模式。我国加入 WTO 后,建设市场进一步对外开放,为了引进外资、对外投资和国家间承包工程的需要,采用国际上通行的做法,实行招标工程的工程量清单计价,有利于增进国家间的经济往来,有利于促进我国经济的发展,有利于提高施工企业的管理水平和进入国际市场承包工程。

(4) 实行工程量清单计价是规范建设市场秩序的治本措施之一

由于工程预算定额及相应的管理体系在工程发承包计价中调整发承包利益和反映市场实际价格,特别是建立公开、公平、公正竞争机制方面还有许多不相适应的地方,如建设单位招标中盲目压价,施工企业在投标报价中高估冒算造成合同执行中产生大量的工程纠纷和扯皮。为了逐步规范这种不合理或不正当的计价行为,除了法律法规,行政监督以外,发挥市场规律中"竞争"、"价格"的作用是治本之策。实行工程量清单计价,把工程量清单作为招标文件和合同文件的重要组成部分,对避免招标中弄虚作假和暗箱操作以及保证工程款按照合同的要求结算支付都会起到重要的作用。

1.4.3 工程量清单计价的含义与特点

1) 工程量清单计价的准确含义

(1) 工程量清单

建设工程的分部分项工程项目、措施项目、其他项目、规费项目和税金项目等的名称和相应数量的明细清单。

(2) 综合单价

完成一个规定计量单位的分部分项工程量清单项目或措施清单项目所需的人工费、材料费、施工机械使用费和企业管理费与利润,以及一定范围内的风险费用的和。

(3) 措施项目

为完成工程项目施工,发生于该工程施工准备和施工过程中的技术、生活、安全、环境保护等方面的非工程实体项目。

(4) 暂列金额

招标人在工程量清单中暂定并包括在合同价款中的一笔款项。用于施工合同签订时尚未确定或者不可预见的所需材料、设备、服务的采购,施工中可能发生的工程变更、合同约定调整因素出现时的工程价款调整以及发生的索赔、现场签证确认等的费用。

(5) 暂估价

招标人在工程量清单中提供的用于支付必然发生但暂时不能确定价格的材料的单价以及专业工程的金额。

(6) 招标控制价

招标人根据国家或省级、行业建设主管部门颁发的有关计价依据和办法,按设计施工图纸计算的,对招标工程限定的最高工程造价。

2) 工程量清单计价特点

《计价规范》具有明显的强制性、竞争性、通用性和实用性。

（1）强制性

强制性主要表现在：一是由建设主管部门按照强制性国家标准的要求批准颁布，规定全部使用国有资金或国有资金投资为主的大中型建设工程应按《计价规范》规定执行。二是明确工程量清单是招标文件的组成部分，并规定了招标人在编制工程量清单时必须遵守的规则。

（2）竞争性

竞争性一方面表现在《计价规范》中从政策性规定到一般内容的具体规定，充分体现了工程造价由市场竞争形成价格的原则。《计价规范》中的措施项目，在工程量清单中只列"措施项目"一栏，具体采用什么措施，由投标人根据企业的施工组织设计，视具体情况报价。另一方面，《计价规范》中人工、材料和施工机械没有具体的消耗量，为企业报价提供了自主的空间。

（3）通用性

通用性的表现是我国采用的工程量清单计价是与国际惯例接轨的，符合工程量计算方法标准化、工程量计算规则统一化、工程造价确定市场化的要求。

（4）实用性

实用性表现在《计价规范》的附录中，工程量清单项目及工程量计算规则的项目名称表现的是工程实体项目，项目名称明确清晰，工程量计算规则简洁明了。

1.4.4 《计价规范》的编制原则

（1）企业自主报价、市场竞争形成价格的原则

为规范发包方与承包方的计价行为，《计价规范》要确定工程量清单计价的原则、方法和必须遵守的规则，包括统一编码、项目名称、计量单位、工程量计算规则等。工程价格最终由工程项目的招标人和投标人，按照国家法律、法规和工程建设的各项规章制度以及工程计价的有关规定，通过市场竞争形成。

（2）与现行预算定额既有联系又有所区别的原则

《计价规范》的编制过程中，参照我国现行的全国统一工程预算定额，尽可能地与全国统一工程预算定额衔接，主要是考虑工程预算定额是我国经过多年的实践总结，具有一定的科学性和实用性，广大工程造价计价人员熟悉，有利于推行工程量清单计价，方便操作，平稳过渡。工程预算定额和工程量清单计价的区别主要表现在：定额项目是规定以工序来划分项目的；定额的施工工艺、施工方法是根据大多数企业的施工方法综合取定的；定额的工、料、机消耗量是根据"社会平均水平"综合测定的；定额的取费标准是根据不同地区平均测算的。

（3）既考虑我国工程造价管理的实际，又尽可能与国际惯例接轨的原则。

编制《计价规范》，是根据我国当前工程建设市场发展的形势，为逐步解决预算定额计价中与当前工程建设市场不相适应的因素，适应我国社会主义市场经济发展的需要，特别是适应我国加入世界贸易组织后工程造价计价与国际接轨的需要，积极稳妥地推行工程量清单计价。《计价规范》的编制，既借鉴了世界银行、菲迪克（FIDIC）、英联邦国家、我国香港地区等的一些做法，同时也结合了我国工程造价管理的实际情况。工程量清单在项目划分、计量单位、工程量计算规则等方面尽可能多地与全国统一定额相衔接，费用项目的划分借鉴了国外的做法，名称叫法上尽量采用国内的习惯叫法。

1.4.5 实行工程量清单计价的效果

(1) 有利于实现从政府定价到市场定价,从消极自我保护向积极公平竞争的转变。工程量清单计价有利于实现从政府定价到市场定价,从消极自我保护向积极公平竞争的转变,从而改变了过去企业过分依赖国家发布定额的状况,通过市场竞争自主报价,对工程造价管理改革具有推动作用。

(2) 有利于公平竞争,避免暗箱操作。工程量清单计价,由招标人提供工程量,所有的投标人在同一工程量基础上自主报价,充分体现了公平竞争的原则;工程量清单作为招标文件的一部分,从原来的事后算账转为事前算账,可以有效改变目前建设单位在招标中盲目压价和结算无依据的状况,同时可以避免工程招标中的弄虚作假、暗箱操作等不规范的招标行为。

(3) 有利于风险合理分担。投标单位只对自己所报的成本、单价的合理性等负责,而对工程量的变更或计算错误等不负责任,相应的这一部分风险则应由招标单位承担。这种格局符合风险合理分担与责权利关系对等的一般原则,同时也必将促进各方面的管理水平的提高。

(4) 有利于工程拨付款和工程造价的最终确定。工程招投标中标后,建设单位与中标的施工企业签订合同,工程量清单报价基础上的中标价就成为合同价的基础。投标清单上的单价是拨付工程款的依据,建设单位根据施工企业完成的工程量可以确定进度款的拨付额。工程竣工后,依据设计变更、工程量的增减和相应的单价,确定工程的最终造价。

(5) 有利于标底的管理和控制。在传统的招标投标方法中,标底一直是个关键因素,标底的正确与否、保密程度如何一直是人们关注的焦点。而采用工程量清单计价方法,工程量是公开的,是招标文件内容的一部分,标底只起到一定的控制作用(即控制报价不能突破工程概算的约束),仅仅是工程招标的参考价格,不是评标的关键因素,且与评标过程无关,标底的作用将逐步弱化。这就从根本上消除了标底准确性差和标底泄漏所带来的负面影响。

(6) 有利于提高施工企业的技术和管理水平。中标企业可以根据中标价及投标文件中的承诺,通过对单位工程成本、利润进行分析,统筹考虑、精心选择施工方案,合理确定人工、材料、施工机械要素的投入与配置,优化组合,合理控制现场费用和施工技术措施费用等,以便更好地履行承诺,保证工程质量和工期,促进技术进步,提高经营管理水平和劳动生产率。

(7) 有利于工程索赔的控制与合同价的管理。工程量清单计价可以加强工程实施阶段结算与合同价的管理和工程索赔的控制,强化合同履约意识和工程索赔意识。工程量清单作为工程结算的主要依据之一,在工程变更、工程款支付与结算等方面的规范管理起到积极的作用,必将推动建设市场管理的全面改革。

(8) 有利于建设单位合理控制投资,提高资金使用效益。通过竞争,按照工程量招标确定的中标价格,在不提高设计标准情况下与最终结算价是基本一致的,这样可为建设单位的工程成本控制提供准确、可靠的依据,科学合理地控制投资,提高资金使用效益。

(9) 有利于招投标工作节省时间,避免重复劳动。以往投标报价,各个投标人需计算工程量,计算工程量占投标报价工作量的 70%~80%。采用工程量清单计价则可以简化投标报价计算过程,有了招标人提供的工程量清单,投标人只需填报单价和计算合价,缩短投标单位投标报价时间,更有利于招投标工作的公开公平、科学合理;同时,避免了所有的投标人按照同一图纸计算工程数量的重复劳动,节省大量的社会财富和时间。

(10) 有利于工程造价计价人员素质的提高。推行工程量清单计价后,工程造价计价人员就不仅要能看懂施工图、会计算工程量和套定额子目,而且要既懂经济又精通技术、熟悉政策法规,努力向全面发展的复合型人才转变。

2 建筑工程费用结构

2.1 建筑工程费用构成

2.1.1 建筑工程费用构成

在工程建设中,建筑安装工程是创造价值的生产活动。建筑安装工程费用作为建筑安装工程价值的货币表现,也被称为建筑安装工程造价。

为了适应工程计价改革工作的需要,建设部、财政部按照国家有关法律、法规,并参照国际惯例在原建标〔1993〕894号文的基础上于2003年10月15日制定了《建筑安装工程费用项目组成》(建标〔2003〕206号)文,同时还制定了《建筑安装工程费用参考计算方法》、《建筑安装工程计价程序》,明确规定自2004年1月1日起执行。

根据《建筑安装工程费用项目组成》建标〔2003〕206号,将建筑安装工程费分为直接费、间接费、利润和税金四个部分。建筑安装工程费用项目组成如图2.1.1。

1) 直接费

直接费由直接工程费和措施费组成。

(1) 直接工程费

直接工程费:是指施工过程中耗费的构成工程实体的各项费用,包括人工费、材料费、施工机械使用费。

① 人工费:是指直接从事建筑安装工程施工的生产工人(包括现场水平、垂直运输等辅助工人和附属辅助生产单位工人)开支的各项费用。

注意人工费中不包括:材料管理、采购及保管员、驾驶或操作施工机械及运输工具的工人、材料到达工地仓库或施工地点存放材料的地方以前的搬运、装卸工人和其他由管理费支付工资的人员的工资。以上人员的工资应分别列入采购保管费、材料运输费、机械费等各相应的费用项目中去。

② 材料费:是指施工过程中耗费的构成工程实体的原材料、辅助材料、构配件、零件、半成品的费用。

③ 施工机械使用费:是指施工机械作业所发生的机械使用费以及机械安拆费和场外运费。

(2) 措施费

措施费:是指为完成工程项目施工,发生于该工程施工前和施工过程中的非工程实体项目的费用。

2) 间接费

间接费由规费、企业管理费组成。

(1) 规费:是指政府和有关权力部门规定必须缴纳的费用。

(2) 企业管理费:是指建筑安装企业组织施工生产和经营管理所需费用。包括以下12项内容。

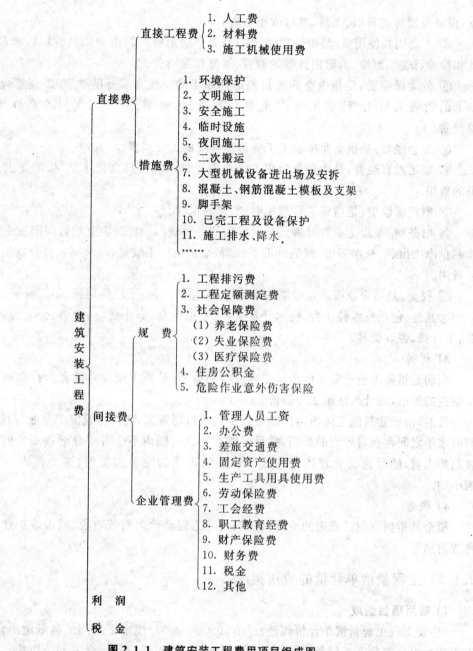

建筑安装工程费

- 直接费
  - 直接工程费
    - 1. 人工费
    - 2. 材料费
    - 3. 施工机械使用费
  - 措施费
    - 1. 环境保护
    - 2. 文明施工
    - 3. 安全施工
    - 4. 临时设施
    - 5. 夜间施工
    - 6. 二次搬运
    - 7. 大型机械设备进出场及安拆
    - 8. 混凝土、钢筋混凝土模板及支架
    - 9. 脚手架
    - 10. 已完工程及设备保护
    - 11. 施工排水、降水
    - ……
- 间接费
  - 规费
    - 1. 工程排污费
    - 2. 工程定额测定费
    - 3. 社会保障费
      - (1) 养老保险费
      - (2) 失业保险费
      - (3) 医疗保险费
    - 4. 住房公积金
    - 5. 危险作业意外伤害保险
  - 企业管理费
    - 1. 管理人员工资
    - 2. 办公费
    - 3. 差旅交通费
    - 4. 固定资产使用费
    - 5. 生产工具用具使用费
    - 6. 劳动保险费
    - 7. 工会经费
    - 8. 职工教育经费
    - 9. 财产保险费
    - 10. 财务费
    - 11. 税金
    - 12. 其他
- 利润
- 税金

图 2.1.1　建筑安装工程费用项目组成图

① 管理人员工资：是指管理人员的基本工资、工资性补贴、职工福利费、劳动保护费等。

② 办公费：是指企业管理办公用的文具、纸张、账表、印刷、邮电、书报、会议、水电、烧水和集体取暖（包括现场临时宿舍取暖）用煤等费用。

③ 差旅交通费：是指职工因公出差、调动工作的差旅费、住勤补助费，市内交通费和误餐补助费，职工探亲路费，劳动力招募费，职工离退休、退职一次性路费，工伤人员就医路费，工地转移费以及管理部门使用的交通工具的油料、燃料、养路费及牌照费。

④ 固定资产使用费：是指管理和试验部门及附属生产单位使用的属于固定资产的房

屋、设备仪器等的折旧、大修、维修或租赁费。

⑤ 工具用具使用费：是指管理使用的不属于固定资产的生产工具、器具、家具、交通工具和检验、试验、测绘、消防用具等的购置、维修和摊销费。

⑥ 劳动保险费：是指由企业支付离退休职工的易地安家补助费、职工退职金、六个月以上的病假人员工资、职工死亡丧葬补助费、抚恤费、按规定支付给离休干部的各项经费。

⑦ 工会经费：是指企业按职工工资总额计提的工会经费。

⑧ 职工教育经费：是指企业为职工学习先进技术和提高文化水平，按职工工资总额计提的费用。

⑨ 财产保险费：是指施工管理用财产、车辆保险。

⑩ 财务费：是指企业为筹集资金而发生的各种费用。包括企业经营期间发生的短期贷款利息净支出、汇兑净损失、调剂外汇手续费、金融机构手续费，以及筹集资金发生的其他财务费用。

⑪ 税金：是指企业按规定缴纳的房产税、车船使用税、土地使用税、印花税等。

⑫其他：包括技术转让费、技术开发费、业务招待费、绿化费、广告费、公证费、法律顾问费、审计费、咨询费等。

3) 利润

利润是指施工企业完成所承包工程获得的盈利，是施工单位劳动者为社会和集体劳动所创造的价值，应计入建筑工程造价。

目前，由于建筑施工队伍生产能力大于建筑市场需求，使得建筑施工企业与其他行业的利润水平之间存在着较大的差距，并且可能在一段时间内不会有明显的提高。但从长远发展趋势来看，随着建设管理体制的改革和建筑市场的完善和发展，这个差距一定会逐步缩小的。

4) 税金

税金是指国家税法规定的应计入建筑安装工程造价内的营业税、城市维护建设税及教育费附加等。

2.1.2 工程量清单计价的费用构成

1) 费用项目组成

《建设工程工程量清单计价规范》(GB 50500—2008)规定了采用工程量清单计价，建设工程造价由分部分项工程费、措施项目费、其他项目费、规费和税金五部分组成。工程量清单计价的费用构成如图 2.1.2。

从图 2.1.1 和图 2.1.2 可以看出，二者包含的内容并无实质性差异，《建筑安装工程费用项目组成》(建标〔2003〕206 号)主要表述的是建筑安装工程费用项目的组成，而《建设工程工程量清单计价规范》(GB 50500—2008)的建筑安装工程造价要求的是建筑安装工程在工程交易和工程实施阶段工程造价的组织要求，包括索赔等，内容更全面、更具体。二者在计算建筑安装工程造价的角度上存在差异，应用时应引起注意。

分部分项工程量清单应采用综合单价计价。综合单价包括人工费、材料费、机械费、管理费、利润。

建筑安装工程造价
├─ 分部分项工程费
│　├─ 人工费
│　├─ 材料费
│　├─ 施工机械使用费
│　├─ 企业管理费
│　│　├─ 1. 管理人员工资
│　│　├─ 2. 办公费
│　│　├─ 3. 差旅交通费
│　│　├─ 4. 固定资产使用费
│　│　├─ 5. 工具用具使用费
│　│　├─ 6. 劳动保险费
│　│　├─ 7. 工会经费
│　│　├─ 8. 职工教育经费
│　│　├─ 9. 财产保险费
│　│　├─ 10. 财务费
│　│　├─ 11. 税金
│　│　└─ 12. 其他
│　└─ 利润
├─ 措施项目费
│　├─ 1. 安全文明施工费(含环境保护、文明施工、安全施工、临时设施)
│　├─ 2. 夜间施工
│　├─ 3. 二次搬运
│　├─ 4. 冬雨季施工
│　├─ 5. 大型机械设备进出场及安拆费
│　├─ 6. 施工排水费
│　├─ 7. 施工降水费
│　├─ 8. 地上、地下设施,建筑物的临时保护设施费
│　├─ 9. 已完工程及设备保护费
│　├─ 各专业工程的措施项目费
│　├─ A. 建筑工程
│　│　　脚手架、钢筋混凝土模板及支架
│　└─ B. ……
├─ 其他项目费
│　├─ 暂列金额
│　├─ 暂估价:包括材料暂估单价、专业工程暂估价
│　├─ 计日工
│　└─ 总承包服务费
├─ 规费
│　├─ 1. 工程排污费
│　├─ 2. 工程定额测定费
│　├─ 3. 社会保障费:包括养老保险费、失业保险费、医疗保险费
│　├─ 4. 住房公积金
│　└─ 5. 危险作业意外伤害保险
└─ 税金

图 2.1.2　工程量清单计价的费用构成图

21

2)费用项目分类

(1)按限制性规定分

① 不可竞争费用包括:现场安全文明施工措施费、工程排污费、建设工程安全监督管理费、劳动保障费、公积金、税金、有权部门批准的其他不可竞争费用。

② 可竞争费用:除不可竞争费用以外的其他费用。

(2)按工程取费标准划分

① 建筑工程(按工程类别划分):一类、二类、三类工程。

② 单独装饰工程(不分工程类别)。

③ 包工不包料。

④ 点工。

(3)按计算方式分

① 按照计价表定额子目计算:

A. 分部分项工程费。

B. 措施项目中的 a. 脚手架费;b. 模板费用;c. 垂直运输机械费;d. 二次搬运费;e. 施工排水降水、边坡支护费;f. 大型机械进(退)场及安拆费。

② 按照费用计算规则系数计算:

A. 措施项目中的 a. 环境保护费;b. 临时设施费;c. 夜间施工增加费;d. 检验试验费;e. 工程按质论价费;f. 赶工措施费;g. 现场安全文明施工措施费;h. 特殊条件下施工增加费。

B. 其他项目费。

③ 按照有关部门规定标准计算:a. 规费;b. 税金。

2.2 分部分项工程费

分部分项工程费是指施工过程中耗费的构成工程实体性项目的各项费用,由人工费、材料费、施工机械使用费、企业管理费和利润构成。

1. 人工费:是指直接从事建筑安装工程施工的生产工人开支的各项费用,内容包括:

(1)基本工资:是指发放给生产工人的基本工资,包括基础工资、岗位(职级)工资、绩效工资等。

(2)工资性津贴:是指企业发放的各种性质的津贴、补贴。包括物价补贴、交通补贴、住房补贴、施工补贴、误餐补贴、节假日(夜间)加班费等。

(3)生产工人辅助工资:是指生产工人年有效施工天数以外非作业天数的工资,包括职工学习,培训期间的工资,探亲、休假期间的工资,因气候影响的停工工资,女工哺乳时间的工资,病假在六个月以内的工资及产、婚、丧假期的工资等。

(4)职工福利费:是指按规定标准计提的职工福利费。

(5)劳动保护费:是指按规定标准发放的劳动保护用品、工作服装补贴、防暑降温费、危险工种施工作业防护补贴费等。

2. 材料费:是指施工过程中耗费的构成工程实体的原材料、辅助材料、构配件、零件、半成品的费用和周转使用材料的摊销费用。内容包括:

（1）材料原价。

（2）材料运杂费：材料自来源地运至工地仓库或指定堆放地点所发生的全部费用。

（3）运输损耗费：材料在运输装卸过程中不可避免的损耗。

（4）采购及保管费：为组织采购、供应和保管材料过程所需要的各项费用。包括：采购费、工地保管费、仓储费和仓储损耗。

3．施工机械使用费：是指施工机械作业所发生的机械使用费、机械安拆费和场外运费。施工机械台班单价应由下列费用组成。

（1）折旧费：施工机械在规定的使用年限内，陆续收回其原值及购置资金的时间价值。

（2）大修理费：指施工机械按规定的大修理间隔台班进行必要的大修理，以恢复其正常功能所需的费用。

（3）经常修理费：指施工机械除大修理以外的各级保养和临时故障排除所需的费用。包括为保障机械正常运转所需替换设备与随机配备工具用具的摊销和维护费用，机械运转及日常保养所需润滑与擦拭的材料费用及机械停滞期间的维护和保养费用等。

（4）安拆费及场外运费：安拆费指施工机械在现场进行安装与拆卸所需的人工、材料、机械和试运转费用以及机械辅助设施的折旧、搭设、拆除等费用；场外运费指施工机械整体或分体自停放地点运至施工现场或由一施工地点运至另一施工地点的运输、装卸、辅助材料及架线等费用。

（5）人工费：指机上司机（司炉）和其他操作人员的工作日人工费及上述人员在施工机械规定的年工作台班以外的人工费。

（6）燃料动力费：指施工机械在运转作业中所消耗的固体燃料（煤、木柴）、液体燃料（汽油、柴油）及水电等。

（7）车辆使用费：指施工机械按照国家规定和有关部门规定应缴纳的车船使用税、保险费及年检费等。

4．企业管理费：是指施工企业组织施工生产和经营管理所需的费用。内容包括：

（1）管理人员的基本工资、工资性津贴、职工福利、劳动保护费等。

（2）差旅交通费：指企业职工因公出差住勤补助费、市内交通费和误餐补助费，职工探亲路费、劳动力招募费、工地转移费以及交通工具油料、燃料、牌照等费用。

（3）办公费：指企业办公用文具、纸张、账表、印刷、邮电、书报、会议、水、电、燃煤、燃气等费用。

（4）固定资产使用费：指企业属于固定资产的房屋、设备、仪器等的折旧、大修、维修或租赁费。

（5）生产工具用具使用费：指企业管理使用不属于固定资产的工具、用具、家具、交通工具、检验、试验、消防等的购置、维修和摊销费，以及支付给工人自备工具的补贴费。

（6）工会经费及职工教育经费：工会经费是指企业按职工工资总额计提的工会经费；职工教育经费是指企业为职工学习培训按职工工资总额计提的费用。

（7）财产保险费：指企业管理用财产、车辆保险。

（8）劳动保险补助费：包括由企业支付的六个月以上的病假人员工资，职工死亡丧葬补助费、按规定支付给离休干部的各项经费。

（9）财务费：是指企业为筹集资金而发生的各种费用。

（10）税金：指企业按规定交纳的房产税、车船使用税、土地使用税、印花税等。

（11）意外伤害保险费：企业为从事危险作业的建筑安装施工人员支付的意外伤害保险费。

（12）工程定位、复测、点交、场地清理费。

（13）非甲方所为四小时以内的临时停水停电费用。

（14）企业技术研发费：建筑企业为转型升级、提高管理水平所进行的技术转让、科技研发，信息化建设等费用。

（15）其他：业务招待费、远地施工增加费、劳务培训费、绿化费、广告费、公证费、法律顾问费、审计费、咨询费、联防费等。

5. 利润：是指施工企业完成所承包工程获得的盈利。

2.3 措施费

措施费是指为完成工程项目施工，发生于该工程施工前和施工过程中非工程实体项目的费用。措施费原则上由编标单位和投标单位根据工程的实际情况和施工组织设计中的施工方法分别计算，除了不可竞争费用必须要按规定计算外，其余费用可以参考企业定额或省计价表计算。措施费的内容包括：通用措施项目费和专业工程的措施项目费。

2.3.1 通用措施项目费

通用措施项目费包括下面 14 点。

1. 现场安全文明施工措施费：为满足施工现场安全、文明施工以及环境保护、职工健康生活所需要的各项费用。本项为不可竞争费用。

（1）安全施工措施包括：安全资料的编制、安全警示标志的购置及宣传栏的设置；"三宝"、"四口"、"五临边"防护的费用；施工安全用电的费用，包括电箱标准化、电气保护装置、外电防护标志；起重机、塔吊等起重设备（含井架、门架）及外用电梯的安全防护措施（含警示标志）费用及卸料平台的临边防护、层间安全门、防护棚等设施费用；建筑工地起重机械的检验检测费用；施工机具防护棚及其围栏的安全保护设施费用；施工现场安全防护通道的所需费用；工人的防护用品、用具购置费用；消防设施与消防器材的配置费用；电气保护、安全照明设施费；其他安全防护措施费用。

（2）文明施工措施包括：大门、五牌一图、工人胸卡、企业标识的费用；围挡的墙面美化（包括内外粉刷、刷白、标语等）、压顶装饰费用；现场厕所便槽刷白、贴面砖，水泥砂浆地面或地砖费用，建筑物内临时便溺设施费用；其他施工现场临时设施的装饰装修、美化措施费用；现场生活卫生设施费用；符合卫生要求的饮水设备、淋浴、消毒等设施费用；生活用洁净燃料费用；防煤气中毒、防蚊虫叮咬等措施费用；施工现场操作场地的硬化费用；现场污染源的控制、建筑垃圾及生活垃圾清理、场地排水排污措施的费用；防扬尘洒水费用；现场绿化费用、治安综合治理费用、现场电子监控设备费用；现场配备医药保健器材、物品费用和急救人员培训费用；用于现场工人的防暑降温费、电风扇、空调等设备及用电费用；现场施工机械设备防噪音、防扰民措施费用；其他文明施工措施费用。

（3）环境保护费用包括：施工现场为达到环保部门要求所需要的各项费用。

（4）安全文明施工费由基本费、现场考评费和奖励费三部分组成。

基本费是施工企业在施工过程中必须发生的安全文明措施的基本保障费。

现场考评费是施工企业执行有关安全文明施工规定,必须经考评组织现场核查打分和动态评价所投入的安全文明措施增加费。

奖励费是施工企业加大投入,加强管理,创建省、市级文明工地所需的奖励费用。

此项费用是为了切实保护人民生产生活的安全,保证安全和文明施工措施落实到位,江苏省规定此费用作为不可竞争费用,建设单位不得任意压低费用标准,施工单位不得让利。建筑工程按分部分项工程费的 2.2%～4% 计算。此项费用的计取由各市造价管理部门根据工程实际情况予以核定,并进行监督,未经核定不得计取。

2. 夜间施工增加费:规范、规程要求正常作业而发生的夜班补助、夜间施工降效、照明设施摊销及照明用电等费用。该费用可以按措施项目费费率标准执行。此费用由施工单位根据工程的具体情况报价,发承包双方在合同中约定。

3. 二次搬运费:因施工场地狭小等特殊情况而发生的二次搬运费用。

例如:场内堆置材料有困难的沿街建筑;单位工程的外边线有一长边自外墙边线向外推移小于 3 m 或单位工程四周外边线往外推移平均小于 5 m 的建筑;汽车不能直接进入巷内的城镇市区建筑;不具备施工组织设计规定的地点堆放材料的工程,所需的材料需用人工或人力车二次搬运到单位工程现场的,其所需费用可考虑列为材料二次搬运费。由施工单位根据工程的具体情况报价或可参考计价表计算,发承包双方在合同中约定。

4. 冬雨季施工增加费:在冬雨季施工期间所增加的费用。包括冬季作业、临时取暖、建筑物门窗洞口封闭及防雨措施、排水措施、工效降低后加班等费用。该费用可以按措施项目费费率标准执行。

5. 大型机械设备进出场及安拆费:是指机械整体或分体自停放场地运至施工现场或由一个施工地点运至另一个施工地点,所发生的机械进出场运输及转移费用及机械在施工现场进行安装、拆卸所需的人工费、材料费、机械费、试运转费和安装所需的辅助设施的费用。由施工单位根据工程的具体情况报价或参考计价表计算。

6. 施工排水费:为确保工程在正常条件下施工,采取各种排水措施所发生的费用。

7. 施工降水费:为确保工程在正常条件下施工,采取各种降水措施所发生的费用。

8. 地上、地下设施,建筑物的临时保护设施费:工程施工过程中,对已经建成的地上、地下设施和建筑物的保护。

9. 已完工程及设备保护费:对已施工完成的工程和设备采取保护措施所发生的费用。

10. 临时设施费:施工企业为进行工程施工所必须搭设的生活和生产用的临时建筑物、构筑物和其他临时设施等费用。江苏省规定该费用建筑工程按分部分项工程费的 1%～2.2% 计算;单独装饰工程按分部分项的 0.3%～1.2% 计算。由施工单位根据工程的具体情况报价,发承包双方在合同中约定。

(1) 临时设施包括:临时宿舍、文化福利及公用事业房屋与构筑物、仓库、办公室、加工场地等。

(2) 建筑、装饰、安装、修缮、古建园林工程规定范围内(建筑物沿边起 50 m 以内,多幢建筑两幢间隔 50 m 内)围墙、道路、水电、管线和轨道垫层等。

(3) 市政工程施工现场在定额基本运距范围内的临时给水、排水、供电、供热线路(不包括变压器、锅炉等设备)、临时道路,以及总长度不超过 200 m 的围墙(篱笆)。

建设单位同意在施工就近地点临时修建混凝土构件预制场所发生的费用,应向建设单位结算。

11. 企业检验试验费:施工企业按规定进行建筑材料、构配件等试样的制作、封样和其他为保证工程质量进行的材料检验试验工作所发生的费用。

根据有关国家标准或施工验收规范要求对材料、构配件和建筑物工程质量检测检验发生的费用由建设单位直接支付给所委托的检测机构。

12. 赶工措施费:施工合同约定工期比定额工期提前,施工企业为缩短工期所发生的费用。江苏省规定:现行定额工期按《关于贯彻执行〈全国统一建筑安装工程工期定额〉的通知》(苏建定〔2000〕283 号)执行,赶工措施费由发承包双方在合同中约定。

13. 工程按质论价:施工合同约定质量标准超过国家规定,施工企业完成工程质量达到经有权部门鉴定或评定为优质工程所必须增加的施工成本费。江苏省对该费用已有相关执行文件。

14. 特殊条件下施工增加费:地下不明障碍物、铁路、航空、航运等交通干扰而发生的施工降效费用。

在有毒有害气体和有放射性物质区域范围内的施工人员的保健费,与建设单位职工享受同等特殊保险津贴,享受人数根据现场实际完成的工作量(区域外加工的制品不应计入)的计价表耗工数,并加计百分之十的现场管理人员的人工数确定。

该部分费用由施工单位根据工程实际情况报价,发承包双方在合同中约定。

2.3.2 土建专业工程措施项目费

土建专业工程的措施项目费包括下面 4 点:

(1) 混凝土、钢筋混凝土模板及支架费:是指混凝土施工过程中需要的各种钢模板、木模板、支架等的制作、安装、拆除、维护、运输费用及模板、支架等周转材料的摊销(或租赁)费用。由施工单位根据施工组织设计进行计算。

(2) 脚手架费:是指施工需要的各种脚手架搭设、加固、拆除、运输费用及脚手架的摊销(或租赁)费用。

(3) 垂直运输机械费:指在合理工期内完成单位工程全部项目所需的垂直运输机械台班费用。由施工单位根据施工组织设计并参考相应的定额进行计算。

(4) 住宅工程分户验收费等。

2.4 其他项目费

其他项目费一般由暂列金额、暂估价、计日工、总承包服务费组成。

1) 暂列金额

暂列金额:招标人在工程量清单中暂定并包括在合同价款中的款项,用于施工合同签订时尚未明确或不可预见的所需材料、设备和服务的采购,施工中可能发生的工程变更,合同约定调整因素出现时的工程价款调整及发生的索赔、现场签证确认等费用。

2) 暂估价

暂估价:招标人在工程量清单中提供的用于支付必然发生但暂时不能确定价格的材料

的单价以及专业工程的金额。

3）计日工

计日工：在施工过程中，完成发包人提出的施工图纸以外的零星项目或工作，按合同中约定的综合单价计价。

本费用不仅包括人工，还包括材料和机械。一般适用于施工现场建设单位零星用工或其他可能发生的零星工作量，待工程竣工结算时再根据实际完成的工作量按投标时报的单价进行调整。

4）总承包服务费

总承包服务费：总承包人为配合协调发包人进行的工程分包、自行采购的设备、材料等进行管理、服务以及施工现场管理、竣工资料汇总整理等服务所需的费用。

本费用适用于建设项目从开始立项至竣工投产的全过程承包的"交钥匙"工程，包括建设工程的勘察、设计、施工、设备采购等阶段的工作。此费用应根据总承包的范围、深度按工程总造价的百分比向建设单位收取。

遇建设单位单独分包时，总分包的配合费由建设单位、总包单位、分包单位三方在合同中约定；当总包单位自行分包时，总包管理费由总包单位、分包单位之间解决；安装单位与土建单位的施工配合费由双方协商确定。

2.5　规费

1）规费的概念及组成

规费是指政府和有关权力部门规定必须缴纳的费用（简称规费）。该部分费用为不可竞争费用。建标〔2003〕206 号《建筑安装工程费用项目组成》中规费包括下面的内容。

（1）工程排污费：是指施工现场按规定缴纳的工程排污费。

（2）工程定额测定费：是指按规定支付工程造价（定额）管理部门的定额测定费。

（3）社会保障费

① 养老保险费：是指企业按规定标准为职工缴纳的基本养老保险费。

② 失业保险费：是指企业按照国家规定标准为职工缴纳的失业保险费。

③ 医疗保险费：是指企业按照规定标准为职工缴纳的基本医疗保险费。

（4）住房公积金：是指企业按规定标准为职工缴纳的住房公积金。

（5）危险作业意外伤害保险：是指按照建筑法规定，企业为从事危险作业的建筑安装施工人员支付的意外伤害保险费。

2）规费的计算方法

规费的计算方法按取费基数的不同一般分为以下三种：

（1）以直接费为计算基础

规费＝直接费合计×规费费率（%）

（2）以人工费和机械费合计为计算基础

规费＝（人工费＋机械费）×规费费率（%）

（3）以人工费为计算基础

规费＝人工费合计×规费费率（%）

3）规费费率

一般根据典型工程发承包价的分析资料综合取定如下规费计算中所需的数据：

（1）每万元发承包价中人工费含量和机械费含量。

（2）人工费占直接费的比例。

（3）每万元发承包价中所含规费缴纳标准的各项基数。

4）规费费率的计算公式

（1）以直接费为计算基础

$$规费费率（\%）= \frac{\sum 规费缴纳标准 \times 每万元发承包价计算基数}{每万元发承包价中的人工费含量} \times 人工费占直接费的比例（\%）$$

（2）以人工费和机械费合计为计算基础

$$规费费率（\%）= \frac{\sum 规费缴纳标准 \times 每万元发承包价计算基数}{每万元发承包价中的人工费含量和机械费含量} \times 100\%$$

（3）以人工费为计算基础

$$规费费率（\%）= \frac{\sum 规费缴纳标准 \times 每万元发承包价计算基数}{每万元发承包价中的人工费含量} \times 100\%$$

5）《江苏省建设工程费用定额》（2009）中规费说明和计算

（1）规费组成

《江苏省建设工程费用定额》（2009）中的规费由工程排污费、建筑安全监督管理费、社会保障费、住房公积金组成。

（2）规费的内容

规费是指有权部门规定必须缴纳的费用。

① 工程排污费：包括废气、污水、固体，扬尘及危险废物和噪声排污费等内容。

② 建筑安全监督管理费：根据（苏价服〔2009〕91 号、苏财综〔2009〕10 号）省物价局、省财政厅、省建设厅、省建管局《关于清理调整建筑业收费项目及标准的通知》，有权部门批准收取的建筑安全监督管理费。

③ 社会保障费：企业为职工缴纳的养老保险、医疗保险、失业保险、工伤保险和生育保险等社会保障方面的费用（包括个人缴纳部分）。为确保施工企业各类从业人员社会保障权益落到实处，省、市有关部门可根据实际情况制定管理办法。

④ 住房公积金：企业为职工缴纳的住房公积金。

（3）规费计算

规费应按照有关文件的规定计取，招投标中作为不可竞争费用，不得让利，也不得任意调整计算标准。

① 工程排污费：按有权部门规定计取。江苏省很多市规定招投标时按工程不含税造价的 1‰暂计，结算时按缴纳的发票到市造价管理机构核定金额，按核定的金额计取。

② 建筑安全监督管理费：以分部分项工程费、措施项目费、其他项目费之和为计算基础，费率为 1.9‰。

③ 社会保障费及住房公积金：以分部分项工程费、措施项目费、其他项目费之和为计算基础，按下表费率标准计取。

表 2.5.1　社会保障费费率及公积金费率标准表

序号	工程类别	计算基础	社会保障费费率(%)	公积金费率(%)
1	建筑工程、仿古园林	分部分项工程费 ＋措施项目费 ＋其他项目费	3	0.5
2	预制构件制作、构件吊装、打预制桩、桩基工程		1.2	0.22
3	单独装饰工程		2.2	0.38
8	大型土石方工程		1.2	0.22
9	修缮工程		3.5	0.62
10	单独加固工程		3.1	0.55
11	点工	人工工日	15	
12	包工不包料		13	

注：① 社会保障费包括养老保险费、失业保险费、医疗保险费、工伤保险费、生育保险费。

② 点工和包工不包料的社会保障费和公积金已经包含在人工工资单价中。

③ 人工挖孔桩的社会保障费率和公积金费率(%)按 2.8 和 0.5 计取。

④ 社会保障费费率和公积金费率将随着社保部门要求和建设工程实际费率的提高，适时调整。

2.6　税金

2.6.1　税金组成

税金是指国家税法规定的应计入建筑安装工程造价内的营业税、城市维护建设税及教育费附加等。

1) 营业税

营业税是指对从事建筑业、交通运输业和各种服务行业的单位和个人，就其营业收入征收的一种税。营业税应纳税额的税率为 3%，计征基数为直接工程费、间接费、利润等全部收入（即工程造价）。

2) 城市维护建设税

城市维护建设税是国家为了加强城市的维护建设，扩大和稳定城市维护建设资金来源，而对有经营收入的单位和个人征收的一种税。城市维护建设税应纳税额的税率按纳税人工程所在地不同分为三个档次，纳税人工程所在地在市区的，税率为 7%，纳税人工程所在地在县城、镇的，税率为 5%，纳税人工程所在地不在市区、县城、镇的，税率为 1%，计征基数为营业税额。

3) 教育费附加

教育费附加是指为加快发展地方教育事业，扩大地方教育资金来源而征收的一种地方税。教育费附加应纳税额的税率按工程所在地政府规定执行，一般情况下为 3%，计征基数为营业税额。

2.6.2　税金计算

（1）税金计算公式为

$$税金 ＝ (税前造价 ＋ 税金) \times 税率(\%)$$

缴纳的税金为含税价格,即俗称"税交税"。

(2) 税率

① 纳税地点在市区的企业

$$税率(\%)=\frac{1}{1-3\%-(3\%\times7\%)-(3\%\times3\%)}-1$$

② 纳税地点在县城、镇的企业

$$税率(\%)=\frac{1}{1-3\%-(3\%\times5\%)-(3\%\times3\%)}-1$$

③ 纳税地点不在市区、县城、镇的企业

$$税率(\%)=\frac{1}{1-3\%-(3\%\times1\%)-(3\%\times3\%)}-1$$

【例】 江苏省××市×××工程税前造价为1500万元,该市的营业税税率为3%,城市维护建设税税率为7%,教育费附加税率为4%,请计算该市的税率和该工程的税金。

【解】

$$税率(\%)=\frac{1}{1-3\%-(3\%\times7\%)-(3\%\times4\%)}-1=3.445\%$$

$$税金=1500\times3.445\%=51.675(万元)$$

2.7 建设工程费用定额

2.7.1 建设工程费用定额使用说明

1)《江苏省建筑与装饰工程计价表》(简称《计价表》)中定额子目与以往的定额子目有了很大的区别,《计价表》中的综合单价与原定额中的基价包含的内容不同,以往定额的基价由人工费、材料费、机械费构成,而《计价表》中的综合单价在原基价的组成上增加了管理费、利润两项。《计价表》中一般建筑工程、单独打桩与制作兼打桩项目的管理费与利润是按照《江苏省建筑与装饰工程费用计算规则》(2004)中三类工程计入综合单价内的,若工程类别实际是一二类工程和单独装饰工程的,以及使用《江苏省建设工程费用定额》(2009)的,其费率与《计价表》中三类工程费率不符的,应根据《江苏省建设工程费用定额》(2009)的规定,对管理费和利润进行调整后再计入综合单价内。

2)《江苏省建设工程费用定额》(2009)根据建筑市场历年来的实际施工项目,按施工难易程度,对不同的单位工程划分了类别,各单位工程按核定的类别取费。

(1) 工程分类

① 工业建筑工程:指从事物质生产和直接为生产服务的建筑工程,主要包括生产(加工)车间、实验车间、仓库、独立实验室、化验室、民用锅炉房、变电所和其他生产用建筑工程。

② 民用建筑工程:指直接用于满足人们的物质和文化生活需要的非生产性建筑,主要包括:商住楼、综合楼、办公楼、教学楼、宾馆、宿舍及其他民用建筑工程。

③ 构筑物工程:指与工业与民用建筑工程相配套且独立于工业与民用建筑的工程,主要包括烟囱、水塔、仓类、池类、栈桥等。

④ 桩基础工程:指天然地基上的浅基础不能满足建筑物、构筑物的稳定要求而采用的

一种深基础,主要包括各种现浇桩和预制桩。

⑤ 大型土石方和单独土石方工程:指单独编制概预算或在一个单位工程内挖方或填方在 5 000 m³(不含 5 000 m³)以上的工业与民用建筑土石方工程,包括土石方挖或填等。

(2) 工程类别划分指标设置

① 工业建筑:单层按檐口高度、跨度两个指标划分。多层按檐口高度一个指标划分。

② 民用建筑:分住宅和公共建筑,按檐口高度、层数两个指标划分。

③ 构筑物:分烟囱、水塔、筒仓、贮池、栈桥等。

④ 大型机械吊装工程:按檐口高度、跨度两个指标划分。

⑤ 桩基础工程:分预制混凝土(钢板)桩和灌注混凝土桩,按桩长指标划分。

⑥ 单独、大型土石方工程:根据挖或填的土(石)方容量划分。

注意:凡工程类别标准中,有两个指标控制的,只要满足其中一个指标即可按该指标确定工程类别。

3) 不同层数组成的单位工程,当高层部分的面积(按立面图竖向切分)占总面积 30%以上时,按高层的指标确定工程类别,不足 30% 的按低层指标确定工程类别。

4) 以建筑面积、檐高、跨度确定工程类别时,如该工程指标达不到高类别的指标,但工程施工难度很大的(如建筑复杂、有地下室、基础要求高、采用新的施工工艺的工程等),其类别由各市工程造价管理部门根据实际情况予以核定。

5) 单独承包地下室工程的按二类标准取费,如地下室建筑面积≥10 000 m² 则按一类标准取费。

6) 建筑物、构筑物高度系指设计室外地面标高至檐口顶标高(不包括女儿墙,也不包括高出屋面电梯间、楼梯间、水箱间等的高度),跨度系指轴线之间的宽度。

7) 强夯法加固地基、基础钢管支撑均按建筑工程二类标准执行。深层搅拌桩、粉喷桩、基坑锚喷护壁按制作兼打桩三类标准执行。专业预应力张拉施工,如主体为一类工程按一类工程取费;主体为二、三类工程均按二类工程取费。

8) 预制构件制作工程类别划分按相应的建筑工程类别划分标准执行。

9) 轻钢结构的单层厂房按单层厂房的类别降低一类标准计算,但不得低于最低类别标准。

10) 确定类别时,地下室、半地下室和层高小于 2.2 m 的均不计算层数。

11) 与建筑物配套的零星项目,如化粪池、检查井、分户围墙按相应的主体建筑工程类别标准确定外,其余如厂区围墙、道路、下水道、挡土墙等零星项目,均按三类标准执行。

12) 建筑物加层扩建时要与原建筑物一并考虑套用类别标准。

13) 在确定工程类别时,对于工程施工难度很大的(如建筑造型复杂、有地下室、基础要求高、采用新的施工工艺的工程等),以及工程类别标准中未包括的特殊工程,如展览中心、影剧院、体育馆、游泳馆、别墅、别墅群等,由当地工程造价管理机构根据具体情况确定,报上级造价管理机构备案。

2.7.2 建筑工程费用计算规则应用要点

根据《关于明确江苏省建设工程费用有关问题的通知》(苏建价站〔2009〕7 号),有以下注意点:

一、建设工程类别取定的有关标准

1. 空间可利用的坡屋顶或顶楼的跃层,当净高超过 2.1m 部分的水平面积与标准层建筑面积相比达到 50% 以上时可以计算层数。

2. 底层车库(不包括地下或半地下车库)在设计室外地面以上部分超过 2.2m 时,可以计算层数。

3. 有地下室的多层建筑(七层以内),有人防地下室的小高层、高层建筑的工程类别可以高套一类。有地下室,但不是人防地下室的小高层、高层建筑,只有当处于层数或檐口高度的临界值时可以高套一类。

4. 多栋建筑物下有连通的地下室时,地上的多栋建筑物的工程类别确定原则同有地下室的建筑工程;其地下室建筑面积在 10 000 m² 以下的,按建筑工程二类标准取费,在 10 000 m² 以上的,按建筑工程一类标准取费。

二、建设工程的有关费用标准

1. 建筑工程中的专业项目在执行费用标准时,桩基工程(包括打预制桩和制作兼打桩)、大型土石方工程不论是否单独发包,均应按照对应的专业项目执行费率标准。预制构件制作、构件吊装、装饰工程只有在单独发包时,按照对应的专业项目执行费率标准,否则执行建筑工程费率标准。

2. 特殊条件下施工增加费,地上、地下的设施、建筑物的临时保护设施费,当计价定额中无适用项目参考报价时,可以直接以"项"为单位报价,不需要提供具体价格组成。

三、钢结构工程取费标准的部分调整

1. 加工厂完成制作,到施工现场安装的钢结构工程(包括网架屋面),安全文明施工措施费标准调整为按单独发包的构件吊装标准执行。加工厂为施工企业自有的,钢结构除安全文明施工措施费外,其他费用标准不变,仍按建筑工程执行。钢结构为企业成品购入的,即以成品预算价格计入材料费,吊装工程费用标准调整为按照单独发包的构件吊装工程执行。

2. 施工现场完成加工制作的钢结构工程费用标准不变,仍按照建筑工程执行。

3. 钢结构工程取费标准的调整适用于在本通知发布后招标或签订施工合同的不招标的建设工程。

2.7.3　工程造价计算程序

1) 费用计算

(1) 分部分项费用=综合单价×工程量

其中:综合单价=人工费+材料费+机械费+管理费+利润

　　管理费=(人工费+机械费)×费率

　　利润=(人工费+机械费)×费率

(2) 措施项目费用

① 措施项目费=分部分项工程费×费率

② 措施项目费=综合单价×工作量

(3) 其他项目费用双方约定

(4) 规费=(分部分项费用+措施项目费用+其他项目费用)×费率

（5）税金＝（分部分项费用＋措施项目费用＋其他项目费用＋规费）×税率

（6）工程造价＝分部分项费用＋措施项目费用＋其他项目费用＋规费＋税金

2）费用说明

（1）原《江苏省建筑与装饰工程费用计算规则》（2004）中人工工资标准分为三类：一类工标准为 28 元/工日；二类工标准为 26 元/工日；三类工标准为 24 元/工日。单独装饰工程的人工工资可在《计价表》单价基础上调整为 30～45 元/工日。目前，根据《江苏省建设工程费用定额》（2009）工资调整为一类工标准为 47 元/工日；二类工标准为 44 元/工日；三类工标准为 41 元/工日。单独装饰工程的人工工资可在《计价表》单价基础上调整为 54～70 元/工日。具体在投标报价或由双方在合同中予以明确。

（2）包工不包料、点工分别按 58 元/工日、48 元/工日计算，其中包括了管理费、利润和劳动保险费。

（3）建筑工程管理费和利润计算标准：《计价表》中的管理费是以 2004 年费用计算规则中三类工程的标准列入子目，其计算基础为人工费加机械费。利润不分工程类别按规定计算。执行《江苏省建设工程费用定额》（2009）时，每个子目应作相应调整。

（4）单独装饰工程管理费和利润取费标准：装饰工程的管理费按现行费用定额中的费率计取，其计算基础为人工费加机械费。利润不分企业资质等级按规定计算。

（5）机械施工大型土石方工程、单独基础打桩工程造价计算程序同建筑与装饰工程造价计算程序，包工包料如表 2.7.1，包工不包料如表 2.7.2。

表 2.7.1 建筑与装饰工程造价计算程序表（包工包料）

序号	费用名称		计算公式	备注
（一）	分部分项工程量清单费用		综合单价×工程量	
	其中	1. 人工费	《计价表》人工消耗量×人工单价	按《计价表》
		2. 材料费	《计价表》材料消耗量×材料单价	
		3. 机械费	《计价表》机械消耗量×机械单价	
		4. 管理费	[(1)＋(3)]×费率	
		5. 利润	[(1)＋(3)]×费率	
（二）	措施项目清单计价		（一）×费率 或综合单价×工程量	按《计价表》或费用定额
（三）	其他项目费用			双方约定
（四）	规费			按规定计取
	其中	1. 工程排污费	[(一)＋(二)＋(三)]×费率	按规定计取
		2. 建筑安全监督管理费		按规定计取
		3. 社会保障费		按规定计取
		4. 住房公积金		
（五）	税金		[(一)＋(二)＋(三)＋(四)]×税率	按各市规定计取
（六）	工程造价		（一）＋（二）＋（三）＋（四）＋（五）	

表 2.7.2 建筑与装饰工程造价计算程序表(包工不包料)

序号	费用名称		计算公式	备 注
(一)	分部分项工程量清单人工费		《计价表》人工消耗量×58元/工日	按《计价表》
(二)	措施项目清单计价		(一)×费率或按《计价表》	按《计价表》或费用定额
(三)	其他项目费用			双方约定
(四)	规 费			
	其中	1. 工程排污费	[(一)+(二)+(三)]×费率	按规定计取
		2. 建筑安全监督管理费		
		3. 社会保障费		
		4. 住房公积金		
(五)	税 金		[(一)+(二)+(三)+(四)]×税率	按各市规定计取
(六)	工程造价		(一)+(二)+(三)+(四)+(五)	

3 工程计量

3.1 《计价表》下的工程计量

　　《江苏省建筑与装饰工程计价表》(2004年)是在《江苏省建筑工程单位估价表》(2001年)以及《江苏省建筑装饰工程预算定额》(1998年)的基础上修订而成。《计价表》适用于我省行政区域范围内一般工业与民用建筑的新建、扩建、改建工程及其单独装饰工程,不适用于修缮工程。全部使用国有资金投资或国有资金投资为主的建筑与装饰工程应执行本《计价表》;其他形式投资的建筑与装饰工程可参照使用本《计价表》;当工程施工合同约定按本《计价表》规定计价时,应遵守本《计价表》的相关规定。

　　《计价表》的作用:编制工程标底、招标工程结算审核的指导;工程投标报价、企业内部核算、制定企业定额的参考;一般工程(依法不招标工程)编制与审核工程预结算的依据;编制建筑工程概算定额的依据;建设行政主管部门调解工程造价纠纷、合理确定工程造价的依据。

　　《计价表》中的综合单价由人工费、材料费、机械费、管理费、利润等五项费用组成。一般建筑工程、单独打桩与制作兼打桩项目的管理费和利润,已按照三类工程标准计入综合单价内;一、二类工程和单独装饰工程应根据《江苏省建筑与装饰工程费用计算规则》规定,对管理费和利润进行调整后计入综合单价内。

　　《计价表》是按在正常的施工条件下,结合我省颁发的地方标准《江苏省建筑安装工程施工技术操作规程》(DB32)、现行的施工及验收规范和我省颁发的部分建筑构、配件通用图做法编制。

　　《计价表》中规定的工作内容,均包括完成该项目过程的全部工序以及施工过程中所需的人工、材料、半成品和机械台班数量。除《计价表》中有规定允许调整外,其余不得因具体工程的施工组织设计、施工方法和工、料、机等耗用与计价表有出入而调整《计价表》用量。

　　下面,按《计价表》的章节顺序介绍《计价表》的工程计量。

3.1.1　土、石方工程计量

1) 土、石方工程工程量的计算规则及运用要点

　　(1) 土石方的体积除定额另有规定外,均按天然实体积计算(自然方),填土按夯实后的体积计算。

　　(2) 挖土深度是以设计室外地坪标高为起点,至图示基础垫层底面的尺寸。

　　(3) 土方工程套用定额规定:挖填土方厚度在±300 mm以内及找平为平整场地;沟槽底宽在3 m以内,沟槽底长大于3倍沟槽底宽的为挖地槽、地沟;基坑底面积在20 m² 以内的为挖基坑;以上范围之外的均为挖土方。

　　(4) 平整场地工程量按建筑物外墙外边线,每边各加2 m,以平方米计算。

　　(5) 沟槽工程量按沟槽长度乘以沟槽截面积计算。沟槽长度:外墙沟槽长度按图示基础中心线长度计算,内墙沟槽长度按净长线计算(即为轴线长度,扣减两端和中间交叉的基础底宽及工作面宽度)。沟槽宽度:按设计宽度加基础施工所需工作面宽度计算。

(6)挖沟槽、基坑土方需放坡时,按施工组织设计的放坡要求计算,若施工组织设计无此要求时,可按表3.1.1计算。

表 3.1.1 放坡高度、比例确定表

土壤类别	放坡深度规定(m)	高与宽之比		
		人工挖土	机械挖土	
			坑内作业	坑上作业
一、二类土	超过1.20	1:0.50	1:0.33	1:0.75
三类土	超过1.50	1:0.33	1:0.25	1:0.67
四类土	超过2.00	1:0.25	1:0.10	1:0.33

注:① 沟槽、基坑中土壤类别不同时,分别按其土壤类别、放坡比例以不同土壤厚度分别计算。

② 计算放坡工程量时交接处的重复工程量不扣除,符合放坡深度规定时才能放坡,放坡高度应自垫层下表面至设计室外地坪标高计算。

(7)挖沟槽、基坑土方所需工作面宽度按施工组织设计的要求计算,若施工组织设计无此要求时,可按表3.1.2计算。

表 3.1.2 基础施工所需工作面宽度表

基础材料	每边各增加工作面宽度(mm)
砖基础	以最底下一层大放脚边至地槽(坑)边200
浆砌毛石、条石基础	以基础边至地槽(坑)边150
混凝土基础支模板	以基础边至地槽(坑)边300
基础垂直面做防水层	以防水层面的外表面至地槽(坑)边800

(8)机械挖土方工程量,按机械实际完成工程量计算。机械确实挖不到的地方,用人工修边坡、整平的土方工程量需人工挖土方,最多不得超过挖土方总量的10%。

(9)回填土以立方米计算,基槽、坑回填土体积=挖土体积-设计室外地坪以下埋设的实体体积(基础垫层、各类基础、地下室墙、地下水池壁)及其空腔体积,室内回填土体积按主墙间净面积乘以填土厚度计算。

(10)余土外运、缺土内运工程量=运土工程量-回填土工程量。正值为余土外运,负值为缺土内运。

(11)干土与湿土的划分,应以地质勘察资料为准,如无资料时以地下常水位为准,常水位以上为干土,常水位以下为湿土,采用人工降低地下水位时,干湿土的划分仍以常水位为准。

2)土、石方工程工程量计算举例

【例3.1】 某单位传达室基础平面图及基础详图(见图3.1.1),土壤为三类土、干土,场内运土150 m。计算人工挖地槽工程量。

36

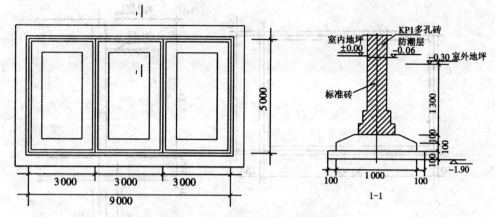

图 3.1.1 基础平面图及基础详图

【相关知识】

1. 挖土深度从设计室外地坪至垫层底面,三类土,挖土深度超过 1.5 m,按表 3.1.1,1:0.33 放坡。

2. 垫层需支模板,工作面从垫层边至槽边,按表 3.1.2,300 mm。

3. 地槽长度:外墙按基础中心线长度计算,内墙按扣去基础宽和工作面后的净长线计算,放坡增加的宽度不扣。

【解】

工程量计算

1. 挖土深度 $1.90-0.30=1.60$(m)

2. 槽底宽度 (加工作面)

 $1.20+0.30\times2=1.80$(m)

3. 槽上口宽度 (加放坡长度)

 放坡长度 $=1.60\times0.33=0.53$(m)

 $1.80+0.53\times2=2.86$(m)

4. 地槽长度 外:$(9.0+5.0)\times2=28.0$(m)

 内:$(5.0-1.80)\times2=6.40$(m)

5. 体积 $1.60\times(1.80+2.86)\times\dfrac{1}{2}\times(28.0+6.40)=128.24$(m³)

6. 挖出土场内运输 128.24 m³

【例 3.2】 某建筑物地下室见图 3.1.2。地下室墙外壁做涂料防水层,施工组织设计确定用反铲挖掘机挖土,土壤为三类土,机械挖土坑内作业,土方外运 1 km,回填土已堆放在距场地 150 m 处。计算挖土方工程量及回填土工程量。

【相关知识】

1. 三类土、机械挖土深度超过 1.5 m,按表 3.1.1,1:0.25 放坡。

2. 垂直面做防水层,工作面从防水层的外表面至地坑边,按表 3.1.2,800 mm。

3. 机械挖不到的地方,人工修边坡,整平的工程量需人工挖土方,但量不得超过挖土方总量的 10%。

37

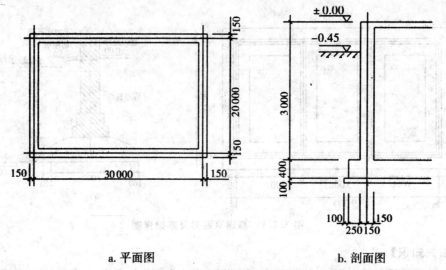

| a. 平面图 | b. 剖面图 |

图 3.1.2 地下室示意图

4. 计算回填土时,用挖出土总量减设计室外地坪以下的垫层,整板基础,地下室墙及地下室净空体积。

【解】

工程量计算

1. 挖土深度　$3.50-0.45=3.05(m)$

2. 坑底尺寸　(加工作面,从墙防水层外表面至坑边)

$$30.30+0.80\times2=31.90(m)$$

$$20.30+0.80\times2=21.90(m)$$

3. 坑顶尺寸　(加放坡长度)

放坡长度 $=3.05\times0.25=0.76(m)$

$$31.90+0.76\times2=33.42(m)$$

$$21.90+0.76\times2=23.42(m)$$

4. 体积　$(31.90\times21.90+33.42\times23.42+65.32\times45.32)\times\dfrac{3.05}{6}=2\,257.82(m^3)$

其中:人工挖土方量

坑底整平　$0.20\times31.90\times21.90=139.72(m^3)$

修边坡　$0.10\times(31.90+33.42)\times\dfrac{1}{2}\times3.14\times2=20.51(m^3)$

$$0.10\times(21.90+23.42)\times\dfrac{1}{2}\times3.14\times2=14.23(m^3)$$

(其中 3.14 为边坡斜高度)

计:人工挖土方　$139.72+20.51+14.23=174.46(m^3)$

(未超过挖土方总量的 10%,则按该计算结果计价;如超过挖土方总量的 10%,则按挖土方总量的 10%计价)

机械挖土方　$2\,257.82-174.46=2\,083.36(m^3)$

5. 回填土　挖土方总量：2 257.82 m³

减垫层量：0.10×31.0×21.0＝65.10(m³)

减底板：0.40×30.80×20.80＝256.26(m³)

减地下室：(3.0－0.45)×30.30×20.30＝1 568.48(m³)

回填土量：2 257.82－65.10－256.26－1 568.48＝367.98(m³)

3.1.2　打桩及基础垫层工程计量

1) 打桩及基础垫层工程工程量的计算规则及运用要点

(1) 打预制钢筋混凝土桩的工程量,按设计桩长(包括桩尖长度)乘以桩身截面面积以立方米计算,管桩则应扣除空心体积。

(2) 打预制桩需送桩,送桩长度从桩顶面标高至自然地坪另加500 mm,乘以桩身截面面积以立方米计算,管桩则应扣除空心体积。

(3) 泥浆护壁钻孔灌注桩,钻孔与灌注混凝土分别计算,钻土孔从自然地面至桩底或至岩石表面的深度乘以桩身截面面积以立方米计算,钻岩石孔则以入岩深度乘以桩身截面面积以立方米计算。泥浆外运体积按钻孔体积计算。

(4) 灌注桩按设计桩长(含桩尖)另加一个直径(设计有规定时,加设计要求长度)乘以桩身截面面积以立方米计算。

(5) 深层搅拌桩、喷粉桩加固地基,按设计桩长加500 mm(设计有规定时,加设计要求长度),乘以设计桩身截面面积以立方米计算(双轴的工程量不得重复计算),群桩之间的搭接不扣除。

(6) 凿灌注混凝土桩头按立方米计算,凿、截断预制桩以根计算。

2) 打桩及基础垫层工程工程量计算举例

【例3.3】　某工程桩基础为现场预制混凝土方桩(见图3.1.3)。C30商品混凝土,室外地坪标高－0.30 m,桩顶标高－1.80 m,桩计150根。计算与打桩有关的工程量。

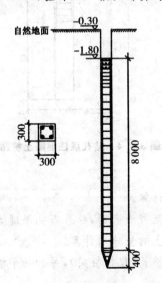

图3.1.3　现场预制混凝土方桩图

【相关知识】

1. 设计桩长包括桩尖,不扣除桩尖虚体积。

2. 送桩长度从桩顶面到自然地面另加 500 mm。

3. 桩的制作混凝土按设计桩长乘以桩身截面积计算,钢筋按设计图纸和规范要求计算在钢筋工程内,模板按接触面积计算在措施项目内。

【解】

工程量计算

1. 打桩 桩长=桩身+桩尖=8.00+0.40=8.40(m)

   0.30×0.30×8.40×150=113.40(m³)

2. 送桩 长度=1.50+0.50=2.00(m)

   0.30×0.30×2.00×150=27.0(m³)

3. 凿桩头 150 根

【例3.4】 某工程桩基础是钻孔灌注混凝土桩(见图3.1.4)。C25 混凝土现场搅拌,土孔中混凝土充盈系数为 1.25,自然地面标高—0.45 m,桩顶标高—3.00 m,设计桩长 12.30 m,桩进入岩层 1.0 m,桩直径 600 mm,计 100 根,泥浆外运 5 km。计算与桩有关的工程量。

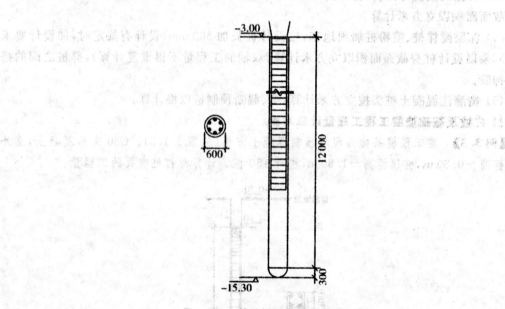

图3.1.4 钻孔灌注混凝土桩图

【相关知识】

1. 钻土孔与钻岩石孔分别计算。

2. 钻土孔深度从自然地面至岩石表面,钻岩石孔深度为入岩深度。

3. 土孔与岩石孔灌注混凝土的量分别计算。

4. 灌注混凝土桩长是设计桩长(包括桩尖),另加一个桩直径,如果设计有规定,则加设计要求长度。

5. 砌泥浆池的工料费用在编制标底时暂按每立方米桩 1.0 元计算,结算时按实调整。

【解】

工程量计算

1. 钻土孔　深度＝15.30－0.45－1.0＝13.85(m)

　　　　　　0.30×0.30×3.14×13.85×100＝391.40(m³)

2. 钻岩石孔　深度＝1.0 m

　　　　　　0.30×0.30×3.14×1.0×100＝28.26(m³)

3. 灌注混凝土桩(土孔)　桩长＝12.30＋0.60－1.0＝11.90(m)

　　　　　　0.30×0.30×3.14×11.90×100＝336.29(m³)

4. 灌注混凝土桩(岩石孔)　桩长＝1.0 m

　　　　　　0.30×0.30×3.14×1.0×100＝28.26(m³)

5. 泥浆外运＝钻孔体积　391.40＋28.26＝419.66(m³)

6. 砖砌泥浆池＝桩体积　336.29＋28.26＝364.55(m³)

7. 凿桩头　0.30×0.30×3.14×0.60×100＝16.96(m³)

3.1.3　砌筑工程计量

1) 砌筑工程工程量的计算规则及运用要点

(1) 不同砌体材料、不同砌筑砂浆的砌体应分别计算。

(2) 基础与墙身使用同一种材料时,以设计室内地坪为界,室内地坪以下为基础,以上为墙身;基础与墙身使用不同材料,两种材料分界线位于设计室内地坪±300 mm 范围以内时,以不同材料为分界线,分界线上部为墙身,下部为基础,两种材料分界线在室内地坪±300 mm 范围以外时,仍以设计室内地坪为界。

(3) 外墙砖基础按外墙中心线长度计算,内墙砖基础按两端墙基之间最上一步净距离计算,大放脚 T 形接头处重叠部分不扣除,附墙砖垛基础宽出部分的体积,并入所依附的基础工程量内。

(4) 墙的长度计算:外墙按外墙中心线,内墙按内墙净长线。墙的高度计算:现浇斜屋面板,算至墙中心线屋面板底;现浇平板楼板或屋面板,算至楼板或屋面板底;有框架梁时,算至梁底面;女儿墙从梁或板顶面算至女儿墙顶面,有混凝土压顶时,算至压顶底面。

(5) 计算墙体工程量时,应扣除门窗洞口,各种空洞,嵌入墙身的混凝土柱、梁所占的体积,不扣除梁头、梁垫,外墙预制板头,木砖,铁件,钢管等以及面积在 0.3 m² 以下的孔洞所占的体积。突出墙面的压顶线,门窗套,三皮砖以内的腰线,挑檐等体积不增加。附墙砖垛,三皮砖以上的腰线,挑檐等体积,并入墙身体积内计算。

(6) 砖砌地下室外墙,内墙均按相应内墙定额计算。

(7) 砌块墙、多孔砖墙中,窗台虎头砖、腰线、门窗洞边接茬用标准砖已综合在定额内,不再另外计算。

(8) 各种砌块墙按图示尺寸计算,砌块内的空心体积不扣除,砌体中设计有钢筋砖过梁时,按小型砌体定额计算。

(9) 墙基防潮层按墙基顶面水平宽度乘以长度以平方米计算。

(10) 阳台砖隔断按相应内墙定额执行。

41

2) 砌筑工程工程量计算举例

【例 3.5】 某单位传达室基础平面图及基础详图见图 3.1.1。室内地坪±0.00 m,防潮层−0.06 m,防潮层以下用 M10 水泥砂浆砌标准砖基础,防潮层以上为多孔砖墙身。计算砖基础、防潮层的工程量。

【相关知识】

1. 基础与墙身使用不同材料的分界线位于−60 mm 处,在设计室内地坪±300 mm 范围以内,因此−0.06 m 以下为基础,−0.06 m 以上为墙身。

2. 墙的长度计算:外墙按中心线,内墙按净长线,大放脚 T 形接头处重叠部分不扣除。

3. 基础大放脚根据基础墙的厚度、大放脚的层数、形状在《计价表》的附录九中查找折加高度。

4. 条形基础的长度计算:外墙按中心线;内墙:下部矩形部分按基础两端之间净长距离计算,上部梯形部分按两端斜面中心线距离计算。

5. 基础垫层的长度计算:外墙按中心线;内墙按垫层两端之间净长距离计算。

(以上相关知识 4、5 两条详见 3.1.5 中"混凝土工程工程量计算规则及运用要点")

【解】

工程量计算

砖基础及防潮层计算:

1. 外墙基础长度　　外:$(9.0+5.0)×2=28.0$(m)

　　内墙基础长度　　内:$(5.0−0.24)×2=9.52$(m)

2. 基础高度　　　　$1.30+0.30−0.06=1.54$(m)

（查《计价表》定额下册,附 1137 页的表,大放脚折加高度:等高式,240 厚墙,2 层,双面,0.197m）

3. 砖基础体积　　　$0.24×(1.54+0.197)×(28.0+9.52)=15.64$(m³)

4. 防潮层面积　　　$0.24×(28.0+9.52)=9.00$(m²)

条形基础计算:

1. 梯形下口宽度 1.0 m,上口宽度 0.58 m,中心平均宽度 0.79 m。

2. 外墙条形基础长度:　　$(9.0+5.0)×2=28.0$(m)

　　内墙条形基础下部长度:$(5.0−1.0)×2=8.0$(m)

　　内墙条形基础上部长度:$(5.0−0.79)×2=8.42$(m)

3. 条形基础下部高度:　　0.10 m

　　条形基础上部高度:　　0.10 m

4. 条形基础体积　　外墙:　$(1.0×0.1+0.79×0.1)×28.0=5.01$(m³)

　　　　　　　　　　内墙:　$1.0×0.1×8.0+0.79×0.1×8.42=1.47$(m³)

　　　　　　　　　　合计:　6.48 m³

垫层计算:

1. 外墙垫层长度:　　$(9.0+5.0)×2=28.0$(m)

　　内墙垫层长度:　　$(5.0−1.2)×2=7.6$(m)

2. 垫层高度:　　　　0.10 m

3. 垫层宽度:　　　　1.20 m

4. 垫层体积:　　　　$1.2×0.1×(28.0+7.6)=4.27$(m³)

【例 3.6】 某单位传达室平面图、剖面图、墙身大样图见图 3.1.5。构造柱 240 mm×240 mm，有马牙搓与墙嵌接，圈梁 240 mm×300 mm，屋面板厚 100 mm。门窗上口无圈梁处设置过梁厚 120 mm，过梁长度为洞口尺寸两边各加 250 mm。窗台板厚 60 mm，长度为窗洞口尺寸两边各加 60 mm，窗两侧有 60 mm 宽砖砌窗套。砌体材料为 KP1 多孔砖，女儿墙为标准砖。计算墙体工程量。

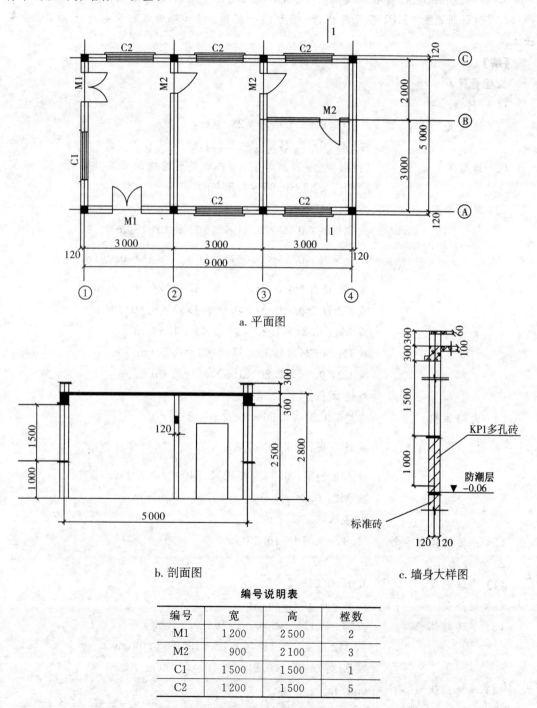

a. 平面图

b. 剖面图

c. 墙身大样图

编号说明表

编号	宽	高	樘数
M1	1 200	2 500	2
M2	900	2 100	3
C1	1 500	1 500	1
C2	1 200	1 500	5

图 3.1.5　某单位传达室平面图、剖面图、墙身大样图及编号说明表

【相关知识】

1. 墙的长度计算:外墙按外墙中心线,内墙按内墙净长线;墙的高度计算:现浇平屋(楼)面板,算至板底,女儿墙自屋面板顶算至压顶底。

2. 计算工程量时,要扣除嵌入墙身的柱、梁、门窗洞口,突出墙面的窗套不增加。

3. 扣构造柱要包括与墙嵌接的马牙搓,本图构造柱与墙嵌接面有 20 个。

4. 因《计价表》中 KP1 多孔砖内、外墙为同一定额子目,若砌筑砂浆标号一致,可合并计算。

【解】

工程量计算

1. 一砖墙

(1) 墙长度   外:$(9.0+5.0) \times 2 = 28.0$(m)

                                 内:$(5.0-0.24) \times 2 = 9.52$(m)

(2) 墙高度   (扣圈梁、屋面板厚度,加防潮层至室内地坪高度)

                                 $2.80-0.30+0.06 = 2.56$(m)

(3) 外墙体积   外墙:$0.24 \times 2.56 \times 28.0 = 17.20$(m³)

                                 减构造柱:$0.24 \times 0.24 \times 2.56 \times 8 = 1.18$(m³)

                                 减马牙搓:$0.24 \times 0.06 \times 2.56 \times \frac{1}{2} \times 16 = 0.29$(m³)

                                 减 C1 窗台板:$0.24 \times 0.06 \times 1.62 \times 1 = 0.02$(m³)

                                 减 C2 窗台板:$0.24 \times 0.06 \times 1.32 \times 5 = 0.10$(m³)

                                 减 M1:$0.24 \times 1.20 \times 2.50 \times 2 = 1.44$(m³)

                                 减 C1:$0.24 \times 1.50 \times 1.50 \times 1 = 0.54$(m³)

                                 减 C2:$0.24 \times 1.20 \times 1.50 \times 5 = 2.16$(m³)

                                 外墙体积:11.47 m³

(4) 内墙体积   内墙:$0.24 \times 2.56 \times 9.52 = 5.85$(m³)

                                 减马牙搓:$0.24 \times 0.06 \times 2.56 \times \frac{1}{2} \times 4 = 0.07$(m³)

                                 减 M2 过梁:$0.24 \times 0.12 \times 1.40 \times 2 = 0.08$(m³)

                                 减 M2:$0.24 \times 0.90 \times 2.10 \times 2 = 0.91$(m³)

                                 内墙体积:4.79 m³

(5) 一砖墙体积合计 $11.47+4.79 = 16.26$(m³)

2. 半砖墙

(1) 内墙长度 $3.0-0.24 = 2.76$(m)

(2) 墙高度 $2.80-0.10 = 2.70$(m)

(3) 半砖墙体积   内墙:$0.115 \times 2.70 \times 2.76 = 0.86$(m³)

                                 减 M2 过梁:$0.115 \times 0.12 \times 1.40 = 0.02$(m³)

                                 减 M2:$0.115 \times 0.90 \times 2.10 = 0.22$(m³)

(4) 半砖墙体积合计   0.62 m³

3. 女儿墙

(1) 墙长度　　　　　　(9.0＋5.0)×2＝28.0(m)

(2) 墙高度　　　　　　0.30－0.06＝0.24(m)

(3) 女儿墙体积　　　　0.24×0.24×28.0＝1.61(m³)

3.1.4　钢筋工程计量

1) 钢筋工程工程量的计算规则及运用要点

(1) 编制预算时,钢筋工程量可暂按构件体积(或水平投影面积、外围面积、延长米)乘以钢筋含量计算,结算时根据设计图纸按实调整。

(2) 钢筋工程应区别现浇构件、预制构件、加工厂预制构件、预应力构件、点焊网片等以及不同规格,分别按设计展开长度(展开长度、保护层、搭接长度应符合规范规定)乘以理论重量以吨计算。

(3) 计算钢筋工程量时,搭接长度按规范规定计算。当梁、板(包括整板基础)ϕ8 以上的通筋未设计搭接位置时,预算书暂按 8 m 一个双面电焊接头考虑,结算时应按钢筋实际定尺长度调整搭接个数,搭接方式按已审定的施工组织设计确定。

(4) 电渣压力焊、锥螺纹、套管挤压等接头以"个"计算。柱按自然层每根钢筋 1 个接头计算。

(5) 桩顶部破碎混凝土后主筋与底板钢筋焊接分别分为灌注桩、方桩(离心管桩按方桩)以桩的根数计算,每根桩端焊接钢筋根数不调整。

(6) 在加工厂制作的铁件(包括半成品)、已弯曲成型钢筋的场外运输按吨计算。

(7) 各种砌体内的钢筋加固分绑扎、不绑扎,按吨计算。

(8) 混凝土柱中埋设的钢柱,其制作、安装应按相应的钢结构制作、安装定额执行。

(9) 先张法预应力构件中的预应力和非预应力钢筋工程量应合并按设计长度计算,按预应力钢筋定额(梁、大型屋面板、F 板执行 ϕ5 以外的定额,其余均执行 ϕ5 以内定额)执行。

(10) 后张法预应力钢筋与非预应力钢筋分别计算,预应力钢筋按设计图规定的预应力钢筋预留孔道长度,区别不同锚具类型分别按下列规定计算:

① 低合金钢筋两端采用螺杆锚具时,预应力钢筋长度按预留孔道长度减 350 mm,螺杆另行计算。

② 低合金钢筋一端采用镦头插片,另一端采用螺杆锚具时,预应力钢筋长度按预留孔道长度计算。

③ 低合金钢筋一端采用镦头插片,另一端采用帮条锚具时,预应力钢筋长度增加 150 mm,两端均采用帮条锚具时,预应力钢筋长度共增加 300 mm。

④ 低合金钢筋采用后张混凝土自锚时,预应力钢筋长度增加 350 mm 计算。

(11) 后张法预应力钢丝束、钢绞线束按设计图纸预应力筋的结构长度(即孔道长度)加操作长度之和乘以钢材理论重量计算(无黏结钢绞线封油包塑的重量不计算),其操作长度按下列规定计算:

① 钢丝束采用镦头锚具时,不论一端张拉还是两端张拉均不增加操作长度(即结构长度等于计算长度)。

② 钢丝束采用锥形锚具时,一端张拉为 1.0 m,两端张拉为 1.6 m。

(12) 基础中钢支架、预埋铁件的计算:

① 基础中,多层钢筋的型钢支架、垫铁、撑筋、马凳等按已审定的施工组织设计合并用

量计算,执行金属结构的钢托架制,按定额执行(并扣除定额中的油漆材料费)。现浇楼板中设置的撑筋按已审定的施工组织设计用量与现浇构件钢筋用量合并计算。

② 预埋铁件、螺栓按设计图纸以吨计算,执行铁件制安定额。

③ 预制柱上钢牛腿按铁件以吨计算。

2) 钢筋工程工程量计算举例

【例3.7】 有一根梁,其配筋如图3.1.6所示,其中①号筋弯起角度为45°,请计算该梁钢筋的重量。

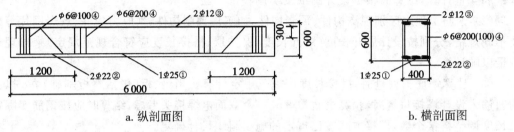

a. 纵剖面图　　　　　　　　　b. 横剖面图

图3.1.6　梁配筋图

【解】

1. 长度及数量计算

①号筋($\underline{\Phi}$25,1根)

$$L_1 = 6 - 0.025 \times 2 + 0.414 \times 0.55 \times 2 + 0.3 \times 2 = 7.01(\text{m})$$

②号筋($\underline{\Phi}$22,2根)

$$L_2 = 6 - 0.025 \times 2 = 5.95(\text{m})$$

③号筋($\underline{\Phi}$12,2根)

$$L_3 = 6 - 0.025 \times 2 + 12.5 \times 0.012 = 6.10(\text{m})$$

④号筋ϕ6

$$L_4 = (0.4 - 0.025 \times 2 + 0.006 \times 2) \times 2 + (0.6 - 0.025 \times 2 + 0.006 \times 2) \times 2 + 14d = 1.93(\text{m})$$

根数 $\dfrac{6 - 0.025 \times 2}{0.2} + 1 = 30.75(根)$　取31根

2. 重量计算

$\underline{\Phi}$25　7.01 m × 3.85 kg/m = 26.99 kg

$\underline{\Phi}$22　5.95 m × 2.984 kg/m = 17.75 kg

$\underline{\Phi}$12　6.10 m × 0.888 kg/m = 5.42 kg

ϕ6　1.93 m/根 × 31 根 × 0.222 kg/m = 13.28 kg

重量合计:63.44 kg

【例3.8】 框架梁KL1,如图3.1.7,混凝土强度等级为C20,二级抗震设计,钢筋定尺为8 m,当梁通筋$d > 22$ mm时,选择焊接接头,柱的断面均为600 mm × 600 mm。计算该梁的钢筋重量。

【解】

根据03G101—1标准图集查P34 $l_{ae} = 44d$

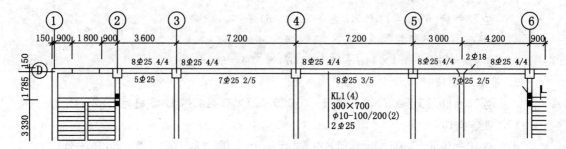

图 3.1.7 框架梁纵剖面配筋图

1. 上部钢筋计算

上部通长筋（见图 3.1.7）

$\Phi 25 = (3.6 + 7.2 \times 3 - 0.6 + 2 \times 10d + 0.4 \times 44d \times 2 + 15d \times 2) \times 2$ 根 $= 53.46 (m)$

2. 轴线②～③第一排

$\Phi 25 = \left(3.6 - 0.6 + 0.4 \times 44d + 15d + 0.6 + \dfrac{6.6}{3}\right) \times 2$ 根 $= 13.23 (m)$

第二排

$\Phi 25 = \left(3.6 - 0.6 + 0.4 \times 44d + 15d + 0.6 + \dfrac{6.6}{4}\right) \times 4$ 根 $= 24.26 (m)$

3. 轴线④、⑤轴支座附加筋

第一排

$\Phi 25 = \left(\dfrac{6.6}{3} \times 2 + 0.6\right) \times 2$ 根 $\times 2$ 个轴线 $= 20.0 (m)$

第二排

$\Phi 25 = \left(\dfrac{6.6}{4} \times 2 + 0.6\right) \times 4$ 根 $\times 2$ 个轴线 $= 31.2 (m)$

4. 轴线⑥端头附加筋

第一排

$\Phi 25 = \left(\dfrac{6.6}{3} + 0.4 \times 44d + 15d\right) \times 2$ 根 $= 6.03 (m)$

第二排

$\Phi 25 = \left(\dfrac{6.6}{4} + 0.4 \times 44d + 15d\right) \times 4$ 根 $= 9.86 (m)$

5. 轴线②～③下部筋

$\Phi 25 = (3 + 0.4 \times 44d + 15d + 44d) \times 5$ 根 $= 24.58 (m)$

注：根据 03G101-1 中 P54

$0.5h_c + 5d = 0.5 \times 0.6 + 5 \times 0.025 = 0.425 (m)$

$l_{ae} = 44d = 44 \times 0.025 = 1.1 (m)$

$l_{ae} > 0.5h_c + 5d$ 所以选择 l_{ae}

6. 轴线③～④下部筋

$\Phi 25 = (6.6 + 2 \times 44d) \times 7$ 根 $= 61.6 (m)$

7. 轴线④~⑤下部筋

$\varPhi 25 = (6.6 + 2 \times 44d) \times 8$ 根 $= 70.4(m)$

8. 轴线⑤~⑥下部筋

$\varPhi 25 = (6.6 + 0.4 \times 44d + 15d + 44d) \times 7$ 根 $= 59.61(m)$

9. 吊筋 $2\varPhi 18$

$\varPhi 18 = [0.35 + 20d \times 2 + (0.7 - 0.025 \times 2) \times 1.414 \times 2] \times 2$ 根 $= 5.82(m)$

10. 箍筋 $\phi 10$

$\phi 10 = (0.3 - 0.025 \times 2 + 0.01 \times 2) \times 2 + (0.7 - 0.025 \times 2 + 0.01 \times 2) \times 2 + 24d = 2.12(m)$

加密区长度选择：根据 03G101-1 中 P63

$1.5h_b = 1.5 \times 0.7 = 1.05 > 0.5$,

取 1.05 m 加密区箍筋 $\left(\dfrac{1.05 - 0.05}{0.10} + 1\right) \times 2 \times 4 = 88(只)$

非加密区箍筋数量 $\dfrac{3 + 6.6 \times 3 - 1.05 \times 8}{0.20} - 4 = 68(只)$

$(88 + 68) \times 2.12 = 330.72(m)$

11. KL1 配筋统计

$\varPhi 25 = 53.46 + 13.23 + 24.26 + 20.0 + 31.2 + 6.03 + 9.86 + 24.58 + 61.6 + 70.4 + 59.61$
$\quad = 374.23(m)$

$\varPhi 18 = 5.82(m)$

$\phi 10 = 330.72(m)$

12. KL1 配筋重量

$\varPhi 25 = 374.23 \text{ m} \times 3.85 \text{ kg/m} = 1\,440.79 \text{ kg}$

$\varPhi 18 = 5.82 \text{ m} \times 1.998 \text{ kg/m} = 11.63 \text{ kg}$

$\phi 10 = 330.72 \text{ m} \times 0.617 \text{ kg/m} = 204.05 \text{ kg}$

重量合计：$1\,656.47 \text{ kg}$

【例 3.9】 某工程中楼梯梯段 TB1 共 4 个，TB1 宽 1.18 m，配筋及大样见图 3.1.8 所示。求 TB1 的钢筋重量。（列表计算）

型号	标高 $c \sim d$ (m)	n (级)	b (mm)	h (mm)	a (mm)	L (mm)	H (mm)	①②③	备注
TB1	$\pm 0.00 \sim 7.20$	11	270	164	100	2 700	1 800	$\phi 12@120$	

【解】

楼梯

序号	直径	长度 (m)	根数	构件数量	总长度 (m)	计 算 公 式
①	$\phi 12$	4.06	11	4	178.64	$L = \sqrt{3.3^2 + 1.8^2} + 0.15 + 6.25d \times 2$ $g = 1.18/0.12 + 1$
②	$\phi 12$	1.33	11	4	58.52	$L = \sqrt{(0.68 + 0.25)^2 + (0.164 \times 2 + 0.15)^2} + 0.15 + 6.25d + 3.5d$ $g = 1.18/0.12 + 1$

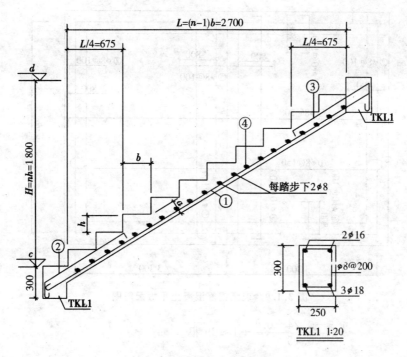

图 3.1.8 楼梯配筋图

续表

序号	直径	长度(m)	根数	构件数量	总长度(m)	计 算 公 式
③	φ12	1.42	11	4	62.48	$L=\sqrt{(0.68+0.25)^2+(0.164\times2+0.15)^2}+0.25+6.25d+3.5d$ $g=1.18/0.12+1$
④	φ8	1.28	20	4	102.40	$L=1.18+6.25d\times2$ $g=2\times10$ 级

重量　φ12：$(178.64+58.52+62.48)$ m$\times0.888$ kg/m$=266.08$ kg

　　　　φ8：102.40 m$\times0.395$ kg/m$=40.45$ kg

重量合计：306.53 kg

【例 3.10】 现浇钢筋混凝土平板配筋如图 3.1.9 所示,根据《计价表》有关规定,计算出钢筋设计用量。图中板厚 100 mm,墙厚 240 mm。

（钢筋理论重量:φ8 的为 0.395 kg/m,φ10 的为 0.617 kg/m）

【解】

① 板的配筋伸到梁的外侧,扣去保护层。

② 板的配筋数 $=\dfrac{L-100\text{ mm}}{\text{间距}}+1$

　　L:净长(梁内侧)-100 mm,梁内侧边缘两头各让 50 mm。

① φ8@150　　$3.3\times2+0.24-0.015\times2+12.5\times0.008=6.91$(m)

49

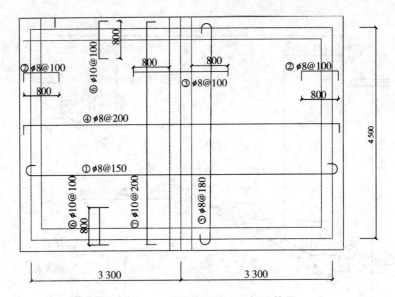

图 3.1.9 现烧钢筋混凝土平板配筋图

$$\frac{4.5-0.24-0.1}{0.15}+1\approx29\ 根$$

② φ8@100　0.8+0.24−0.015+0.07×2=1.165(m)

$$\frac{4.5-0.24-0.1}{0.10}+1\approx43\ 根\times2=86\ 根$$

③ φ8@100　0.8×2+0.24+0.07×2=1.98(m)

同上 43 根

④ φ8@200　3.3×2+0.24−0.015×2+0.07×2=6.95(m)

$$\frac{4.5-0.24-0.1}{0.2}+1\approx22\ 根$$

⑤ φ8@180　4.5+0.24−0.015×2+12.5×0.008=4.81(m)

$$\frac{3.3-0.24-0.1}{0.18}+1\approx18\ 根\times2=36\ 根$$

⑥ φ10@100　0.8+0.24−0.015+0.07×2=1.165(m)

$$\frac{3.3-0.24-0.1}{0.10}+1\approx31\ 根\times4=124\ 根$$

⑦ φ10@200　4.5+0.24−0.015×2+0.07×2=4.85(m)

$$\frac{3.3-0.24-0.1}{0.20}+1\approx16\ 根\times2=32\ 根$$

小计：

φ8　6.91×29+1.165×86+1.98×43+6.95×22+4.81×36=711.78(m)

φ10　1.165×124+4.85×32=299.66(m)

重量合计：711.78×0.395+299.66×0.617=466.04(kg)

3.1.5 混凝土工程计量

1) 混凝土工程工程量的计算规则及运用要点

（1）现浇混凝土工程量计算规则

① 混凝土工程量除另有规定者外，均按图示尺寸实体积以立方米计算。不扣除构件内钢筋、支架、螺栓孔、螺栓、预埋铁件及墙、板中每个小于等于 $0.3 m^2$ 的孔洞所占体积。留洞所增加工、料不再另增费用。

② 基础：

a. 有梁带形混凝土基础，其梁高与梁宽之比在 4∶1 以内的，按有梁式带形基础计算（带形基础高度指梁底部到上部的高度）；超过 4∶1 时，其基础底按无梁式带形基础计算，上部按墙计算。

b. 满堂（板式）基础有梁式（包括反梁）、无梁式应分别计算，仅带有边肋者，按无梁式满堂基础套用子目。

c. 设备基础除块体以外，其他类型设备基础分别按基础、梁、柱、板、墙等有关规定计算，套相应的项目。

d. 独立柱基、桩承台按图示尺寸实体积以立方米算至基础扩大顶面。

e. 杯形基础套用"独立柱基"定额项目。杯口外壁高度大于杯口外长边的杯形基础，套"高颈杯形基础"定额项目。

③ 柱：按图示断面尺寸乘以柱高以立方米计算。柱高按下列规定确定：

a. 有梁板的柱高自柱基上表面（或楼板上表面）算至上一层楼板上表面处（如一根柱的部分断面与板相交，柱高应算至板顶，但与板重叠部分应扣除）。

b. 无梁板的柱高，自柱基上表面（或楼板上表面）至柱帽下表面的高度计算。

c. 有预制板的框架柱柱高自柱基上表面至柱顶高度计算。

d. 构造柱按全高计算，应扣除与现浇板、梁相交部分的体积，与砖墙嵌接部分的混凝土体积并入柱身体积内计算。

e. 依附柱上的牛腿，并入相应柱身体积内计算。

④ 梁：按图示断面尺寸乘以梁长以立方米计算。梁长按下列规定确定：

a. 梁与柱连接时，梁长算至柱侧面。

b. 主梁与次梁连接时，次梁长算至主梁侧面。伸入砖墙内的梁头、梁垫体积并入梁体积内计算。

c. 圈梁、过梁应分别计算。过梁长度按图示尺寸，图纸无明确表示时，按门窗洞口外围宽另加 500 mm 计算。平板与砖墙上混凝土圈梁相交时，圈梁高应算至板底面。

d. 依附于梁（包括阳台梁、圈过梁）上的混凝土线条（包括弧形线条）按延长米另行计算（梁宽算至线条内侧）。

e. 现浇挑梁按挑梁计算，其压入墙身部分按圈梁计算；挑梁与单、框架梁连接时，其挑梁应并入相应梁内计算。

f. 花篮梁二次浇捣部分套用圈梁子目。

⑤ 板：按图示面积乘以板厚以立方米计算（梁板交接处不得重复计算）。其中：

a. 有梁板按梁（包括主、次梁）、板体积之和计算，有后浇板带时，后浇板带（包括主、次梁)应扣除。

b. 无梁板按板和柱帽体积之和计算。

c. 平板按实体积计算。

d. 现浇挑檐、天沟与板(包括屋面板、楼板)连接时,以外墙面为分界线;与圈梁(包括其他梁)连接时,以梁外边线为分界线。外墙边线以外或梁外边线以外为挑檐、天沟。

e. 各类板伸入墙内的板头并入板体积内计算。

f. 预制板板缝宽度在 100 mm 以上的,现浇板缝按平板计算。

g. 后浇墙、板带(包括主、次梁)按设计图纸以立方米计算。

⑥ 墙:外墙按图示中心线长度(内墙按净长度)乘以墙高、墙厚以立方米计算,应扣除门、窗洞口及 0.3 m² 外的孔洞体积。单面墙垛其突出部分并入墙体体积内计算,双面墙垛(包括墙)按柱计算。弧形墙按弧线长度乘以墙高、墙厚计算,地下室墙有后浇墙带时,后浇墙带应扣除。梯形断面墙按上口与下口的平均宽度计算。墙高的确定如下:

a. 墙与梁平行重叠,墙高算至梁底面;当设计梁宽超过墙宽时,梁、墙分别按相应项目计算。

b. 墙与板相交,墙高算至板底面。

⑦ 整体楼梯包括休息平台、平台梁、斜梁及楼梯梁,按水平投影面积计算,不扣除宽度小于 200 mm 的楼梯井,伸入墙内部分不另增加,楼梯与楼板连接时,楼梯算至楼梯梁外侧面。圆弧形楼梯包括圆弧形梯段、圆弧形边梁及与楼板连接的平台,按楼梯的水平投影面积计算。

⑧ 阳台、雨篷,按伸出墙外的板底水平投影面积计算,伸出墙外的牛腿不另计算。水平、竖向悬挑板按立方米计算。

⑨ 阳台、沿廊栏杆的轴线柱、下嵌、扶手均以扶手的长度按延长米计算。混凝土栏板、竖向挑板以立方米计算。栏板的斜长如图纸无规定时,按水平长度乘以系数 1.18 计算。

⑩ 地沟底、壁应分别计算,沟底按基础垫层子目执行。

⑪ 预制钢筋混凝土框架的梁、柱现浇接头,按设计断面以立方米计算,套用"柱接柱接头"子目。

⑫ 台阶按水平投影面积以平方米计算,平台与台阶的分界线以最上层台阶的外口减 300 mm 宽度为准,台阶宽以外部分并入地面工程量计算。

(2) 现场、加工厂预制混凝土工程量计算规则

① 混凝土工程量均按图示尺寸实体积以立方米计算,扣除圆孔板内圆孔体积,不扣除构件内钢筋、铁件、后张法预应力钢筋灌浆孔及板内每个小于等于 0.3 m² 孔洞所占的体积。

② 预制桩按桩全长(包括桩尖)乘设计桩断面面积(不扣除桩尖虚体积)以立方米计算。

③ 混凝土与钢杆件组合的构件,混凝土按构件实体积以立方米计算,钢杆件按第六章中相应子目执行。

④ 镂空混凝土花格窗、花格芯按外形面积以平方米计算。

⑤ 天窗架、端壁、桁条、支撑、楼梯、板类及厚度在 50 mm 以内的薄型构件按设计图纸加定额规定的场外运输、安装损耗以立方米计算。

2）混凝土工程工程量计算举例

【例3.11】 某工厂方柱的断面尺寸为 400 mm×600 mm，杯形基础尺寸如图 3.1.10 所示。试求杯形基础的混凝土工程量。

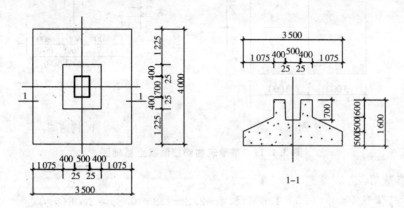

图 3.1.10 杯形基础图

【解】

1. 下部长方体体积 V_1

$$V_1 = 3.5 \times 4 \times 0.5 = 7.0 (m^3)$$

2. 中部棱台体积 V_2

根据图示，已知 $a_1 = 3.5 m, b_1 = 4 m, h = 0.5 m$

$$a_2 = 3.5 - 1.075 \times 2 = 1.35 (m)$$

$$b_2 = 4 - 1.225 \times 2 = 1.55 (m)$$

$$V_2 = \frac{1}{3} \times 0.5 \times (3.5 \times 4 + 1.35 \times 1.55 + \sqrt{3.5 \times 4 \times 1.35 \times 1.55}) = 3.58 (m^3)$$

3. 上部长方体体积 V_3

$$V_3 = a_2 \times b_2 \times h_2 = 1.35 \times 1.55 \times 0.6 = 1.26 (m^3)$$

4. 杯口净空体积 V_4

$$V_4 = \frac{1}{3} \times 0.7 \times (0.55 \times 0.75 + 0.5 \times 0.7 + \sqrt{0.55 \times 0.75 \times 0.5 \times 0.7}) = 0.27 (m^3)$$

5. 杯形基础体积

$$V = V_1 + V_2 + V_3 - V_4 = 7.0 + 3.58 + 1.26 - 0.27 = 11.57 (m^3)$$

【例3.12】 某建筑物基础采用 C20 钢筋混凝土，平面图形和结构构造如图 3.1.11 所示。试计算钢筋混凝土的工程量。（图中基础的轴心线与中心线重合，括号内为内墙尺寸）

【解】

1. 计算长度

$$L_{外} = (6.0 + 3.0 + 2.4) \times 2 = 22.8 (m)$$

$$L_{内} = 3.0 + 2.4 + 3.0 = 8.4 (m)$$

2. 外墙基础

$$V_1 = [0.4 \times 0.6 + (0.6 + 2.2) \times \frac{0.15}{2} + 0.3 \times 2.2] \times 22.8 = 25.31 (m^3)$$

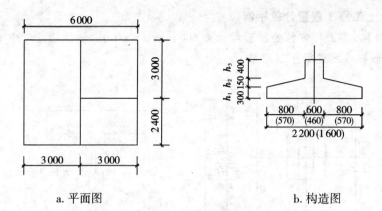

a. 平面图   b. 构造图

图 3.1.11　某建筑物钢筋混凝土基础图

3. 内墙基础

下部体积 $V_{2-1}=0.3\times1.6\times(8.4-2.2-1.1-0.8)=2.06(\text{m}^3)$

上部体积 $V_{2-2}=0.4\times0.46\times(8.4-0.6-0.3-0.23)=1.34(\text{m}^3)$

中部体积 $V_{2-3}=(0.46+1.6)\times\dfrac{0.15}{2}\times(8.4-1.4-0.7-0.515)=0.89(\text{m}^3)$

内墙基础小计：4.29 m³

4. 钢筋混凝土带形基础体积合计 29.6 m³。

【例 3.13】　如图 3.1.12 为框架结构多孔板楼面图，C30 混凝土梁、板，边跨柱断面 250 mm×400 mm，中跨柱断面 250 mm×500 mm。请计算多孔板楼面及带挑耳梁的工程量。

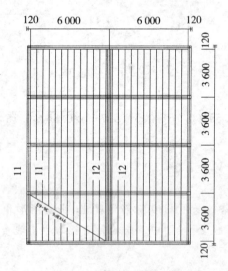

图 3.1.12　框架结构多孔板楼面图

【解】

异形梁体积

$V_{1-1}=(0.25\times0.40+0.15\times0.12)\times(3.6-0.25)\times8\ \text{个}=3.16(\text{m}^3)$

$V_{2-2}=(0.25\times0.40+0.125\times2\times0.12)\times(3.6-0.25)\times4\ \text{个}=1.74(\text{m}^3)$

小计:4.90 m³

圆孔板制作体积

$$14.4 \times (12 + 0.24 - 0.4 \times 2 - 0.5) = 157.54 (\text{m}^2)$$

$$157.54 \times 0.12 - 12 (\text{已知的孔洞体积}) = 6.9 (\text{m}^3)$$

加上制作损耗:$6.9 \times 1.018 = 7.02 (\text{m}^3)$

圆孔板运输　7.02 m³(同上)

圆孔板安装　7.02 m³(同上)

【例3.14】　根据例3.13要求计算出分部分项工程费,圆孔板运距5 km以内,塔式起重机吊装。

【解】

《计价表》5—19　　异形梁　　　　4.90 m³×262.51 元/m³=1 286.30 元

《计价表》5—86　　圆孔板制作　　7.02 m³×302.41 元/m³=2 122.92 元

《计价表》7—8　　 运输　　　　　7.02 m³×86.77 元/m³=609.13 元

《计价表》7—88　　安装　　　　　7.02 m³×42.64 元/m³=299.33 元

【例3.15】　某工程现浇阳台及栏板如图3.1.13。混凝土强度等级C20,混凝土现场搅拌。阳台上表面粉15厚1:3水泥砂浆底,10厚1:2水泥砂浆面;侧面粉12厚1:3水泥砂浆底,8厚1:2.5水泥砂浆面;板底面8厚1:0.3:3混合砂浆底,3厚纸筋石灰浆面;阳台栏板双面粉1:3水泥砂浆底,1:2水泥砂浆面。根据《计价表》的有关规定,计算该阳台及栏板的分部分项工程费。(钢筋不计,未说明部分按定额含量计算)

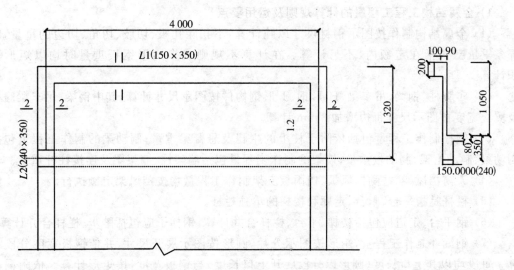

图3.1.13　某工程现浇阳台及栏板图

【解】

《计价表》5—41　　阳台　427.56 元/10 m²

$$(1.32 - 0.12) \times (4 + 0.24) = 5.09 (\text{m}^2)$$

混凝土定额含量　$5.09 \times 1.6 \div 10 = 0.81 (\text{m}^3)$

55

《计价表》5—42　　阳台混凝土含量增减　261.19 元/m³

$1.2 \times 4.24 \times 0.08 = 0.41 (m^3)$

$0.24 \times (0.35 - 0.08) \times 1.2 \times 2 \text{ 个} = 0.16 (m^3)$

$0.15 \times (0.35 - 0.08) \times (4 - 0.24) = 0.15 (m^3)$

合计：0.72 m³

调减　$0.81 - 0.72 = 0.09 (m^3)$

《计价表》5—44　　混凝土栏板　291.22 元/m³

$[1.2 \times 1.05 \times 2 + (4.24 - 0.09 \times 2) \times 1.05] \times 0.09 = 0.61 (m^3)$

$0.2 \times 0.10 \times (1.2 \times 2 + 4.24) = 0.13 (m^3)$

合计：0.74 m³

《计价表》13—20　　阳台抹灰　397.78 元/10 m²

同上　5.09 m²

《计价表》13—23　　栏板抹灰　154.58 元/10 m²

$1.05 \times [(1.2 - 0.09) \times 2 + (4.24 - 0.09 \times 2)] = 6.59 (m^2)$

$0.19 \times [(1.2 + 0.1) \times 2 + (4.24 - 0.09 \times 2)] = 1.27 (m^2)$

$0.2 \times [(1.2 + 0.1) \times 2 + (4.24 + 0.2)] = 1.41 (m^2)$

$0.1 \times [(1.2 + 0.1) \times 2 + (4.24 + 0.2)] = 0.70 (m^2)$

$(1.05 - 0.2) \times (1.2 \times 2 + 4.24) = 5.64 (m^2)$

合计：15.61 m²

3.1.6　金属结构工程计量

1）金属结构工程工程量的计算规则及运用要点

（1）金属结构制作按图示钢材尺寸以吨计算，不扣除孔眼、切肢、切角、切边的重量，电焊条重量已包括在定额内，不另计算。在计算不规则或多边形钢板重量时均以矩形面积计算。

（2）实腹柱、钢梁、吊车梁、H 形钢、T 形钢构件按图示尺寸计算，其中钢梁、吊车梁腹板及翼板宽度按图示尺寸每边增加 8 mm 计算。

（3）钢柱制作工程量包括依附于柱上的牛腿及悬臂梁重量；制动梁的制作工程量包括制动梁、制动桁架、制动板重量；墙架的制作工程量包括墙架柱、墙架梁及连接柱杆重量。

（4）天窗挡风架、柱侧挡风板、挡雨板支架制作工程量均按挡风架定额执行。

（5）栏杆是指平台、阳台、走廊和楼梯的单独栏杆。

（6）钢平台、走道应包括楼梯、平台、栏杆合并计算，钢梯子应包括踏步、栏杆合并计算。

（7）钢漏斗制作工程量，矩形按图示分片，圆形按图示展开尺寸，并依钢板宽度分段计算。每段均以其上口长度（圆形以分段展开上口长度）与钢板宽度，按矩形计算。依附漏斗的型钢并入漏斗重量内计算。

（8）晒衣架和钢盖板项目中已包括安装费在内，但未包括场外运输费。

（9）钢屋架单榀重量在 0.5 t 以下者，按轻型屋架定额计算。

（10）轻钢檩条、拉杆以设计型号、规格按吨计算（重量＝设计长度×理论重量）。

（11）预埋铁件按设计的形体面积、长度乘理论重量计算。

2）金属结构工程工程量计算举例

【**例3.16**】 求10块多边形连接钢板的重量。钢板最大的对角线长640 mm,最大的宽度420 mm,板厚4 mm,如图3.1.14所示。

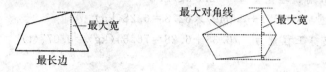

图3.1.14 多边形连接钢板平面图

【**相关知识**】

在计算不规则或多边形钢板重量时均以矩形面积计算。

【**解**】

1. 钢板面积 0.64×0.42＝0.2688(m²)

2. 查预算手册钢板每平方理论重量 31.4 kg/m²。

3. 图示重量 0.2688×31.4＝8.44(kg)

4. 工程量 8.44×10＝84.40(kg)

【**例3.17**】 求如图3.1.15所示柱间支撑的制作工程量。

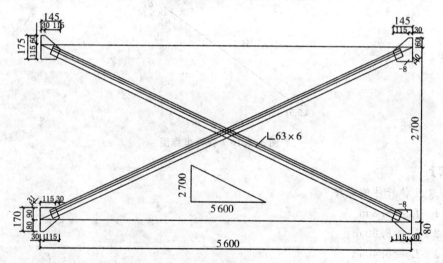

图3.1.15 柱间支撑工程立面图

【**解**】

1. 求角钢重量

(1) 角钢长度可以按照图示尺寸用几何知识求出

$$L=\sqrt{2.7^2+5.6^2}=6.22(m)（勾股定理）$$

$$L_{净长}=6.22-0.031-0.04=6.15(m)$$

(2) 查角钢 ∟63×6 理论重量 5.72 kg/m

(3) 角钢重量 6.15×5.72×2＝70.36(kg)

2. 求节点重量

（1）上节点板面积＝0.175×0.145×2＝0.051（m²）

上下节点板面积＝0.170×0.145×2＝0.049（m²）

（2）查 8mm 扁铁理论重量　62.8kg/m²

（3）钢板重量　（0.051＋0.049）×62.8＝6.28（kg）

3. 该柱间支撑工程量为　70.36＋6.28＝76.64（kg）＝0.077（t）

【例 3.18】　某工程钢屋架中的三种杆件，空间坐标(x，y，z)的坐标值分别标在图 3.1.16 中。这三种杆件都为 L50×4，杆 1 为 20 根，杆 2 为 16 根，杆 3 为 28 根。求钢屋架中这三种杆件的工程量。

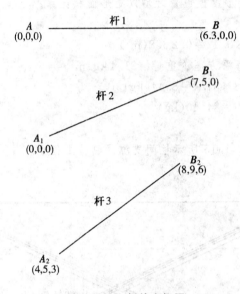

图 3.1.16　杆件坐标图

【解】

1. 求三种杆件的长度

杆 1　L_1＝6.3 m

杆 2　L_2＝8.60 m

杆 3　L_3＝6.40 m

2. 查角钢 L50×4 理论重量　3.059 kg/m

3. 三种杆件图示重量　（6.3×20＋8.60×16＋6.40×28）×3.059＝1 354.53（kg）

4. 钢屋架中这三种杆件的工程量　1.355 t

3.1.7　构件运输及安装工程计量

1) 构件运输及安装工程工程量的计算规则及运用要点

（1）构件运输、安装工程量计算方法与构件制作工程量计算方法相同（即运输、安装工程量＝制作工程量）。但天窗架、端壁、桁条、支撑、踏步板、板类及厚度在 50 mm 内薄型构件由于在运输、安装过程中易发生损耗，工程量按下列规定（表 3.1.5）计算：

制作、场外运输工程量＝设计工程量×1.018

安装工程量＝设计工程量×1.01

表3.1.5 预制钢筋混凝土构件场内、外运输及安装损耗率(%)表

名　　称	场外运输	场内运输	安装
天窗架、端壁、桁条、支撑、踏步板、板类及厚度在50 mm内薄型构件	0.8	0.5	0.5

（2）加气混凝土板（块）、硅酸盐块运输每立方米折合钢筋混凝土构件体积0.4 m³，按Ⅱ类构件运输计算。

（3）木门窗运输按门窗洞口的面积（包括框、扇在内）以100 m²计算，带纱扇另增洞口面积的40%计算。

（4）预制构件安装后接头灌缝工程量均按预制钢筋混凝土构件实体积计算，柱与柱基的接头灌缝按单根柱的体积计算。

（5）组合屋架安装，以混凝土实际体积计算，钢拉杆部分不另计算。

2）构件运输及安装工程工程量计算举例

【例3.19】　某工程有8个预制混凝土镂花窗，外形尺寸为1 200 mm×800 mm，厚100 mm，计算运输及安装工程量。

【相关知识】

天窗架、端壁、木桁条、支撑、踏步板、板类及厚度在50 mm内薄型构件运输及安装工程量要乘以损耗率。

【解】

1. 图示工程量　$1.2×0.8×0.1×8＝0.768(m³)$

2. 运输工程量　$0.768×1.018＝0.782(m³)$

3. 安装工程量　$0.768×1.01＝0.776(m³)$

【例3.20】　某工程需要安装预制钢筋混凝土槽形板80块，如图3.1.17所示，预制厂距施工现场12 km。试计算运输、安装工程量。

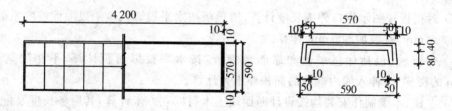

图3.1.17 预制钢筋混凝土槽形板图

【解】

1. 槽形板图示工程量

单板体积＝大棱台体积－小棱台体积

$$=\frac{0.12}{3}×(0.59×4.20+0.57×4.18+\sqrt{0.59×4.20×0.57×4.18})-$$

59

$$\frac{0.08}{3}\times(0.49\times4.10+0.47\times4.08+\sqrt{0.49\times4.10\times0.47\times4.08})=0.134\,5(m^3)$$

80 块槽形板体积　80×0.134 5=10.76(m³)

2. 运输工程量

　　10.76×1.018=10.95(m³)

3. 安装工程量

　　10.76×1.01=10.87(m³)

3.1.8　木结构工程计量

1)木结构工程工程量的计算规则及运用要点

（1）门制作、安装工程量按门洞口面积计算。无框厂库房大门、特种门按设计门扇外围面积计算。

（2）木屋架的制作安装工程量，按以下规定计算：

①　木屋架不论圆、方木，其制作安装均按设计断面竣工木料以立方米计算，分别套相应子目，其后备长度及配制损耗已包括在子目内，不另外计算（游沿木、风撑、剪刀撑、水平撑、夹板、垫木等木料并入相应屋架体积内）。

②　圆木屋架刨光时，圆木按直径增加 5 mm 计算。附属于屋架的夹板、垫木等已并入相应的屋架制作项目中，不另计算；与屋架连接的挑檐木、支撑等工程量并入屋架体积内计算。

③　圆木屋架连接的挑檐木、支撑等为方木时，方木部分按矩形檩木计算。

④　气楼屋架、马尾折角和正交部分的半屋架应并入相连接的正福屋架体积内计算。

（3）檩木按立方米计算，简支檩木长度按设计图示中距增加 200 mm 计算，如两端出山，檩条长度算至博风板。连续檩条的长度按设计长度计算，接头长度按全部连续檩木的总体积的 5% 计算。檩条托木已包括在子目内，不另计算。

（4）屋面木基层，按屋面斜面积计算，不扣除附墙烟囱、风道、风帽底座和屋顶小气窗所占面积，小气窗出檐与木基层重叠部分亦不增加，气楼屋面的屋檐突出部分的面积并入计算。

（5）封檐板按图示檐口外围长度计算，博风板按水平投影长度乘以屋面坡度系数 C 后，单坡加 300 mm，双坡加 500 mm 计算。

（6）木楼梯（包括休息平台和靠墙踢脚板）按水平投影面积计算，不扣除宽度小于200 mm 的楼梯井，伸入墙内部分的面积亦不另计算。

（7）木柱、木梁制作安装均按设计断面竣工木料以立方米计算，其后备长度及配制损耗已包括在子目内。

2)木结构工程工程量计算举例

【例 3.21】　某工程企口木板大门共 10 樘（平开），洞口尺寸 2.4 m×2.6 m，折叠式钢大门 6 樘，洞口尺寸 3 m×2.6 m，冷藏库门（保温层厚 150 mm）1 樘，洞口尺寸 3 m×2.8 m。请计算工程量。

【解】

1. 企口木板大门制作　2.4×2.6×10=62.4(m²)

企口木板大门安装　　62.4 m²

2. 折叠式钢大门制作　　3×2.6×6＝46.8(m²)

折叠式钢大门安装　　46.8 m²

3. 冷藏库门制作　　3×2.8×1＝8.4(m²)

冷藏库门安装　　8.4 m²

3.1.9　屋面、防水及保温隔热工程计量

1) 屋面、防水及保温隔热工程工程量的计算规则及运用要点

(1) 油毡卷材屋面计价表项目中的卷材附加层应以展开面积单列项目计算,其他卷材屋面已包括附加层在内,不另计算;收头、接缝材料已计入定额。

(2)所有瓦屋面的脊瓦均以 10 延长米为定额单位单列项目计算。

(3) 屋面中的防水砂浆、细石混凝土、水泥砂浆凡有分格缝的,《计价表》中均已包括了分格缝及嵌缝油膏在内,细石混凝土项目中还包括了干铺油毡滑动层在内。

(4)《计价表》中伸缩缝、止水带的材料品种、规格、断面与设计不同时,应按《计价表》中的附注说明进行换算。

(5) 屋面排水项目中,阳台出水口至落水管中心线斜长按 1 m 计算,设计斜长不同时,调整《计价表》中 PVC 塑料管的含量,塑料管的规格不同时应调整。

2) 屋面、防水及保温隔热工程工程量计算举例

【例 3.22】　某工程的平屋面及檐沟做法见图 3.1.18。计算屋面中找平层、找坡层、隔热层、防水层、排水管等的工程量。

【解】

1. 计算现浇混凝土板上 20 厚 1∶3 水泥砂浆找平层(因屋面面积较大,需做分格缝)。根据计算规则,按水平投影面积乘以坡度系数计算,这里坡度系数很小,可忽略不计。

$S＝(9.60＋0.24)×(5.40＋0.24)－0.70×0.70＝55.01(m²)$

2. 计算 SBS 卷材防水层。根据计算规则,按水平投影面积乘以坡度系数计算,弯起部分另加,檐沟按展开面积并入屋面工程量中。

屋面:(9.60＋0.24)×(5.40＋0.24)－0.70×0.70＝55.01(m²)

检修孔弯起:0.70×4×0.20＝0.56(m²)

檐沟:(9.84＋5.64)×2×0.1＋[(9.84＋0.54)＋(5.64＋0.54)]×2×0.54＋[(9.84＋1.08)＋(5.64＋1.08)]×2×(0.3＋0.06)＝33.68(m²)

屋面部分合计:S＝55.01＋0.56＝55.57(m²)

檐沟部分:S＝33.68(m²)

总计:89.25m²

3. 计算 30 厚聚苯乙烯泡沫保温板。根据计算规则,按实铺面积乘以净厚度以立方米计算。

$V＝[(9.60＋0.24)×(5.40＋0.24)－0.70×0.70]×0.03＝1.65(m³)$

4. 计算聚苯乙烯塑料保温板上砂浆找平层工程量。

$S＝(9.60＋0.24)×(5.40＋0.24)－0.70×0.70＝55.01(m²)$

5. 计算细石混凝土屋面工程量。

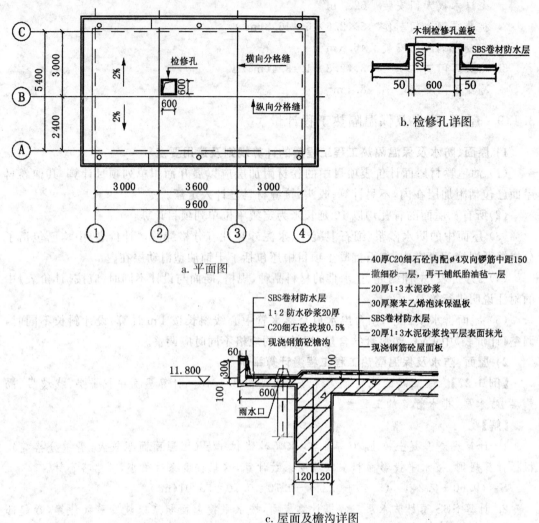

图 3.1.18 平屋面及檐沟图

$S=(9.60+0.24)\times(5.40+0.24)-0.70\times0.70=55.01(m^2)$

6. 檐沟内侧面及上底面防水砂浆工程量,厚度为 20mm,无分格缝。

同檐沟卷材:$S=33.68\ m^2$

7. 计算檐沟细石找坡工程量,平均厚 25mm。

$S=[(9.84+0.54)+(5.64+0.54)]\times2\times0.54=17.88(m^2)$

8. 计算屋面排水落水管工程量。根据计算规则,落水管从檐口滴水处算至设计室外地面高度,按延长米计算。(本例中室内外高差按 0.30m 考虑)

$L=(11.80+0.10+0.30)\times6=73.20(m)$

【例 3.23】 某工程的坡屋面图见图 3.1.19。请计算坡屋面中的相关工程量。

【解】

1. 计算现浇混凝土斜板上 15 厚 1:2 防水砂浆找平层。根据计算规则,按水平投影面

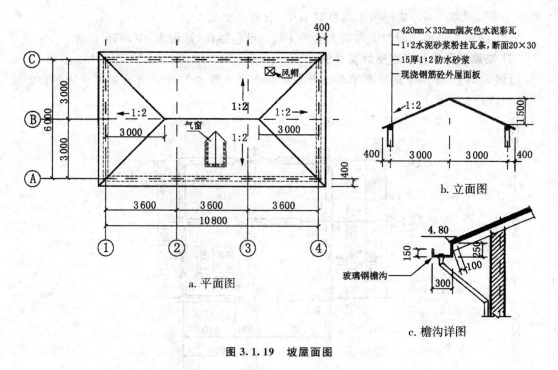

图 3.1.19 坡屋面图

积乘以坡度系数计算,这里坡度系数为 1.118。

$$S=(10.80+0.40\times2)\times(6.00+0.40\times2)\times1.118=88.19(m^2)$$

2. 计算水泥砂浆粉挂瓦条工程量。根据计算规则,按斜面积计算。

$$S=(10.80+0.40\times2)\times(6.00+0.40\times2)\times1.118=88.19(m^2)$$

3. 计算瓦屋面工程量。根据计算规则,按图示尺寸以水平投影面积乘以坡度系数计算。

$$S=(10.80+0.40\times2)\times(6.00+0.40\times2)\times1.118=88.19(m^2)$$

4. 计算脊瓦工程量。根据计算规则,按延长米计算,如为斜脊,则按斜长计算,本例中隅延尺系数为 1.500。

正脊:$10.80-3.00\times2=4.80(m)$

斜脊:$(3.00+0.40)\times1.500\times4=20.40(m)$

总长:$L=4.80+20.40=25.20(m)$

5. 计算玻璃钢檐沟工程量。按图示尺寸以延长米计算。

$$L=(10.80+0.40\times2)\times2+(6.00+0.40\times2)\times2=36.80(m)$$

3.1.10 防腐耐酸工程计量

1)防腐耐酸工程工程量的计算规则及运用要点

(1)整体面层和平面块料面层适用于楼地面、平台的防腐面层;整体面层厚度,砌块面层的规格,结合层厚度,灰缝宽度,各种胶泥、砂浆、混凝土配合比,《计价表》与设计不同时,应进行换算,但人工、机械含量不变。

(2)《计价表》中块料面层以平面为准,如为立面铺砌时人工乘以系数 1.38,用于踢脚板时人工乘以系数 1.56,块料均乘以系数 1.01,其他不变。

（3）防腐卷材接缝附加层和收头等的工料均已包括在《计价表》中,不另计算。

2）防腐耐酸工程工程量计算举例

【例 3.24】 某具有耐酸要求的生产车间及仓库见图 3.1.20。请计算其中的防腐耐酸部分的相关工程量。

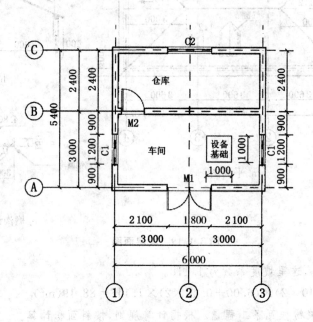

图 3.1.20 耐酸生产车间及仓库图

【解】

1. 计算车间部分防腐地面工程量。本例中车间地面为基层上贴 $300 \times 200 \times 20$ 铸石板,结合层为钠水玻璃胶泥。根据《计价表》中的工程量计算规则,块料地面应按设计实铺面积以平方米计算,应扣除突出地面的构筑物、设备基础等所占的面积。本例中假设先做墙面基层抹灰,基层抹灰厚度为 20 mm(以下同)。

房间面积：$(6.00-0.24-0.02 \times 2) \times (3.00-0.24-0.02 \times 2) = 15.56(\text{m}^2)$

扣设备基础：$1.00 \times 1.00 = 1.00(\text{m}^2)$

M1 开口处增加：$(0.24+0.02 \times 2) \times (1.80-0.02 \times 2) = 0.49(\text{m}^2)$

总面积：$S = 15.56-1.00+0.49 = 15.05(\text{m}^2)$

2. 计算仓库部分防腐地面工程量。仓库地面为基层上贴 $150 \times 150 \times 20$ 瓷砖,结合层为钠水玻璃胶泥,计算方法同上。

房间面积：$(6.00-0.24-0.02 \times 2) \times (2.40-0.24-0.02 \times 2) = 12.13(\text{m}^2)$

M2 开口处增加：$(0.24+0.02 \times 2) \times (0.90-0.02 \times 2) = 0.24(\text{m}^2)$

$S = 12.13+0.24 = 12.37(\text{m}^2)$

3. 计算仓库踢脚板的工程量。根据计算规则,踢脚板按实铺长度乘以高度以平方米计算,应扣除门洞所占面积,并相应增加侧壁展开面积。

$L = (6.00-0.24-0.04) \times 2+(2.40-0.24-0.04) \times 2-(0.90-0.04) = 14.82(\text{m})$

$$S = 14.82 \times 0.20 = 2.96 (\text{m}^2)$$

4. 计算车间瓷板面层。根据计算规则，按设计实铺面积以平方米计算。

墙面部分：$[(6.00-0.24-0.04) \times 2+(3.00-0.24-0.04) \times 2] \times 2.90-1.16 \times 1.46 \times 2-0.86 \times 2.68-1.76 \times 2.68 = 38.54 (\text{m}^2)$

C1 侧壁增加：$(1.16+1.46) \times 2 \times 0.10 \times 2 = 1.05 (\text{m}^2)$

M1 侧壁增加：$(1.76+2.68 \times 2) \times 0.20 = 1.42 (\text{m}^2)$

M2 侧壁增加：$(0.86+2.68 \times 2) \times 0.20 = 1.24 (\text{m}^2)$

$$S = 38.54+1.05+1.42+1.24 = 42.25 (\text{m}^2)$$

5. 计算仓库 20 厚钠水玻璃砂浆面层工程量。

墙面部分：$[(6.00-0.24-0.04) \times 2+(2.40-0.24-0.04) \times 2] \times (2.90-0.20) = 42.34 (\text{m}^2)$

扣 C2 面积：$1.76 \times 1.46 = 2.57 (\text{m}^2)$

扣 M2 面积：$0.86 \times 2.68 = 2.30 (\text{m}^2)$

C2 侧壁增加：$(1.76+1.46) \times 2 \times 0.10 = 0.64 (\text{m}^2)$

$$S = 42.34-2.57-2.30+0.64 = 38.11 (\text{m}^2)$$

6. 计算仓库防腐涂料工程量。

同仓库 20 厚钠水玻璃砂浆面层工程量：

$$S = 38.11 (\text{m}^2)$$

3.1.11 厂区道路及排水工程计量

1）厂区道路及排水工程工程量的计算规则及运用要点

（1）整理路床、路肩和道路垫层、面层按平方米计算，路牙沿以延长米计算。

（2）混凝土井（池）和砖砌井（池）不分厚度均按实体积计算，井（池）壁与排水管连接处的孔洞，其排水管径在 300 mm 以内所占的壁体积不扣除，排水管径超过 300 mm 时，应扣除该体积。

（3）井（池）底、壁抹灰合并计算。

（4）混凝土、PVC 排水管按不同管径分别以延长米计算，长度按两井之间净长度计算。

2）厂区道路及排水工程工程量计算举例

【例 3.25】 某住宅小区内砖砌排水窨井，计 10 座，如图 3.1.21。深度 1.3 m 的 6 座，1.6 m 的 4 座。窨井底板为 C10 混凝土，井壁为 M10 水泥砂浆砌 240 厚标准砖，底板 C20 细石混凝土找坡，平均厚度 30 mm，壁内侧及底板粉 1:2 防水砂浆 20 mm。铸铁井盖，排水管直径为 200 mm，土为三类土。计算相关工程量。

【相关知识】

1. 排水管直径为 200 mm，因此计算井壁工程量时，不扣除井壁与排水管连接处孔洞所占的体积。

2. 回填土为挖出土体积减垫层体积，砖砌体体积和井内空体积。

3. 两种不同深度的窨井分别计算，每种先计算 1 座。

【解】

工程量计算

1. 窨井 1 （深度为 1.3 m）

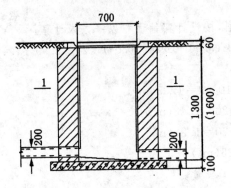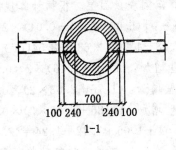

图 3.1.21 某小区砖砌排水窨井图

(1) 人工挖地坑　　　（混凝土垫层支模板，垫层边至坑边工作面 300 mm，不放坡）

挖土深度：0.10＋1.30＋0.06＝1.46(m)

坑底半径：$\dfrac{0.70}{2}$＋0.24＋0.10＋0.30＝0.99(m)

挖土体积：1.46×0.99×0.99×3.14＝4.49(m³)

(2) 基坑打夯　　　坑底面积：0.99×0.99×3.14＝3.08(m²)

(3) 混凝土垫层　　　垫层体积：0.10×0.69×0.69×3.14＝0.15(m³)

(4) 垫层模板　　　模板面积：0.10×1.38×3.14＝0.43(m²)

(5) 砖砌体　　　砌体体积：0.24×1.30×2.95＝0.92(m³)

　　　　　　　　　　[2.95 为井的中心线长度(0.7＋0.12×2)×3.14]

(6) 细石混凝土找坡　　　找坡面积：0.35×0.35×3.14＝0.38(m²)

(7) 井内抹灰　　　井底面积：(同找坡面积)0.38 m²

井内壁面积：1.27×0.70×3.14＝2.79(m²)

井内抹灰面积：0.38＋2.79＝3.17(m²)

(8) 井盖　　　1 套

(9) 回填土　　　回填土体积：4.49－0.15－0.92－1.30×0.38＝2.93(m³)

(10) 余土外运　　　外运土体积：4.49－2.93＝1.56(m³)

2. 窨井 2（深度为 1.6 m）

(1) 人工挖地坑　　　（工作面同窨井 1，挖土深度超过 1.5 m 按 1：0.33 放坡）

挖土深度：0.10＋1.60＋0.06＝1.76(m)

坑底半径：0.99 m

坑顶半径：(加放坡长度 0.58 m) 0.99＋0.58＝1.57(m)

挖土体积：(截头直圆锥计算公式见《计价表》附录)

$$V = \pi \frac{h}{3}(R^2 + r^2 + rR)$$

$$= 3.14 \times \frac{1.76}{3} \times (1.57^2 + 0.99^2 + 0.99 \times 1.57)$$

$$= 9.21 (\text{m}^3)$$

(2) 基坑打夯　　　坑底面积：0.99×0.99×3.14＝3.08(m²)

（3）混凝土垫层　　　　　（同窨井1）0.15 m³

（4）垫层模板　　　　　　（同窨井1）0.43 m²

（5）砖砌体　　　　　　　砌体体积：0.24×1.60×2.95＝1.13（m³）

（6）细石混凝土找坡　　　（同窨井1）0.38 m²

（7）井内抹灰　　　　　　井底面积：（同找坡面积）0.38 m²

　　　　　　　　　　　　　井内壁面积：1.57×0.70×3.14＝3.45（m²）

　　　　　　　　　　　　　井内抹灰面积：0.38＋3.45＝3.83（m²）

（8）砌筑脚手架　　　　　（同井内壁面积）3.45 m²

（9）井盖　　　　　　　　1套

（10）回填土　　　　　　回填土体积：9.21－0.15－1.13－1.60×0.38＝7.32（m³）

（11）余土外运　　　　　外运土体积：9.21－7.32＝1.89（m³）

3.2　工程量清单下的工程计量

《建设工程工程量清单计价规范》是建设部为规范建设工程工程量清单计价行为，统一建设工程工程量清单的编制和计价方法而制定的规范。

《计价规范》适用于建设工程招标投标的工程量清单计价活动。

《计价规范》的工程量计算规则与《计价表》的工程量计算规则有区别，按《计价规范》计算规则计算的工程量清单项目，是工程实体项目。

3.2.1　土石方工程计量

1）土石方工程工程量的计算规则及运用要点

（1）"平整场地"项目适用于建筑场地厚度在±300 mm以内的挖、填、运、找平；工程量按设计图示建筑物首层面积计算，即建筑物外墙外边线，如有落地阳台，则合并计算，如是悬挑阳台，则不计算。

场地平整的工程内容有：300 mm以内的土方挖、填，场地找平，土方运输。

（2）"挖土方"项目适用于设计室外地坪标高以上的挖土；工程量按图示尺寸以体积计算。

挖土方的工程内容有：排地表水、土方开挖、挡土板支拆、截桩头、基底钎探、土方运输。

（3）"挖基础土方"项目适用于设计室外地坪标高以下的挖土，包括挖地槽、地坑、土方；工程量按设计图示尺寸以基础垫层底面积乘以挖土深度计算。桩间挖土方不扣除桩所占的体积。

挖基础土方的工程内容有：排地表水，土方（地沟、地坑）开挖，挡土板支拆，截桩头，基底钎探，土方运输。

（4）"挖管沟土方"项目适用于埋设管道工程的土方挖、填；工程量按设计图示以管道中心线长度计算。

挖管沟土方的工程内容有：排地表水，土方（沟槽）开挖，挡土板支拆，土方运输、回填。

（5）"土（石）方回填"项目适用于场地回填、室内回填、基坑回填和回填土的挖运。工程量计算：场地回填，按回填面积乘以平均回填厚度；室内回填，按主墙间净面积乘以回填厚度;基础回填,按挖基础土方体积减设计室外地坪以下埋设的基础体积。

土(石)方回填的工程内容有:挖土(石)方,装运土(石)方;回填土(石)方,分层碾压夯实。

2) 土石方工程工程量计算举例

【例3.26】 某单位传达室基础平面图及基础详图见图3.1.1,土壤为三类土、干土,场内运土150 m。计算挖基础土方工程量。

【相关知识】

1.《计价规范》中挖基础土方是指建筑物设计室外地坪标高以下的挖地槽、挖地坑、挖土方,统称为挖基础土方。

2. 不需要分土壤类别、干土、湿土。

3. 不考虑放工作面、放坡,工程量为垫层面积乘以挖土深度。

4. 不考虑运土。

【解】

工程量计算

1. 挖土深度　$1.90-0.30=1.60(m)$

2. 垫层宽度　1.20 m

3. 垫层长度　外:$(9.0+5.0)\times2=28.0(m)$

　　　　　　内:$(5.0-1.20)\times2=7.60(m)$

4. 挖基础土方体积　$1.60\times1.20\times(28.0+7.60)=68.35(m^3)$

【例3.27】 某建筑物为三类工程,地下室(见图3.1.2)墙外壁做涂料防水层。施工组织设计确定用反铲挖掘机挖土,土壤为三类土,机械挖土坑内作业,土方外运1 km,回填土已堆放在距场地150 m处。计算挖基础土方工程量及回填土工程量。

【相关知识】

1~4. 同例3.26中的"相关知识"。

5. 挖土不需要分人工、机械,不考虑人工修边坡、整平。

6. 回填土按挖基础土方体积减设计室外地坪以下的垫层,整板基础,地下室墙及地下室净空体积,"基础土方体积"是指按《计价规范》计算规则计算的土方体积。

【解】

工程量计算

1. 挖土深度　$3.50-0.45=3.05(m)$

2. 垫层面积　$31.0\times21.0=651.0(m^2)$

3. 挖基础土方体积　$3.05\times31.0\times21.0=1985.55(m^3)$

4. 回填土　挖土方体积:1985.55 m^3

　　　　　减垫层:(见图3.1.2)$0.1\times651.0=65.10(m^3)$

　　　　　减底板:$0.4\times30.8\times20.8=256.26(m^3)$

　　　　　减地下室:$2.55\times30.3\times20.3=1568.48(m^3)$

　　　　　回填土量:$1985.55-65.10-256.26-1568.48=95.71(m^3)$

3.2.2 地基与桩基础工程计量

1）地基与桩基础工程工程量的计算规则及说明

（1）"预制钢筋混凝土桩"项目适用于预制混凝土方桩、管桩和板桩等；计量单位为"米"时，工程量按图示桩长（包括桩尖）计算，计量单位为"根"时，工程量以根数计算。

预制钢筋混凝土桩的工程内容有：桩制作、运输、打桩（包括试桩、斜桩）、送桩，管桩填充材料，刷防护材料，场地清理，桩运输。

（2）"接桩"项目适用于预制混凝土方桩、管桩和板桩的接桩；方桩、管桩工程量按接头个数计算，板桩工程量按接头长度以米计算。

"接桩"的工程内容有：桩制作、运输，接桩，材料运输。

（3）"混凝土灌注桩"项目适用于钻孔灌注混凝土桩和用各种方法成孔后，在孔内灌注混凝土的桩；计量单位为"米"时，工程量按图示桩长（包括桩尖）计算，计量单位为"根"时，工程量以根数计算。

混凝土灌注桩的工作内容有：成孔固壁，混凝土制作、运输、灌注、振捣、养护，泥浆池及沟槽砌筑、拆除，泥浆制作、运输。

（4）"地下连续墙"项目适用于构成建筑物、构筑物地下结构部分的永久性的复合型地下连续墙，若作为深基础支护结构，则应列入清单措施项目内；地下连续墙的工程量按设计图示墙中心线长乘以厚度乘以槽深以体积计算。

地下连续墙的工作内容有：挖土成槽，余土运输，导墙制作、安装，锁口管吊拔，浇筑混凝土连续墙，材料运输。

（5）混凝土灌注桩的钢筋笼，地下连续墙的钢筋网制作、安装，按钢筋工程中相关项目列项计算。

2）地基与桩基础工程工程量计算举例

【例3.28】 某工程桩基础为现场预制混凝土方桩（见图3.1.3），C30商品混凝土，室外地坪标高−0.30 m，桩顶标高−1.80 m，桩计150根。计算预制混凝土方桩的工程量。

【相关知识】

1. 计量单位为"米"时，只要按图示桩长（包括桩尖）计算长度，不需要考虑送桩；桩断面尺寸不同时，按不同断面分别计算。

2. 计量单位为"根"时，不同长度，不同断面的桩要分别计算。

【解】

工程量计算

1. 计量单位为"米"时

桩长：（8.00＋0.40）×150＝1 260.0（m）

2. 计量单位为"根"时

桩根数：150 根

（如果桩的长度、断面尺寸一致，则以根数计算比较简单）

【例3.29】 某工程桩基础是钻孔灌注混凝土桩（见图3.1.4），C25混凝土现场搅拌，土孔中混凝土充盈系数为1.25，自然地面标高−0.45 m，桩顶标高−3.00 m，设计桩长12.30 m，桩进入岩层 1 m,桩直径 600 mm,计 100 根,泥浆外运 5 km。计算钻孔灌注混凝土桩的工程量。

【相关知识】

1. 计算桩长时,不需要考虑增加一个桩直径长度。

2. 不需要计算钻土孔或钻岩石孔的量,但桩在土孔中和岩石孔中的长度要分别计算。

【解】

工程量计算

钻土孔桩:(12.30−1.0)×100＝1130.0(m)

钻岩石孔桩:1.0×100＝100(m)

3.2.3 砌筑工程计量

1)砌筑工程工程量的计算规则及运用要点

(1)"砖基础"项目适用于各种类型砖基础:砖柱基础、砖墙基础、砖烟囱基础、砖水塔基础、管道基础。工程量按设计图示尺寸以体积计算,其具体计算方法与《计价表》中砖基础计算规则相同,基础与墙身的划分原则,与《计价表》相同。

"砖基础"的工作内容有:砂浆制作、运输;砌砖;铺设防潮层;材料运输。

(2)"实心砖墙"项目适用于各种类型实心砖墙:外墙、内墙、围墙、直形墙、弧形墙。工程量按设计图示尺寸以体积计算,其具体计算方法与《计价表》中墙体计算规则基本相同,个别规则与《计价表》不同,如内墙高度算至楼板板顶,有框架梁时算至梁底,(《计价表》是内墙高度算至楼板板底,有框架梁时算至梁底)。不论三皮砖以下或三皮砖以上的腰线、挑檐,突出墙面部分均不计算体积(《计价表》是三皮砖以上要计算体积)。

"实心砖墙"的工作内容有:砂浆制作、运输;砌砖;勾缝;砖压顶砌筑;材料运输。

(3)"空心砖墙、砌块墙"项目适用于各种规格、各种类型的空心砖、砌块墙体。工程量计算规则、工作内容同"实心砖墙"。

(4)"砖窨井、检查井"项目适用于各种砖砌井;工程量按"座"计算。

工作内容为砖砌井中除铁爬梯,构件内钢筋外的所有项目:土方挖运;砂浆制作、运输;铺设垫层;底板混凝土制作、运输、浇筑、振捣、养护;砌砖;勾缝;井底、壁抹灰;抹防潮层;回填;材料运输。铁爬梯按 A.6.6 中钢梯项目列项计算,构件内钢筋按 A.4.16 中现浇混凝土钢筋列项计算。

(5)"砖水池、化粪池"项目适用于各种砖砌池;工程量按"座"计算。工程量计算规则、工作内容同"砖窨井、检查井"。

(6)"零星砌砖"项目适用于各种砌体材料、各种类型的零星砌砖:砖砌台阶挡墙、梯带、池槽、池槽腿、花台、花池、砖砌栏板、砖砌台阶、砖砌小便槽、地垄墙等。工程量根据砌砖项目可以按设计图示尺寸以体积、面积、长度计算,也可以按"个"计算。

"零星砌砖"的工作内容有:砂浆制作、运输;砌砖;勾缝;材料运输。

(7)框架外表面的镶贴砖部分,单独计算按 A.3.2 中零星砌砖项目列项。

(8)附墙烟囱、通风道、垃圾道,按设计图示尺寸以体积计算,扣除孔洞所占的体积,并入所依附的墙体体积内。

2）砌筑工程工程量计算举例

【例 3.30】 某单位传达室基础平面图及基础详图见图 3.1.1,室内地坪±0.00 m,防潮层－0.06 m,防潮层以下用 M10 水泥砂浆砌标准砖基础,防潮层以上为多孔砖墙身。计算砖基础的工程量。

【相关知识】

1. 基础与墙身的划分,砖基础计算规则均与《计价表》规定一致。

2. 防潮层不需计算。

3. 条形基础和垫层计算规则均与《计价表》规定相同,按设计图示尺寸以体积计算。

【解】

工程量计算

砖基础体积：$0.24 \times (1.54 + 0.197) \times [(9.0 + 5.0) \times 2 + 4.76 \times 2] = 15.64 (\text{m}^3)$

条形基础体积：6.48 m^3

垫层体积：4.27 m^3

【例 3.31】 某单位传达室平面图、剖面图、墙身大样图见图 3.1.5。构造柱 240 mm×240 mm,有马牙搓与墙嵌接,圈梁 240 mm×300 mm,屋面板厚 100 mm。门窗上口无圈梁处设置过梁厚 120 mm,过梁长度为洞口尺寸两边各加 250 mm。窗台板厚 60 mm,长度为窗洞口尺寸两边各加 60 mm,窗两侧有 60 mm 宽砖砌窗套。砌体材料为 KP1 多孔砖,女儿墙为标准砖。计算墙体工程量。

【相关知识】

1. 计算规则与《计价表》基本一致,扣除嵌入墙身的柱、梁、门窗洞口,突出墙面的窗套不增加。

2. 墙的高度计算：平屋(楼)面,外墙算至板底同《计价表》规则,内墙算至板顶(《计价表》算至板底)。

【解】

工程量计算

1. 一砖墙

(1) 墙高：$2.80 - 0.30 + 0.06 = 2.56 (\text{m})$

(2) 外墙：$0.24 \times 2.56 \times (9.0 + 5.0) \times 2 = 17.20 (\text{m}^3)$

减：构造柱、窗台板、门窗洞(见例 3.6)

外墙体积：11.47 m^3

(3) 内墙：$0.24 \times 2.56 \times 4.76 \times 2 = 5.85 (\text{m}^3)$

减：构造柱、过梁、门洞(见例 3.6)

内墙体积：4.79 m^3

(4) 一砖墙合计：$11.47 + 4.79 = 16.26 (\text{m}^3)$

2. 半砖墙

(1) 墙高：$2.80 + 0.10 = 2.90 (\text{m})$

(2) 体积：$0.115 \times 2.90 \times 2.76 = 0.92 (\text{m}^3)$

减：过梁、门洞(见例 3.6)

(3) 半砖墙合计：0.68 m³

3. 女儿墙

体积：$0.24 \times 0.24 \times 28.0 = 1.61 (m^3)$

【例 3.32】 某住宅小区内砖砌排水窨井，计 10 座（见图 3.1.21），深度 1.3 m 的 6 座，1.6 m 的 4 座。窨井底板为 C10 混凝土，井壁为 M10 水泥砂浆砌 240 厚标准砖，底板 C20 细石混凝土找坡，平均厚度 30 mm，壁内侧及底板粉 1：2 防水砂浆 20 mm。铸铁井盖，排水管直径为 200 mm，土为三类土。计算窨井工程量。

【相关知识】

窨井以"座"计算，不同规格的分别列项。

【解】

工程量计算

1. 深度 1.3 m 的窨井 6 座。

2. 深度 1.6 m 的窨井 4 座。

3.2.4 混凝土及钢筋混凝土工程计量

1) 混凝土及钢筋混凝土工程工程量的计算规则及运用要点

(1) 现浇混凝土基础按设计图示尺寸以体积计算。不扣除构件内钢筋、预埋铁件和伸入承台基础的桩头所占体积。

(2) 现浇混凝土柱按设计图示尺寸以体积计算。不扣除构件内钢筋、预埋铁件所占体积。柱高：① 有梁板的柱高，应以自柱基上表面（或楼板上表面）至上一层楼板上表面之间的高度计算。② 无梁板的柱高，应以自柱基上表面（或楼板上表面）至柱帽下表面之间的高度计算。③ 框架柱的柱高，应以自柱基上表面至柱顶高度计算。④ 构造柱按全高计算，嵌接墙体部分并入柱身体积。⑤ 依附柱上的牛腿和升板的柱帽，并入柱身体积计算。有相同截面、长度的预制混凝土柱的工程量可按根数计算。

(3) 现浇混凝土梁按设计图示尺寸以体积计算。不扣除构件内钢筋、预埋铁件所占体积，伸入墙内的梁头、梁垫并入梁体积内。梁长：① 梁与柱连接时，梁长算至柱侧面。② 主梁与次梁连接时，次梁长算至主梁侧面。

(4) 现浇混凝土墙按设计图示尺寸以体积计算。不扣除构件内钢筋、预埋铁件所占体积，扣除门窗洞内及单个面积 0.3 m² 以外的孔洞所占体积，墙垛及突出墙面部分并入墙体体积内计算。

(5) 现浇混凝土板按设计图示尺寸以体积计算。不扣除构件内钢筋、预埋铁件及单个面积 0.3 m²×300 mm 以内的孔洞所占体积。有梁板（包括主、次梁与板）按梁、板体积之和计算，无梁板按板和柱帽体积之和计算，各类板伸入墙内的板头并入板体积内计算，薄壳板的肋、基梁并入薄壳体积内计算。

(6) 天沟、挑檐板按设计图示尺寸以体积计算。雨篷、阳台板按设计图示尺寸以墙外部分体积计算，包括伸出墙外的牛腿和雨篷反挑檐的体积。其他板按设计图示尺寸以体积计算。

(7) 现浇混凝土楼梯按设计图示尺寸以水平投影面积计算。不扣除宽度小于 500 mm 的楼梯井，伸入墙内部分不计算。

（8）其他构件按设计图示尺寸以体积计算。不扣除构件内钢筋、预埋铁件所占体积。散水、坡道按设计图示尺寸以面积计算。不扣除单个 $0.3 \, \text{m}^2$ 以内的孔洞所占面积。电缆沟、地沟按设计图示以中心线长度计算。

（9）后浇带按设计图示尺寸以体积计算。

（10）预制混凝土柱按设计图示尺寸以体积计算。不扣除构件内钢筋、预埋铁件所占体积。或按设计图示尺寸以"数量"计算。

（11）预制混凝土梁按设计图示尺寸以体积计算。不扣除构件内钢筋、预埋铁件所占体积。

（12）预制混凝土屋架按设计图示尺寸以体积计算。不扣除构件内钢筋、预埋铁件所占体积。

（13）预制混凝土板按设计图示尺寸以体积计算。不扣除构件内钢筋、预埋铁件及单个尺寸 $300 \, \text{mm} \times 300 \, \text{mm}$ 以内的孔洞所占体积，扣除空心板空洞体积。沟盖板、井盖板、井圈按设计图示尺寸以体积计算。不扣除构件内钢筋、预埋铁件所占体积。

（14）预制混凝土楼梯按设计图示尺寸以体积计算。不扣除构件内钢筋、预埋铁件所占体积，扣除空心踏步板空洞体积。

（15）混凝土构筑物按设计图示尺寸以体积计算。不扣除构件内钢筋、预埋铁件及单个面积 $0.3 \, \text{m}^2$ 以内的孔洞所占体积。

（16）同类型相同构件尺寸的预制混凝土板工程量可按块数计算。

（17）同类型相同构件尺寸的预制混凝土沟盖板的工程量可按块数计算；预制混凝土井圈、井盖板工程量可按套数计算。

（18）有梁板，现浇有梁板是指现浇密肋板、井字梁板（即由同一平面内相互正交式斜交的梁与板所组成的结构构件）。

（19）薄壁柱，也称隐壁柱，在框剪结构中，隐藏在墙体中的钢筋混凝土柱，抹灰后不再有柱的痕迹。

（20）各种梁项目的工程量主梁与次梁连接时，次梁长算至主梁侧面，简而言之，截面小的梁长度计算至截面大的梁侧面。

（21）有相同截面、长度的预制混凝土梁的工程量可按根数计算。

（22）同类型、相同跨度的预制混凝土屋架的工程量可按榀数计算。

2）混凝土及钢筋混凝土工程工程量计算举例

【例 3.33】 某宾馆门厅施工，圆形钢筋混凝土柱 6 根，其尺寸为直径 $D = 400 \, \text{mm}$，高度 $H = 4100 \, \text{mm}$，主筋保护层 25 mm，螺旋箍筋 $\phi 10$ 间距 150 mm。计算该 6 根柱的螺旋箍筋长度。

【相关知识】

$$L_{\text{总}} = L \cdot N \cdot 6 = \sqrt{[(D - 2c + 2d)\pi]^2 + h^2} \cdot N \cdot 6$$

式中，$L_{\text{总}}$——6 根柱的螺旋箍筋总长度；

　　L——箍筋单圈长度；

　　D——圆柱直径；

　　c——主筋保护层厚度；

　　d——箍筋直径；

　　h——箍筋螺距；

　　N——螺旋箍筋圈数［（柱高-保护层厚度）÷螺距＋1］。

【解】

将已知数值代入计算式

$$L=\sqrt{[(0.4-0.025\times2+0.01\times2)\times3.14]^2+0.15^2}=1.17\,(\text{m})$$

$$N=\frac{4.1-0.025\times2}{0.15}+1=28\,(\text{圈})$$

$$L_{总}=L\cdot N\cdot6=1.17\times28\times6=196.56\,(\text{m})$$

【例3.34】 有一筏形基础,如图3.2.1所示。底板尺寸39 m×17 m,板厚300 mm,凸梁断面400 mm×400 mm,纵横间距均为2 000 mm,边端各距板边500 m。试求该基础的混凝土体积。

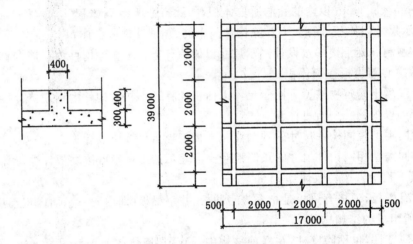

图3.2.1 筏形基础图

【解】

1. 板体积

   $$V_b=39\times17\times0.3=198.9\,(\text{m}^3)$$

2. 凸梁混凝土体积

   纵梁根数 $n=\dfrac{17-1}{2}+1=9\,(\text{根})$

   横梁根数 $n=\dfrac{39-1}{2}+1=20\,(\text{根})$

   梁长 $L=39\times9+17\times20-9\times20\times0.4=619\,(\text{m})$

   凸梁体积 $V=0.4\times0.4\times619=99.04\,(\text{m}^3)$

3. 筏形基础混凝土体积

   $$V_{总}=198.9+99.04=297.94\,(\text{m}^3)$$

【例3.35】 某厂锅炉房混凝土烟囱设计高度 h 为40 m,如图3.2.2。第一段(自下向上数)高10 m,下口外径 D_1 为3.99 m,下口内径 D_2 为3.25 m,上口外径 d_1 为3.74 m,上口内径 d_2 为3 m。第二段高10 m,下口外径 D_3 为3.74 m,下口内径 D_4 为3 m,上口外径 d_3 为2.77 m,上口内径 d_4 为2.03 m。求这两段烟囱工程量。

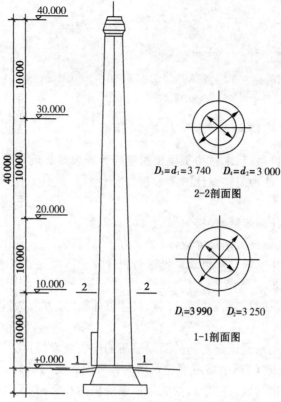

图 3.2.2 某厂锅炉房混凝土烟囱立面图

【解】

h_1(第一段高度)=10 m

$\qquad$ $D_1 = 3.99\,\text{m}$ $\qquad\qquad$ $D_2 = 3.25\,\text{m}$

$\qquad$ $d_1 = 3.74\,\text{m}$ $\qquad\qquad$ $d_2 = 3.0\,\text{m}$

h_2(第二段高度)=10 m

$\qquad$ $D_3 = 3.74\,\text{m}$ $\qquad\qquad$ $D_4 = 3.0\,\text{m}$

$\qquad$ $d_3 = 2.77\,\text{m}$ $\qquad\qquad$ $d_4 = 2.03\,\text{m}$

壁厚 $C = \dfrac{3.99 - 3.25}{2} = \dfrac{3.74 - 3.0}{2} = \dfrac{2.77 - 2.03}{2} = 0.37(\text{m})$

1. 计算第一段

$$D = \frac{D_1 + D_2}{2} = \frac{3.99 + 3.25}{2} = 3.62(\text{m})$$

$$d = \frac{d_1 + d_2}{2} = \frac{3.74 + 3.0}{2} = 3.37(\text{m})$$

$$D_{平均} = \frac{D + d}{2} = \frac{3.62 + 3.37}{2} = 3.495(\text{m})$$

$$V_1 = \pi D_{平均} C h_1 = 3.14 \times 3.495 \times 0.37 \times 10 = 40.60(\text{m}^3)$$

2. 计算第二段

$$D = \frac{D_3 + D_4}{2} = \frac{3.74 + 3.0}{2} = 3.37(\text{m})$$

$$d = \frac{d_3 + d_4}{2} = \frac{2.77 + 2.03}{2} = 2.40(\text{m})$$

$$D_{平均} = \frac{D + d}{2} = \frac{3.37 + 2.40}{2} = 2.885(\text{m})$$

$$V_2 = \pi D_{平均} Ch_2 = 3.14 \times 2.885 \times 0.37 \times 10 = 33.52(\text{m}^3)$$

3. 两段烟囱的工程量 $40.60 + 33.52 = 74.12(\text{m}^3)$

3.2.5 厂库房大门、特种门、木结构工程计量

1) 厂库房大门、特种门、木结构工程工程量的计算规则及运用要点

(1) 厂库房大门、特种门按设计图示数量"樘"计算。应注意工程量按樘数计算(与《计价表》不同)。

(2) 木屋架按设计图示数量"榀"计算。

(3) 木柱、木梁按设计图示尺寸以体积"立方米"计算。

(4) 木楼梯按设计图示尺寸以水平投影面积计算。不扣除宽度小于 300 mm 的楼梯井,伸入墙内部分不计算。

(5) 其他木构件(如封檐板)按设计图示尺寸以体积"立方米"或长度"米"计算。

(6) 名词解释:

① 马尾,是指四坡水屋顶建筑物的两端屋面的端头坡面部位。

② 折角,是指构成"L"形的坡屋顶建筑横向和竖向相交的部位。

③ 正交部分,是指构成"丁"字形的坡屋顶建筑横向和竖向相交的部位。

(7) 屋架的跨度应以上、下弦中心线两交点之间的距离计算。

2) 厂库房大门、特种门、木结构工程工程量计算举例

【例 3.36】 某工程有木板大门 2.8 m×2.6 m 10 樘,钢木大门 3 m×2.6 m 8 樘,钢木屋架 10 榀。根据《计价规范》计算工程量。

【相关知识】

1. 木板大门、钢木大门按设计图示数量计算。

2. 木屋架、钢木屋架按设计图示数量计算。

【解】

1. 木板大门工程量 10 樘。

2. 钢木大门工程量 8 樘。

3. 钢木屋架工程量 10 榀。

3.2.6 金属结构工程计量

1) 金属结构工程工程量的计算规则及运用要点

(1) 轻钢屋架,是采用圆钢筋、小角钢(小于∟45×4 等肢角钢、小于∟56×36×4 不等肢角钢)和薄钢板(其厚度一般不大于 4 mm)等材料组成的轻型钢屋架。

(2) 薄壁型钢屋架,是指厚度在 2～6 mm 的钢板或带钢经冷弯或冷拔等方式弯曲而成的型钢组成的屋架。

(3) 钢管混凝土柱,是指将普通混凝土填入薄壁圆型钢管内形成的组合结构。

(4) 型钢混凝土柱、梁,是指由混凝土包裹型钢组成的柱、梁。

（5）钢屋架、钢网架、钢托架、钢桁架按设计图示尺寸以重量计算。不扣除孔眼、切边、切肢的重量，焊条、铆钉、螺栓等不另增加重量。不规则或多边形钢板，以其外接矩形面积乘以厚度乘以单位理论重量计算。

（6）实腹柱、空腹柱按设计图示尺寸以重量计算。不扣除孔眼、切边、切肢的重量，焊条、铆钉、螺栓等不另增加重量。不规则或多边形钢板，以其外接矩形面积乘以厚度乘以单位理论重量计算。依附在钢柱上的牛腿及悬臂梁等并入钢柱工程量内。

（7）钢管柱按设计图示尺寸以重量计算。不扣除孔眼、切边、切肢的重量，焊条、铆钉、螺栓等不另增加重量。不规则或多边形钢板以其外接矩形面积乘以厚度乘以单位理论重量计算。钢管柱上的节点板、加强环、内衬管、牛腿等并入钢管柱工程量内。

（8）钢梁、钢吊车梁按设计图示尺寸以重量计算。不扣除孔眼、切边、切肢的重量，焊条、铆钉、螺栓等不另增加重量。不规则或多边形钢板以其外接矩形面积乘以厚度乘以单位理论重量计算。制动梁、制动板、制动桁架、车挡并入钢吊车梁工作量中。

（9）压型钢板楼板按设计图示尺寸以铺设水平投影面积计算。不扣除柱、垛及单个 $0.3\,m^2$ 以内的孔洞所占面积。

（10）压型钢板墙板按设计图示尺寸以铺挂面积计算。不扣除单个 $0.3\,m^2$ 以内的孔洞所占的面积，包角、包边、窗台泛水等不另增加面积。

（11）钢构件按设计图示尺寸以重量计算。不扣除孔眼、切边、切肢的重量，焊条、铆钉、螺栓等不另增加重量。不规则或多边形钢板以其外接矩形面积乘以厚度乘以单位理论重量计算。其中钢漏斗中依附漏斗的型钢并入漏斗工程量内。

（12）金属网按设计图示尺寸以面积计算。

2）金属结构工程工程量计算举例

【例3.37】 某车间操作平台栏杆和踏步式钢梯如图3.2.3所示，请根据《计价规范》计算踏步式钢梯工程量。

【解】

按构件的编号计算

① -180×6 长度 4 160 mm 理论重量 47.1 kg/m²

$0.18\times4.16\times2\times47.1=70.54(kg)$

② -200×5 长度 700 mm 理论重量 39.25 kg/m²

数量 $\dfrac{2.7}{0.27}-1=9$（个）

$0.2\times0.7\times9\times39.25=49.46(kg)$

③ $\llcorner100\times10$ 长度 120 mm 理论重量 15.12 kg/m

$0.12\times2\times15.12=3.63(kg)$

④ $\llcorner200\times150\times6$ 长度 120 mm 理论重量 42.34 kg/m

$0.12\times4\times42.34=20.32(kg)$

⑤ $\llcorner50\times5$ 长度 620 mm 理论重量 3.77 kg/m

$0.62\times6\times3.77=14.02(kg)$

⑥ $\llcorner50\times5$ 长度 810 mm 理论重量 3.77 kg/m

$0.81\times2\times3.77=6.11(kg)$

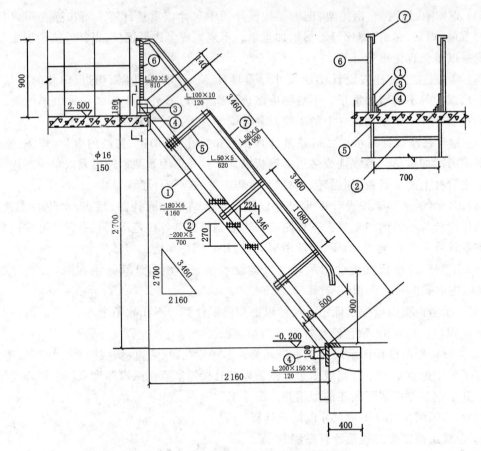

图 3.2.3 操作平台栏杆和踏步式钢梯图

⑦ ∟50×5 长度 4 000 mm 理论重量 3.77 kg/m

   4×2×3.77＝30.16(kg)

重量合计：70.54＋49.46＋3.63＋20.32＋14.02＋6.11＋30.16＝194.24(kg)

该踏步工程量为 0.194 t

【例 3.38】 某车间操作平台栏杆和踏步式钢梯如图 3.2.3 所示，展开长度 10 m，扶手用∟50×4 角钢制作，横衬用—50×5 扁钢两道，竖杆用Φ16 钢筋每隔 250 mm 一道，竖杆长度(高)1.00 m。试求栏杆工程量。

【解】

1. 角钢扶手

∟50×4 理论重量 3.059 kg/m

角钢重量＝10×3.059＝30.59(kg)

2. 圆钢竖杆

Φ16 圆钢理论重量 1.58 kg/m

$$根数 = \frac{10}{0.25} = 40(根)$$

圆钢重量＝1.0×40×1.58＝63.20(kg)

3. 扁钢横衬

—50×4 理论重量 1.57 kg/m

扁钢重量＝10×2×1.57 ＝31.40(kg)

4. 整个栏杆的工程量 30.59＋63.20＋31.40＝125.19(kg)＝0.125(t)

3.2.7 屋面及防水工程计量

1) 屋面及防水工程工程量的计算规则及运用要点

(1) 应按《计价规范》的要求,根据具体工程分项工程的内容进行正确分类合并,组成相应的清单内容,并详细描述其项目特征。

(2) "瓦屋面"、"型材屋面"中如木材面需刷防火涂料可按相应项目单独编码列项,也可包含在"瓦屋面"、"型材屋面"清单下。

(3) "瓦屋面"、"型材屋面"、"膜结构屋面"中的钢檩条、钢支撑(柱、网架等)和拉结结构需刷防护材料时,可按相应项目单独编码列项,也可包含在"瓦屋面"、"型材屋面"、"膜结构屋面"清单下。

2) 屋面及防水工程工程量计算举例

【例3.39】 列出本书例3.22 图3.1.18中屋面及防水工程的工程量清单项目,列出清单编号、项目名称及特征描述,并计算出相应的工程量。

【解】

根据《计价规范》的规定和图纸内容,将该工程的屋面及防水工程清单列于下表中:

序号	项目编码	项目名称	项目特征描述	计量单位	工程量	金额(元)		
						综合单价	合价	其中:暂估价
1	010702001001	屋面卷材防水	1. 卷材品种、规格:SBS 改性沥青卷材,厚3 mm 2. 防水层做法:冷粘 3. 找平层:1:3 水泥砂浆20厚,分格,高强 APP 嵌缝膏嵌缝	m²	55.57			
2	010702003001	屋面刚性防水	1. 防水层厚度:40 mm 2. 嵌缝材料:高强 APP 嵌缝膏嵌缝 3. 混凝土强度等级:C20 细石混凝土 4. 找平层:1:3 水泥砂浆20厚,分格,高强 APP 嵌缝膏嵌缝	m²	55.01			
3	010702004001	屋面排水管	1. 排水管品种、规格、颜色:白色 D100 UPVC 增强塑料管 2. 排水口:D100 带罩铸铁雨水口 3. 雨水斗:矩形白色 UPVC 增强塑料雨水斗	m	73.20			
4	010702005001	屋面天沟、沿沟	1. 材料品种:SBS 改性沥青卷材,厚3 mm 2. 防水层做法:满粘 3. 找坡:C20 细石混凝土找坡0.5% 4. 找平层:1:2 防水砂浆20厚,不分格	m²	33.68			

79

清单工程量的计算

1. 屋面卷材防水清单工程量。本例为平屋面，根据《计价规范》的规定，按水平投影面积计算，女儿墙、伸缩缝等处弯起部分的面积，并入屋面工程量内。本条清单包括的工程内容为 ① 20 厚 1:3 砂浆找平层施工，② 卷材防水层的施工。

平屋面：$(9.60+0.24)\times(5.40+0.24)-0.70\times0.70=55.01(\text{m}^2)$

检修孔弯起：$0.70\times4\times0.20=0.56(\text{m}^2)$

合计：$S=55.01+0.56=55.57(\text{m}^2)$

2. 屋面刚性防水清单工程量。按水平投影面积计算。本条清单包括的工程内容为 ① 20 厚 1:3 砂浆找平层施工，② 40 厚 C20 细石混凝土刚性防水层的施工。

$S=(9.60+0.24)\times(5.40+0.24)-0.70\times0.70=55.01(\text{m}^2)$

3. 屋面排水管清单工程量。根据计算规则，按设计图示尺寸以长度计算，如设计未规定，以檐口至设计室外地面垂直距离计算。本例按檐口至设计室外地面垂直距离计算。本条清单包括的工程内容为 ① 落水管，② 雨水口，③ 雨水斗。

$L=(12.00-0.10+0.30)\times6=73.20(\text{m})$

4. 屋面天沟、檐沟清单工程量。本例中为卷材防水，按展开面积计算。本条清单包括的工程内容为 ① SBS 卷材防水，② 细石混凝土找坡，③ 水泥砂浆抹面。

$S=(9.84+5.64)\times2\times0.1+[(9.84+0.54)+(5.64+0.54)]\times2\times0.54+$
$[(9.84+1.08)+(5.64+1.08)]\times2\times(0.3+0.06)=33.68(\text{m}^2)$

【例3.40】 列出本书例 3.23 图 3.1.19 中屋面及防水工程的工程量清单项目，并计算出相应的工程量。

【解】

根据《计价规范》和图纸内容，将该工程的屋面及防水工程清单列于下表中：

序号	项目编码	项目名称	项目特征描述	计量单位	工程量	金额（元）		
						综合单价	合价	其中：暂估价
1	010701001001	瓦屋面	1. 瓦品种、规格、颜色：420×332 烟灰色水泥彩瓦，430×228 脊瓦 2. 铺瓦做法：在 20×30 水泥砂浆挂瓦条上铺瓦 3. 基层做法：现浇混凝土斜板上做 1:2 防水砂浆 20 厚，分格，高强 APP 嵌缝膏嵌缝	m²	88.19			
2	010702005001	屋面天沟、檐沟	1. 材料品种：玻璃钢 2. 规格：宽度 300 mm，厚 3 mm，展开长 800 mm 3. 安装方式：每隔 1m 用镀锌铁件固定	m²	29.44			

清单工程量的计算

1. 瓦屋面清单工程量：根据计算规则，按设计图示尺寸以斜面积计算，不扣除房上烟囱、风帽底座、风道、小气窗、斜沟等所占的面积，小气窗的出檐部分不增加面积。本条清单下包含的工程内容为 ① 铺瓦，② 水泥砂浆挂瓦条，③ 铺脊瓦，④ 防水砂浆找平层。

$$S=(10.80+0.40\times2)\times(6.00+0.40\times2)\times1.118=88.19(m^2)$$

2. 计算玻璃钢檐沟工程量。按展开面积计算。

$$S=(0.15+0.30+0.25+0.1)\times[(10.80+0.40\times2)+(6.00+0.40\times2)]\times2$$
$$=29.44(m^2)$$

3.2.8 防腐、隔热、保温工程计量

1）防腐、隔热、保温工程工程量的计算规则及运用要点

（1）应分清本附录中各清单项目的适用范围，如"防腐混凝土面层"、"防腐砂浆面层"、"防腐胶泥面层"项目适用于平面或立面的水玻璃混凝土、水玻璃砂浆、水玻璃胶泥、沥青混凝土、沥青砂浆、沥青胶泥、树脂砂浆、树脂胶泥以及聚合物水泥砂浆等防腐工程。

（2）应列出各种防腐材料的种类和配合比等，如混凝土、砂浆、胶泥的材料种类有水玻璃混凝土、沥青混凝土等，应注明。

（3）应注明防腐工程施工项目的部位，如平面、立面等。

（4）应注明各种防腐材料的规格型号，如铸石板的规格为 300×200×20，必须注明。

（5）保温材料上做防水层时，应按屋面防水项目单独立项，保温材料下或其上的找平层应包括在内，但不可与屋面防水项目的找平层重复计算。

2）防腐、隔热、保温工程工程量计算举例

【例 3.41】 列出并计算图 3.1.18 中屋面保温项目清单。根据计算规则，按设计图示尺寸以面积计算，不扣除柱、垛所占面积，找坡、找平应包括在报价内，但这里找平层已计入防水清单项目内，不再包含找平工程量。

【解】

根据《计价规范》和图纸内容，将该项目的屋面保温工程清单列于下表中：

序号	项目编码	项目名称	项目特征描述	计量单位	工程量	金额（元）		
						综合单价	合价	其中：暂估价
1	010803001001	保温隔热屋面	1. 保温隔热部位：平屋面 2. 保温隔热方式：外保温 3. 保温隔热材料品种、规格：30 厚聚苯乙烯泡沫板	m²	55.01			

工程量计算

$$S=(9.60+0.24)\times(5.4+0.24)-0.70\times0.70=55.01(m^2)$$

【例 3.42】 列出并计算本书例 3.24 图 3.1.20 中防腐工程量清单。

【解】

根据《计价规范》和图纸内容，将该项目的防腐工程清单列于下表中：

序号	项目编码	项目名称	项目特征描述	计量单位	工程量	金额（元）		
						综合单价	合价	其中：暂估价
1	010801002001	防腐砂浆面层	1. 防腐部位:立面 2. 面层厚度:20 mm 3. 砂浆种类:钠水玻璃砂浆 1∶0.17∶1.1∶1.26	m²	38.11			
2	010801006001	块料防腐面层	1. 防腐部位:地面 2. 块料品种、规格:300×200×20 铸石板 3. 黏结和勾缝材料:钠水玻璃胶泥	m²	15.05			
3	010801006002	块料防腐面层	1. 防腐部位:地面 2. 块料品种、规格:300×200×20 瓷砖 3. 黏结和勾缝材料:钠水玻璃胶泥	m²	12.37			
4	010801006003	块料防腐面层	1. 防腐部位:踢脚板 2. 块料品种、规格:300×200×20 铸石板 3. 黏结和勾缝材料:钠水玻璃胶泥	m²	2.96			
5	010802003001	防腐涂料	1. 涂刷部位:墙面 2. 基层材料类型:抹灰面 3. 涂料品种、遍数:过氯乙烯底漆一遍、中间漆一遍、面漆一遍	m²	38.11			

清单工程量计算(墙面抹灰面基层厚按 20 mm 考虑)

1. 仓库防腐砂浆面层计算。按设计图示尺寸以面积计算,砖垛等突出部分按展开面积并入墙面工程量。

墙面部分:$[(6.00-0.24-0.04)×2+(2.40-0.24-0.04)×2]×(2.90-0.20)=42.34(m^2)$

扣 C2 面积:$1.76×1.46=2.57(m^2)$

扣 M2 面积:$0.86×2.68=2.30(m^2)$

C2 侧壁增加:$(1.76+1.46)×2×0.10=0.64(m^2)$

总面积:$S=42.34-2.57-2.30+0.64=38.11(m^2)$

2. 车间 300×200×20 铸石板地面计算。按设计图示尺寸以面积计算,应扣除突出地面的构筑物、设备基础等。

房间面积:$(6.00-0.24-0.02×2)×(3.00-0.24-0.02×2)=15.56(m^2)$

扣设备基础:$1.00×1.00=1.00(m^2)$

M1 开口处增加:$(0.24+0.02×2)×(1.80-0.02×2)=0.49(m^2)$

总面积:$S=15.56-1.00+0.49=15.05(m^2)$

3. 仓库 230×113×62 瓷砖地面计算。

房间面积:$(6.00-0.24-0.02×2)×(2.40-0.24-0.02×2)=12.13(m^2)$

M2 开口处增加:$(0.24+0.02×2)×(0.90-0.02×2)=0.24(m^2)$

总面积:$S=12.13+0.24=12.37(m^2)$

4. 仓库 300×200×20 踢脚板计算。根据计算规则,踢脚板扣除门洞所占面积并相应增加门洞侧壁面积。

$L = (6.00 - 0.24 - 0.04) \times 2 + (2.40 - 0.24 - 0.04) \times 2 - (0.90 - 0.04) = 14.82(m)$

$S = 14.82 \times 0.20 = 2.96(m^2)$

5. 仓库防腐涂料工程量计算。按设计图示尺寸以面积计算,砖垛等突出部分按展开面积并入墙面工程量。

同仓库 20 厚钠水玻璃砂浆面层工程量:

$S = 38.11\,m^2$

4 施工资源消耗量定额

在《计价规范》的编制过程中,尽可能地与现行工程预算定额相衔接,主要是考虑工程预算定额具有一定的科学性和实用性,广大工程造价计价人员比较熟悉,这样做有利于推行工程量清单计价,方便操作,平稳过渡。工程预算定额项目以工序划分项目;施工工艺、施工方法根据大多数企业的施工方法综合取定;工、料、机消耗量根据"社会平均水平"综合测定。但今后承包商为科学报价必须自行确定施工资源消耗量定额。

4.1 概　述

4.1.1　定额的产生与发展

定额的产生和发展与管理科学的产生和发展有着密切的关系。19世纪末20世纪初,在技术最发达、资本主义发展最快的美国,形成了系统的经济管理理论。现在被称为"古典管理理论"的代表人物是美国人泰勒(F. W. Taylor)、法国人法约尔和英国人厄威克等,而管理成为科学应该说是从泰勒开始的,因而,泰勒在西方赢得了"管理之父"的尊称,有名的泰勒制也是以他的名字命名的。

在19世纪末20世纪初,美国的科学技术虽然发展很快,机器设备虽然先进,但在管理上仍然沿用传统的经验方法。当时生产效率低、生产能力得不到充分发挥的严重状况,不但阻碍了社会经济的进一步发展和繁荣,而且也不利于资本家赚取更多的利润。这样,改善管理就成了生产发展的迫切要求了。泰勒顺应了这一客观要求,提倡科学管理,主要着眼于提高劳动生产率,提高工人的劳动效率。他突破了当时传统管理方法的羁绊,通过科学试验,对工作时间的合理利用进行细致的研究,制定出所谓标准的操作方法;通过对工人进行训练,要求工人改变原来习惯的操作方法,取消那些不必要的操作程序,并且在此基础上制定出较高的工时定额,用工时定额评价工人工作的好坏;为了使工人能达到定额,大大提高工作效率,又制定了工具、机器、材料和作业环境的标准化制度;为了鼓励工人努力完成定额,还制定了一种有差别的计件工资制度。如果工人能完成定额,就采用较高的工资标准,如果工人完不成定额,就采用较低的工资标准,以刺激工人为多拿60%或者更多的工资去努力工作,去适应标准操作法的要求。

从泰勒制的标准化操作方法、工时定额、工具和材料等要素的标准化、有差别的计件工资制等主要内容来看,工时定额在其中占有十分重要的位置。首先,较高的定额直接体现了泰勒制的主要目标:即提高工人的劳动效率,降低产品成本,增加企业盈利。而其他方面内容则是为了达到这一主要目标而制定的措施。其次,工时定额作为评价工人工作的尺度,并和有差别的计件工资制度相结合,使其本身也成为提高劳动效率的有力措施。

由此可见,工时定额产生于科学管理,产生于泰勒制,并且构成泰勒制中不可缺少的内容。泰勒制的产生和推行,在提高劳动生产率方面取得了显著的效果,也给资本主义企业管理带来了根本性的变革和深远的影响。

工时定额作为生产管理者对工人劳动效率的一种要求,作为评价工人工作状况的一种尺度,为提高工人的劳动效率,降低产品成本,增加企业盈利等企业生产目标做出了巨大的贡献。继泰勒之后,科学管理的重点从研究操作方法、作业水平等生产过程的管理问题向着研究科学的生产组织方法上扩展。甘特图的发明使人们在编制生产计划时能够充分考虑各项工作在时间上的相互关系,从而为合理地安排生产资源、提高生产效率创造了必要条件。为了合理地安排生产活动,人们在编制生产计划时需要能反映现实生产效率的、相对稳定的完成该生产活动的各项工作的资源消耗指标,而工时定额只是反映生产过程的人工消耗指标。为了合理地安排生产活动,人们进一步提出了机械消耗定额和材料消耗定额,从而使定额在内容上能反映生产过程的所有消耗。为合理安排生产活动而编制的定额称为作业性定额。作业性定额作为企业编制的反映生产过程中资源消耗的数量标准,不仅是一种强制力量,一种引导和激励的力量,而且也是安排生产以及整个生产管理的重要依据。

虽然泰勒制下的定额主要是指作业性定额,而作业性定额的作用主要集中在生产管理及对工人工作状况的评价上。但是,定额产生的信息,对于计划、组织、指挥、协调、控制等管理活动,以至决策过程都是不可缺少的。所以,定额虽然是管理科学发展初期的产物,但是在其后的企业管理工作中,定额一直发挥着重要的作用。定额是企业管理科学化的产物,也是科学管理企业的基础和必备条件,即使在企业管理现代化的今天,定额仍然在企业管理工作中发挥着重要的作用。

建筑业是较早地应用定额原理进行管理的行业之一。在建筑业中,定额除了作为合理组织生产、评价工人工作状况以及制定奖励制度等生产管理的重要依据外,还在投标报价、确定工程造价等方面起着重要的作用。在计划经济体制下,定额作为经济管理的重要手段,在政府的经济管理工作中一直发挥着重要作用。我国工程建设定额的发展,经历了一个从无到有,从建立发展到削弱破坏,又整顿发展和改革完善的曲折过程。它的发展与整个国家的形势、经济发展状况息息相关。

4.1.2 时间研究

泰勒主张把生产过程中的某一项工作(某一项工作过程)按照生产的工艺要求及顺序分解成一系列基本的操作(一般为工序),由若干名有代表性的操作人员把这项基本的操作反复进行若干次,观测分析人员用秒表测出每一个基本操作所需要的时间。以此为基础,定出该项操作(工序)的标准时间。这个过程被称为时间研究(Time Study)。时间研究的结果是编制劳动定额和机械消耗定额的直接依据。

1) 概念

时间研究,是在一定的标准测定条件下,确定人们完成作业活动所需时间总量的一套程序和方法。时间研究用于测量完成一项工作所必需的时间,以便建立在一定生产条件下的工人或机械的产量标准。

时间研究的结果是编制人工消耗量定额和机械消耗量定额的直接依据。在建筑业中,正确的定额数据对工程估价和施工计划人员来说都是绝对需要的,但那样的数据必须从有计划的工作环境中测得,而不能从一个无组织且无效率的施工现场中得来。因为完成同样一项工作,在不同的施工现场条件下所花费的工作时间是不一样的。时间研究的方法企图运用现场测量和统计分析的原理,排除施工过程中的各种影响工作效率的干扰因素,从而确定在既定的标准工作条件下的时间消耗标准,为完成某项施工作业确定"合适"的时间标准。

2）时间研究的作用

时间研究所产生的数据可以在很多方面加以利用,除了作为编制人工消耗量定额和机械消耗量定额的依据外,还可用于:

（1）在施工活动中确定合适的人员或机械的配置水平,组织均衡生产。

（2）制定机械利用和生产成果完成标准。

（3）为制定金钱奖励目标提供依据。

（4）确定标准的生产目标,为费用控制提供依据。

（5）检查劳动效率和定额的完成情况。

（6）作为优化施工方案的依据。

3）施工中工人工作时间的分类

工人在工作班内消耗的工作时间,按其消耗的性质可以分为两大类:必须消耗的时间（定额时间）和损失时间（非定额时间）。

必须消耗的时间是工人在正常施工条件下,为完成一定产品所消耗的时间。它是制定定额的主要依据。必须消耗的时间包括有效工作时间、不可避免的中断时间和休息时间。

有效工作时间是从生产效果来看与产品生产直接有关的时间消耗,包括基本工作时间、辅助工作时间、准备与结束工作时间。基本工作时间是工人完成基本工作所消耗的时间,也就是完成能生产一定产品的施工工艺过程所消耗的时间。基本工作时间的长短与工作量的大小成正比。辅助工作时间是为保证基本工作能顺利完成所做的辅助性工作消耗的时间。如工作过程中工具的校正和小修、机械的调整、工作过程中机器上油、搭设小型脚手架等所消耗的工作时间。辅助工作时间的长短与工作量的大小有关。准备与结束工作时间是执行任务前或任务完成后所消耗的工作时间。如工作地点、劳动工具和劳动对象的准备工作时间,工作结束后的整理工作时间等。准备与结束工作时间的长短和所担负的工作量的大小无关,但往往和工作内容有关。这项时间消耗可分为班内的准备与结束工作时间和任务的准备与结束工作时间。

不可避免的中断所消耗的时间是由于施工工艺特点引起的工作中断所消耗的时间。如汽车司机在汽车装卸货时消耗的时间。与施工过程工艺特点有关的工作中断时间,应包括在定额时间内;与工艺特点无关的工作中断所占用的时间,是由于劳动组织不合理引起的,属于损失时间,不能计入定额时间。

休息时间是工人在工作过程中为恢复体力所必需的短暂休息和生理需要的时间消耗,在定额时间中必须进行计算。

损失时间,是与产品生产无关,而与施工组织和技术上的缺点有关与工作过程中个人过失或某些偶然因素有关的时间消耗。损失时间中包括有多余和偶然工作、停工、违背劳动纪律所引起的工时损失。所谓多余工作,就是工人进行了任务以外的工作而又不能增加产品数量的工作。如重砌质量不合格的墙体、对已磨光的水磨石进行多余的磨光等。多余工作的工时损失不应计入定额时间中。偶然工作也是工人在任务以外进行的工作,但能够获得一定产品。如电工铺设电缆时需要临时在墙上开洞,抹灰工不得不补上偶然遗留的墙洞等。在拟定定额时,可适当考虑偶然工作时间的影响。停工时间可分为施工本身造成的停工时间和非施工本身造成的停工时间两种。施工本身造成的停工时间,是由于施工组织不善、材料供应不及时、工作面准备工作做得不好、工作地点组织不良等情况引起的停工时间。非施工本身造成的停工时间,是由于气候条件以及水源、电源中断引起的停工时间。后一类停工时间在定额中可适当考虑。违背劳动纪律造成的工作时间损失,是指工人迟到、早退、擅自离开工作岗位、工作时间内聊天等造成的工时损失。这类时间在定额中不予考虑。

必须明确的是,时间研究只有在工作条件(包括环境条件、设备条件、工具条件、材料条件、管理条件等)不变,且都已经标准化、规范化的前提下,才是有效的。时间研究在生产过程相对稳定、各项操作已经标准化了的制造业中得到了较广泛的应用,但在建筑业中应用该技术相对来说要困难得多。主要原因是建筑工程的单件性,大多数施工项目的施工方案和生产组织方式都是临时性质的,每个工程项目差不多都是完成独特的工作任务,而且施工过程受到的干扰因素多,完成某项工作时的工作条件和现场环境相对不稳定,操作的标准化、规范化程度低。

虽然在建筑业中应用时间研究的方法有一定的困难,但是它还是在建筑业的定额管理工作中发挥着重要的作用。通过改善施工现场的工作条件来提高操作的标准化和规范化,时间研究将在建筑业的管理工作中发挥越来越重要的作用。

4.1.3 施工过程研究

施工过程是指在施工现场对工程所进行的生产过程,研究施工过程的目的是帮助我们认识工程建造过程的组成及其构造规律,以便根据时间研究的要求对其进行必要的分解。

按时间研究的程序看,首先必须根据工程施工的技术及组织要求,把施工过程分解成一系列"工作"并对该工作所包括的工作内容及条件进行定义,分解并定义后的"工作"是时间研究的对象;其次必须按完成该工作的工艺特点及操作程序,把该工作分解成一系列有利于对其进行时间集成的"基本操作"并对该基本操作所包括的工作内容及条件进行定义,分解并定义后的"基本操作"是现场进行计时观察的对象。

施工过程是作为整个工程的生产过程或其组成部分,施工过程是由不同工种、不同技术等级的建筑工人完成的,并且必须有一定的劳动对象(建筑材料、半成品、配件、预制品等)和一定的劳动工具(手动工具、小型机具和施工机械等)。

对施工过程的研究,主要包括两个环节:第一是对施工过程进行分类;第二是对施工过程的组成及其各组成部分的相互关系进行描述。

1) 施工过程的分类

按不同的分类标准,施工过程可以分成不同的类型。

(1) 按施工过程的完成方法分类,可以分为手工操作过程(手动过程)、机械化过程(机动过程)和机手并动过程(半机械化过程)。

(2) 按施工过程劳动分工的特点不同分类,可以分为个人完成的过程、工人班组完成的过程和施工队完成的过程。

(3) 按施工过程组织上的复杂程度分类,可以分为工序、工作过程和综合工作过程。

工序是组织上分不开和技术上相同的施工过程。工序的主要特征是:工人班组、工作地点、施工工具和材料均不发生变化。如果其中有一个因素发生了变化,就意味着从一个工序转入了另一个工序。工序可以由一个人来完成,也可以由工人班组或施工队几名工人协同完成;可以由手动完成,也可以由机械操作完成。将一个施工过程分解成一系列工序的目的,是为了分析、研究各工序在施工过程中的必要性和合理性。测定每个工序的工时消耗,分析各工序之间的关系及其衔接时间,最后测定工序上的时间消耗标准。

工作过程是由同一工人或同一工人班组所完成的在技术操作上相互有机联系的工序的总和。其特点是在此过程中生产工人的编制不变、工作地点不变,而材料和工具则可以发生变化。例如,同一组生产工人在工作面上进行铺砂浆、砌砖、刮灰缝等工序的操作,从而完成砌筑砖墙的生产任务,在此过程中生产工人的编制不变、工作地点不变,而材料和工具则发生了变化,由于铺砂浆、砌砖、刮灰缝等工序是砌筑砖墙这一生产过程不可分割的组成部分,它们在技术操作上相互紧密地联系在一起,所以这些工序共同构成一个工作过程。从施工组织的角度看,工作过程是组成施工过程的基本单元。

综合工作过程是同时进行的、在施工组织上有机地联系在一起的、最终能获得一种产品的工作过程的总和。例如,现场浇筑混凝土构件的生产过程,是由搅拌、运送、浇捣及养护混凝土等一系列工作过程组成。

施工过程的工序或其组成部分,如果以同样次序不断重复,并且每经一次重复都可以生产同一种产品,则称为循环的施工过程。反之,若施工过程的工序或其组成部分不是以同样的次序重复,或者生产出来的产品各不相同,这种施工过程则称为非循环的施工过程。

2) 工作过程的描述

工作过程的描述,是在施工过程分类的基础上,对某个工作过程的各个组成部分之间存在的相互关系的描述。研究施工过程的分类有助于我们对施工过程进行正确的分解,而研究对工作过程的描述方法则是为了对工作过程各组成部分之间的相互关系进行正确的分析,从而为时间测量创造条件。

如上所述,时间研究的目的是测量完成一项工作所需的时间消耗标准,而所谓工作是指整个施工生产过程的一个环节。对工作过程的描述,是指对工作过程的各个组成部分之间存在的相互关系的描述。通过对工作过程的描述,有助于我们全面地认识和掌握工作过程各组成部分在工艺逻辑和组织逻辑上的相互关系,而对这种关系的掌握是进行时间消耗的测定所必需的。

4.1.4 时间测量技术

为了得到工人或机械完成一项指定工作所需的时间,必须采用一定的方法对该工作过程进行观察、记录、整理、分析并最终取得相应的消耗数据。而如何对工作过程进行观察、记录、整理、分析并最终取得相应的消耗数据则是时间测量技术要讨论的主要问题。

时间测量技术的主要任务是测定工序上的时间消耗标准,它以工时消耗为对象,以观察测时为手段,通过抽样技术进行直接的时间研究。

1) 时间测量的一般步骤

(1) 确定并定义进行测时的施工过程。

(2) 按工艺要求将施工过程分解成一系列基本工作单元(即工序)。

(3) 设定施工过程所处的正常施工条件。

(4) 选择观察测时的对象(操作工人或机械)。

(5) 进行观察测时。

（6）整理和分析观察测时资料。

（7）确定最终的时间消耗标准。

2）确定并定义进行测时的施工过程

在进行时间测量时，首先必须明确测定的对象，也即必须明确进行时间测定的施工过程。所谓明确进行时间测定的施工过程，其含义包括两个方面：

第一，按施工规律将施工现场的施工活动进行划分，划分成相对独立的工作单元，这种相对独立的工作单元即上述所谓的施工过程（一般分解到工作过程），它们是时间测量的测定对象。在划分施工过程时，必须对施工过程所包含的工作内容及各个施工过程之间的边界进行明确的定义。

第二，对划分好的施工过程（一般是指工作过程）进行进一步的研究，目的是为了正确地安排观察测时工作和收集可靠的原始资料。

3）设定施工过程所处的正常施工条件

绝大多数施工企业和施工队、班组，在合理组织施工的条件下所处的施工条件，称之为施工的正常条件。施工条件一般包括：工人的技术等级是否与工作等级相符，工具与设备的种类和质量。

工程机械化程度、材料实际需要量、劳动的组织形式、工资报酬形式、工作地点的组织和其准备工作是否及时、安全技术措施的执行情况、气候条件、劳动竞赛开展情况等，所有这些条件，都有可能影响产品生产中的工时消耗。

施工的正常条件应该符合有关的技术规范；符合正确的施工组织和劳动组织条件；符合已经推广的先进的施工方法、施工技术和操作。施工的正常条件是施工企业和施工队（班组）应该具备也能够具备的施工条件。

4）选择观察测时的对象

制定劳动定额，应选择有代表性的班组或个人，包括各类先进的或比较后进的班组或个人；制定机械消耗定额，应选择在施工过程中发挥主导作用的机械。

5）调查所测定施工过程的影响因素

施工过程的影响因素包括技术、组织及自然因素，例如：产品和材料的特征（规格、质量、性能等）；工具和机械性能、型号；劳动组织和分工；施工技术说明（工作内容、要求等），并附施工简图和工作地点平面布置图。

6）其他准备工作

进行观察测时还必须准备好必要的用具和表格。如测时用的秒表或电子计时器，测量产品数量的工器具，记录和整理测时资料用的各种表格等。如果有条件并且也有必要，还可以配备摄影摄像和电子记录设备。

7）进行观察测时

在上述工作的基础上，为了取得工时消耗的数据，必须深入施工现场，对事先确定的施工过程中各工序的工作过程进行观察研究，直接记录被观察对象（具体的生产工人或施工机械）在完成工序作业时的时间消耗，并通过对记录数据的整理分析最终得到该施工过程中各工序的基本时间消耗标准。同时，通过对整个工作日中被观察对象（具体的生产工人或施工机械）的时间分配情况进行观察、记录、整理、分析，最终可以得到有关合理的时间损耗的数据。综合某个工序的基本时间消耗标准和合理的时间损耗即可得到该工序的时间消耗标准，而工序的时间消耗标准是编制作业性劳动定额和机械定额的基础，当拥有了工程施工所包括的大多数工序的时间消耗标准后，在编制作业性定额时原则上可以免去直接观察。

8）标准时间的计算

在通过观察测时获得测时数列的基础上，使用"平均修正法"来对观察资料进行系统的分析研究和整理，分别计算工序的基本时间及相应的时间损耗，最终得到工序的标准时间。

平均修正法是一种在对测时数列进行修正的基础上，求出平均值的方法。修正测时数列，就是剔除或修正那些偏高、偏低的可疑数值。目的是保证不受那些偶然性因素的影响。确定偏高和偏低的时间数值方法，是计算出最大极限数值和最小极限数值以确定可疑值。超过极限值的时间数值就是可疑值。

9）定额时间的确定

在取得各工序的时间消耗标准的基础上，按某个工作过程中各工序之间在工艺及组织上的逻辑关系，可综合成反映该工作过程消耗情况的定额时间；如果按综合工作过程进一步综合，即可得到反映该综合工作过程消耗情况的定额时间。

由于时间研究是编制劳动定额和机械台班消耗定额的基础性工作，而劳动定额和机械台班消耗定额又是施工企业生产管理的重要依据，所以在建筑业中用好时间研究这一管理技术对提高建筑业的管理水平有着重要的意义。

4.2 人工消耗量定额

4.2.1 人工消耗量定额的概念及表达形式

1）概念

人工消耗量定额是指在正常施工技术条件和合理劳动组织条件下，为完成单位合格施工作业过程（工作过程）的施工任务所需消耗生产工人的工作时间，或在一定的工作时间中生产工人必须完成合格施工作业过程（工作过程）施工任务的数量。人工消耗量定额以时间定额或产量定额表示。

2）人工消耗量定额的表达形式

（1）时间定额

时间定额是完成单位合格施工作业过程（工作过程）的施工任务所需消耗的生产工人的工时数量。它以正常的施工技术和合理的劳动组织为条件，以一定技术等级的工人小组或个人完成质量合格的施工作业过程（工作过程）的施工任务为前提。定额时间包括准备与结束工作时间、基本工作时间、辅助工作时间、不可避免的中断时间及必需的休息时间等。

时间定额以一个工人 8 h 的工作时间为 1 个"工日"单位。例如，某定额规定：人工挖土方工程，工作内容包括挖土、装土、修整底边等全部操作过程，挖 1 m³ 较松散的二类土壤的时间定额是 0.192 工日。

（2）产量定额

产量定额是指在单位时间（1 个工日）内，必须完成合格施工作业过程（工作过程）施工任务的数量。这同样是要以正常的施工技术和合理的劳动组织为条件，以一定技术等级的工人小组或个人完成质量合格的施工作业过程（工作过程）的施工任务为前提。

从以上有关时间定额和产量定额的概念可以看出,时间定额与产量定额二者互为倒数。

4.2.2 制定人工消耗量定额的原则与方法

1）制定人工消耗量定额的原则

（1）取平均先进水平的原则

平均先进水平即在正常的施工条件下,使大多数生产工人经过努力可以达到或超过的水平,并促使少数工人可赶上或接近的水平。

（2）成果要符合质量要求的原则

完成后的施工作业过程（工作过程）,其质量要符合国家颁发的有关工种工程的施工及验收规范和现行《建筑安装工程质量检验评定标准》的质量要求。

（3）采用合理劳动组织的原则

根据施工过程的技术复杂程度和工艺要求,合理地组织劳动力,按照国家颁发的《建筑安装工人技术等级标准》,配套安排适当技术等级的工人及其合理的数量。

（4）明确劳动手段与对象的原则

不同的劳动手段（设备、工具等）和劳动对象（材料、构件等）得到不同的生产率,因此,必须规定设备、工具,明确材料与构件的规格、型号等。

（5）简明适用的原则

劳动定额的内容和项目划分,需满足施工管理的各项要求,如计件工资计算、签发任务单、制订计划等。对常用的、主要的工程项目要求划分详细、适用、简明。

2）人工消耗量定额的制定方法

（1）经验估计法

经验估计法,是由定额专业人员、工程技术人员和工人三结合,根据实践经验座谈讨论制定定额的方法。这种方法适用于产品品种多、批量小或不易计算工程量的施工作业。经验估计法制定定额简便易行、速度快,缺点是缺乏科学依据,容易出现偏高或偏低现象,所以对常用的施工项目,不宜采用经验估计法来制定定额。

（2）比较类推法

比较类推法,是以同类型工序或产品的典型定额为标准,用比例数示法或图示坐标法,经过分析比较,类推出相邻项目定额水平的方法。这种方法适用于同类型产品规格多、批量小的施工过程。只要定额选择恰当,分析比较合理,类推出的定额水平也比较合理。

（3）统计分析法

统计分析法,是将同类工程或同类产品的工时消耗统计资料,结合当前的技术、组织条件进行分析、研究制定定额的方法。这种方法适用于施工条件正常、产品稳定、统计制度健全、统计工作真实可信的情况,它比经验估计法更能真实地反映实际生产水平。缺点是不能剔除不合理的时间消耗。

（4）技术测定法

技术测定法,是通过深入调查,拟定合理的施工条件、操作方法、劳动组织,在考虑挖掘生产潜力的基础上经过严格的技术测定和科学的数据处理而制定定额的方法。

技术测定法通常采用的方法有测时法、写实记录法、工作日写实法和简易测定法等四种方法。测时法研究施工过程中各循环组成部分定额工作时间的消耗,即主要研究基本工作时间;写实记录法研究所有性质的工作时间消耗,包括基本工作时间、辅助工作时间、不可避免中断时间、准备与结束时间、休息时间以及各种损失时间;工作日写实法则研究工人全部工作时间中各类工时的消耗,运用这种方法分析哪些工时消耗是有效的,哪些是无效的,进而找出工时损失的原因,并拟定改进的技术、组织措施;简易测定法是在保持现场实地观察记录的原则下,对前几种测定方法予以简化。

技术测定法测定的定额水平科学、精确,但技术要求高、工作量大,在技术测定机构不健全或力量不足的情况下,不宜选用此法。

4.3 施工机械消耗量定额

施工机械消耗定额,是指在正常施工条件、合理劳动组织、合理使用材料的条件下,某种专业、某种等级的工人班组使用机械,完成单位合格产品所需的定额时间。施工机械消耗定额的表现形式有机械时间定额和机械产量定额两种,两者互为倒数。

4.3.1 机械工作时间消耗的分类

机械的工作时间分为必须消耗的工作时间和损失时间两部分。

必须消耗的工作时间包括有效工作时间、不可避免的无负荷工作时间和不可避免的中断时间这三项时间消耗。

有效工作时间包括正常负荷下、有根据地降低负荷下和低负荷下工作的工时消耗。不可避免的无负荷工作时间,是由施工过程的特点和机械结构的特点造成的机械无负荷工作时间。不可避免的中断时间,分为与工艺过程的特点有关、与机器的使用和保养有关及与工人休息有关的三种中断时间。损失的时间,包括多余工作时间、停工时间和违反劳动纪律所消耗的工作时间。多余工作时间,是机械进行任务内和工艺过程内未包括的工作而延续的时间。如搅拌机搅拌灰浆超出了规定的时间,工人没有及时供料而使机械空运转的时间。停工时间所指的停工,按其性质可分为施工本身造成的停工和非施工本身造成的停工。前者是由于施工组织得不好而引起的停工现象,如由于未及时供给机器水、电、燃料而引起的停工;后者是由于气候条件所引起的停工现象。违反劳动纪律引起的机械消耗的时间,是指操作人员迟到、早退或擅离岗位等原因引起的机械停工时间。

4.3.2 机械台班消耗定额的制订方法

确定施工机械台班消耗定额的步骤如下:

1) 拟定机械正常工作条件

拟定机械正常工作条件,包括施工现场的合理组织和合理的工人编制。施工现场的合理组织,是指对机械的放置位置、工人的操作场地等作出科学合理的布置,最大限度地发挥机械的性能。合理的工人编制,往往要通过计时观察、理论计算和经验资料来确定。拟定的工人编制,应保持机械的正常生产率和工人正常的劳动效率。

2) 确定机械纯工作时间的正常生产率

机械的纯工作时间,包括满载和有根据地降低负荷下的工作时间、不可避免的无负荷工作时间和不可避免的中断时间。机械纯工作时间的正常生产率,就是在正常工作条件下,由具备必需的知识和技能的技术工人操作机械时间的生产率。工作时间内生产的产品数量以及工作时间的消耗,可以通过多次现场观测并参考机械说明书确定。

3）确定施工机械的正常利用系数

施工机械的定额时间包括机械纯工作时间、机械台班准备与结束时间、机械维护时间等,不包括迟到、早退、返工等非定额时间。施工机械的正常利用系数,就是机械纯工作时间占定额时间的百分数。

4）计算施工机械台班产量定额

机械台班产量定额可用下式计算:

机械台班产量定额＝机械纯工作时间的正常生产率×工作班延续时间×机械正常利用系数

根据机械台班产量定额,可计算机械台班时间定额。

4.4 材料消耗量定额

4.4.1 材料消耗量定额的概念

材料消耗量定额是指在合理使用材料的条件下,完成单位合格施工作业过程(工作过程)的施工任务所需消耗一定品种、一定规格的建筑材料(包括半成品、燃料、配件、水、电等)的数量标准。

在我国建设工程(特别是房屋建筑工程)的直接成本中,材料费平均占70%左右。材料消耗量的多少,消耗是否合理,关系到资源的有效利用,对建设工程的造价确定和成本控制有着决定性影响。

材料消耗量定额是编制材料需要量计划、运输计划、供应计划,计算仓库面积,签发限额领料单和经济核算的根据。制定合理的材料消耗定额,是组织材料的正常供应,保证生产顺利进行,以及合理利用资源,减少积压、浪费的必要前提。

工程施工中所消耗的材料,按其消耗的方式可以分成两种:一种是在施工中一次性消耗的、构成工程实体的材料,如砌筑砖墙用的标准砖、浇筑混凝土构件用的混凝土等,我们一般把这种材料称为实体性材料;另一种是在施工中周转使用,其价值是分批分次地转移到工程实体中去的,这种材料一般不构成工程实体,而是在工程实体形成过程中发挥辅助作用,它是为有助于工程实体的形成而使用并发生消耗的材料,如砌筑砖墙用的脚手架、浇筑混凝土构件用的模板等,我们一般把这种材料称为周转性材料。

4.4.2 实体性材料消耗量定额

1）实体性材料消耗量定额的构成分析

施工中材料的消耗,一般可分为必须消耗的材料和损失的材料两类。其中必须消耗的材料是确定材料定额消耗量所必须考虑的消耗;对于损失的材料,由于它是属于施工生产中不合理的耗费,可以通过加强管理来避免这种损失,所以在确定材料定额消耗量时一般不考虑损失材料的因素。

所谓必须消耗的材料,是指在合理用料的条件下,完成单位合格施工作业过程(工作过程)的施工任务所必须消耗的材料。它包括直接用于工程(即直接构成工程实体或有助于工程形成)的材料、不可避免的施工废料和不可避免的材料损耗。其中:直接用于工程的材料数量,称为材料净耗量;不可避免的施工废料和材料损耗数量,称为材料合理损耗量。用公式表示如下:

材料消耗量＝材料净耗量＋材料合理损耗量

材料损耗量是不可避免的损耗,例如:在操作面上运输及堆放材料时,在允许范围内不可避免的损耗,加工制作中的合理损耗及施工操作中的合理损耗等。常用计算方法是:

材料合理损耗量＝材料净耗量×材料合理损耗率

材料的合理损耗率通过观测和统计而确定。

在定额的编制过程中,一般可以使用观测法、试验法、统计法和理论计算法等四种方法来确定材料的定额消耗量。

2) 实体性材料消耗量的确定方法

(1) 观测法

观测法亦称现场测定法,是在合理使用材料的条件下,在施工现场按一定程序对完成合格施工作业过程(工作过程)施工任务的材料耗用量进行测定,通过分析、整理,最后得出材料消耗定额的方法。

利用现场测定法主要是确定材料的合理损耗率,也可以提供确定材料净耗量的数据。观测法的优点是能通过现场观察、测定,取得完成工作过程的数量和与之相应的材料消耗情况的数据,为编制材料消耗定额提供技术根据。

观测法的首要任务是选择典型的工程项目,其施工技术、组织及产品质量,均要符合技术规范的要求;材料的品种、型号、质量也应符合设计要求;产品检验合格,操作工人能合理使用材料和保证产品质量。

在观测前要充分做好准备工作,如选用标准的运输工具和衡量工具,采取减少材料损耗措施等。

观测的成果是取得完成单位合格施工作业过程(工作过程)施工任务的材料消耗量。观测中要区分不可避免的材料损耗和可以避免的材料损耗,后者不应包括在定额的合理损耗量内。必须经过科学的分析研究以后,确定确切的材料消耗标准,列入定额。

(2) 试验法

试验法是指在材料试验室中进行试验和测定数据。例如:以各种原材料为变量因素,求得不同强度等级混凝土的配合比,从而计算出每立方米混凝土的各种材料耗用量。

利用试验法,主要是确定材料净耗量。通过试验,能够对材料的结构、化学成分和物理性能以及按强度等级控制的混凝土、砂浆配比作出科学的结论,为编制材料消耗定额提供有技术根据的、比较精确的计算数据。

但是,试验法不能取得在施工现场实际条件下,由于各种客观因素对材料耗用量影响的实际数据,这是该法的不足之处。

试验室试验必须符合国家有关标准规范,计量要使用标准容器和称量设备,质量要符合施工与验收规范要求,以保证获得可靠的定额编制依据。

(3) 统计法

统计法是指通过对现场进料、用料的大量统计资料进行分析计算,获得材料消耗的数据。这种方法由于不能分清材料消耗的性质,因而不能作为确定材料净耗量和材料合理损耗量的精确依据。

对积累的各分部分项工程结算的产品所耗用材料的统计分析,是根据各分部分项工程拨付材料数量、剩余材料数量及总共完成产品数量来进行计算。

采用统计法,必须要保证统计和测算的耗用材料与相应产品一致。在施工现场中的某些材料,往往难以区分用在各个不同部位上的准确数量。因此,要有意识地加以区分,才能得到有效的统计数据。

（4）理论计算法

理论计算法是根据施工图,运用一定的数学公式,直接计算材料耗用量。计算法只能计算出单位产品的材料净耗量,材料的合理损耗量仍要在现场通过实测取得。这是一般板块类材料计算常用的方法。

4.4.3 周转性材料消耗量定额

周转性材料是指在施工过程中能经过修理、补充多次周转使用而逐渐消耗尽的材料。如:模板、钢板桩、脚手架等,实际上它是作为一种施工工具和措施性的手段而被使用的。

周转性材料的定额消耗量是指每使用一次摊销的数量,按周转性材料在其使用过程中发生消耗的规律,其摊销量的计算公式如下:

$$摊销量＝一次使用量×损耗率＋一次使用量×\frac{(1－回收折价率)×(1－损耗率)}{周转次数}$$

上述公式反映了摊销量与一次使用量、损耗率、周转次数及回收折价率的数量关系。

（1）一次使用量

一次使用量是指周转性材料一次使用的基本量,即一次投入量。周转性材料的一次使用量根据施工图计算,其用量与各分部分项工程部位、施工工艺和施工方法有关。

例如:现浇钢筋混凝土构件模板的一次使用量的计算,须先求构件混凝土与模板的接触面积,再乘以该构件每平方米模板接触面积所需的材料数量。计算公式如下:

$$一次使用量＝混凝土模板接触面积×每平方米接触面积需模量×(1＋制作损耗率)$$

混凝土模板接触面积应根据施工图计算;每平方米接触面积的需模量应根据不同材料的模板及模板的不同安装方式通过计算确定;制作损耗率也应根据不同材料的模板及模板的不同制作方式通过统计分析确定。

（2）损耗率

损耗率是周转性材料每使用一次后的损失率。为了下一次的正常使用,必须用相同数量的周转性材料对上次的损失进行补充,用来补充损失的周转性材料的数量称为周转性材料的"补损量"。按一次使用量的百分数计算,该百分数即为损耗率。

周转性材料的损耗率应根据材料的不同材质、不同的施工方法及不同的现场管理水平通过统计工作来确定。

（3）周转次数

周转次数是指周转性材料从第一次使用起可重复使用的次数。它与不同的周转性材料、使用的工程部位、施工方法及操作技术有关。

周转次数的确定要经现场调查、观测及统计分析,取平均合理的水平。正确规定周转次数,对准确计算用料,加强周转性材料管理和经济核算起重要作用。

（4）回收折价率

回收折价率是对退出周转的材料（周转回收量）作价收购的比率。其中周转回收量指周转性材料在周转使用后除去损耗部分的剩余数量，即尚可以回收的数量。而回收折价率则应根据不同的材料及不同的市场情况来加以确定。

从上述计算周转性材料摊销量的公式可以看出，周转性材料的摊销量由两部分组成：一部分是一次周转使用后所损失的量，用一次使用量乘以相应的损耗率确定；另一部分是退出周转的材料（报废的材料）在每一次周转使用上的分摊，其数量用最后一次周转使用后除去损耗部分的剩余数量（再考虑一些折价回收的因素）除以相应的周转次数确定。

5 施工资源价格原理

5.1 概 述

5.1.1 概 念

所谓施工资源是指在工程施工中所须消耗的生产要素,按资源的性质一般可分为动力资源、施工机械设备资源、实体性材料、周转性材料等。

所谓施工资源的价格是指为了获取并使用该施工资源所必须发生的单位费用,而单位费用的大小取决于获取该资源时的市场条件、取得该资源的方式、使用该资源的方式以及一些政策性的因素。

为了做出合理的工程估价,必须仔细地考虑工程所需的劳动力、施工设备、材料和分包商等资源的需要量,并确定其最合适的来源和获取方式,以便正确地确定施工资源的价格。在此基础上,可以算出使用这些资源的费用,并最终编制出合理的估价值。

5.1.2 价格水平的取定

不同性质的工程估价须用不同水平的资源价格,当为了确定工程商业价格而编制工程估价时,如编制施工预算、投标报价等,其资源价格水平的取定应根据该具体工程的个别情况通过市场竞争和工程内部核算来确定,此时的价格水平一般取当时当地并且与该工程个别情况相应的市场价格水平;当编制工程估价的目的是为了作为投资控制的依据时,如编制设计概算、招标标底等,其资源价格水平应取当时当地的社会平均水平。因为在编制这一类工程估价时,还没有形成具体的工程施工计划,无法确定该工程资源的个别价格。

5.2 人工单价

5.2.1 概 述

1) 概念

人工单价是指一个生产工人一个工作日在工程估价中应计入的全部人工费用。在理解上述概念时,必须注意如下问题:

(1) 人工单价是指生产工人的人工费用,而企业经营管理人员的人工费用不属于人工单价的概念范围。

(2) 在我国人工单价一般是以工日来计量的,是计时制下的人工工资标准。

(3) 人工单价是指在工程估价时应该并可以计入工程造价的人工费用,所以,在确定人工单价时,必须根据具体的工程估价方法所规定的核算口径来确定其费用。

2) 人工单价的费用构成

在确定人工单价时可以考虑计算如下费用:

(1) 生产工人的工资。生产工人的工资一般由雇用合同的具体条款确定,不同的工种、不同的技术等级以及不同的雇用方式(如固定用工、临时用工等),其工资水平是不同的。在确定生产工人工资水平时,必须符合政府有关劳动工资制度的规定。

(2) 工资性质的补贴。生产工人工资性补贴是指为了补偿工人额外或特殊的劳动消耗以及为了保证工人的工资水平不受特殊条件影响,而以补贴形式支付给工人的劳动报酬,它包括按规定标准发放的交通费补贴、住房补贴、流动施工津贴及异地施工津贴等。

(3) 生产工人辅助工资。生产工人辅助工资是指生产工人年有效施工天数以外非作业天数的工资,包括职工学习、培训期间的工资,调动工作、探亲、休假期间的工资,因气候影响的停工工资,女工哺乳时间的工资,病假在六个月以内的工资及产、婚、丧假期的工资等。

(4) 有关法定的费用。法定费用是指政府规定的有关劳动及社会保障制度所要求支付的各项费用,如职工福利费、生产工人劳动保护费等。

(5) 工人的雇佣费、有关的保险费及辞退工人的安置费等。

至于在确定具体人工单价时应考虑哪些费用,应根据具体的工程估价方法所规定的造价费用构成及其相应的计算方法来确定。

3) 影响人工单价的因素

(1) 政策因素:如政府指定的有关劳动工资制度、最低工资标准、有关保险的强制规定等。确定具体工程的人工工资单价时,必须充分考虑为满足上述政策而应该发生的费用。

(2) 市场因素:如市场供求关系对劳动力价格的影响、不同地区劳动力价格的差异、雇用工人的不同方式(如当地临时雇用与长期雇用的人工单价可能不一样)以及不同的雇用合同条款等。在确定具体工程的人工单价时,同样必须根据具体的市场条件确定相应的价格水平。

(3) 管理因素:如生产效率与人工单价的关系、不同的支付系统对人工单价的影响等。不同的支付系统在处理生产效率与人工单价的关系方面是不同的。例如,在计时工资制的条件下,不论施工现场的生产效率如何,由于是按工作时间发放工资,所以其生产工人的人工单价是一样的;但是,在计件工资制的条件下,由于工人一个工作班的劳动报酬与其在该工作班完成的产品产量成正比关系,所以施工现场的生产效率直接影响到人工单价的水平。在确定具体工程的人工单价时,必须结合一定的劳动管理模式,在充分考虑所使用的管理模式对人工单价的影响的基础上,确定人工单价水平。

5.2.2 综合人工单价的确定

所谓综合人工单价是指在具体的资源配置条件下,某具体工程上不同工种、不同技术等级的工人的平均人工单价。综合人工单价是进行工程估价的重要依据,其计算原理是将具体工程上配置的不同工种、不同技术等级的工人的人工单价进行加权平均。

(1) 根据一定的人工单价的费用构成标准,在充分考虑影响单价各因素的基础上,分别计算不同工种、不同技术等级的工人的人工单价。

(2) 根据具体工程的资源配置方案,计算不同工种、不同技术等级的工人在该工程上的工时比例。

（3）把不同工种、不同技术等级的工人的人工单价按其相应的工时比例进行加权平均，即可得到该工程的综合人工单价。

5.2.3 我国现行体制下的人工单价

我国现行体制下的人工单价即预算人工工日单价，又称人工工资标准或工资率。合理确定人工工资标准，是正确计算人工费和工程造价的前提和基础。

人工工日单价是指一个建筑工人一个工作日在预算中应计入的全部人工费用。目前我国的人工单价均采用综合人工单价的形式，即根据综合取定的不同工种、不同技术等级的工人的人工单价以及相应的工时比例进行加权平均所得的、能够反映工程建设中生产工人一般价格水平的人工单价。根据我国现行的有关工程造价的费用划分标准，人工单价的费用组成如下：

1）生产工人基本工资

根据有关规定，生产工人基本工资应执行岗位工资和技能工资制度。

2）生产工人工资性补贴

生产工人工资性补贴是指为了补偿工人额外或特殊的劳动消耗及为了保证工人的工资水平不受特殊条件影响，而以补贴形式支付给工人的劳动报酬，它包括按规定标准发放的物价补贴，煤、燃气补贴，交通费补贴，住房补贴，流动施工津贴及地区津贴等。

3）生产工人辅助工资

生产工人辅助工资是指生产工人年有效施工天数以外非作业天数的工资，包括职工学习、培训期间的工资，调动工作、探亲、休假期间的工资，因气候影响的停工工资，女工哺乳时间的工资，病假在六个月以内的工资及产、婚、丧假期的工资等。

4）职工福利费

职工福利费是指按规定标准计提的职工福利费。

5）生产工人劳动保护费

生产工人劳动保护费是指按规定标准发放的劳动保护用品的购置费及修理费，徒工服装补贴，防暑降温费，在有碍身体健康环境中施工的保健费用等。

目前我国的人工工日单价组成内容，在各部门、各地区并不完全相同，但其中每一项内容都是根据有关法规、政策文件的精神，结合本部门、本地区的特点，通过反复测算最终确定的。某地建筑工程人工工日单价为46元，其构成为

基本工资：$500 \, 元/月 \times \dfrac{12}{249} = 24.10 \, 元/工日$

工资性津贴：$150 \, 元/月 \times \dfrac{12}{249} = 7.23 \, 元/工日$

流动施工津贴：$5.00 \, 元/工日$

房租补贴：$(24.10 + 7.23) \times 7.5\% = 2.35 \, 元/工日$

职工福利费：$(24.10 + 7.23 + 5.00 + 2.35) \times 14\% = 5.42 \, 元/工日$

劳动保护费：$1.90 \, 元/工日$

小计：$46.00 \, 元/工日$

5.3 机械台班单价

5.3.1 我国现行体制下施工机械台班单价

我国现行体制下施工机械台班单价由七项费用组成,包括:折旧费、大修理费、经常修理费、安拆费及场外运费、燃料动力费、人工费、车船使用税等。

（1）折旧费

折旧费指机械设备在规定的使用年限内,陆续收回其原值及所支付贷款利息的费用。其计算公式为

$$台班折旧费 = \frac{机械预算价格 \times (1-残值率) \times 贷款利息系数}{耐用总台班}$$

其中:

机械预算价格包括国产机械预算价格和进口机械预算价格两种情况。国产机械预算价格是指机械出厂价格加上从生产厂家（或销售单位）交货地点运至使用单位机械管理部门验收入库的全部费用,包括出厂价格、供销部门手续费和一次运杂费。进口机械预算价格是由进口机械到岸完税价格加上关税、外贸部门手续费、银行财务费以及由口岸运至使用单位机械管理部门验收入库的全部费用。

残值率是指施工机械报废时其回收的残余价值占机械原值（即机械预算价格）的比率,依据《施工、房地产开发企业财务制度》规定,残值率按照固定资产原值的 2%～5%确定。各类施工机械的残值率综合确定如下:

运输机械	2%
特、大型机械	3%
中、小型机械	4%

贷款利息系数是指为补偿施工企业贷款购置机械设备所支付的利息,从而合理反映资金的时间价值,以大于 1 的贷款利息系数,将贷款利息（单利）分摊在台班折旧费中。

$$贷款利息系数 = 1 + \frac{(n+1)}{2} i$$

式中：n——机械的折旧年限；

i——设备更新贷款年利率。

折旧年限是指国家规定的各类固定资产计提折旧的年限。

设备更新贷款年利率是以定额编制当年的银行贷款年利率为准。

耐用总台班是指机械在正常施工作业条件下,从投入使用起到报废止,按规定应达到的使用总台班数。机械耐用总台班的计算公式为

$$耐用总台班 = 大修间隔台班 \times 大修周期$$

大修间隔台班是指机械自投入使用起至第一次大修止或自上一次大修后投入使用起至下一次大修止,应达到的使用台班数。

大修周期即使用周期,是指机械在正常的施工作业条件下,将其寿命期（即耐用总台班）按规定的大修理次数划分为若干个周期。计算公式为

大修周期＝寿命期大修理次数＋1

　　（2）大修理费

　　大修理费指机械设备按规定的大修间隔台班必须进行大修理，以恢复机械正常功能所需的费用。台班大修理费则是机械使用期限内全部大修理费之和在台班费中的分摊额。其计算公式为

$$台班大修理费 = \frac{一次大修理费 \times 寿命期内大修理次数}{耐用总台班}$$

　　其中：

　　一次大修理费是指机械设备按规定的大修理范围和修理工作内容，进行一次全面修理所需消耗的工时、配件、辅助材料、机油燃料以及送修运输等全部费用。

　　寿命期内大修理次数是指机械设备为恢复原机功能按规定在使用期限内需要进行的大修理次数。

　　（3）经常修理费

　　经常修理费指机械设备除大修理以外必须进行的各级保养（包括一、二、三级保养）以及临时故障排除和机械停置期间的维护保养等所需各项费用；为保障机械正常运转所需替换设备、随机工具附具的摊销及维护费用；机械运转及日常保养所需润滑、擦拭材料费用。机械寿命期内上述各项费用之和分摊到台班费中，即为台班经常修理费。其计算公式为

$$台班经常修理费 = \frac{\sum \left(\begin{array}{c} 各级保养 \\ 一次费用 \end{array} \times \begin{array}{c} 寿命期各级 \\ 保养总次数 \end{array} \right) + \begin{array}{c} 临时故障 \\ 排除费用 \end{array}}{耐用总台班} + \begin{array}{c} 替换设备 \\ 台班摊销费 \end{array} + \begin{array}{c} 工具附具 \\ 台班摊销费 \end{array} + \begin{array}{c} 例保 \\ 辅料费 \end{array}$$

　　其中：

　　各级保养一次费用分别指机械在各个使用周期内为保证机械处于完好状况，必须按规定的各级保养间隔周期、保养范围和内容进行的一、二、三级保养或定期保养所消耗的工时、配件、辅料、机油燃料等费用，计算方法同一次大修理费计算方法。

　　寿命期各级保养总次数分别指一、二、三级保养或定期保养在寿命期内各个使用周期中保养次数之和。

　　机械临时故障排除费用指机械除规定的大修理及各级保养以外，临时故障所需费用以及机械在工作日以外的保养维护所需润滑、擦拭材料费。经调查和测算，按各级保养（不包括例保辅料费）费用之和的 3% 计算。

　　替换设备及工具附具台班摊销费指轮胎、电缆、蓄电池、运输皮带、钢丝绳、胶皮管、履带板等消耗性物品和按规定随机配备的全套工具附具的台班摊销费用。

　　例保辅料费即机械日常保养所需润滑、擦拭材料的费用。

　　（4）安拆费及场外运费

　　安拆费是指机械在施工现场进行安装、拆卸所需人工、材料、机械和试运转费用以及安装所需的机械辅助设施（如：基础、底座、固定锚桩、行走轨道、枕木等）的折旧、搭设、拆除等费用。

　　场外运费是指机械整体或分体自停置地点运至施工现场或一工地运至另一工地的运输、装卸、辅助材料以及架线等费用。

定额台班基价内所列安拆费及场外运输费,均分别按不同机械、型号、重量、外形、体积、安拆和运输方法测算其工、料、机械的耗用量综合计算取定。除地下工程机械外,均按年平均 4 次运输、运距平均 25 km 以内考虑。

安拆费及场外运输费的计算公式如下:

① 台班安拆费 $= \dfrac{\text{机械一次安拆费} \times \text{年平均安拆次数}}{\text{年工作台班}} + \text{台班辅助设施摊销费}$

② 台班辅助设施摊销费 $= \dfrac{\text{辅助设施一次费用} \times (1 - \text{残值率})}{\text{辅助设施耐用台班}}$

③ 台班场外运费 $= \dfrac{\left(\begin{array}{c} \text{一次运输} \\ \text{及装卸费} \end{array} + \begin{array}{c} \text{辅助材料} \\ \text{一次摊销费} \end{array} + \begin{array}{c} \text{一次} \\ \text{架线费} \end{array} \right) \times \begin{array}{c} \text{年平均场外} \\ \text{运输次数} \end{array}}{\text{年工作台班}}$

在定额基价中未列此项费用的项目有:一是金属切削加工机械等,由于该类机械系安装在固定的车间房屋内,不需经常安拆运输;二是不需要拆卸安装自身能开行的机械,如水平运输机械;三是不适合按台班摊销本项费用的机械,如特、大型机械,其安拆费及场外运输费按定额规定另行计算。

(5)燃料动力费

燃料动力费指机械设备在运转施工作业中所耗用的固体燃料(煤炭、木材)、液体燃料(汽油、柴油)、电力、水等费用。

定额机械燃料动力消耗量,以实测的消耗量为主,以现行定额消耗量和调查的消耗量为辅的方法确定。计算公式如下:

$$\text{台班燃料动力消耗量} = \dfrac{\text{实测数} \times 4 + \text{定额平均值} + \text{调查平均值}}{6}$$

台班燃料动力费 = 台班燃料动力消耗量 × 相应的单价

(6)人工费

人工费指机上司机、司炉和其他操作人员的工作日以及上述人员在机械规定的年工作台班以外的人工费用。

工作台班以外机上人员人工费用,以增加机上人员的工日数形式列入定额内,按下式计算:

台班人工费 = 定额机上人工工日 × 日工资单价

定额机上人工工日 = 机上定员工日 × (1 + 增加工日系数)

(7)车船使用税

车船使用税按照国家有关规定交纳,按各省、自治区、直辖市规定标准计算后列入定额。

在我国现行体制条件下,政府授权部门根据以上所述的机械台班单价的费用组成及确定方法,经综合平均后统一编制,并以《全国统一施工机械台班费用定额》的形式作为一种经济标准要求在编制工程造价(如施工图预算、设计概算、标底报价等)及结算工程造价时必须按该标准执行,不得任意调整及修改。所以,目前在国内编制工程造价时,均以《全国统一施工机械台班费用定额》或该定额在某一地区的单位估价表所规定的台班单价作为计算机械费的依据。

5.3.2 机械台班租赁单价

1) 概念

工程施工中所使用的机械设备一般可分为外部租用和内部租用两种情况。外部租用是指向外单位(如设备租赁公司、其他施工企业等)租用机械设备,此种方式下的机械台班单价一般以该机械的租赁单价为基础加以确定。内部租用是指使用企业自有的机械设备,由于机械设备是一种固定资产,从成本核算的角度看,其投资一般是通过折旧的方式来加以回收的,所以此种方式下的机械台班单价一般可以在该机械折旧费(及大修理费)的基础上再加上相应的运行成本等费用因素,通过企业内部核算来加以确定。但是,如果从投资收益的角度看,机械设备作为一种固定资产,其投资必须从其所实现的收益中得到回收。施工企业通过拥有机械设备实现收益的方式一般有两种,其一是装备在工程上通过计算相应的机械使用费从工程造价中实现收益;其二是对外出租机械设备通过租金收入实现收益。考虑到企业自备机械具有通过出租实现收益的机会,所以,即使是采用内部租用的方式获取机械设备,在为工程估价而确定机械台班单价的过程中也应该以机械的租赁单价为基础加以确定。

虽然施工机械的租赁单价可以根据市场情况确定,但是不论是机械的出租单位还是机械的租赁单位在计算其租赁单价时,均必须在充分考虑机械租赁单价的组成因素基础上,通过计算得到可以保本的边际单价水平,并以此为基础根据市场策略增加一定的期望利润来最终确定租赁单价。

2) 机械租赁单价的费用组成

(1)计算机械租赁单价应考虑的费用因素

① 拥有费用

拥有费用是指为了拥有该机械设备并保持其正常的使用功能所需发生的费用,包括施工机械的购置成本、折旧及大修理费等。

② 使用成本

使用成本是指在施工机械正常使用过程中所需发生的运行成本,包括使用和修理费用、管理费用、执照及保险费用等。

③ 机械的出租或使用率

机械的出租或使用率指一年内出租(或使用)机械时间与总时间的比率,它反映该机械投资的效率。

④ 期望的投资收益率

期望的投资收益率指投资购买并拥有该施工机械的投资者所希望的收益率,一般可用投资利润率来表示。

(2)计算机械租赁单价应考虑的成本因素

① 购置成本

购置成本是指用于购买施工机械设备的资金,通常通过贷款筹集。贷款要支付利息,因此在计算租赁单价时应考虑计入该费用。即使该机械设备是利用本公司的保留资金购置的,也应该考虑到这笔费用,因为这笔钱如果不用于购买机械设备本可以存入银行赚取利息。

② 使用成本

对于不同类型的机械设备、工作条件以及工作时间,保养和修理成本相差悬殊。从类似机械设备的使用中获得经验,并详细保存记录该经验是估算这种费用的唯一办法。其数额通常以该机械设备初值的一个百分比表示,但这方法并不理想,因为大多数施工机械使用年限越长,要做的保养工作也就越多。

燃料和润滑油的费用因设备的大小、类型和机龄而异。同样,经验是最好的参考,但是制造厂家的资料确实也提供了一些数字,可通过合理的判断估算出该机械设备上述物料的消耗量。

③ 执照和保险费

机械设备保险的类型和保险费多少取决于该机械设备是否使用公共道路。不在公共道路上使用的施工机械设备,其保险费非常少,只需保火灾和失窃险。使用公路的施工机械当然同其他道路使用者一样必须根据最低限度的法规要求进行保险。同样,如果施工机械不在公共道路上使用,执照费也很少,反之其数额就很可观。

④ 管理机构的管理费

施工企业一般组建相应的内部管理部门来管理施工机械,随着社会分工的不断细化,施工企业也可能将机械设备交于独立的盈利部门管理。不论怎样管理,均必须发生管理费用。因此在确定机械设备租赁单价时必须列入所有一般行政管理和其他管理的费用。

⑤ 折旧

折旧就是由使用期长短而造成的价值损失。施工企业一般按施工过程中(内部租用)或租出设备时(出租给其他单位)的机械租赁单价的比率增加一笔相当于折旧费用的金额以收回这种损失。在一般实践中,收回的折旧费常用于许多其他方面,而不允许呆滞地积累下来。当该项资产最终被替代完毕时,这笔资金就从公司现金余额中借出或提出。

(3) 机械租赁单价的影响因素

① 计算机械租赁单价的费用范围

计算机械租赁单价时所规定的费用范围直接影响其单价水平。例如,机械租赁单价中是否应包括该机械司机的人工费用及机械使用中的动力燃料费等,不同的费用组成决定着不同的租赁单价水平。

② 机械设备的采购方式

施工企业如果决定采购施工机械而不是临时租用机械,则可利用下列若干采购方式,不同的采购方式带来不同的资金流量。

A. 现金或当场采购

采购施工机械设备时可以马上付现款,从而在资产负债表上列入一项有形资产。显然,仅在手头有现金时才能采用这种方式,因此这种做法的前提条件是以前的经营已有利润积累或者可从投资者处筹集到资金,例如股东、银行贷款等等;此外,大型或技术特殊的合同有时也列有专款供施工企业在工程项目开始时购买必需的施工机械。

用现金采购机械设备可能会享受避税的好处,因为有关税法可能会允许于购置施工机械的年度在公司盈利中按采购价格的一定比例留出一笔资金作为投资贴补,也可能会允许对新购置的施工机械进行快速折旧从而使成本增大。作为政府的一项鼓励措施,其作用是鼓励投资,因此在决定采购之前应考虑这笔投资的预期收益率,保证这种利用资金的方式是最有利可图的投资方法。

B. 租购

利用租购方式购置施工机械设备要由购买者和资金提供者签订一份合同,合同规定购买者在合同期间支付事先规定的租金。合同期满时该项资产的所有权可以按事先商定的价钱转让给购买者,其数额仅仅是象征性的。租购方法特别有用,可以避免动用大笔资金,而且可以分阶段逐步归还借用的资金。然而,租购常常要支付很高的利息,这是它的不利的方面。

C. 租赁

租赁安排与当场购买或租购根本就不是同一种做法。因此从理论上讲,施工机械所有权永远不会转到承租人(用户)手中。租约可以认为是一种合同,据此合同承租人取得另一方(出租人)所有的某项资财的使用权,并支付事先规定的租金。但是,根据这种理解,就产生若干种适合有关各方需要的租赁形式,其中融资租赁和经营租赁是适合施工机械设备置办的两种形式。

a. 融资租赁:这种租赁形式一般由某个金融机构,例如贷款商号安排。收取的租金包括资产购置成本减去租约期满时预期残值之差,以及用于支付出租人管理费、利息、维修成本开销和一定利润的服务费。租借期限通常分为两个阶段,在基本租期内,通常为3~5年,租金定在能够收回上列各项成本的水平。附加租期(又叫续租期),可以按固定期限续订。延长是为了适合承租人的需要,在延长期间可能只收取一笔象征性的租金。

因为出租人对租出去的设备常常没有直接的兴趣,所以租约直到出租人于基本租期末将投资变现时才能取消。在这期间承租人可以充分利用该项设备,就如同使用自己所有的设备一样。然而,租赁与当场购买不同,不能让承租企业利用该项资产投资获得有关避税方面的好处。

b. 经营租赁:融资租赁一般由金融机构提供,而经营租赁的出租人很可能是该项设备的制造厂家或供应商。后者的目的就是协助推销这种设备。基本租期租约可能不允许中途取消,租金常常也低于融资租赁,因为这类机械设备可能是价廉物美的二手货,或者附带对出租人有利可图的维修协议或零配件供应协议。实际上,出租人期望的利润可能就要取自这些附带的服务,这些服务有可能延续到租约的附加租期。很显然,这种形式的安排最适合于厂家有熟练的人才,能够进行必要的维修和保养的大型或技术复杂的机械设备的出租。如果有健全的二级市场存在,某些货运卡车制造厂愿意利用这种方式。

经营租赁对承租人的另一个好处是所有权一直掌握在出租人手中,但是与融资租赁不同,不要求在承租人的资产负债表上列项。结果,资本运作情况将保持不变,因此对资金高速周转的公司特别方便。否则,为直接购买,甚至租购施工设备而借贷资金时就会遇到困难。租赁费用被看做是经营开支,因此可作为成本列入损益账户。

③ 机械设备的性能

机械设备的性能决定施工机械的生产能力、使用中的消耗、需要修理的情况及故障率等状况,而这些状况直接影响机械在其寿命期内所需的大修理费用、日常的运行成本、使用寿命及转让价格等。

④ 市场条件

市场条件主要是指市场的供求及竞争条件,市场条件直接影响机械出租率的大小和机械出租单位的期望利润水平的高低等。

⑤ 银行利率水平及通货膨胀率

银行利率水平的高低直接影响资金成本的大小及资金时间价值的大小,如果银行利率水平高,则资金的折现系数大,在此条件下如需保本则需达到更大的内部收益率,而如要达到更高的内部收益率则必须提高租赁单价。通货膨胀即货币贬值,其贬值的速度(比率)即为通货膨胀率,如果通货膨胀率高,则为了不受损失就要以更高的收益率扩大货币的账面价值,而如要达到更高的内部收益率则必须提高租赁单价。

⑥ 折旧的方法

折旧的方法有直线折旧法、余额递减折旧法、定额存储折旧法等不同的种类,同一种机械如果以不同的方法提取折旧,其每次计提的费用是不同的。

⑦ 管理水平及有关政策上的规定

不同的管理水平有不同的管理费用,管理费用的大小取决于不同的管理水平。有关政策上的规定也能影响租赁单价的大小,如规定的税费、按规定必须办理的保险费等。

3) 机械租赁单价的确定

机械租赁单价的确定一般有两种方法,一种是静态的方法,另一种是动态的方法。

(1) 静态方法

静态方法即不考虑资金时间价值的方法,其计算租赁单价的基本思路是:首先根据所规定的租赁单价的费用组成,计算机械在单位时间里所必须发生的费用总和作为该机械的边际租赁单价(即仅仅保本的单价),然后增加一定的利润即成确定的租赁单价。

【例 5.2】 采用静态方法确定某机械租赁单价。机械购置费用 44 050 元;该机械转售价值 2 050 元;每年平均工作时数 2 000h;设备的寿命年数 10 年;每年的保险费 200 元;每年的执照费和税费 100 元;每小时燃料费 2.0 元;机油和润滑油为燃料费的 10%;修理和保养费每年为购置费用的 15%;要求达到的资金利润率 15%;为简化起见不计管理费。

【解】

首先计算边际租赁单价,计算过程如下:

费用项目	金额(元/年)
折旧(直线法)=42 000 元/10 年	4 200
贷款利息(用年利率 9.9% 计算)	
44 050×0.099	4 361
保险和税款	300
该机械拥有成本	8 861
燃料:2.0×2 000	4 000
机油和润滑油:4 000×0.1	400
修理费:0.15×44 050	6 608
该机械使用成本	11 008
总成本	19 869

则该机械的边际租赁单价:

$$\frac{19\,869}{2\,000} = 9.93(元/h)$$

折合成台班租赁单价:

$9.93 \times 8 = 79.44$(元/台班)

边际租赁单价的计算考虑了创造足够的收入以便更新资产、支付使用成本并形成初始投入资金的回收,实现了简单再生产。在此基础上,加上一定的期望利润即成机械的租赁单价。计算过程为

$79.44 \times (1+0.15) = 91.36$(元/台班)

(2)动态方法

动态方法即在计算租赁单价时考虑资金时间价值的方法,一般可以采用"折现现金流量法"来计算考虑资金时间价值的租赁单价。现结合上述例题中的数据计算如下:

一次性投资	44 050 元
每年的使用成本	11 008 元
每年的税金及保险	300 元
机械的寿命期	10 年
到期的转让费	2 050 元
期望的收益率	15%

根据上述资料,采用"折现现金流量法"计算得出当净现值为零时所必需的年机械租金收入为 20 024 元,折合成台班租赁单价为 80.1 元/台班。

5.4 材料单价

5.4.1 概 述

工程施工中所用的材料按其消耗的不同性质,可分为实体性消耗材料和周转性消耗材料两种类型。实体性消耗材料是指在工程施工中直接消耗的并构成工程实体的材料,如砌筑砖墙所用的砖、浇筑混凝土构件所用的水泥等;而周转性消耗材料是指在工程施工中周转使用,并不构成工程实体的材料,如搭设脚手架所用的钢管、浇筑混凝土构件所用的模板等。由于实体性消耗材料和周转性消耗材料的消耗性质不同,所以其单价的概念和费用构成均不尽相同。

实体性材料的单价是指通过施工单位的采购活动到达施工现场时的材料价格,该价格的大小取决于材料从其来源地到达施工现场过程中所需发生费用的多少。从该费用的构成看,一般包括采购该材料时所支付的货价(或进口材料的抵岸价)、材料的运杂费和采购保管费用等费用因素。

由于周转性材料不是一次性消耗的,所以其消耗的形式一般为按周转次数进行分摊。其摊销量由两部分组成:一部分为周转性材料经过一次周转的损失量;另一部分为周转性材料按周转总次数的摊销量。对于经过一次周转的损失量,由于其消耗形式与实体性材料的消耗形式一样,所以其价格的确定也与实体性材料一样;对于按周转总次数摊销的周转性材料,如果将其一次摊销量乘以相应的采购价格即得该周转性材料按周转总次数计提的折旧费。即使是采用企业自备的周转性材料来装备工程,但在为工程估价而确定企业自备的周转性材料的单价时也应该以周转性材料的租赁单价为基础加以确定。

材料单价,是指材料由其来源地或交货地到达工地仓库或施工现场存放地点后的出库

价格。

材料费占整个建筑工程直接费的比重很大。材料费是根据材料消耗量和材料单价计算出来的。因此,正确确定材料单价有利于提高预算质量,促进企业加强经济核算和降低工程成本。

5.4.2 实体性材料单价

1) 实体性材料单价的组成

建筑材料、构件、成品及半成品的预算价格由三种费用因素组成,即材料原价、运杂费和采购保管费。其计算公式为

$$材料单价＝(材料原价＋运杂费)×(1＋采购保管费率)$$

2) 实体性材料单价的确定

(1) 材料原价的确定

材料原价通常是指材料的出厂价、市场采购价或批发价;材料在采购时,如不符合设计规格要求,而必须经加工改制的,其加工费及加工损耗率应计算在该材料原价内;进口材料应以国际市场价格加上关税、手续费及保险费等构成材料原价,也可按国际通用的材料到岸价或离岸价为原价。

在确定材料的原价时,同一种材料因产地、供应单位的不同有几种原价的,应根据不同来源地的供应数量比例,采用加权平均计算其原价。

(2) 材料运杂费

材料运杂费指材料由来源地或交货地运至施工工地仓库或堆放处的全部过程中所支付的一切费用,包括车船等的运输费、调车或驳船费、装卸费及合理的运输损耗费。

材料运杂费通常按外埠运杂费与市内运杂费两段计算。材料运输费在材料单价中占有较大的比重,为了降低运输费用,应尽量就地取材,就近采购,缩短运输距离,并选择合理的运输方式。

运输费应根据运输里程、运输方式等分别按铁路、公路、船运、空运等部门规定的运价标准计算。有多个来源地的材料运输费应根据供应比重加权平均计算。

(3) 材料采购保管费

材料采购保管费是指材料部门在组织采购、供应和保管材料过程中所需要的各项费用。包括各级材料部门的职工工资、职工福利费、劳动保护费、差旅交通费以及材料部门的办公费、固定资产使用费、工具用具使用费、材料试验费、材料储存损耗等。可用下式表示:

$$材料采购保管费＝(材料原价＋运杂费)×采购保管费率$$

采购保管费率一般为 2%,其中采购费率和保管费率各 1%。

【例 5.3】 某工程需用白水泥,选定甲、乙两个供货地点。甲地出厂价 670 元/t,可供需要量的 70%;乙地出厂价 690 元/t,可供需要量的 30%。汽车运输,甲地离工地 80 km,乙地离工地 60 km。求白水泥预算价格。

【解】

① 加权平均计算综合原价

综合原价:670×70%＋690×30%＝676(元/t)

② 运输费按 0.40 元/(t·km)计算,装卸费为 16 元/t,装卸各一次,运杂费为

$80×0.40×70\%＋60×0.40×30\%＋16＝45.6(元/t)$

③ 材料采购保管费率为2%,则白水泥的预算价格为

$(676＋45.6)×(1＋2\%)＝736.03(元/t)$

5.4.3 周转性材料单价的确定

1) 周转性材料单价的构成

周转性材料单价由两部分组成,第一部分即周转性材料经一次周转的损失量,其单价的概念及组成均与实体性材料的单价相同。第二部分即按占用时间来回收投资价值的方式,其相应的单价应该以周转性材料租赁单价的形式表示,而确定周转性材料租赁单价时必须考虑如下费用:一次性投资或折旧,购置成本(即贷款利息),管理费,日常使用及保养费,周转性材料出租人所要求的收益率。

2) 影响周转性材料租赁单价的因素

(1) 周转性材料的采购方式

施工企业如果决定采购周转性材料而不是临时租用,则可在众多的采购方式中选择一种方式进行购买,不同的采购方式带来不同的资金流量,从而影响周转性材料租赁单价的大小。

(2) 周转性材料的性能

周转性材料的性能决定周转性材料可用的周转次数、使用中的损坏情况、需要修理的情况等状况,而这些状况直接影响周转性材料的使用寿命及在其寿命期内所需的修理费用、日常使用成本(如给钢模板上机油等)和到期的残值。

(3) 市场条件

市场条件主要是指市场的供求及竞争条件,市场条件直接影响周转性材料出租率的大小和周转性材料出租单位的期望利润水平的高低等。

(4) 银行利率水平及通货膨胀率

银行利率水平的高低直接影响着资金成本的大小及资金时间价值的大小。如果银行利率水平高,则资金的折现系数大,在此条件下如需保本则需达到更大的内部收益率,而如要达到更高的内部收益率则必须提高租赁单价。通货膨胀即货币贬值,其贬值的速度(比率)即为通货膨胀率,如果通货膨胀率高,则为了不受损失就要以更高的收益率扩大货币的账面价值,而如要达到更高的内部收益率则必须提高租赁单价。

(5) 折旧的方法

折旧的方法有直线折旧法、余额递减折旧法、定额存储折旧法等不同的种类,同一种周转性材料以不同的方法提取折旧,其每次计提的费用是不同的。

(6) 管理水平及有关政策上的规定

不同的管理水平有不同的管理费用,管理费用的大小取决于不同的管理水平。有关政策上的规定也能影响租赁单价的大小,如规定的税费、按规定必须办理的保险费等。

3) 周转性材料租赁单价的确定

与施工机械租赁单价的确定方法一样,周转性材料租赁单价的确定一般也有两种方法,一种是静态的方法,另一种是动态的方法。

(1) 静态方法

静态方法即不考虑资金时间价值的方法,其计算租赁单价的基本思路是,首先根据租赁

单价的费用组成,计算周转性材料在单位时间里所必须发生的费用总和作为该周转性材料的边际租赁单价(即仅仅保本的单价),然后增加一定的利润即成确定的租赁单价。

(2) 动态方法

动态方法即在计算租赁单价时考虑资金时间价值的方法,一般可以采用"折现现金流量法"来计算考虑资金时间价值的租赁单价。

6 建筑工程清单计价

6.1 建筑工程计价表

《计价表》中的综合单价由人工费、材料费、机械费、管理费、利润等五项费用组成。一般建筑工程、单独打桩与制作兼打桩项目的管理费和利润,已按三类工程标准计入综合单价内,一、二类工程和单独装饰工程、大型土石方工程等应根据《江苏省建筑与装饰工程费用计算规则》的规定,对管理费和利润进行调整后计入综合单价内。

6.1.1 土石方工程计价

1) 土石方工程计价表应用要点

(1)土方工程套用定额规定:挖填土方厚度在±300 mm 以内及找平为平整场地;沟槽底宽在 3 m 以内,沟槽底长大于 3 倍沟槽底宽的为挖地槽、地沟;基坑底面积在 20 m² 以内的为挖基坑;以上范围之外的均为挖土方。

(2)《计价表》土石方工程中未包括地下水位以下的施工排水费用,如需要排水,应根据施工组织设计规定,在措施项目中计算排水费用。

(3)人工挖地槽、地坑、土方根据土壤类别套用相应定额,人工挖地槽、地坑、土方在城市市区或郊区一般按三类土定额执行。

(4)利用挖出土回填或余土外运时,堆积期在一年以内的土,除按运土方定额执行外,还要计算挖一类土的定额项目。回填土取自然土时,按土壤类别执行挖土定额。

(5)机械挖土方定额是按三类土计算的,如实际土壤类别不同时,定额中机械台班量按下表(表 6.1.1)的系数调整。

表 6.1.1　机械挖土方机械台班量系数调整表

项　目	三类土	一、二类土	四类土
推土机推土方	1.00	0.84	1.18
铲运机铲运土方	1.00	0.84	1.26
自行式铲运机铲运土方	1.00	0.86	1.09
挖掘机挖土方	1.00	0.84	1.14

(6)机械挖土方工程量,按机械实际完成工程量计算。机械挖不到的地方,人工修边坡,整平的土方工程量套用人工挖土方相应定额项目,其中人工乘以系数 2。(人工挖土方的量不得超过挖土方总量的 10%)

(7)定额中自卸汽车运土,对道路的类别及自卸汽车的吨位已综合计算,套定额时只要根据运土距离选择相应项目。

(8)自卸汽车运土定额是按正铲挖掘机挖土装车考虑的,如系反铲挖掘机挖土装车,则自卸汽车运土台班量乘系数 1.1。

2) 土石方工程计价举例

【例 6.1】 某单位传达室基础平面图及基础详图见图 3.1.1。土壤为三类土、干土,场内运土,要求人工挖土。工程量在例 3.1 中已计算,试按《计价表》规定计价。

【相关知识】

1. 沟槽底宽在 3 m 以内,沟槽底长是底宽的 3 倍以上,该土方应按人工挖地槽、地沟定额执行。

2. 按土壤类别、挖土深度套相应定额。

3. 运土距离和运土工具按施工组织设计要求定。

【解】

《计价表》计价

1. 三类干土、挖土深度 1.6 m(深度 3 m 以内)

《计价表》1—24 人工挖地槽 每立方米综合单价:16.77 元

人工挖地槽综合价:128.24×16.77=2 150.58(元)

2. 场内运土 150 m,用双轮车运土

《计价表》1—92 运距在 50 m 以内

1—95 运距在 500 m 以内每增加 50 m

1—92+95×2 人力车运土 150 m

每立方米综合单价:6.25+1.18×2=8.61(元)

人力车运土综合价:128.24×8.61=1 104.15(元)

【例 6.2】 某建筑物地下室见图 3.1.2。地下室墙外壁做涂料防水层,施工组织设计确定用反铲挖掘机挖土,土壤为三类土,机械挖土坑内作业,土方外运 1 km,回填土已堆放在距场地 150 m 处。工程量在例 3.2 中已计算,三类工程,试按《计价表》规定计价。

【相关知识】

1. 用何种型号的挖土机械应按施工组织设计的要求和现场实际使用机械确定。

2. 机械挖土不分挖土深度及干湿土。(如有地下水时,应根据施工组织设计,在措施项目中计算排水费用)

3. 修边坡,整平等人工挖土方按相关定额人工乘系数"2"。

4. 挖出土场内堆放或转运距离或全部外运距离均按施工组织设计要求计算,本例题中挖出土全部外运 1 km,其中人工挖土部分在坑上再由挖掘机装车外运。

5. 反铲挖掘机挖土装车,自卸汽车运土台班量要乘系数"1.10"。

6. 机械挖一类土,定额中机械台班数量要按表 6.1.1 的系数调整。

7. 回填要考虑挖、运。

8. 挖土机械进退场费在措施项目中计算。

9. 单独编制概预算或在一个单位工程内挖方或填方在 5 000 m³ 以上,按大型土石方工程调整管理费和利润,本题不属此范围,仍按一般土建三类工程计算。

【解】

《计价表》计价

1. 斗容量 1 m³ 以内反铲挖掘机挖土装车

《计价表》1—202　反铲挖掘机挖土装车　每1000 m³ 综合单价：2 657.21 元

　　　　　　　　反铲挖掘机挖土装车综合价：2.083×2 657.21＝5 534.97（元）

2. 自卸汽车运土1 km（反铲挖掘机装车）

《计价表》1—239 换　自卸汽车台班乘以"1.10"

　　　　　　　　增：自卸汽车台班　　8.127×0.10×619.83＝503.74（元）

　　　　　　　　增：管理费　503.74×25％＝125.94（元）

　　　　　　　　增：利润　503.74×12％＝60.45（元）

　　　　　　　　自卸汽车运土每1 000 m³ 综合单价：

　　　　　　　　7 121.18＋503.74＋125.94＋60.45＝7 811.31（元）

　　　　　　　　自卸汽车运土1 km综合价：

　　　　　　　　2.083×7 811.31＝16 270.96（元）

3. 人工修边坡整平，三类干土，深度3.05 m

《计价表》1—3　挖土方1.5 m以内

　　　　1—11　挖土深度超过1.5 m，在4 m以内增加费

　　　　1—3＋11 换　人工挖土方在4 m以内

　　　　定额价换算　人工乘系数"2"，该项只有人工费、管理费、利润，因此也是综合
　　　　　　　　　　单价乘以"2"

　　　　　　　　每立方米综合单价：（10.19＋4.60）×2＝29.58（元）

　　　　　　　　人工挖土方综合价：174.46×29.58＝5 160.53（元）

4. 人工挖出的土用挖掘机挖出装车（人工挖土部分）

《计价表》1—202 换　反铲挖掘机挖一类土、装车

　　　　　　　　定额价换算：机械台班乘系数"0.84"

　　　　　　　　减：挖掘机机械费　2.264×（1－0.84）×781.10＝282.94（元）

　　　　　　　　减：推土机机械费　0.226×（1－0.84）×438.75＝15.87（元）

　　　　　　　　减：管理费　（282.94＋15.87）×25％＝74.70（元）

　　　　　　　　减：利润　（282.94＋15.87）×12％＝35.86（元）

　　　　　　　　挖掘机挖一类土、装车每1 000 m³ 综合单价

　　　　　　　　2 657.21－282.94－15.87－74.70－35.86＝2 247.84（元）

　　　　　　　　机械挖土工程量：（人工挖土部分）174.46 m³

　　　　　　　　机械挖土方综合价：0.174×2 247.84＝391.12（元）

5. 自卸汽车运土1 km，反铲挖掘机装车（人工挖土部分）

《计价表》1—239 换　自卸汽车运土1 km（同第2项计算）

　　　　　　　　综合单价每1 000 m³　7 811.31 元

　　　　　　　　自卸汽车运土1 km综合价　0.174×7 811.31＝1 359.17（元）

6. 回填土，人工回填夯实

《计价表》1—104　基坑回填土　每立方米综合单价 10.70 元

　　　　　　　　基坑回填土综合价：367.98×10.70＝3 937.39（元）

7. 挖回填土、堆积期在一年以内，为一类土

《计价表》1—1　人工挖土方　每立方米综合价：3.95 元

113

人工挖土方综合价：367.98×3.95＝1453.52（元）

8. 双轮车运回填土 150 m

《计价表》1—92＋95×2　人力车运土 150 m

每立方米综合单价：6.25＋1.18×2＝8.61（元）

人力车运土综合价：367.98×8.61＝3168.31（元）

6.1.2　打桩及基础垫层工程计价

1) 打桩及基础垫层工程计价表应用要点

（1）打桩机的类别、规格在定额中不换算，但打桩机及为打桩机配套的施工机械进（退）场费，组装、拆卸费按实际进场机械的类别、规格在措施项目中计算。

（2）每个单位工程的打（灌注）桩工程量小于表 6.1.2 规定数量时，为小型工程，其人工、机械（包括送桩）按相应定额项目乘系数 1.25。

表 6.1.2　小型打(灌注)桩工程工程量指标表

项　　目	工程量（m³）
预制钢筋混凝土方桩	150
预制钢筋混凝土离心管桩	50
打孔灌注混凝土桩	60
打孔灌注砂桩、碎石桩、砂石桩	100
钻孔灌注混凝土桩	60

（3）打预制方桩、离心管桩的定额中已综合考虑了 300 m 的场内运输，当场内运输超过 300 m 时，运输费另外计算，同时扣除定额内的场内运输费。

（4）打预制桩定额中不含桩本身，只有 1% 的桩损耗，桩的制作费另按《计价表》第四章、第五章相应定额计算。

（5）各种灌注桩的定额中已考虑了灌注材料的充盈系数和操作损耗（见表 6.1.3），但这个数量是供编制标底时参考使用的，结算时灌注材料的充盈系数应按打桩记录的灌入量进行计算，但操作损耗不变。

表 6.1.3　灌注桩充盈系数及操作损耗率表

项目名称	充盈系数	操作损耗率（%）
打孔沉管灌注混凝土桩	1.20	1.50
打孔沉管灌注砂(碎石)桩	1.20	2.00
打孔沉管灌注砂石桩	1.20	2.00
钻孔灌注混凝土桩（土孔）	1.20	1.50
钻孔灌注混凝土桩（岩石孔）	1.10	1.50
打孔沉管夯扩灌注混凝土桩	1.15	2.00

（6）钻孔灌注混凝土桩钻孔定额中，已含挖泥浆池及地沟土方的人工，但不含砌泥浆池的人工及耗用材料，在编制标底时暂按每立方米桩 1.0 元计算，结算时按实调整。

（7）灌注桩中设计有钢筋笼时，按《计价表》第四章相应定额计算。

（8）《计价表》中，灌注混凝土桩的混凝土灌注有三种方法，即现场搅拌混凝土、泵送商品混凝土、非泵送商品混凝土,应根据设计要求或施工方案选择使用。

(9) 混凝土垫层厚度在 15 cm 以内时,按垫层计算,厚度超过 15 cm 时按混凝土基础计算。

(10) 整板基础下的垫层采用压路机碾压时,人工乘系数 0.9,垫层材料乘系数 1.15,定额中的电动打夯机取消,改为光轮压路机(8 t)0.022 台班。

2) 打桩及基础垫层工程计价举例

【例 6.3】 某工程桩基础为现场预制混凝土方桩(见图 3.1.3)。C30 商品混凝土,室外地坪标高−0.30 m,桩顶标高−1.80 m,桩计 150 根。工程量在例 3.3 中已计算,试按《计价表》规定计价。

【相关知识】

1. 本工程桩工程量小于表 6.1.2 中的工程量,属小型工程,打桩的人工、机械(包括送桩)按相应定额乘系数"1.25"。

2. 打桩定额中预制桩 1% 损耗为 C35 混凝土,混凝土强度等级不同按规定不调整。

3. 预制桩根据工程实际情况,如是购买成品桩,则将成品桩价格计入;如是现场制作桩,则将桩的制作费计入;本例题是现场制作桩,因此要按相关章节规定计算方桩制作(桩内钢筋暂不考虑)。

4.《计价表》中的打桩、送桩项目的管理费、利润的计取标准,是按"打预制桩"三类工程费率计算的;《计价表》中的桩制作项目的管理费、利润的计取标准,是按"土建"三类工程费率计算的;本工程根据桩长确定为三类工程,但需要现场制作桩,所以桩制作、打桩、送桩项目中的管理费、利润均需要调整为"制作兼打桩"三类工程的费率标准。

5. 按 2009 年《江苏省建设工程费用定额》,"制作兼打桩"三类工程的管理费为 11%、利润为 7%,因此本例题中的管理费、利润均应此标准计算。

【解】

《计价表》计价

1. 桩制作,用 C30 非泵送商品混凝土

《计价表》5—334 方桩制作

(管理费由 25% 调整为 11%,利润由 12% 调整为 7%,此过程可在电脑上操作调整,在本例题中不再细述)

每立方米综合单价:326.76 元

方桩制作综合价:113.40×326.76=37 054.58(元)

2. 打预制方桩,桩长 8.4 m,工程量小于 150 m³

《计价表》2—1 换 打预制方桩,桩长 12 m 以内

(管理费 11%,利润由 6% 调整为 7%)

综合单价:167.82 元

定额价换算:小型工程,人工、机械乘系数"1.25"

增:人工费 0.82×0.25×24.0=4.92(元)

增:机械费 0.102×0.25×719.46=18.35(元)

增:管理费(4.92+18.35)×11%=2.56(元)

增:利润(4.92+18.35)×7%=1.63(元)

打预制方桩每立方米综合单价

$$167.82+4.92+18.35+2.56+1.63=195.28(元)$$

打预制方桩综合价:$113.40×195.28=22\,144.75(元)$

3. 预制方桩送桩,桩长 8.4 m,送桩长度 2 m

《计价表》2—5 换　预制方桩送桩,桩长 12 m 以内

（管理费 11%,利润由 6%调整为 7%）

综合单价:146.03 元

定额价换算:小型工程,人工、机械乘系数"1.25"

增:人工费 $0.94×0.25×24.0=5.64(元)$

增:机械费 $0.117×0.25×719.46=21.04(元)$

增:管理费 $(5.64+21.04)×11\%=2.93(元)$

增:利润 $(5.64+21.04)×7\%=1.87(元)$

预制方桩送桩每立方米综合单价

$146.03+5.64+21.04+2.93+1.87=177.51(元)$

预制方桩送桩综合价:$27.0×177.51=4792.77(元)$

4. 预制方桩凿桩头

《计价表》2—102　凿方桩桩头

（管理费由 14%调整为 11%,利润由 8%调整为 7%）

每 10 根桩综合单价 81.29 元

凿桩头综合价:$15.0×81.29=1219.35(元)$

【例 6.4】　某工程桩基础是钻孔灌注混凝土桩（见图 3.1.4）。C25 混凝土现场搅拌,土孔中混凝土充盈系数为 1.25,自然地面标高 −0.45 m,桩顶标高 −3.00 m,设计桩长 12.30 m,桩进入岩层 1 m,桩直径 600 mm,计 100 根,泥浆外运 5 km。工程量在例 3.4 中已计算,试按《计价表》规定计价。

【相关知识】

1. 钻土孔、岩石孔,灌注混凝土桩土孔、岩石孔,均分别套相应定额。

2. 混凝土强度等级与定额不同要换算。

3. 充盈系数与定额不符要调整混凝土灌入量,但操作损耗不变。

4. 在投标报价时砖砌泥浆池要按施工组织设计要求计算工、料费用。

【解】

《计价表》计价

1. 钻直径 600 mm 的土孔

《计价表》2—29　钻土孔

（管理费由 14%调整为 11%,利润由 8%调整为 7%）

每立方米综合单价 172.38 元

钻土孔综合价:$391.40×172.38=67\,469.53(元)$

2. 钻直径 600 mm 的岩石孔

《计价表》2—32　钻岩石孔

（管理费由 14%调整为 11%,利润由 8%调整为 7%）

每立方米综合单价 726.11 元

钻岩石孔综合价：28.26×726.11＝20 519.87 元

3. 自拌混凝土灌土孔桩

《计价表》2—35 换　钻土孔灌注 C25 混凝土桩

　　　　定额价换算：C25 混凝土　充盈系数"1.25"

　　　　　　　　C25 混凝土用量 1.25＋0.019＝1.269(m³)

　　　　增：004009　C25 混凝土　1.269×211.42＝268.29(元)

　　　　减：004011　C30 混凝土　1.218×218.56＝266.21(元)

　　　　(管理费由 14％调整为 11％,利润由 8％调整为 7％)

　　　　C25 混凝土桩每立方米综合单价：

　　　　303.98＋268.29－266.21＝306.06(元)

　　　　钻土孔灌注混凝土桩综合价：

　　　　336.29×306.06＝102 924.92(元)

4. 自拌混凝土灌岩石孔桩

《计价表》2—36 换　钻岩石孔灌注 C25 混凝土桩

　　　　定额价换算：C25 混凝土　充盈系数同定额,混凝土量不变

　　　　　　　　C30 混凝土换为 C25 混凝土,减材料费

　　　　1.117×(218.56－211.42)＝7.98(元)

　　　　(管理费由 14％调整为 11％,利润由 8％调整为 7％)

　　　　C25 混凝土桩每立方米综合单价：

　　　　278.87－7.98＝270.89(元)

　　　　钻岩石孔灌注混凝土桩综合价：

　　　　28.26×270.89＝7 655.35(元)

5. 泥浆外运 5 km

《计价表》2—37　泥浆外运

　　　　(管理费由 14％调整为 11％,利润由 8％调整为 7％)

　　　　每立方米综合单价 73.98 元

　　　　泥浆外运综合价：419.66×73.98＝31 046.45(元)

6. 泥浆池费用

按施工组织设计要求泥浆池经计算工料费用为 2 000 元(计算略)

7. 灌注桩凿桩头

《计价表》2—101　凿灌注桩桩头

　　　　(管理费由 14％调整为 11％,利润由 8％调整为 7％)

　　　　每立方米综合单价 64.74 元

　　　　凿灌注桩桩头综合价：16.96×64.74＝1 097.99(元)

6.1.3　砌筑工程计价

1) 砌筑工程计价表有关说明和注意事项

（1）砖基础深度自室外地面至砖基础底面超过 1.5 m 时,其超过部分每立方米砌体应增加 0.041 工日。

117

（2）《计价表》中，只有标准砖有弧形墙定额，其他品种砖弧形墙未设定额，按相应定额项目每立方米砌体人工增加15%，砖增加5%。

（3）材料的垂直运输在措施项目垂直运输费中考虑。

（4）砖砌体内的钢筋加固，按《计价表》第四章的砌体、板缝内加固钢筋定额执行。

（5）砖砌体挡土墙以顶面宽度按相同墙厚内墙定额执行，顶面宽度超过1砖按砖基础定额执行。

2）砌筑工程计价举例

【例6.5】 某单位传达室基础平面图及基础详图见图3.1.1。室内地坪±0.00 m，防潮层－0.06 m，防潮层以下用M10水泥砂浆砌标准砖基础，防潮层以上为多孔砖墙身。条形基础用C20自拌混凝土，垫层用C10自拌混凝土。工程量在例3.5中已计算，试按《计价表》规定计价。

【相关知识】

1. 砌体砂浆与定额不同时要调整综合单价。

2. 混凝土垫层、混凝土基础的模板套相应计价表项目在措施项目中计算。

3. 混凝土基础中如有钢筋，则应按《计价表》第四章钢筋工程中的相关项目计算。

【解】

《计价表》计价

1.《计价表》3—1换　砖基础 M10 水泥砂浆

　　　　　　　　定额中 M5 水泥砂浆换为 M10 水泥砂浆

　　　　　　　　每立方米综合单价：185.80－29.71＋32.15＝188.24（元）

　　　　　　　　砖基础综合价：15.64×188.24＝2 944.07（元）

2.《计价表》3—42　防水砂浆防潮层　每10 m² 综合单价：80.68 元

　　　　　　　　防潮层综合价：0.90×80.68＝72.61（元）

3.《计价表》2—120　C10 混凝土垫层　每立方米综合单价 206.00 元

　　　　　　　　C10 混凝土垫层综合价：4.27×206.00＝879.62（元）

4.《计价表》5—2　无梁式条形基础　每立方米综合单价 222.38 元

　　　　　　　　混凝土无梁式条形基础综合价：6.48×222.38＝1 441.02（元）

【例6.6】 某单位传达室平面图、剖面图、墙身大样图见图3.1.5。构造柱240 mm×240 mm，有马牙搓与墙嵌接，圈梁240 mm×300 mm，屋面板厚100 mm；门窗上口无圈梁处设置过梁厚120 mm，过梁长度为洞口尺寸两边各加250 mm；窗台板厚60 mm，长度为窗洞口尺寸两边各加60 mm，窗两侧有60 mm宽砖砌窗套。砌体材料为KP1多孔砖，女儿墙为标准砖。工程量在例3.6中已计算，试按《计价表》规定计价。

【相关知识】

1. 砌体材料不同，分别套定额。

2. 多孔砖砌体定额不分内外墙，可合并计价，但一砖墙与半砖墙要分别计价。

3. 标准砖砌体定额分内、外墙，需分别计价；女儿墙按外墙定额计算。

【解】

《计价表》计价

1. 《计价表》3—22　KP1 多孔砖一砖外墙、内墙　每立方米综合单价：184.17 元

　　KP1 多孔砖墙综合价：16.26×184.17＝2 994.60(元)

2. 《计价表》3—21　KP1 多孔砖半砖内墙　每立方米综合单价：190.56 元

　　KP1 多孔砖半砖墙综合价：0.62×190.56＝118.15(元)

3. 《计价表》3—29　标准砖女儿墙　每立方米综合单价：197.70 元

　　标准砖女儿墙综合价：1.61×197.70＝318.30(元)

6.1.4　钢筋工程计价

1) 钢筋工程计价表应用要点

(1) 本章包括现浇构件、预制构件、预应力构件及其他四节,共设置 32 个子目,其中现浇构件 8 个子目,主要包括普通钢筋、冷轧带肋钢筋、成型冷轧扭钢筋、钢筋笼、桩内主筋与底板钢筋焊接等;预制构件 6 个子目,主要包括现场预制混凝土构件钢筋、加工场预制混凝土构件钢筋、点焊钢筋网片等;预应力构件 10 个子目,主要包括先张法、后张法钢筋,后张法钢丝束、钢绞线束钢筋等;其他 8 个子目,主要包括砌体、板缝内加固钢筋,铁件制作安装,电渣压力焊,锥螺纹,镦粗直螺纹,冷压套管接头等。

(2) 钢筋工程以钢筋的不同规格、不同品种按现浇构件钢筋、现场预制构件钢筋、加工厂预制构件钢筋、预应力构件钢筋、点焊网片分别套用定额项目。

(3) 钢筋工程内容包括:除锈、平直、制作、绑扎(点焊)、安装以及浇灌混凝土时维护钢筋用工。

(4) 钢筋搭接所耗用的电焊条、电焊机、铅丝和钢筋余头损耗已包括在定额内,设计图纸注明的钢筋接头长度以及未注明的钢筋接头按规范的搭接长度应计入设计钢筋用量中。

(5) 先张法预应力构件中的预应力、非预应力钢筋工程量应合并计算,按预应力钢筋相应项目执行;后张法预应力构件中的预应力钢筋、非预应力钢筋应分别套用定额。

(6) 预制构件点焊钢筋网片已综合考虑了不同直径点焊在一起的因素,如点焊钢筋直径粗细比在两倍以上时,其定额工日按该构件中主筋的相应子目乘系数 1.25,其他不变(主筋是指网片中最粗的钢筋)。

(7) 粗钢筋接头采用电渣压力焊、套管接头、锥螺纹等接头者,应分别执行钢筋接头定额。计算了钢筋接头不能再计算钢筋搭接长度。

(8) 非预应力钢筋不包括冷加工,设计要求冷加工时,应另行处理。预应力钢筋设计要求人工时效处理时,应另行计算。

(9) 后张法钢筋的锚固是按钢筋帮条焊 V 形垫块编制的,如采用其他方法锚固时,应另行计算。

(10) 基坑护壁孔内安放钢筋按现场预制构件钢筋相应项目执行;基坑护壁上钢筋网片按点焊钢筋网片相应项目执行。

(11) 对构筑物工程,其钢筋应按定额中规定系数调整人工和机械用量。

(12) 钢筋制作、绑扎需拆分者,制作按 45%、绑扎按 55%折算。

(13) 钢筋、铁件在加工厂制作时,由加工厂至现场的运输费应另列项目计算。在现场制作的不计算此项费用。

2) 钢筋工程计价举例

【例 6.7】 根据例 3.7 计算出的工程量,试按《计价表》规定计价(三类工程)。

【解】

Φ 12 以内重量:5.42+13.28=18.7(kg)

Φ 25 以内重量:26.99+17.75=44.74(kg)

《计价表》4-1　现浇混凝土构件 Φ 12 以内钢筋综合价:

　　　　　18.7÷1 000×3 421.48=63.98(元)

《计价表》4-2　现浇混凝土构件 Φ 25 以内钢筋综合价:

　　　　　44.74÷1 000×3 241.82=145.04(元)

合计:209.02 元

【例 6.8】 根据例 3.8 计算出的工程量,试按《计价表》规定计价。(假设该梁所在的屋面高 5 m,二类工程)

【解】

Φ 12 以内重量:204.05 kg

Φ 25 以内重量:1 440.79+11.63=1 452.42(kg)

子目换算:层高超 3.6 m 在 8 m 以内人工乘系数 1.03

　　　　定额中三类工程取费换算为二类工程取费

单价换算:

《计价表》4-1 换　(330.46×1.03+57.83)×(1+30%+12%)+2 889.53=3 454.98(元/t)

《计价表》4-2 换　(166.14×1.03+84.40)×(1+30%+12%)+2 898.58=3 261.42(元/t)

子目套用:

《计价表》4-1 换　204.05÷1 000×3 454.98=704.99(元)

《计价表》4-2 换　1 452.42÷1 000×3 261.42=4 736.95(元)

合计:5 441.94 元

6.1.5 混凝土工程计价

1) 混凝土工程计价表应用要点

(1) 本章混凝土构件分为自拌混凝土构件、商品混凝土泵送构件、商品混凝土非泵送构件三部分,共设置 423 个子目,其中自拌混凝土构件 169 个子目,主要包括现浇构件(基础、柱、梁、墙、板、其他)、现场预制构件(桩、柱、梁、屋架、板、其他)、加工厂预制构件、构筑物等;商品混凝土泵送构件 114 个子目,主要包括泵送现浇构件(基础、柱、梁、墙、板、其他)、泵送预制构件(桩、柱、梁)、泵送构筑物等;商品混凝土非泵送构件 140 个子目,主要包括非泵送现浇构件(基础、柱、梁、墙、板、其他)、现场非泵送预制构件(桩、柱、梁、屋架、板、其他)、非泵送构筑物等。

(2) 现浇柱、墙子目中,均已按规范规定综合考虑了底部铺垫 1:2 水泥砂浆的用量。

(3) 室内净高超过 8 m 的现浇柱、梁、墙、板(各种板)的人工工日按定额规定分别乘以系数。

(4) 现场预制构件,如在加工厂制作,混凝土配合比按加工厂配合比计算;加工厂构件及商品混凝土改在现场制作,混凝土配合比按现场配合比计算。其工料、机械台班不调整。

(5) 加工厂预制构件其他材料费中已综合考虑了掺入早强剂的费用,现浇构件和现场

120

预制构件未考虑用早强剂费用,设计需使用或建设单位认可时,其费用可按定额规定增加。

(6) 加工厂预制构件采用蒸汽养护时,立窑、养护池养护应按规定增加费用。

(7) 小型混凝土构件,系指单体体积在 0.05 m³ 以内的未列出子目的构件。

(8) 构筑物中混凝土、抗渗混凝土已按常用的强度等级列入基价,设计与子目取定不符时,综合单价要做相应调整。

(9) 构筑物中的混凝土、钢筋混凝土地沟是指建筑物室外的地沟,室内钢筋混凝土地沟按现浇构件相应项目执行。

(10) 泵送混凝土子目中已综合考虑了输送泵车台班,布、拆管及清洗人工,泵管摊销费、冲洗费。

2) 混凝土工程计价举例

【例 6.9】 根据例 3.11 计算出的工程量,试按《计价表》计价。(二类工程,现场自拌 C30 混凝土。)

【解】

《计价表》5—7 换　单价换算

① 混凝土标号 C20 换算为 C30;② 三类工程取费换算为二类工程取费。

单价:227.65+(19.50+14.93)×(30%+12%)=242.11(元/m³)

综合价:11.57 m³×242.11 元/m³=2 801.21 元

【例 6.10】 根据例 3.11 计算的工程量,试按《计价表》计价。(三类工程)

【解】

《计价表》5—3　有梁式带形基础　29.6 m³×221.98 元/m³=6 570.61 元

6.1.6　金属结构工程计价

1) 金属结构工程计价表应用要点

(1) 本章共设置 45 个子目,主要内容包括:① 钢柱制作,② 钢屋架、钢托架、钢桁架制作,③ 钢梁、钢吊车梁制作,④ 钢制动梁、支撑、檩条、墙架、挡风架制作,⑤ 钢平台、钢梯子、钢栏杆制作,⑥ 钢拉杆制作、钢漏斗制作、型钢制作,⑦ 钢屋架、钢托架、钢桁架现场制作平台摊销。

(2) 金属构件不论在附属企业加工厂或现场制作均执行本定额(现场制作需搭设操作平台,其平台摊销费按本章相应项目执行)。

(3) 本定额中各种钢材数量均以型钢表示。实际不论使用何种型材,估价表中的钢材总数量和其他工料均不变。

(4) 本定额的制作均按焊接编制,定额中的螺栓是在焊接之前临时加固的螺栓,局部制作用螺栓连接,亦按本定额执行。

(5) 本定额除注明者外,均包括现场内(工厂内)的材料运输、下料、加工、组装及成品堆放等全部工序。加工点至安装点的构件运输,应另按第七章构件运输定额相应项目计算。

(6) 本定额构件制作项目中,均已包括刷一遍防锈漆工料。

(7) 金属结构制作定额中的钢材品种系按普通钢材为准,如用锰钢等低合金钢者,其制作人工调整。

(8) 混凝土劲性柱内,用钢板、型钢焊接而成的 H、T 型钢柱,按 H、T 型钢构件制作定额执行,安装按第七章相应钢柱项目执行。

(9) 定额各子目均未包括焊缝无损探伤(如 X 光透视、超声波探伤、磁粉探伤、着色探伤等),亦未包括探伤固定支架制作和被检工件的退磁。

(10) 后张法预应力混凝土构件端头螺杆、轻钢檩条拉杆按端头螺杆螺帽定额执行;木屋架、钢筋混凝土组合屋架拉杆按钢拉杆定额执行。

(11) 铁件是指埋入混凝土内的预埋铁件。

2) 金属结构工程计价举例

【例 6.11】 请根据例 3.17 计算的工程量按《计价表》计价。(三类工程)

【解】

《计价表》6—18　柱间钢支撑 0.077 t×4 840.19 元/t＝372.69 元

6.1.7　构件运输及安装工程计价

1) 构件运输及安装工程计价表应用要点

(1) 本章分为构件运输、构件安装两节,共设置 154 个子目,其中构件运输 48 个子目,主要包括混凝土构件、金属构件、门窗构件;构件安装 106 个子目,主要包括混凝土构件、金属构件。

(2) 构件运输中,将混凝土构件分为四类,金属构件分为三类。

(3) 运输机械、装卸机械是取定的综合机械台班单价,实际与定额取定不符,不调整。

(4) 本定额包括混凝土构件、金属构件及门窗运输,运输距离应由构件堆放地(或构件加工厂)至施工现场距离确定。

(5) 定额综合考虑了城镇、现场运输道路等级、上下坡等各种因素,不得因道路条件不同而调整定额;构件运输过程中,如遇道路、桥梁限载而发生的加固、拓宽和公安交通管理部门的保安护送以及沿途的过路、过桥等费用,应另行处理。

(6) 现场预制构件已包括了机械回转半径 15 m 以内的翻身就位。如受现场条件限制,混凝土构件不能就位预制,其费用应作调整。

(7) 加工厂预制构件安装,定额中已考虑运距在 500 m 以内的场内运输。场内运距如超过时,应扣去上列费用,另按 1 km 以内的构件运输定额执行。

(8) 金属构件安装未包括场内运输费,如发生另计。

(9) 本章中定额子目不含塔式起重机台班,已包括在垂直运输机械费章节中。

(10) 本安装定额均不包括为安装工作需要所搭设的脚手架,若发生应按脚手架工程章节规定计算。

(11) 本定额构件安装是按履带式起重机、塔式起重机编制的,如施工组织设计需使用轮胎式起重机或汽车式起重机,经建设单位认可后,可按履带式起重机相应项目套用,其中人工、吊装机械乘系数,轮胎式起重机或汽车式起重机的起重吨位,按履带式起重机相近的起重吨位套用,换算台班单价。

(12) 金属构件中轻钢檩条拉杆的安装是按螺栓考虑,其余构件拼装或安装均按电焊考虑,设计用连接螺栓,其连接螺栓按设计用量另行计算(人工不再增加),电焊条、电焊机应相应扣除。

(13) 单层厂房屋盖系统构件如必须在跨外安装时,按相应构件安装定额中的人工、吊装机械台班乘系数。用塔吊安装时,不乘此系数。

(14) 履带式起重机安装点高度以 20 m 内为准,超过时,人工、吊装机械台班调整。

（15）钢屋架单榀重量在 0.5 t 以下者，按轻钢屋架子目执行。

（16）构件安装项目中所列垫铁，是为了校正构件偏差用的。凡设计图纸中的连接铁件、拉板等不属于垫铁范围的，应按铁件相应子目执行。

（17）钢屋架、天窗架拼装是指在构件厂制作、在现场拼装的构件。在现场不发生拼装或现场制作的钢屋架、钢天窗架不得套用本定额。

（18）小型构件安装包括：沟盖板、通气道、垃圾道、楼梯踏步板、隔断板以及单体体积小于 0.1 m³ 的构件安装。

（19）钢柱安装在混凝土柱上（或混凝土柱内），其人工、吊装机械乘系数调整。混凝土柱安装后，如有钢牛腿或悬臂梁与其焊接时，钢牛腿或悬臂梁执行钢墙架安装定额，钢牛腿执行铁件制作定额。

（20）矩形柱、"工"字形柱、空格形柱、双肢柱、管道支架预制钢筋混凝土构件安装，均按混凝土柱安装相应定额执行。

（21）预制钢筋混凝土多层柱安装，第一层的柱按柱安装定额执行，二层及二层以上柱按柱接柱定额执行。

（22）预制钢筋混凝土柱、梁通过焊接形成的框架结构，其柱安装按框架柱计算，梁安装按框架梁计算，框架梁与柱的接头现浇混凝土部分按混凝土工程相应项目另行计算。预制柱、梁一次制作成型的框架按连体框架柱、梁定额执行。

（23）定额子目内既列有"履带式起重机"又列有"塔式起重机"的，可根据不同的垂直运输机械选用：选用卷扬机（带塔）施工的，套"履带式起重机"定额子目；选用塔式起重机施工的，套"塔式起重机"定额子目。

2）构件运输及安装工程计价举例

【例 6.12】 某工程从预制构件厂运输大型屋面板（6 m×1 m）100 m³，8 t 汽车，运输 9 km。求屋面板运费及安装费。（该工程为二类工程）

【解】

1. 根据《计价表》P273 预制混凝土构件分类表知大型屋面板为Ⅱ类构件。
2. 套子目 7－9 换

《计价表》7－9 单价换算 三类工程取费换算为二类工程取费

$(6.24+2.5+70.89)+(6.24+70.89)×(30\%+12\%)=112.02（元/m³）$

3. 屋面板运费＝$100×1.018×112.02=11\,403.64$（元）
4. 套子目 7－82 换

《计价表》7－82 单价换算 三类工程取费换算为二类工程取费

$(11.96+40.45+27.4)+(11.96+27.4)×(30\%+12\%)=96.34（元/m³）$

5. 屋面板安装费＝$100×1.01×96.34=9\,730.34$（元）

【例 6.13】 某工程按施工图计算混凝土天窗架 30 m³，加工厂制作，场外运输 15 km。请计算混凝土天窗运输、安装工程量，并套定额子目，计算定额综合单价。

【解】

1. 混凝土天窗架场外运输工程量：$30×1.018=30.54$（m³）

套《计价表》7－16　$30.54×213.86=6\,531.30$（元）

2. 混凝土天窗架安装工程量:30×1.01＝30.30(m³)
　套《计价表》7－80　30.30×538.56＝16 318.00(元)

【例6.14】　某工程在构件厂制作钢屋架20榀,每榀重2.95 t,需运到15 km内工地安装。试计算钢屋架运输、跨外安装(包括拼装按电焊考虑,采用履带吊安装)的工程量和计价表综合单价及合价。

【解】
1. 计算安装、拼装工程量:2.95×20＝59.00(t)
2. 计算运输工程量:2.95×20＝59.00(t)
3. 计算钢屋架安装工程定额综合单价:
　套《计价表》7－124换
　　　400.96＋(96.94＋81.95)×18％×(1＋25％＋12％)＝445.07(元/t)
　　　59.00×445.07＝26 259.00(元)
4. 计算屋架拼装工程定额综合单价:
　套《计价表》7－120　59.00×343.57＝20 271.00(元)
5. 计算屋架运输工程定额综合单价:
　套《计价表》7－28　59.00×98.15＝5 790.90(元)
6. 钢屋架运输、安装、拼装合计:
　5 790.90＋26 259.00＋20 271.00＝52 321.00(元)

6.1.8　木结构工程计价

1) 木结构工程计价表应用要点

(1) 本章定额内容共分3节:① 厂库房大门、特种门,② 木结构,③ 附表(厂库房大门、特种门五金、铁件配件表)。共编制了81个子目。

(2) 本章中均以一、二类木种为准,如采用三、四类木种(木种划分见第十五章说明),木门制作、安装和其他项目的人工、机械费乘系数调整。

(3) 定额是按已成型的两个切断面规格料编制的,两个切断面以前的锯缝损耗按规定应另外计算。

(4) 本章中注明的木材断面或厚度均以毛料为准,如设计图纸注明的断面或厚度为净料时,应增加断面刨光损耗:一面刨光加3 mm,两面刨光加5 mm,圆木按直径增加5 mm。

(5) 本章中的木材是以自然干燥条件下的木材编制的,需要烘干时,其烘干费用及损耗另计。

(6) 厂库房大门的钢骨架制作已包括在子目中,其上、下轨及滑轮等应按五金铁件表相应项目执行。

(7) 厂库房大门、钢木大门及其他特种门的五金铁件表按标准图用量列出,仅作备料参考。

2) 木结构工程计价举例

【例6.15】　请根据例3.21计算出的工程量按《计价表》计价。(三类工程)

【解】
1.《计价表》8－1　　企口木板大门制作　62.4÷10×1087.87＝6 788.31(元)

《计价表》8-2　企口木板大门安装　$62.4÷10×554.35＝3\,459.14$（元）

2.《计价表》8-13　折叠式钢大门制作　$46.8÷10×1\,854.31＝8\,678.17$（元）

　《计价表》8-14　折叠式钢大门安装　$46.8÷10×414.17＝1\,938.32$（元）

3.《计价表》8-17　冷藏库门制作（保温层厚150mm）　$8.4÷10×1\,312.11＝1\,102.17$（元）

　《计价表》8-18　冷藏库门安装（保温层厚150mm）　$8.4÷10×3\,151.90＝2\,647.60$（元）

4. 合计：24 613.71 元

6.1.9　屋面、平面、立面防水及保温工程计价

1）屋面、平面、立面防水及保温工程计价表应用要点

（1）瓦材的规格与定额不同时，瓦的数量应换算，其他不变。

（2）高聚物、高分子防水卷材使用的黏结剂品种与定额不同时，黏结剂单价可以调整，其他不变。

（3）在黏结层上洒绿豆砂者（定额中已包括洒绿豆砂的除外）每 10 m² 增加人工 0.066 工日，绿豆砂 0.078 t，合计 6.62 元。

（4）保温、隔热项目用于地面时，增加电动打夯机 0.04 台班/m³。

2）屋面、平面、立面防水及保温工程计价举例

【例 6.16】 试根据例 3.22 中计算出的工程量，应用《计价表》计算综合单价及相应的合价（不含税金及规费和其他费用）。

【解】

1. SBS 卷材防水层计价。根据图纸标明的施工做法，套用《计价表》中 9-30 子目，其中 SBS 卷材价格按 30 元/m² 计价，二类人工按 44.00 元/工日，其余价格均按《计价表》中的基价列入，按三类工程计取综合间接费和利润。其市场综合单价组成见下表。（为便于对照，将定额价与市场价对照列出，下同。）

SBS 卷材防水层计价表

定额编号及名称	【9-30】SBS 改性沥青防水卷材　冷粘法　单层						
定额单位	10 m²						
市场直接费（元）	【人工费＋材料费＋机械费】494.81						
管理费（元）	【人工费＋机械费】×管理费率 6.60						
利　润（元）	【人工费＋机械费】×利润率 3.17						
市场综合单价（元）	【市场直接费＋管理费＋利润】504.58						
编　号	人、材、机名称	单位	定额单价	市场单价	数量	定额合价	市场合价
1	人工费						
1.1	二类工	工日	26.00	44.00	0.06	15.60	26.40
2	材料费						
2.1	钢压条	kg	3.00	3.00	0.52	1.56	1.56
2.2	钢钉	kg	6.37	6.37	0.03	0.19	0.19
2.3	APP 及 SBS 基层处理剂	kg	4.60	4.60	3.55	16.33	16.33
2.4	APP 改性沥青黏结剂	kg	5.20	5.20	13.40	69.68	69.68
2.5	SBS 封口油膏	kg	7.50	7.50	0.62	4.65	4.65
2.6	SBS 聚酯胎乙烯膜卷材 厚度 3	m²	22.00	30.00	12.50	275.00	375.00
2.7	其他材料费	元	1.00	1.00	1.00	1.00	1.00

根据上表的计算结果,本项目综合单价为 504.58 元/10 m²

项目合价为 504.58×8.925＝4 503.38(元)

2. 刚性防水屋面计价。套用《计价表》中 9—72 子目,本定额中已包含洒细砂和干铺油毡的工作内容,为便于计算,定额含量中已将配合比材料 C20 细石混凝土分解成水泥、黄沙、碎石和水。计价中,水泥市场价按 0.37 元/kg,黄沙市场价按 55.42 元/t,5～16 mm 碎石按 48.00 元/t,细沙市场价按 38.76 元/t,周转木材市场价按 1 620.60 元/m³,石油沥青油毡按 2.41 元/m²,铁钉按 6.17 元/kg,水按 2.21 元/t,二类人工按 44.00 元/工日,其余价格均按《计价表》中的基价列入,按三类工程计取综合间接费和利润。其市场综合单价组成见下表。

刚性防水屋面计价表

定额编号及名称	【9—72】细石混凝土屋面 有分格缝 40 mm16 C20—32.5 级水泥					
定额单位	10 m²					
市场直接费(元)	【人工费＋材料费＋机械费】251.36					
管理费(元)	【(人工费＋机械费)×管理费率】22.88					
利 润(元)	【(人工费＋机械费)×利润率】10.98					
市场综合单价(元)	【市场直接费＋管理费＋利润】285.22					
编号	人、材、机名称	单位	定额单价	市场单价	数量	定额合价	市场合价
1	人工费						
1.1	二类工	工日	26.00	44.00	2.020	52.52	88.88
2	材料费						
2.1	细沙	t	28.00	38.76	0.031	0.87	1.20
2.2	中(粗)沙	t	38.00	55.42	0.286	10.85	15.85
2.3	碎石 5～16 mm	t	27.80	48.00	0.493	13.70	23.66
2.4	水泥 32.5 级	kg	0.28	0.37	163.216	45.70	60.39
2.5	周转木材	m³	1 249.00	1 620.60	0.001	1.25	1.62
2.6	铁钉	kg	3.60	6.17	0.050	0.18	0.31
2.7	石油沥青油毡 350 号	m²	2.96	2.41	10.500	31.08	25.31
2.8	高强 APP 嵌缝膏	kg	8.17	8.17	3.690	30.15	30.15
2.9	水	t	2.80	2.21	0.606	1.69	1.34
3	机械费						
3.1	{13072}滚筒式混凝土搅拌机(电动)400L	台班	83.39	83.39	0.025	2.08	2.08
3.2	{15003}混凝土震动器(平板式)	台班	14.00	14.00	0.041	0.57	0.57

根据上表的计算结果,本项目综合单价为 285.22 元/10 m²

项目合价为 285.22×5.501＝1 569.00(元)

126

3. 水泥砂浆有分格缝找平层计价。为便于计算,定额含量中已将配合比材料1：3水泥砂浆细石混凝土分解成水泥、中(粗)砂、碎石和水。计价中,水泥市场价按 0.37 元/kg,黄沙市场价按 55.42 元/t,周转木材市场价按 1 620.60 元/m³,铁钉按 6.17 元/kg,水按 2.21 元/t,二类人工按 44.00 元/工日,其余均按《计价表》中的基价计算,按三类工程计取综合间接费和利润。其市场综合单价组成见下表。

水泥砂浆找平层计价表

定额编号及名称	【9—75】水泥砂浆屋面 有分格缝 20 mm					
定额单位	10 m²					
市场直接费(元)	【人工费＋材料费＋机械费】108.79					
管理费(元)	【(人工费＋机械费)×管理费率】9.98					
利 润(元)	【(人工费＋机械费)×利润率】4.79					
市场综合单价(元)	【市场直接费＋管理费＋利润】123.56					
编 号	人、材、机名称	单位	定额单价	市场单价	数量	定额合价	市场合价
1	人工费						
1.1	二类工	工日	26.00	44.00	0.860	22.36	37.84
2	材料费						
2.1	中(粗)砂	t	38.00	55.42	0.325	12.37	18.03
2.2	水泥 32.5 级	kg	0.28	0.37	82.405	23.08	30.49
2.3	周转木材	m³	1 249.00	1 620.60	0.0004	0.50	0.65
2.4	铁钉	kg	3.60	6.17	0.030	0.11	0.19
2.5	高强 APP 嵌缝膏	kg	8.17	8.17	2.360	19.28	19.28
2.6	水	t	2.80	2.21	0.122	0.34	0.27
3	机械费						
3.1	{06016}灰浆搅拌机 200L	台班	51.43	51.43	0.040	2.06	2.06

项目合价为 123.56×5.501＝679.70(元)

4. 同样方法计算出聚苯乙烯保温板、屋面找坡、沿沟防水砂浆、落水管、雨水斗、雨水口的《计价表》综合单价分别为 957.23 元/m³、91.53 元/m²、113.74 元/m²、254.85 元/m、221.94 元/10 只、300.77 元/10 只。

【例 6.17】 黏土瓦屋面 1 500 m²,在檩木上钉方木椽子和挂瓦条,方木椽子规格为 45 mm×60 mm,中距为 450 mm,挂瓦条规格为 30 mm×25 mm,方木椽子三面刨光。试计算该屋面木基层的定额综合单价。

【解】

1. 方木椽子断面换算:

$40×50：0.059＝50×63：x$

$$x = 0.0929(\text{m}^3)$$

2. 间距为 450mm 时木材用量换算：
$$x = 400 \times \frac{0.0929}{450} = 0.0826(\text{m}^3)$$

3. 挂瓦条断面换算：
$$25 \times 20 : 0.019 = 30 \times 25 : x$$
$$x = 0.0285(\text{m}^3)$$

4. 换算后普通成材用量：
$$0.0826 + 0.0285 = 0.1111(\text{m}^3)$$

5. 计算定额综合单价：
套《计价表》8—52 换
$$148.27 + 0.12 \times 37 \times (1 + 25\% + 12\%) + (0.111 - 0.078) \times 1599 = 207.12 \ \text{元}/10\text{m}^2$$
$$150 \times 207.12 = 31068.00(\text{元})$$

6.1.10　防腐耐酸工程计价

1）防腐耐酸工程计价表应用要点

（1）整体面层的厚度、块料面层的规格、结合层厚度、灰缝宽度以及各种胶泥、砂浆、混凝土的配合比，设计与《计价表》不同时，应换算，但人工、机械不变。

（2）块料面层以平面砌为准，立面砌时相应的人工乘以系数 1.38，踢脚板乘以系数 1.56，块料乘以系数 1.01，其他不变。

2）防腐耐酸工程计价举例

【例 6.18】 试利用《计价表》对例 3.24 中的车间铸石板、墙面瓷板和仓库部分的踢脚板进行计价。（本例中 300×200×20 铸石板材料价格按 600 元/百块计价，水市场价按 2.21 元/t 计算，150×150×20 瓷板市场价按 200 元/百块计算，二类人工按 44.00 元/工日，其余价格均按《计价表》中的基价列入，按三类工程计取综合间接费和利润。）

【解】

1. 车间地面铸石板计价。套用《计价表》中 10—80 子目。设计中块料面层规格、结合层材料及厚度与《计价表》中相同，不需进行换算，仅将材料价格作调整即可。其综合单价组成见下表。

车间地面铸石板计价表

定额编号及名称	【10—80】钠水玻璃胶泥 铸石板 300×200×20 平面
定额单位	10 m²
市场直接费（元）	【人工费＋材料费＋机械费】1734.62
管理费（元）	【（人工费＋机械费）×管理费率】106.81
利　润（元）	【（人工费＋机械费）×利润率】51.27
市场综合单价（元）	【市场直接费＋管理费＋利润】1892.70

续表

编号	人、材、机名称	单位	定额单价	市场单价	数量	定额合价	市场合价
1	人工费						
1.1	二类工	工日	26.00	44.00	9.54	248.04	419.7
2	材料费						
2.1	{015003}1:0.18:1.2:1.1 钠水玻璃-耐酸胶泥	m³	2 969.23	2 969.23	0.074	207.85	207.85
2.2	{015005}1:0.15:0.5:0.5 钠水玻璃-稀胶泥	m³	3 724.34	3 724.34	0.021	78.21	78.21
2.3	铸石板 300×200×20	百块	790.40	600.00	1.70	1 343.68	1 020.00
2.4	水	t	2.80	2.21	0.60	1.68	1.33
3	机械费						
3.1	{12001}轴流通风机 7.5 kW	台班	37.33	37.33	0.20	7.47	7.47

2. 车间墙面贴瓷板计价。套用《计价表》中 10-74 子目，但《计价表》10-74 为平面贴，本例为立面贴，根据定额说明，人工按《计价表》含量乘以 1.38，瓷板按定额含量乘以 1.01，计算如下：

调后人工工日　10.44×1.38=14.407（工日）

调后瓷板含量　4.31×1.01=4.353（百块）

其综合价组成见车间墙面贴瓷板计价表。

车间墙面贴瓷板计价表

定额编号及名称	【10-74 换】钠水玻璃胶泥 瓷板 150×150×20 立面						
定额单位	10 m²						
市场直接费(元)	【人工费+材料费+机械费】1 811.05						
管理费(元)	【(人工费+机械费)×管理费率】160.35						
利　润(元)	【(人工费+机械费)×利润率】76.97						
市场综合单价(元)	【市场直接费+管理费+利润】2 048.37						
编　号	人、材、机名称	单位	定额单价	市场单价	数量	定额合价	市场合价
1	人工费						
1.1	二类工	工日	26.00	44.00	14.407 2	374.59	633.92
2	材料费						
2.1	{015003}1:0.18:1.2:1.1 钠水玻璃-耐酸胶泥	m³	2 969.23	2 969.23	0.074	219.72	219.72
2.2	{015005}1:0.15:0.5:0.5 钠水玻璃-稀胶泥	m³	3 724.34	3 724.34	0.021	78.21	78.21
2.3	水	t	2.80	2.21	0.50	1.40	1.10
2.4	瓷板 150×150×20	百块	152.95	200.00	4.353 1	665.81	870.62
3	机械费						
3.1	{12001}轴流通风机 7.5 kW	台班	37.33	37.33	0.20	7.47	7.47

3. 仓库贴铸石踢脚板计价。套用《计价表》中 10—80 子目,但《计价表》10—74 为平面贴,本例为立面贴,根据定额说明,人工按《计价表》含量乘以 1.38,瓷板按定额含量乘以 1.01,计算如下:

调后人工工日　9.54×1.56＝14.882 4(工日)

调后铸石板含量　1.7×1.01＝1.717(百块)

其综合价组成见仓库贴铸石踢脚板计价表。

仓库贴铸石踢脚板计价表

定额编号及名称	【10—80 换】钠水玻璃胶泥 铸石板 300×200×20 踢脚板
定额单位	10 m²
市场直接费(元)	【人工费＋材料费＋机械费】1979.89
管理费(元)	【(人工费＋机械费)×管理费率】165.58
利　润(元)	【(人工费＋机械费)×利润率】79.48
市场综合单价(元)	【市场直接费＋管理费＋利润】2 224.95

编　号	人、材、机名称	单位	定额单价	市场单价	数量	定额合价	市场合价
1	人工费						
1.1	二类工	工日	26.00	44.00	14.882 4	386.94	654.83
2	材料费						
2.1	{015003}1∶0.18∶1.2∶1.1 钠水玻璃—耐酸胶泥	m³	2 969.23	2 969.23	0.07	207.85	207.85
2.2	{015005}1∶0.15∶0.5∶0.5 钠水玻璃—稀胶泥	m³	3 724.34	3 724.34	0.021	78.21	78.21
2.3	铸石板 300×200×20	百块	790.40	600.00	1.717	1 357.12	1 030.20
2.4	水	t	2.80	2.21	0.602	1.68	1.33
3	机械费						
3.1	{12001}轴流通风机 7.5 kW	台班	37.33	37.33	0.20	7.47	7.47

6.1.11　厂区道路及排水工程计价

1) 厂区道路及排水工程计价表应用要点

(1) 厂区或住宅小区内的道路、广场及排水,如按市政工程标准设计的,执行市政定额;如图纸未注明的,则按本定额执行。

(2) 执行本章定额,如发生土方、垫层、管道基础等项目时,按本定额其他章节相应项目执行。

(3) 管道铺设不论用人工或机械均执行本定额。

(4) 停车场、球场、晒场按道路相应定额执行,其压路机台班乘系数 1.2。

(5) 为了便于计算,本定额按照标准图集做了检查井、化粪池的综合子目,若设计要求按标准图集做法,则可直接套用该综合子目。

(6) 综合子目中,脚手架、模板以括号形式表现,其价未计入综合单价,应在措施费中计算。

2）厂区道路及排水工程计价举例

【例6.19】 某住宅小区内砖砌排水窨井,计10座,见图3.1.21。深度1.3m的6座,1.6m的4座,窨井底板为C10混凝土,井壁为M10水泥砂浆砌240厚标准砖,底板C20细石混凝土找坡,平均厚度30mm,壁内侧及底板粉1:2防水砂浆20mm,铸铁井盖,排水管直径为200mm,土为三类土。工程量在例3.25中已计算,试按《计价表》规定计价。

【相关知识】

土方按第一章人工挖地坑定额执行,垫层按第二章相关定额执行,细石混凝土找坡按第十二章相关定额执行,其模板在措施项目中考虑,如需脚手也在措施项目中考虑。

【解】

《计价表》计价

1. 窨井1 深度为1.3m

(1)《计价表》1—55　　人工挖地坑1.5m以内 每立方米综合单价:16.77元

　　　　　　　　　　　挖地坑综合价:4.49×16.77=75.30(元)

(2)《计价表》1—100　　基坑打夯 每10㎡综合单价:6.17元

　　　　　　　　　　　打底夯综合价:0.308×6.17=1.90(元)

(3)《计价表》2—120　　C10混凝土窨井底板 每立方米综合单价:206.00元

　　　　　　　　　　　窨井底板综合价:0.15×206.00=30.90(元)

(4)《计价表》11—28　　圆形砖砌窨井深度1.5m以内 每立方米综合单价:218.04元

　　　　　　　　　　　窨井砌体综合价:0.92×218.04=200.60(元)

(5)《计价表》12—18—19×2　C20细石混凝土找坡3cm厚

　　　　　　　　　　　每10㎡综合单价:106.78—12.28×2=82.22(元)

　　　　　　　　　　　细石混凝土找坡综合价:0.038×82.22=3.12(元)

(6)《计价表》11—30　　井壁抹防水砂浆 每10㎡综合价:113.83元

　　　　　　　　　　　井内抹灰综合价:0.317×113.83=36.08(元)

(7)《计价表》11—25　　成品铸铁井盖及安装 每套综合单价:271.29元

　　　　　　　　　　　铸铁盖板综合价:1.0×271.29=271.29(元)

(8)《计价表》1—104　　基坑回填土 每立方米综合单价:10.70元

　　　　　　　　　　　回填土综合价:2.93×10.70=31.35(元)

(9)《计价表》1—92+95×2　余土外运150m

　　　　　　　　　　　每立方米综合单价:6.25+1.18×2=8.61(元)

　　　　　　　　　　　外运土综合价:1.56×8.61=13.43(元)

(10)《计价表》1—1　　挖外运土 每立方米综合单价:3.95元

　　　　　　　　　　　挖外运土综合价:1.56×3.95=6.16(元)

2. 窨井2

计价同窨井1,因窨井深度为1.6m,其挖土坑和砌圆形窨井两项定额与窨井1不同。

(1)《计价表》1—56　　人工挖地坑3m以内:9.21×19.40=178.67(元)

(2)《计价表》1—100　基坑打夯:0.308×6.17=1.90(元)

(3)《计价表》2—120　C10混凝土窨井底板:0.15×206.00=30.90(元)

(4)《计价表》11—29　圆形砖砌窨井深度1.5m以上:1.13×219.46=247.99(元)

(5)《计价表》12—18—19×2　C20细石混凝土找坡3cm厚:0.038×82.22=3.12(元)

(6)《计价表》11—30　井壁抹防水砂浆:0.383×113.83=43.60(元)

(7)《计价表》11—25　成品铸铁井盖及安装:1.0×271.29=271.29(元)

(8)《计价表》1—104　基坑回填土:7.32×10.70=78.32(元)

(9)《计价表》1—92+95×2　余土外运150m:1.89×8.61=16.27(元)

(10)《计价表》1—1　挖外运土:1.89×3.95=7.47(元)

6.2　分项工程清单计价

分部分项工程量清单表格应按照《计价规范》规定设置。

分部分项工程量清单应包括项目编码、项目名称、项目特征、计量单位和工程量。

分部分项工程量清单应根据附录规定的项目编码、项目名称、项目特征、计量单位和工程量计算规则进行编制。

分部分项工程量清单的项目编码,应采用十二位阿拉伯数字表示。一至九位应按附录的规定设置,十至十二位应根据拟建工程的工程量清单项目名称设置,同一招标工程的项目编码不得有重码。

分部分项工程量清单的项目名称,应按附录的项目名称结合拟建工程的实际确定。

分部分项工程量清单中所列工程量应按附录中规定的工程量计算规则计算。

分部分项工程量清单的计量单位应按附录中规定的计量单位确定。

分部分项工程量清单项目特征应按附录中规定的项目特征,结合拟建工程项目的实际予以描述。

在编制工程量清单时,要详细描述清单中每个项目的特征,要明确清单中每个项目所含的具体工程内容。在工程量清单计价时,要依据工程量清单的项目特征和工程内容,按照《计价表》的定额项目、计量单位、工程量计算规则和施工组织设计确定清单中工程内容的含量和价格。

工程量清单的综合单价,是由单个或多个工程内容按照《计价表》规定计算出来的价格汇总,除以按《计价规范》规定计算出来的工程量。用计算式可表示为

$$工程量清单的综合单价 = \frac{\sum (《计价表》项目工程量 \times 《计价表》项目综合单价)}{清单工程量}$$

6.2.1　土石方工程清单计价

1) 土石方工程清单计价应用要点

(1)"平整场地"可能出现±300mm以内的全部是挖方或全部是填方,需外运土方或取(购)土回填时,在工程清单中应描述弃土或取土运距;在工程量清单计价时要把"平整场地"工程发生的土方运输或购土等施工项目计算在"平整场地"项目报价内。

(2)"挖基础土方"在工程清单中应描述土壤类别、基础类型、垫层底宽、底面积、挖土深度、弃土运距;在工程量清单计价时要把"挖基础土方"工程发生的挖土(包括按施工方案或《计价表》规定的放坡、工作面等增加的挖土量)、排地表水、挡土板支拆、截桩头、基底钎探、

132

土方运输等施工项目计算在"挖基础土方"项目报价内。

(3)"管沟土方"在工程清单中应描述土壤类别、管外径、挖沟平均深度、弃土运距、回填要求;在工程量清单计价时要把"管沟土方"工程发生的挖土(包括管沟开挖加宽工作面、放坡和接口处加宽工作面等增加的挖土量)、排地表水、挡土板支拆、土方运输,以及管沟土方回填等施工项目计算在"管沟土方"项目报价内。

(4)"土(石)方回填"在工程清单中应描述土质要求、密实度要求、粒径要求、夯填或松填、取(购)土回填;在工程量清单计价时要把"土(石)方回填"工程发生的包括取土回填的土方开挖以及土方指定范围内的运输、回填土、夯实等施工项目计算在"土(石)方回填"项目报价内。

2) 土石方工程清单计价举例

【例6.20】 某单位传达室基础平面图及基础详图见图3.1.1,土壤为三类土、干土,场内运土,人工挖土。要求计算:1. 挖基础土方的工程量清单;2. 挖基础土方的工程量清单计价。

【解】

1. 挖基础土方的工程量清单

(1) 确定项目编码、项目名称和计量单位

项目编码:010101003001

项目名称:挖条形基础土方

计量单位:m³

(2) 描述项目特征

三类干土,条形基础,垫层底宽1.2 m,挖土深度1.6 m,场内运土150 m

(3) 按《计价规范》规定的工程量计算规则计算工程量(参见例3.26)

$$1.60×1.20×(28.0+7.60)=68.35(m³)$$

2. 挖基坑土方的工程量清单计价

(1) 按《计价表》规定的工程量计算规则计算各项工程内容的工程量(参见例3.1)

① 人工挖地槽 $1.60×(1.8+2.86)×\frac{1}{2}×(28.0+6.40)=128.24(m³)$

② 人力车运土 工程量同挖土128.24 m³

(2) 套《计价表》定额计算各项工程内容的综合价(参见例6.1)

①《计价表》1—24 人工挖地槽 128.24×16.77=2 150.58(元)

②《计价表》1—92+95×2 人力车运土150 m 128.24×8.61=1 104.15(元)

(3) 计算挖基础土方的综合价、综合单价

挖基础土方的工程量清单综合价:2 150.58+1 104.15=3 254.73(元)

挖基础土方的工程量清单综合单价:$\frac{3\,254.73}{68.35}=47.62(元/m³)$

【例6.21】 某建筑物为三类工程,地下室(见图3.1.2)墙外壁做涂料防水层。施工组织设计确定用反铲挖掘机挖土,土壤为三类土,机械挖土坑内作业,土方外运1 km,回填土已堆放在距场地150 m处。要求计算:1. 挖基础土方、土方回填的工程量清单;2. 挖基础土方、土方回填的工程量清单计价。

【解】

1. 挖基础土方的工程量清单

(1) 确定项目编码、项目名称和计量单位

项目编码：010101003001

项目名称：挖地下室基础土方

计量单位：m³

(2) 描述项目特征

三类干土，整板基础，垫层面积 31.0 m×21.0 m，挖土深度 3.05 m，场外运土 1 km

(3) 按《计价规范》规定的工程量计算规则计算工程量（参见例 3.27）

    $3.05×31.0×21.0=1\,985.55(\text{m}^3)$

2. 挖基础土方的工程量清单计价

(1) 按《计价表》规定的工程量计算规则计算各项工程内容的工程量（参见例 3.2）

① 机械挖土方：2 083.36 m³

② 运机械挖出的土方：2 083.36 m³

③ 人工修边坡：174.46 m³

④ 运人工挖出的土方：174.46 m³

(2) 套《计价表》定额计算各项工程内容的综合价（参见例 6.2）

（注：该题的土方挖运由施工组织设计决定，详见例 6.2 中的相关知识，《计价表》的定额换算详见例 6.2 的定额计价。）

①《计价表》1—202　反铲挖掘机挖土装车　2.083×2 657.21=5 534.97（元）

②《计价表》1—239 换　自卸汽车运土 1 km　2.083×7 811.31=16 270.96（元）

③《计价表》1—(3+11)×2　人工挖土方深 4 m 以内　174.46×29.58=5 160.53（元）

④《计价表》1—202 换　反铲挖掘机挖一类土、装车　0.174×2 247.84=391.12（元）

⑤《计价表》1—239 换　自卸汽车运土 1 km　0.174×7 811.31=1 359.17（元）

(3) 计算挖基础土方的综合价、综合单价

挖基础土方的工程量清单综合价（①～⑤项合计）：28 716.75 元

挖基础土方的工程量清单综合单价：$\dfrac{28\,716.75}{1\,985.55}=14.46(\text{元}/\text{m}^3)$

3. 土方回填的工程量清单

(1) 确定项目编码、项目名称和计量单位

项目编码：010103001001

项目名称：基坑土方回填

计量单位：m³

(2) 描述项目特征

基坑夯填，一类土，运距 150 m

(3) 按《计价规范》规定的工程量计算规则计算工程量（参见例 3.27）

回填土量 95.71 m³

4. 土方回填的工程量清单计价

(1) 按《计价表》规定的工程量计算规则计算各项工程内容的工程量（参见例 3.2）

回填土量 367.98 m³

(2) 套《计价表》定额计算各项工程内容的综合价(参见例 6.2)

①《计价表》1—104　　基坑回填土　367.98×10.70＝3 937.39(元)

②《计价表》1—1　　　人工挖一类土　367.98×3.95＝1 453.52(元)

③《计价表》1—92＋95×2　人力车运土 150 m　367.98×8.61＝3 168.31(元)

(3) 计算土方回填的综合价、综合单价

土方回填的工程量清单综合价(①～③项合计):8 559.22 元

土方回填的工程量清单综合单价:$\dfrac{8 559.22}{95.71}＝89.43(元/m³)$

【例 6.22】　某单位传达室平面图见图 3.1.5。局部位置土壤高出自然地面 200 mm,范围 4 m×5 m,该部分土需外运 150 m。要求计算:1. 平整场地的工程量清单;2. 平整场地的工程量清单计价。

【相关知识】

1. 300 mm 以内的挖、填、找平按平整场地计算。

2. 平整场地工程量计算规则,《计价规范》是按底层建筑物外墙外边线面积计算,《计价表》是按底层建筑物外墙外边线每边加 2 m 后的面积计算。

3. 挖土或填土需土方外运或内运,在清单计价时要包括在平整场地项目报价内。

【解】

1. 平整场地的工程量清单

(1) 确定项目编码、项目名称和计量单位

项目编码:010101001001

项目名称:平整场地

计量单位:m²

(2) 描述项目特征

三类干土,土方外运 150 m

(3) 按《计价规范》规定的工程量计算规则计算工程量

　　　9.24×5.24＝48.42(m²)

2. 平整场地的工程量清单计价

(1) 按《计价表》规定的工程量计算规则计算各项工程内容的工程量

① 平整场地　(9.24＋2.0×2)×(5.24＋2.0×2)＝122.34(m²)

② 外运土 150 m　0.20×4×5＝4.0(m³)

(2) 套《计价表》定额计算各项工程内容的综合价

①《计价表》1—98　　平整场地　12.23×18.74＝229.19(元)

②《计价表》1—92＋95×2　人力车运土 150 m　4.0×8.61＝34.44(元)

(3) 计算平整场地的综合价、综合单价

平整场地的工程量清单综合价(①～②项合计):263.63 元

平整场地的工程量清单综合单价:$\dfrac{263.63}{48.42}＝5.44(元/m²)$

【例 6.23】 某厂房为框架结构,为二类工程,有 20 个桩承台(见图 6.2.1)。每个桩承台下有 4 根直径为 400mm 的混凝土灌注桩,土壤为三类土、干土,凿桩头长 400mm,场内运土 50 m。要求计算:1. 挖基础土方的工程量清单;2. 挖基础土方的工程量清单计价。

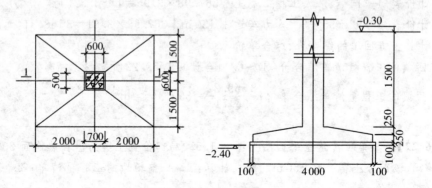

图 6.2.1 桩承台图

【相关知识】

1. 挖基础土方量,计算清单工程量时,按《计价规范》的规定,垫层面积乘以挖土深度,在清单计价时,则要按施工组织设计或《计价表》的规定加工作面、放坡。

2. 清单计价时,挖土、运土、凿桩头均包括在报价内。

3. 《计价表》综合单价中的管理费是按三类工程计算的,二类工程要调整其中的管理费率。

【解】

1. 挖基础土方的工程量清单

(1) 确定项目编码、项目名称和计量单位

项目编码:010101003001

项目名称:挖基坑基础土方

计量单位:m³

(2) 描述项目特征

三类干土、独立基础 20 个、垫层面积 4.2 m×3.2 m、挖土深度 2.1 m、凿灌注混凝土桩头 80 个、桩直径 400 mm、长 400 mm、场内运土 50 m。

(3) 按《计价规范》规定的工程量计算规则计算工程量(清单工程量)

4.20×3.20×2.10×20=564.48(m³)

2. 挖基础土方的工程量清单计价

(1) 按《计价表》规定计算各项工程内容的工程量

① 人工挖地坑 (按 1:0.33 放坡)

$$\left[\frac{2.10}{6}×(4.80×3.80+6.18×5.18+10.98×8.98)\right]×20=1\,041.97(m^3)$$

② 凿桩头 0.20×0.20×3.14×0.4×4×20=4.02(m³)

(2) 套《计价表》定额计算各项工程内容的综合价(二类工程,①③两项管理费由 25% 调至 28%)

①《计价表》1—56　人工挖地坑(定额单价为 19.82 元)　1 041.97×19.82＝20 651.85(元)

②《计价表》2—101　凿桩头(定额单价为 64.74 元)　4.02×64.74＝260.25(元)

③《计价表》1—92　人力车运土 50m(定额单价为 6.39 元)　1 041.97×6.39＝6 658.19(元)

(3) 计算挖基础土方的综合价、综合单价

挖基础土方的工程量清单综合价(①～③项合计)：27 570.29 元

挖基础土方的工程量清单综合单价：$\dfrac{27\,570.29}{564.48}＝48.84$(元/m³)

【例 6.24】　某小区内的钢筋混凝土排水管直径 600mm，中心线长 500m，基坑深度 2m，三类干土，管沟开挖回填后余土外运 200m。要求计算：1. 管沟土方的工程量清单；2. 管沟土方的工程量清单计价。

【相关知识】

1. 计算清单工程量时，按《计价规范》的规定，按管沟中心线长计算。清单中管沟土方的工程内容包括土方开挖、回填、余土外运。

2. 在清单计价时，要按《计价表》的规定计价。管沟开挖宽度、回填土和扣减量可参照《计价表》第 6 页管道地沟底宽取定表及《计价表》第 6 页管道外径所占体积表取定。

【解】

1. 管沟土方的工程量清单

(1) 确定项目编码、项目名称和计量单位

项目编码：010101006001

项目名称：挖管沟土方

计量单位：m

(2) 描述项目特征

三类干土、混凝土管直径 600mm、基坑深 2m、余土外运 200m、管沟回填。

(3) 按《计价规范》规定的工程量计算规则计算工程量

　　500m

2. 管沟土方的工程量清单计价

(1) 按《计价表》规定计算各项工程内容的工程量

① 人工挖地槽(地槽底宽查《计价表》第 6 页管道地沟底宽取定表为 1.5m，按 1：0.33 放坡)

　　$2.0×(1.5＋2.82)×\dfrac{1}{2}×500＝2\,160.0$(m³)

② 基槽回填(管外径所占的体积查《计价表》第 6 页管道外径所占体积表为 0.33m³/m)

　　2 160.0－0.33×500＝1 995.0(m³)

③ 余土外运

　　2 160.0－1 995.0＝165.0(m³)

(2) 套《计价表》定额计算各项工程内容的综合价

①《计价表》1—24　人工挖地槽　2 160.0×16.77＝36 223.20(元)

②《计价表》1—104　基槽回填土　1 995.0×10.70＝21 346.50(元)

③《计价表》1—92＋95×3　双轮车运土 200m　165.0×9.79＝1 615.35(元)

137

（3）计算挖管沟土方的综合价、综合单价

管沟土方的工程量清单综合价（①～③项合计）：59 185.05 元

管沟土方的工程量清单综合单价：$\dfrac{59\,185.05}{500}=118.37$（元/m）

6.2.2 地基及桩基础工程清单计价

1）地基及桩基础工程清单计价应用要点

（1）试桩按相应桩项目编码单独列项，试桩与打桩之间间歇时间，机械在现场的停置，应包括在打试桩报价内。

（2）"预制钢筋混凝土桩"在工程清单中应描述土壤级别、桩长度、根数、桩截面、混凝土强度等级；在工程量清单计价时要把"预制钢筋混凝土桩"工程发生的桩制作、运输、打桩、送桩等施工项目计算在"预制钢筋混凝土桩"项目报价内，如果需用桩刷防护材料也应包括在报价内。

（3）"接桩"在工程清单中应描述桩截面、接头长度、接桩材料；在工程量清单计价时要把"接桩"工程发生的接桩、材料运输等施工项目计算在"接桩"项目报价内，"接桩"项目适用于预制钢筋混凝土方桩、管桩和板桩的接桩。

（4）"混凝土灌注桩"在工程清单中应描述土壤级别、桩长度、根数、桩截面、成孔方法、混凝土强度等级；在工程量清单计价时要把"混凝土灌注桩"工程发生的成孔、固壁、混凝土制作运输灌注、泥浆池及沟槽砌筑拆除、泥浆运输等施工项目计算在"混凝土灌注桩"项目报价内。

（5）"人工挖孔桩"挖孔时采用的护壁（如：砖砌护壁、预制钢筋混凝土护壁、现浇钢筋混凝土护壁、钢模周转护壁等），应包括在报价内。

（6）预制桩的模板在措施项目中计算报价，各种桩的钢筋在混凝土及钢筋混凝土项目中计算报价。

2）地基及桩基础工程清单计价举例

【例6.25】 某工程桩基础为现场预制混凝土方桩，见图 3.1.3。C30 商品混凝土，室外地坪标高−0.30 m，桩顶标高−1.80 m，桩计 150 根。要求计算：1. 打预制方桩的工程量清单；2. 打预制方桩的工程量清单计价。

【相关知识】

1. 凿桩头在挖基础土方工程清单计价中计算。

2. 桩内钢筋在钢筋工程清单计价中计算。

3. 模板在措施项目清单中计算。

【解】

1. 打预制方桩的工程量清单

（1）确定项目编码、项目名称和计量单位

项目编码：010201001001

项目名称：打预制钢筋混凝土方桩

计量单位：根（也可以为 m，由清单编制人定）

（2）描述项目特征

三类干土、桩长 8.4 m，150 根、桩断面 300 mm×300 mm、C30 商品混凝土

（3）按《计价规范》规定的工程量计算规则计算工程量

150 根

2. 打预制方桩的工程量清单计价

（1）按《计价表》规定计算各项工程内容的工程量（参见例3.3）

① 打桩　$0.30 \times 0.30 \times 8.40 \times 150 = 113.04(m^3)$

② 送桩　$0.30 \times 0.30 \times 2.00 \times 150 = 27.00(m^3)$

③ 桩制作 C30 混凝土　$113.4\ m^3$

（2）套《计价表》定额计算各项工程内容的综合价（参见例6.3）

①《计价表》2—1 换　打预制方桩　$113.40 \times 195.28 = 22\,144.75(元)$

（注：定额换算一是调整了管理费率，二是小型项目乘系数，详见例6.3的定额计价）

②《计价表》2—5 换　打预制方桩送桩　$27.0 \times 177.51 = 4\,792.77(元)$

③《计价表》5—334 换　方桩制作　$113.40 \times 326.76 = 37\,054.58(元)$

（3）计算打预制方桩的综合价、综合单价

打预制方桩的工程量清单综合价（①～③项合计）：$63\,992.10$ 元

打预制方桩的工程量清单综合单价：$\dfrac{64\,928.96}{150} = 426.61(元/根)$

【例6.26】　某工程桩基础是钻孔灌注混凝土桩，见图3.1.4。C25 混凝土现场搅拌，土孔中混凝土充盈系数为 1.25，自然地面标高 $-0.45\,m$，桩顶标高 $-3.0\,m$，设计桩长 $12.30\,m$，桩进入岩层 $1.0\,m$，桩直径 $600\,mm$，计 100 根，泥浆外运 5 km。要求计算：1. 钻孔灌注混凝土桩的工程量清单；2. 钻孔灌注混凝土桩的工程量清单计价。

【解】

1. 钻孔灌注混凝土桩的工程量清单

（1）确定项目编码、项目名称和计量单位

项目编码：010201003001

项目名称：混凝土灌注桩

计量单位：m（也可以为根，由清单编制人定）

（2）描述项目特征

三类干土，桩长 $12.3\,m$，100 根，桩直径 $600\,mm$，钻孔灌注混凝土桩，C25 混凝土自拌，桩顶标高 $-3.0\,m$，桩进入岩层 $1.0\,m$，泥浆外运 5 km

（3）按《计价规范》规定的工程量计算规则计算工程量

$12.3 \times 100 = 1\,230(m)$

2. 钻孔灌注混凝土桩的工程量清单计价

（1）按《计价表》规定计算各项工程内容的工程量（参见例3.4）

① 钻土孔　$0.30 \times 0.30 \times 3.14 \times 13.85 \times 100 = 391.40(m^3)$

② 钻岩石孔　$0.30 \times 0.30 \times 3.14 \times 1.0 \times 100 = 28.26(m^3)$

③ 土孔灌注混凝土桩　$0.30 \times 0.30 \times 3.14 \times 11.90 \times 100 = 336.29(m^3)$

④ 岩石孔灌注混凝土桩　$0.30 \times 0.30 \times 3.14 \times 1.0 \times 100 = 28.26(m^3)$

⑤ 泥浆外运量即钻孔体积　$391.40 + 28.26 = 419.66(m^3)$

（2）套《计价表》定额计算各项工程内容的综合价（参见例6.4）

①《计价表》2—29　　钻土孔　391.40×172.38＝67 469.53（元）

②《计价表》2—32　　钻岩石孔　28.26×726.11＝20 519.87（元）

③《计价表》2—35换　钻土孔灌注混凝土桩　336.29×306.06＝102 924.92（元）

④《计价表》2—36换　钻岩石孔灌注混凝土桩　28.26×270.89＝7 655.35（元）

⑤《计价表》2—37　　泥浆外运　419.66×73.98＝31 046.45（元）

⑥ 泥浆池费用按施工组织设计要求计算　2 000元

（3）钻孔灌注混凝土桩的综合价、综合单价

钻孔灌注混凝土桩的工程量清单综合价（①～⑥项合计）：231 616.12元

钻孔灌注混凝土桩的工程量清单综合单价：$\dfrac{231\,616.12}{1\,230}$＝188.31（元/m）

6.2.3　砌筑工程清单计价

1）砌筑工程清单计价应用要点

（1）"砖基础"项目适用于各种类型砖基础，在工程清单特征中应描述砖品种、规格、强度等级、基础类型、基础深度、砂浆强度等级；在工程量清单计价时要把"砖基础"工程发生的砂浆制作运输、砌砖基础、防潮层、材料运输等施工项目计算在"砖基础"项目报价内。

（2）"实心砖墙"、"空心砖墙、砌块墙"项目适用于实心砖、空心砖、砌块砌筑的各种墙（外墙、内墙、直墙、弧墙以及不同厚度，不同砂浆砌筑的墙），在工程清单特征中应描述砖品种、规格、强度等级、墙体类型、墙体厚度、墙体高度、砂浆强度等级、配合比；在编制清单时，用第五级项目编码将不同的墙体分别列项；在工程量清单计价时要把"实心砖墙"或"空心砖墙、砌块墙"工程发生的砂浆制作运输、砌砖、材料运输等施工项目计算在"实心砖墙"或"空心砖墙、砌块墙"项目报价内。

（3）"砖窨井、检查井"、"砖水池、化粪池"在工程量清单中以"座"计算，在工程清单特征中应描述井（池）截面、垫层材料种类、厚度、底板厚度、勾缝要求、混凝土强度等级、砂浆强度等级、配合比、防潮层材料种类；在工程量清单计价时要把"砖窨井、检查井"或"砖水池、化粪池"工程发生的土方挖运、砂浆制作运输、铺设垫层、底板混凝土制作运输浇筑、砌砖、勾缝、抹灰、回填土等施工项目计算在"砖窨井、检查井"或"砖水池、化粪池"项目报价内。钢筋在混凝土及钢筋混凝土项目中报价，如井（池）施工需脚手架、模板，则在措施项目中报价。

2）砌筑工程清单计价举例

【例6.27】　某单位传达室基础平面图及基础详图见图3.1.1。室内地坪±0.00 m，防潮层－0.06 m。防潮层以下用M10水泥砂浆砌标准砖基础，防潮层以上为多孔砖墙身，条形基础用C20自拌混凝土，垫层用C10自拌混凝土。要求计算：1. 砖基础的工程量清单；2. 砖基础的工程量清单计价；3. 混凝土条形基础的工程量清单；4. 混凝土条形基础的工程量清单计价；5. 混凝土垫层的工程量清单；6. 混凝土垫层的工程量清单计价。

【解】

1. 砖基础的工程量清单

（1）确定项目编码、项目名称和计量单位

项目编码：010301001001

项目名称：砖基础

计量单位：m³

（2）描述项目特征

标准砖，条形基础,埋深 1.6 m,M10 水泥砂浆砌筑、防水砂浆防潮层

（3）按《计价规范》规定的工程量计算规则计算工程量(参见例 3.30)

$$0.24×(1.54+0.197)×[(9.0+5.0)×2+4.76×2]=15.64(m³)$$

2. 砖基础的工程量清单计价

（1）按《计价表》规定计算各项工程内容的工程量(参见例 3.5)

① 砖基础体积　$0.24×(1.54+0.197)×[(9.0+5.0)×2+4.76×2]=15.64(m³)$

② 防潮层面积　$0.24×[(9.0+5.0)×2+4.76×2]=9.00(m²)$

（2）套《计价表》定额计算各项工程内容的综合价(参见例 6.5)

①《计价表》3—1 换　砖基础　$15.64×188.24=2\,944.07(元)$

②《计价表》3—42　防潮层　$0.90×80.68=72.61(元)$

（3）计算砖基础的综合价、综合单价

砖基础的工程量清单综合价(①～②项合计)：3 016.68 元

砖基础的工程量清单综合单价：$\dfrac{3\,016.68}{15.64}=192.88(元/m³)$

3. 混凝土条形基础的工程量清单(应用要点详见 6.1.5 混凝土工程计价)

（1）确定项目编码、项目名称和计量单位

项目编码：010401001001

项目名称：混凝土条形基础

计量单位：m³

（2）描述项目特征：

　　C20 自拌混凝土

（3）按《计价规范》规定的工程量计算规则计算工程量(参见例 3.30)

　　条形基础　6.48 m³

4. 混凝土条形基础的工程量清单计价

（1）按《计价表》规定计算各项工程内容的工程量(参见例 3.5)

　　条形基础　6.48 m³

（2）套《计价表》定额计算各项工程内容的综合价(参见例 6.5)

　　《计价表》5—2　无梁式条形基础 $6.48×222.38=1\,441.02(元)$

（3）计算混凝土条形基础的综合价、综合单价

混凝土条形基础的工程量清单综合价 1 441.02 元

混凝土条形基础的工程量清单综合单价 $\dfrac{1\,441.02}{6.48}=222.38(元/m³)$

5. 混凝土垫层的工程量清单

（1）确定项目编码、项目名称和计量单位

项目编码：010401006001

项目名称：混凝土垫层

计量单位：m³

（2）描述项目特征

C10 自拌混凝土

（3）按《计价规范》规定的工程量计算规则计算工程量（参见例 3.30）

垫层 4.27 m³

6. 混凝土垫层的工程量清单计价

（1）按《计价表》规定计算各项工程内容的工程量（参见例 3.5）

垫层 4.27 m³

（2）套《计价表》定额计算各项工程内容的综合价（参见例 6.5）

《计价表》2—120 C10 混凝土垫层 4.27×206.00＝879.62（元）

（3）计算混凝土垫层的综合价、综合单价

混凝土垫层的工程量清单综合价 879.62 元

混凝土垫层的工程量清单综合单价 $\dfrac{879.62}{4.27}$＝206.00（元/m³）

（注：条形基础、垫层的模板在措施项目清单中计价）

【例 6.28】 某单位传达室平面图、剖面图、墙身大样图见图 3.1.5。构造柱 240 mm×240 mm，有马牙搓与墙嵌接，圈梁 240 mm×300 mm，屋面板厚 100 mm，门窗上口无圈梁处设置过梁厚 120 mm，过梁长度为洞口尺寸两边各加 250 mm。窗台板厚 60 mm，长度为窗洞口尺寸两边各加 60 mm，窗两侧有 60 mm 宽砖砌窗套。砌体材料为 KP1 多孔砖，女儿墙为标准砖。要求计算：1. 墙身的工程量清单；2. 墙身的工程量清单计价。

【解】

1. 一砖多孔砖墙的工程量清单

（1）确定项目编码、项目名称和计量单位

项目编码：010304001001

项目名称：空心砖墙

计量单位：m³

（2）描述项目特征

内外墙，240 厚，KP1 多孔砖，M5 混合砂浆砌筑

（3）按《计价规范》规定的工程量计算规则计算工程量（参见例 3.31）

外墙体积：11.47 m³

内墙体积：4.79 m³

合计：16.26 m³

2. 一砖多孔砖墙的工程量清单计价

（1）按《计价表》规定计算各项工程内容的工程量（参见例 3.6）

外墙体积：11.47 m³

内墙体积：4.79 m³

合计：16.26 m³

（2）套《计价表》定额计算各项工程内容的综合价（参见例 6.6）

《计价表》3—22 KP1 多孔砖一砖墙 16.26×184.17＝2 994.60（元）

(3) 计算一砖多孔砖墙的综合价、综合单价

一砖多孔砖墙的工程量清单综合价:2 994.60 元

一砖多孔砖墙的工程量清单综合单价:$\dfrac{2\,994.60}{16.26}=184.17$(元/m³)

3. 半砖多孔砖墙的工程量清单

(1) 确定项目编码、项目名称和计量单位

项目编码:010304001002

项目名称:空心砖墙

计量单位:m³

(2) 描述项目特征

内墙,115 厚,KP1 多孔砖,M5 混合砂浆砌筑

(3) 按《计价规范》规定的工程计算规则计算工程量(参见例 3.31)

　　半砖墙体积:0.68 m³

4. 半砖多孔砖墙的工程量清单计价

(1) 按《计价表》规定计算各项工程内容的工程量(参见例 3.6)

　　半砖墙体积:0.62 m³

(2) 套《计价表》定额计算各项工程内容的综合价(参见例 6.6)

《计价表》3—21　KP1 多孔砖半砖墙　0.62×190.56=118.15(元)

(3) 计算半砖多孔砖墙的综合价、综合单价

半砖多孔砖墙的工程量清单综合价:118.15 元

半砖多孔砖墙的工程量清单综合单价:$\dfrac{118.15}{0.68}=173.75$(元/m³)

5. 女儿墙的工程量清单

(1) 确定项目编码、项目名称和计量单位

项目编码:010302001001

项目名称:实心砖墙

计量单位:m³

(2) 描述项目特征

标准砖墙,女儿墙,240 厚,M5 混合砂浆砌筑

(3) 按《计价规范》规定的工程量计算规则计算工程量(参见例 3.31)

　　女儿墙体积:1.61 m³

6. 女儿墙的工程量清单计价

(1) 按《计价表》规定计算各项工程内容的工程量(参见例 3.6)

　　女儿墙体积:1.61 m³

(2) 套《计价表》定额计算各项工程内容的综合价(参见例 6.6)

《计价表》3—29　标准砖一砖外墙　1.61×197.70=318.30(元)

(3) 计算女儿墙的综合价、综合单价

女儿墙的工程量清单综合价:318.30 元

女儿墙的工程量清单综合单价:$\dfrac{318.30}{1.61}=197.70$(元/m³)

【例6.29】 某住宅小区内砖砌排水窨井,计10座,见图3.1.21。深度1.3 m的6座,1.6 m的4座。窨井底板为C10混凝土,井壁为M10水泥砂浆砌240厚标准砖,底板C20细石混凝土找坡,平均厚度30 mm,壁内侧及底板粉1∶2防水砂浆20 mm。铸铁井盖,排水管直径为200 mm,土为三类土。要求计算:1. 窨井的工程量清单;2. 窨井的工程量清单计价。

【解】

1. 深度为1.3 m窨井的工程量清单(窨井1)

(1)确定项目编码、项目名称和计量单位

项目编码:010303003001

项目名称:砖窨井

计量单位:座

(2)描述项目特征

内径700 mm,C10混凝土底板100厚,240厚M10水泥砂浆砌标准砖井壁,井深1.3 m,底板C20细石混凝土找坡3 cm厚、内壁底板抹防水砂浆、铸铁井盖、三类干土

(3)按《计价规范》规定的工程计算规则计算工程量

　6座

2. 深度为1.3 m窨井的工程量清单计价

(1)按《计价表》规定计算各项工程内容的工程量(参见例3.25)

① 人工挖地坑　$1.46 \times 0.99 \times 0.99 \times 3.14 = 4.49(\text{m}^3)$

② 基坑打夯　$0.99 \times 0.99 \times 3.14 = 3.08(\text{m}^2)$

③ 混凝土垫层　$0.10 \times 0.69 \times 0.69 \times 3.14 = 0.15(\text{m}^3)$

④ 垫层模板　$0.10 \times 1.38 \times 3.14 = 0.43(\text{m}^2)$

⑤ 砖砌体　$0.24 \times 1.30 \times 2.95 = 0.92(\text{m}^3)$

⑥ 细石混凝土找坡　$0.35 \times 0.35 \times 3.14 = 0.38(\text{m}^2)$

⑦ 井内抹灰　$0.38 + 2.79 = 3.17(\text{m}^2)$

⑧ 井盖　1套

⑨ 回填土　$4.49 - 0.15 - 0.92 - 1.30 \times 0.38 = 2.93(\text{m}^3)$

⑩ 余土外运　$4.49 - 2.93 = 1.56(\text{m}^3)$

(2)套《计价表》定额(参见例6.19)

①《计价表》1—55　人工挖地坑　$4.49 \times 6 \times 16.77 = 451.78(元)$

②《计价表》1—100　基坑打夯　$0.308 \times 6 \times 6.17 = 11.40(元)$

③《计价表》2—120　C10混凝土垫层　$0.15 \times 6 \times 206.00 = 185.40(元)$

(注:模板、抹灰脚手架在措施项目清单中计算)

④《计价表》11—28　砖砌窨井　$0.92 \times 6 \times 218.04 = 1\,203.58(元)$

⑤《计价表》12—18—19×2　细石混凝土找坡　$0.038 \times 6 \times 82.22 = 18.75(元)$

⑥《计价表》11—30　井壁抹灰　$0.317 \times 6 \times 113.83 = 216.50(元)$

⑦《计价表》11—25　铸铁盖板安装　$1.0 \times 6 \times 271.29 = 1\,627.74(元)$

⑧《计价表》1—104　基坑回填土　$2.93 \times 6 \times 10.70 = 188.11(元)$

⑨《计价表》1—92+95×2　余土外运　$1.56 \times 6 \times 8.61 = 80.59(元)$

⑩《计价表》1—1　　　挖外运土　1.56×6×3.95＝36.97(元)

(3) 计算深度为1.3m窨井的综合价、综合单价

窨井1的工程量清单综合价(①～⑩项合计)：4 020.82元

窨井1的工程量清单综合单价：$\frac{4\ 020.82}{6}＝670.14$(元/座)

3. 深度为1.6m窨井的工程量清单(窨井2)

(1) 确定项目编码、项目名称和计量单位

项目编码：010303003002

项目名称：窨井2

计量单位：座

(2) 描述项目特征

内径700mm，C10混凝土底板100厚，240厚M10水泥砂浆砌标准砖井壁，井深1.6m，底板C20细石混凝土找坡3cm，内壁底板抹防水砂浆，铸铁井盖，三类干土

(3) 按《计价规范》规定的工程量计算规则计算工程量

　4座

4. 深度为1.6m窨井的工程量清单计价

(1) 按《计价表》规定计算各项工程内容的工程量(参见例3.25)

① 人工挖地坑　$3.14×\frac{1.76}{3}×(1.57^2＋0.99^2＋0.99×1.57)＝9.21$(m³)

② 基坑打夯　0.99×0.99×3.14＝3.08(m²)

③ 混凝土垫层　(同窨井1)0.15m³

④ 垫层模板　(同窨井1)0.43m²

⑤ 砖砌体　0.24×1.60×2.95＝1.13(m³)

⑥ 细石混凝土找坡　(同窨井1)0.38m²

⑦ 井内抹灰　0.38＋3.45＝3.83(m²)

⑧ 砌筑脚手架　3.45m²

⑨ 井盖　1套

⑩ 回填土　9.21－0.15－1.13－1.60×0.38＝7.32(m³)

⑪ 余土外运　9.21－7.32＝1.89(m³)

(2) 套《计价表》定额(参见例6.19)

①《计价表》1—56　　　人工挖地坑　9.21×4×19.40＝714.70(元)

②《计价表》1—100　　基坑打夯　0.308×4×6.17＝7.60(元)

③《计价表》2—120　　C10混凝土垫层　0.15×4×206.00＝123.60(元)

④《计价表》11—29　　圆形砖砌窨井　1.13×4×219.46＝991.96(元)

⑤《计价表》12—18—19×2　细石混凝土找坡　0.038×4×82.22＝12.50(元)

⑥《计价表》11—30　　井壁抹灰　0.383×4×113.83＝174.39(元)

⑦《计价表》11—25　　铸铁盖板安装　1.0×4×271.29＝1 085.16(元)

⑧《计价表》1—104　　基坑回填土　7.32×4×10.70＝313.30(元)

⑨《计价表》1—92＋95×2　余土外运　1.89×4×8.61＝65.09(元)

⑩《计价表》1—1　　挖外运土　1.89×4×3.95＝29.86(元)

(3) 计算深度为1.6m窨井的综合价、综合单价

窨井2的工程量清单综合价(①~⑩项合计):3518.16元

窨井2的工程量清单综合单价:$\dfrac{3518.16}{4}$＝879.54(元/座)

(注:垫层模板、砌筑脚手架在措施项目清单中计价)

【例6.30】　某单位围墙共100m长,附墙垛12个(见图6.2.2)。基础为M5水泥砂浆砌标准砖,垫层为C10非泵送商品混凝土。要求计算:1.围墙基础的工程量清单;2.围墙基础的工程量清单计价;3.混凝土垫层的工程量清单;4.混凝土垫层的工程量清单计价。

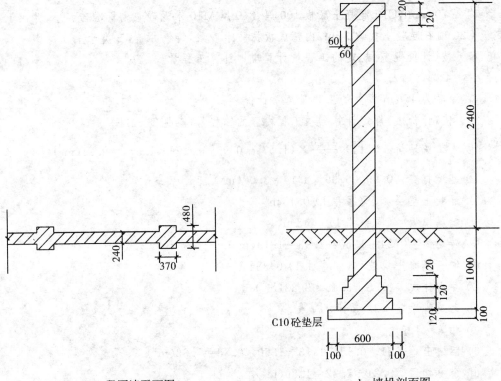

a.一段围墙平面图　　　　　　　b.墙垛剖面图

图6.2.2　某单位围墙图

【相关知识】

1. 砖围墙基础与墙身的划分以设计室外地坪为分界线,设计室外地坪以下为基础,以上为墙身。

2. 清单计价时,基础、混凝土垫层分别单独列清单计价。

【解】

1. 围墙基础的工程量清单

(1) 确定项目编码、项目名称和计量单位

项目编码:010301001001

146

项目名称：砖基础

计量单位：m³

（2）描述项目特征

M5 水泥砂浆砌 240 厚标准砖基础，深 1.0 m，等高式三层大方脚，双面墙垛

（3）按《计价规范》规定的工程量计算规则计算工程量（清单工程量）

（查《计价表》定额下册，附 P1137 的表，240 厚墙折加高度为 0.394 m，365 厚墙折加高度为 0.259 m）

墙身基础　0.24×(1.0＋0.394)×100.0＝33.46(m³)

墙垛基础　0.37×(1.0＋0.259)×0.12×2×12＝1.34(m³)

围墙基础清单工程量合计：34.80 m³

2. 围墙基础的工程量清单计价

（1）按《计价表》规定计算各项工程内容的工程量

M5 水泥砂浆砖基础（工程量同清单量）　34.80 m³

（2）套《计价表》定额计算各项工程内容的综合价

《计价表》3—1　M5 水泥砂浆砖基础　34.80×185.80＝6 465.84(元)

（3）计算围墙基础的综合价、综合单价

围墙基础的工程量清单综合价：6 465.84 元

围墙基础的工程量清单综合单价：$\dfrac{6\,465.84}{34.80}=185.80$(元/ m³)

3. 混凝土垫层的工程量清单

（1）确定项目编码、项目名称和计量单位

项目编码：010401006001

项目名称：混凝土垫层

计量单位：m³

（2）描述项目特征：

C10 非泵送商品混凝土

（3）按《计价规范》规定的工程量计算规则计算工程量

C10 混凝土垫层　0.1×(0.80×100.0＋0.12×0.57×2×12)＝8.16(m³)

4. 混凝土垫层的工程量清单计价

（1）按《计价表》规定计算各项工程内容的工程量

C10 混凝土垫层（工程量同清单量）　8.16 m³

（2）套《计价表》定额计算各项工程内容的综合价

《计价表》2—122　C10 混凝土垫层（非泵送商品混凝土）　8.16×273.17＝2 229.07(元)

（3）计算混凝土垫层的综合价、综合单价

混凝土垫层的工程量清单综合价　2 229.07 元

混凝土垫层的工程量清单综合单价　$\dfrac{2\,229.07}{8.16}=273.17$(元/m³)

（注：垫层模板在措施项目清单中计价）

【例 6.31】 某单位围墙共 100 m 长,附墙垛 12 个(见图 6.2.2),围墙墙身为 M2.5 混合砂浆砌标准砖。要求计算:1. 围墙的工程量清单;2. 围墙的工程量清单计价。

【相关知识】

1. 计算工程量清单时,围墙高度算至砖压顶上表面,突出墙面的压顶不计算,突出墙面的砖垛并入墙体积内。

2. 计算工程量清单计价时,围墙的砖压顶及砖垛并入墙体积内。

【解】

1. 围墙的工程量清单

(1) 确定项目编码、项目名称和计量单位

项目编码:010302001001

项目名称:实心砖墙

计量单位:m^3

(2) 描述项目特征

标准砖围墙双面墙垛,240 厚,2.4 m 高,M2.5 混合砂浆砌筑双面墙垛

(3) 按《计价规范》规定的工程量计算规则计算工程量(清单工程量)

　　墙身 $0.24 \times 2.4 \times 100.0 = 57.60 (m^3)$

　　墙垛 $0.37 \times 2.4 \times 0.12 \times 2 \times 12 = 2.56 (m^3)$

　　围墙清单工程量计:$60.16\ m^3$

2. 围墙的工程量清单计价

(1) 按《计价表》规定计算各项工程内容的工程量

　　墙身 $0.24 \times 2.4 \times 100.0 = 57.60 (m^3)$

　　墙垛 $0.37 \times 2.4 \times 0.12 \times 2 \times 12 = 2.56 (m^3)$

　　压顶 $(0.06 \times 0.12 \times 2 + 0.12 \times 0.12 \times 2) \times (100.0 + 0.12 \times 2 \times 2 \times 12) = 4.57 (m^3)$

　　墙身合计:$64.73\ m^3$

(2) 套《计价表》定额计算各项工程内容的综合价

　　《计价表》3—44 换　M2.5 混合砂浆砖砌围墙

　　　　　　　　换算内容:M5 混合砂浆改为 M2.5 混合砂浆

　　　　单价:$197.23 - 29.01 + 27.71 = 195.93 (元)$

　　　　　　　$64.73 \times 195.93 = 12\,682.55 (元)$

(3) 计算围墙的综合价、综合单价

围墙的工程量清单综合价:12 682.55 元

围墙的工程量清单综合单价:$\dfrac{12\,682.55}{60.16} = 210.81 (元/m^3)$

【例 6.32】 某建筑物为三类工程,共有 6 个卫生间,每个卫生间内的零星砌砖:大便槽长 1.2 m×4 m(见图 6.2.3)。要求计算:1. 零星砌砖的工程量清单;2. 零星砌砖的工程量清单计价。

【相关知识】

1. 零星砌砖的工程量清单计量单位有多种(m^3、m^2、m、个),由清单编制人员定。

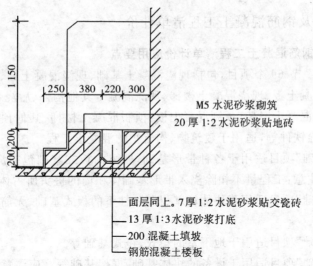

M5 水泥砂浆砌筑

20 厚 1:2 水泥砂浆贴地砖

——面层同上。7 厚 1:2 水泥砂浆贴交瓷砖
——13 厚 1:3 水泥砂浆打底
——200 混凝土填坡
——钢筋混凝土楼板

图 6.2.3　卫生间大便槽剖面图

2. 在清单计价时,砖砌体、混凝土找坡包括在报价内;地砖、瓷砖面层不在此处计价,在装饰工程中报价。

【解】

1. 零星砌砖的工程量清单

(1) 确定项目编码、项目名称和计量单位

项目编码:010302006001

项目名称:零星砌砖

计量单位:m

(2) 描述项目特征

标准砖砌大便槽,M5 水泥砂浆,槽内 C20 细石混凝土找坡平均厚 3 cm

(3) 按《计价规范》规定的工程量计算规则计算工程量(清单工程量)

　　　1.20×4×6=28.80(m)

2. 零星砌砖的工程量清单计价

(1) 按《计价表》规定计算各项工程内容的工程量

① 零星砌砖　(0.20×0.25+0.40×0.38+0.40×0.30)×1.2×4×6=9.27(m³)

② 槽内细石混凝土找坡　0.22×1.2×4×6=6.34(m²)

(2) 套《计价表》定额计算各项工程内容的综合价

①《计价表》3—47 换　M5 水泥砂浆小型砌体

　　　　　　换算内容:M5 混合砂浆改为 M5 水泥砂浆

　　　　　　单价:222.57-26.84+25.91=221.64(元)

　　　　　　9.27×221.64=2 054.60(元)

②《计价表》12—18-19×2　C20 细石混凝土找坡 0.63×82.22=51.80(元)

(3) 计算零星砌砖的综合价、综合单价

零星砌砖的工程量清单综合价(①～②项合计):2 106.40 元

零星砌砖的工程量清单综合单价:$\dfrac{2\,106.40}{28.8}$=73.14(元/m)

6.2.4 混凝土及钢筋混凝土工程清单计价

1）混凝土及钢筋混凝土工程清单计价应用要点

（1）本章共17节69个项目，包括现浇混凝土基础、现浇混凝土柱、现浇混凝土梁、现浇混凝土墙、现浇混凝土板、现浇混凝土楼梯、现浇混凝土其他构件、后浇带、预制混凝土柱、预制混凝土梁、预制混凝土屋架、预制混凝土板、预制混凝土楼梯、其他预制构件、混凝土构筑物、钢筋工程、螺栓铁件等，适用于建筑物、构筑物的混凝土工程。

（2）"带形基础"项目适用于各种带形基础，墙下的板式基础包括浇筑在一字排桩上面的带形基础。应注意：工程量不扣除浇入带形基础体积内的桩头所占体积。

（3）"独立基础"项目适用于块体柱基、杯基、柱下的板式基础、无筋倒圆台基础、壳体基础、电梯井基础等。

（4）"满堂基础"项目适用于地下室的箱式、筏式基础等。

（5）"设备基础"项目适用于设备的块体基础、框架基础等。应注意：螺栓孔灌浆包括在报价内。

（6）"桩承台基础"项目适用于浇筑在组桩（如梅花桩）上的承台。应注意：工程量不扣除浇入承台体积内的桩头所占体积。

（7）"矩形柱"、"异形柱"项目适用于各形柱，除无梁板柱的高度算至柱帽下表面，其他柱都计算全高。应注意：① 单独的薄壁柱根据其截面形状，确定以异形柱或矩形柱编码列项；② 柱帽的工程量计算在无梁板体积内；③ 混凝土柱上的钢牛腿按规范附录 A.6.6 零星钢构件编码列项。

（8）"直形墙"、"弧形墙"项目也适用于电梯井。应注意：与墙相连接的薄壁柱按墙项目编码列项。

（9）混凝土板采用浇筑复合高强薄型空心管时，其工程量应扣除管所占体积，复合高强薄型空心管应包括在报价内。采用轻质材料浇筑在有梁板内，轻质材料应包括在报价内。

（10）单跑楼梯的工程量计算与直形楼梯、弧形楼梯的工程量计算相同，单跑楼梯如无中间休息平台时，应在工程量清单中进行描述。

（11）"其他构件"项目中的压顶、扶手工程量可按长度计算，台阶工程量可按水平投影面积计算。

（12）"电缆沟、地沟"、"散水、坡道"需抹灰时，应包括在报价内。

（13）"后浇带"项目适用于梁、墙、板的后浇带。

（14）"水磨石构件"需要打蜡抛光时，包括在报价内。

（15）"滑模筒仓"按"贮仓"项目编码列项。"滑模烟囱"按"烟囱"项目编码列项。

（16）混凝土的供应方式（现场搅拌混凝土、商品混凝土）以招标文件确定。

（17）购入的商品构配件以商品价进入报价。

（18）附录要求分别编码列项的项目（如箱式满堂基础、框架式设备基础等），可在第五级编码上进行分项编码。如：框架式设备基础，010401004001 设备基础、010401004002 框架式设备基础柱、010401004003 框架式设备基础梁、010401004004 框架式设备基础墙、010401004005 框架式设备基础板。这样列项：① 不必再翻后面的项目编码；② 一看就知道是框架式设备的基础、柱、梁、墙、板，比较明了。

（19）预制构件的吊装机械（如履带式起重机、轮胎式起重机、汽车式起重机、塔式起重机等）不包括在项目内，应列入措施项目费。

（20）滑模的提升设备（如千斤顶、液压操作台等）应列在模板及支撑费内。

（21）钢网架在地面组装后的整体提升、倒锥壳水箱在地面就位预制后的提升设备（如液压千斤顶及操作台等）应列在垂直运输费内。

（22）项目特征内的构件标高（如梁底标高、板底标高等）、安装高度，不需要每个构件都注上标高和高度，而是要求选择关键部件注明，以便投标人选择吊装机械和垂直运输机械。

2）混凝土及钢筋混凝土工程清单计价举例

【**例 6.33**】 试根据设备基础（框架）施工图①为招标人编制清单；②为投标人做报价计算。（工程类别按三类工程）

（1）混凝土强度等级 C35。

（2）柱基础为块体，工程量 6.24 m³；墙基础为带形基础，工程量 4.16 m³，柱截面 450 mm×450 mm，工程量 12.75 m³，基础墙厚度 300 mm，工程量 10.85 m³，基础梁截面 350 mm×700 mm，工程量 17.01 m³，基础板厚度 300 mm，工程量 40.53 m³。

（3）混凝土合计工程量 91.54 m³。

（4）螺栓孔灌浆：1:3 水泥砂浆 12.03 m³。

（5）钢筋：φ12 以内，工程量 2.829 t；φ12～φ25 以内工程量 4.362 t。

【**解**】

1. 招标人编制清单

（1）清单工程量套子目

　　010401004　设备基础

　　010416001　现浇钢筋

（2）编制分部分项工程量清单

分部分项工程量清单表

工程名称：某工厂 　　　　　　　　　　　　　　　　　　　　　　第＿＿页 共＿＿页

序号	项目编号	项 目 名 称	计量单位	工程量
	010401004001	A.4 混凝土及钢筋混凝土工程 设备基础 　块体柱基础：6.24 m³ 　带形墙基础：4.16 m³ 　基础柱：截面 450 mm×450 mm 　基础墙：厚度 300 mm 　基础梁：截面 350 mm×700 mm 　基础板：厚度 300 mm 　混凝土强度：C35 　螺栓孔灌浆细石混凝土强度：C35	m³	103.57
	010416001001	现浇混凝土钢筋 　φ12 以内：2.829 t 　φ12 以外：4.362 t	t	7.191
		本页小计		
		合　计		

2. 投标人报价计算

(1) 套《计价表》

① 柱基础

《计价表》5—7 换　C35 柱基　$6.24 m^3 \times 240.39$ 元/m^3＝1 500.03 元

单价换算：$227.65 + 8.61 + 4.13 = 240.39$（元/$m^3$）

② 带形混凝土基础

《计价表》5—3 换　C35 条形混凝土基础　$4.16 m^3 \times 241.43$ 元/m^3＝1 004.35 元

单价换算：$228.69 + 8.61 + 4.13 = 241.43$（元/$m^3$）

③ 柱

《计价表》5—13　C35 混凝土柱　$12.75 m^3 \times 277.28$ 元/m^3＝3 535.32 元

④ 混凝土墙

《计价表》5—26　C35 混凝土墙　$10.85 m^3 \times 271.61$ 元/m^3＝2 946.97 元

⑤ 基础梁

《计价表》5—17　基础梁 C35　$17.01 m^3 \times 251.44$ 元/m^3＝4 276.99 元

⑥ 基础板

《计价表》5—6 换　基础板 C35　$40.53 m^3 \times 243.76$ 元/m^3＝9 879.59 元

单价换算：$230.35 + 9.06 + 4.35 = 243.76$（元/$m^3$）

⑦ 螺栓孔灌浆

《计价表》5—8　螺栓孔灌浆 C35　$12.03 m^3 \times 204.42$ 元/m^3＝2 459.17 元

⑧ $\phi 12$ 以内钢筋

《计价表》4—1　$\phi 12$ 以内钢筋　$2.829 t \times 3 421.48$ 元/t＝9 679.36 元

⑨ $\phi 25$ 以内钢筋

《计价表》4—2　$\phi 25$ 以内钢筋　$4.362 t \times 3 241.82$ 元/t＝14 140.82 元

(2) 填写分部分项工程量清单计价表格

①
分部分项工程量清单计价表

工程名称：某工厂　　　　　　　　　　　　　　　　　　　　　　第＿＿＿页　共＿＿＿页

序号	项目编号	项目名称	计量单位	工程量	金额（元）	
					综合单价	合价
	010401004001	A.4 混凝土及钢筋混凝土工程 设备基础 　块体柱基础：6.24 m^3 　带形墙基础：4.16 m^3 　基础柱：截面 450 mm×450 mm 　基础墙：厚度 300 mm 　基础梁：截面 350 mm×700 mm 　基础板：厚度 300 mm 　混凝土强度：C35 　螺栓孔灌浆细石混凝土强度：C35	m^3	103.57	247.20	25 602.43
	010416001001	现浇混凝土钢筋 　$\phi 12$ 以内：2.829 t 　$\phi 12$ 以外：4.362 t	t	7.191	3 312.50	23 820.18
		本页小计				
		合　计				

②

分部分项工程量清单综合单价计算表

工程名称：某工厂

计量单位：m³

项目编码：010401004001

工程数量：103.57

项目名称：现浇设备基础（框架）

综合单价：247.20 元

序号	定额编号	工程内容	单位	数量	其中（元）					
					人工费	材料费	机械费	管理费	利润	小计
	5—7换	柱基础：混凝土强度 C35	m³	6.24	121.68	1 205.69	93.16	53.73	25.77	1 500.03
	5—3换	带形混凝土基础：混凝土强度 C35	m³	4.16	81.12	808.12	62.11	35.82	17.18	1 004.35
	5—13	基础柱：截面 450×450，混凝土强度 C35	m³	12.75	636.48	2 552.93	80.58	179.27	86.06	3 535.32
	5—26	基础墙：厚度 300mm，混凝土强度 C35	m³	10.85	442.90	2 246.17	68.57	127.92	61.41	2 946.97
	5—17	基础梁：截面 350×700，混凝土强度 C35	m³	17.01	336.12	3 413.23	294.27	157.68	75.69	4 276.99
	5—6换	基础板：厚度 300，混凝土强度 C35	m³	40.53	864.10	7 866.87	605.11	367.20	176.31	9 879.59
	5—8	螺栓孔灌浆细石混凝土强度 C35	m³	12.03	62.56	2 201.37	125.59	47.04	22.62	2 459.18
合　计					2 544.96	20 294.38	1 329.39	968.66	465.04	25 602.43

分部分项工程量清单综合单价计算表

工程名称：某工厂

计量单位：t

项目编码：010416001001

工程数量：7.191

项目名称：现浇设备基础（框架）钢筋

综合单价：3 312.50 元

序号	定额编号	工程内容	单位	数量	其中（元）					
					人工费	材料费	机械费	管理费	利润	小计
	4—1	现浇混凝土钢筋 φ 12 以内	t	2.829	934.87	8 174.48	163.60	274.61	131.80	9 679.36
	4—2	现浇混凝土钢筋 φ 25 以内	t	4.362	724.70	12 643.61	368.15	273.24	131.12	14 140.82
合　计					1 659.57	20 818.09	531.75	547.85	262.92	23 820.18

6.2.5　厂库房大门、特种门、木结构工程清单计价

1）厂库房大门、特种门、木结构工程清单计价应用要点

（1）本章共 3 节 11 个项目，包括厂库房大门、特种门、木屋架、木构件，适用于建筑物、构筑物的特种门和木结构工程。

（2）原木构件设计规定梢径时，应按原木材体积计算表计算体积。

（3）设计规定使用干燥木材时，干燥损耗及干燥费应包括在报价内。

（4）木材的出材率应包括在报价内。

（5）木结构有防虫要求时，防虫药剂应包括在报价内。

（6）"木板大门"项目适用于厂库房的平开、推拉、带观察窗、不带观察窗等各类型木板大门。需描述每樘门所含门扇数和有框或无框。

（7）"钢木大门"项目适用于厂库房的平开、推拉、单面铺木板、双面铺木板、防风型、保暖型等各类型钢木大门。应注意：① 钢骨架制作安装包括在报价内；② 防风型钢木门应描述防风材料或保暖材料。

（8）"全钢板门"项目适用于厂库房的平开、推拉、折叠、单面铺钢板、双面铺钢板等各类

型全钢板门。

（9）"特种门"项目适用于各种防射线门、密闭门、保温门、隔音门、冷藏库门、冷藏冻结间门等特殊使用功能门。

（10）"围墙铁丝门"项目适用于钢管骨架铁丝门、角钢骨架铁丝门、木骨架铁丝门等。

（11）"木屋架"项目适用于各种方木、圆木屋架。应注意：① 与屋架相连接的挑檐木应包括在木屋架报价内；② 钢夹板构件、连接螺栓应包括在报价内。

（12）"钢木屋架"项目适用于各种方木、圆木的钢木组合屋架。应注意：钢拉杆（下弦拉杆）、受拉腹杆、钢夹板、连接螺栓应包括在报价内。

（13）"木柱"、"木梁"项目适用于建筑物各部位的柱、梁。应注意：接地、嵌入墙内部分的防腐应包括在报价内。

（14）"木楼梯"项目适用于楼梯和爬梯。应注意：① 楼梯的防滑条应包括在报价内；② 楼梯栏杆（栏板）、扶手，应按 B.3.7 中相关项目编码列项。

（15）"其他木构件"项目适用于斜撑，传统民居的垂花、花芽子、封檐板、博风板等构件。应注意：① 封檐板、博风板工程量按延长米计算；② 博风板带大刀头时，每个大刀头增加长度 50 cm。

（16）冷藏门、冷冻间门、保温门、变电室门、隔音门、防射线门、人防门、金库门等，应按 A.5.1 中特种门项目编码列项。

（17）带气楼的屋架和马尾、折角以及正交部分的半屋架，应按相关屋架编码列项。

2）厂库房大门、特种门、木结构工程清单计价举例

【例 6.34】 某跃层住宅室内木楼梯，共 1 套，楼梯斜梁截面为 80 mm×150 mm，踏步板 900 mm×300 mm×25mm，踢脚板 900 mm×150 mm×20 mm，楼梯栏杆 $\Phi50$，硬木扶手为圆形 $\Phi60$，除扶手材质为桦木外，其余材质为杉木。业主根据全国工程量清单的计算规则计算出木楼梯工程量如下：（三类工程）

（1）木楼梯斜梁体积为 0.256 m³；

（2）楼梯面积为 6.21 m²（水平投影面积）；

（3）楼梯栏杆为 8.67 m（垂直投影面积为 7.31 m²）；

（4）硬木扶手 8.89 m。

【解】

1.招标人编制清单

（1）清单工程量套子目

　　010503003　木楼梯

　　020107002　木栏杆

（2）编制分部分项工程量清单

分部分项工程量清单表

工程名称：某跃层住宅

序号	项目编号	项目名称	计量单位	工程量
	010503003001	A.5厂库房大门、特种门、木结构工程 木楼梯 　木材种类：杉木 　刨光要求：露面部分刨光 　踏步板900×300×25 　踢脚板900×150×20 　斜梁截面80×150 　刷防火漆两遍 　刷地板清漆两遍	m²	6.21
	020107002001	木栏杆（硬木扶手） 　木材种类：栏杆杉木、扶手桦木 　刨光要求：刨光 　栏杆截面Φ50 　扶手截面Φ60 　刷防火漆两遍 　栏杆刷聚氨酯清漆两遍 　扶手刷聚氨酯清漆两遍	m	8.67
		本页小计		
		合　计		

2. 投标人报价计算

（1）套《计价表》

① 木楼梯（含楼梯斜梁、踢脚板）制作、安装

《计价表》8－65　木楼梯　6.21 m²×2 440.87元/10 m²÷10＝1 515.78元

② 楼梯刷防火漆两遍

《计价表》16－212　防火漆两遍　6.21 m²×2.3×83.41元/10 m²÷10＝119.13元

③ 楼梯刷清漆两遍

《计价表》16－56　清漆两遍　6.21 m²×2.3×69.47元/10 m²÷10＝99.22元

④ 木栏杆、木扶手制作安装

《计价表》12－164　木栏杆、木扶手　8.67 m×1 230.60元/10 m÷10＝1 066.93元

⑤ 木栏杆、木扶手刷防火漆两遍

《计价表》16－212　木栏杆、木扶手防火漆　7.31 m²×1.82×83.41元/10 m²÷10＝110.97元

⑥ 木栏杆、木扶手刷聚氨酯漆两遍

《计价表》16－96　木栏杆、木扶手聚氨酯漆　7.31 m²×1.82×146.43元/10 m²÷10＝194.81元

（2）填写分部分项工程量清单计价表格

① **分部分项工程量清单计价表**

工程名称：某跃层住宅

序号	项目编号	项 目 名 称	计量单位	工程量	金额（元）	
					综合单价	合价
		A.5 厂库房大门、特种门、木结构工程				
	010503003001	木楼梯	m²	6.21	279.24	1 734.09
		木材种类：杉木				
		刨光要求：露面部分刨光				
		踏步板 900×300×25				
		踢脚板 900×150×20				
		斜梁截面 80×150				
		刷防火漆两遍				
		刷地板清漆两遍				
	020107002001	木栏杆（硬木扶手）	m	8.67	158.32	1 372.63
		木材种类：栏杆杉木、扶手桦木				
		刨光要求：刨光				
		栏杆截面 Φ50				
		扶手截面 Φ60				
		刷防火漆两遍				
		栏杆刷聚氨酯清漆两遍				
		扶手刷聚氨酯清漆两遍				
		本页小计				
		合　　计				

② **分部分项工程量清单综合单价计算表**

工程名称：某跃层住宅
项目编码：010503003001
项目名称：木楼梯

计量单位：m²
工程数量：6.21
综合单价：279.24 元

序号	定额编号	工程内容	单位	数量	其　　中					（元）
					人工费	材料费	机械费	管理费	利润	小 计
	8−65	木楼梯	10 m²	0.621	252.52	1 169.82	0	63.13	30.3	1 515.77
	16−212	防火漆两遍	10 m²	1.428	49.98	50.64	0	12.50	6.00	119.12
	16−56	清漆两遍	10 m²	1.428	55.98	22.52	0	13.99	6.71	99.20
		合　计			358.48	1 242.98	0	89.62	43.01	1 734.09

分部分项工程量清单综合单价计算表

工程名称：某跃层住宅　　　　　　　　　　　　　　　　　计量单位：m

项目编码：020107002001　　　　　　　　　　　　　　　　工程数量：8.67

项目名称：木栏杆、扶手　　　　　　　　　　　　　　　　综合单价：158.32 元

序号	定额编号	工程内容	单位	数量	其　　　中　　　（元）					
					人工费	材料费	机械费	管理费	利润	小　计
	12—164	木栏杆制作、安装	10 m	0.867	234.26	745.99	0	58.57	28.11	1 066.93
	16—212	栏杆刷防火漆两遍	10 m²	1.33	46.55	47.16	0	11.64	5.59	110.94
	16—96	栏杆刷聚氨酯清漆两遍	10 m²	1.33	104.27	51.90	0	26.07	12.52	194.76
		合　　　　计			385.08	845.05	0	96.28	46.22	1 372.63

6.2.6　金属结构工程清单计价

1）金属结构工程清单计价应用要点

（1）本章共 7 节 24 个项目，包括钢屋架、钢网架、钢托架、钢桁架、钢柱、钢梁、压型钢板楼板、压型钢板墙板、钢构件、金属网，适用于建筑物、构筑物的钢结构工程。

（2）钢构件的除锈刷漆包括在报价内。

（3）钢构件的拼装台的搭拆和材料摊销应列入措施项目费。

（4）钢构件需探伤（包括射线探伤、超声波探伤、磁粉探伤、金相探伤、着色探伤、荧光探伤等）应包括在报价内。

（5）"钢屋架"项目适用于一般钢屋架和轻钢屋架、冷弯薄壁型钢屋架。

（6）"钢网架"项目适用于一般钢网架和不锈钢网架。不论节点形式（球形节点、板式节点等）和节点连接方式（焊结、丝结等）均使用该项目。

（7）"实腹柱"项目适用于实腹钢柱和实腹式型钢混凝土柱。

（8）"空腹柱"项目适用于空腹钢柱和空腹式型钢混凝土柱。

（9）"钢管柱"项目适用于钢管柱和钢管混凝土柱。应注意：钢管混凝土柱的盖板、底板、穿心板、横隔板、加强环、明牛腿、暗牛腿应包括在报价内。

（10）"钢梁"项目适用于钢梁和实腹式型钢混凝土梁、空腹式型钢混凝土梁。

（11）"钢吊车梁"项目适用于钢吊车梁及吊车梁的制动梁、制动板、制动桁架，车挡应包括在报价内。

（12）"压型钢板楼板"项目适用于现浇混凝土楼板，使用压型钢板作永久性模板，并与混凝土叠合后组成共同受力的构件。压型钢板采用镀锌或经防腐处理的薄钢板。

（13）"钢栏杆"适用于工业厂房平台钢栏杆。

（14）型钢混凝土柱、梁浇筑混凝土和压型钢板楼板上浇筑钢筋混凝土，混凝土和钢筋应按 A.4 中相关项目编码列项。

（15）钢墙架项目包括墙架柱、墙架梁和连接杆件。

（16）加工铁件等小型构件，应按 A.6.6 中零星钢构件项目编码列项。

2）金属结构工程清单计价举例

【例6.35】　某单层工业厂房屋面钢屋架 12 榀，现场制作。根据《计价表》计算该屋架每榀 2.76 t，刷红丹防锈漆一遍，防火漆两遍，构件安装，场内运输 650 m，履带式起重机安装

高度 5.4 m,跨外安装。(三类工程)

【解】

1. 招标人编制清单

(1) 清单工程量套子目

　　010601001　钢屋架

(2) 编制分部分项工程量清单

分部分项工程量清单

工程名称:某工业厂房　　　　　　　　　　　　　　　　第____页　共____页

序号	项目编号	项目名称	计量单位	工程量
	010601001001	A.6 金属结构工程 钢屋架 钢材品种规格∟50×50×4 单榀屋架重量2.76 t 屋架跨度9 m 屋架无探伤要求 屋架防火漆两遍 屋架调和漆两遍	榀	12

2. 投标人报价计算

(1) 套《计价表》

工程量　2.76×12＝33.12(t)

《计价表》6—7　　钢屋架制作　33.12×4 716.44＝156 208.49(元)

《计价表》16—264　红丹防锈漆一遍　33.12×1.1(系数)×88.39＝3 220.22(元)

《计价表》16—272　防火漆两遍　33.12×291.54＝9 655.80(元)

《计价表》16—260　调和漆两遍　33.12×131.87＝4 367.53(元)

《计价表》7—25　　金属构件运输　33.12×37.49＝1241.67(元)

《计价表》7—120 换　钢屋架安装(跨外)　33.12×325.02＝10 764.66(元)

单价:人工费　55.90×1.18＝65.96(元)

　　　材料费　80.16 元

　　　机械费　103.51＋51.47×0.18＝112.77(元)

　　　管理费　(65.96＋112.77)×25%＝44.68(元)

　　　利润　(65.96＋112.77)×12%＝21.45(元)

单价合计:325.02 元/t

(2) 填写分部分项工程量计价表格

① **分部分项工程量清单计价表**

工程名称：某工业厂房 　　　　　　　　　　　　　　　　　　　　　第＿＿＿页 共＿＿＿页

序号	项目编号	项目名称	计量单位	工程量	金额（元）	
					综合单价	合价
	010601001001	A.6 金属结构工程 钢屋架 钢材品种规格∟50×50×4 单榀屋架重量2.76 t 屋架跨度9 m 屋架无探伤要求 屋架防火漆两遍 屋架调和漆两遍	榀	12	15 454.87	185 458.38
		本页小计				
		合　　计				

② **分部分项工程量清单综合单价计算表**

工程名称：某工业厂房 　　　　　　　　　　　　　　　　计量单位：榀

项目编码：010601001001 　　　　　　　　　　　　　工程数量：12

项目名称：钢屋架 　　　　　　　　　　　　　　　　　综合单价：15 454.87 元

序号	定额编号	工程内容	单位	数量	其　　　　中　　　　（元）					
					人工费	材料费	机械费	管理费	利润	小计
	6－7	钢屋架制作	t	33.12	14 389.32	112 651.72	17 403.90	7 948.47	3 815.09	156 208.50
	16－264	红丹防锈漆一遍	t	36.43	1 101.70	1 710.84	0	275.43	132.25	3 220.22
	16－272	防火漆两遍	t	33.12	4 553.34	3 417.65	0	1 138.33	546.48	9 655.80
	16－260	调和漆两遍	t	33.12	1 836.17	1 852.07	0	459.04	220.25	4 367.53
	7－25	金属构件运输	t	33.12	47.69	171.56	733.28	195.41	93.73	1 241.67
	7－120换	钢屋架安装	t	33.12	2 184.60	2 654.90	3 734.94	1 479.80	710.42	10 764.66
		合　　计			24 112.82	122 458.74	21 872.12	11 496.48	5 518.22	185 458.38

6.2.7　屋面及防水工程清单计价

1）屋面及防水工程清单计价应用要点

（1）应搞清屋面及防水工程中各条清单中所包含的工作内容，哪些内容应包括在报价内，分别套用适合的《计价表》项目或根据相应的企业定额进行计价。

（2）掌握屋面及防水工程中各条清单的工程量计算规则。

（3）根据每条清单的项目特征，分析人、材、机的消耗量，正确组价。

2）屋面及防水工程清单计价举例

【例6.36】　计算出例3.39中列出的清单项目的综合单价，并列出该分项工程量清单计价表。

【解】

1. 卷材防水屋面清单项目综合单价的计算。本清单项目下包含 SBS 卷材和 1：3 水泥砂浆有分格找平层这两个分项工程。可以先计算出每平方米卷材清单项目中所包含的《计价表》中分项工程含量,乘以相应的《计价表》综合单价进行汇总计算,得出清单单价;也可以根据《计价表》项目的总工程量乘以相应的《计价表》综合单价,再除以清单总工程量,得出清单单价。

计算步骤:

(1) 分别计算出单位清单项目数量中所含的《计价表》项目的数量、含量及单价和合价

① 卷材(《计价表》编号 9—30),清单工程量为 55.57 m²

数量(见例 3.22 计算结果):55.57 m²

含量:55.57÷55.57＝1.00(m²)＝0.10(10 m²)

《计价表》综合单价(见例 6.16 计算结果):504.58 元/10 m²

合价:504.58×0.10＝50.46(元)

② 1：3 水泥砂浆有分格找平层(《计价表》编号 9—75)

数量(见例 3.18 的计算结果):55.01 m²

含量:55.01÷55.57＝0.99(m²)＝0.099(10 m²)

《计价表》综合单价(见例 6.16 计算结果):123.56 元/10 m²

合价:123.56×0.099＝12.23(元)

(2) 计算本清单项目综合单价

本条清单综合单价:50.46＋12.23＝62.69(元/m²)

2. 刚性防水屋面清单项目。本清单项目下包含 40 厚 C20 细石混凝土刚性防水层和 1：3 水泥砂浆有分格找平层这两个内容。这里先计算出《计价表》项目总价,再除以清单工程量,得出清单单价(计算时引用例 3.22 计算出的《计价表》工程量和例 6.16 计算出的《计价表》综合单价)。

计算步骤:

(1) 分别计算出清单项目中所含的《计价表》项目的数量、单价和合价

① 刚性防水屋面(《计价表》编号为 9—72)

数量:55.01 m²＝5.501(10 m²)

《计价表》综合单价:285.22 元/10 m²

合价:285.22×5.501＝1 569.00(元)

② 1：3 水泥砂浆有分格找平层(计价表编号 9—75)

数量:55.01 m²＝5.501(10 m²)

《计价表》综合单价:123.56 元/10 m²

合价:123.56×5.501＝679.70(元)

(2) 用上述总合价除以清单数量,即得出清单单价

本条清单综合单价:(1 569.00＋679.70)÷55.01＝40.88(元/m²)

3. 屋面排水管清单项目。本条清单下包含排水管、雨水口和雨水斗三个《计价表》项目。

计算步骤:

160

（1）分别计算出清单项目中所含的《计价表》项目的数量、单价和合价

① D100UPVC 排水管（《计价表》编号为 9－188）

数量：73.20 m ＝7.32(10 m)

《计价表》综合单价：254.85 元/10 m

合价：254.85×7.32＝1 865.50(元)

② D100 铸铁带罩雨水口（《计价表》编号 9－196）

数量：6 只 ＝0.6(10 只)

《计价表》综合单价：221.94 元/10 只

合价：221.94×0.6＝133.16(元)

③ D100UPVC 雨水斗（《计价表》编号 9－190）

数量：6 只 ＝0.6(10 只)

《计价表》综合单价：300.77 元/10 只

合价：300.77×0.6＝180.46(元)

（2）用上述总合价除以清单数量，即得出清单单价

本条清单综合单价：(1 865.50＋133.16＋180.46)÷73.20＝29.77(元/m)

4. 屋面天沟、檐沟清单项目。本条清单下包括 SBS 卷材防水层、C20 细石混凝土找坡和1：2 水泥砂浆面层三个《计价表》项目。

计算步骤：

（1）分别计算出清单项目中所含的《计价表》项目的数量、单价和合价

① SBS 卷材（《计价表》编号为 9－30）

数量 33.68 m² ＝3.368(10 m²)

《计价表》综合单价：504.58 元/10 m²

合价：504.58×3.368＝1 699.43(元)

② C20 细石混凝土找坡平均 25 厚（《计价表》编号为 12－18、12－19）

数量：17.88 m² ＝1.788(10 m²)

《计价表》综合单价：91.53 元/10 m²

合价：91.53×1.788＝163.66(元)

③ 防水砂浆屋面无分格 20 mm 厚（《计价表》编号 9－70、9－71）

数量：33.68 m² ＝3.368(10 m²)

《计价表》综合单价：113.74 元/10 m²

合价：113.74×3.368＝383.08(元)

（2）用上述总合价除以清单数量，即得出清单单价

本条清单综合单价：(1 699.43＋163.66＋383.08)÷33.68＝66.69(元/ m²)

分部分项工程量清单计价表如下：

序号	项目编码	项目名称	项 目 特 征	计量单位	工程量	金额(元)		
						综合单价	合价	其中:暂估价
1	010702001001	屋面卷材防水	1. 卷材品种、规格:SBS改性沥青卷材,厚3mm 2. 防水层做法:冷粘 3. 找平层:1:3水泥砂浆20厚,分格,高强APP嵌缝膏嵌缝	m²	55.57	62.69	3 483.68	
2	010702003001	屋面刚性防水	1. 防水层厚度:40 mm 2. 嵌缝材料:高强APP嵌缝膏嵌缝 3. 混凝土强度等级:C20细石混凝土 4. 找平层:1:3水泥砂浆20厚,分格,高强APP嵌缝膏嵌缝	m²	55.01	40.88	2 248.81	
3	010702004001	屋面排水管	1. 排水管品种、规格、颜色:白色D100UPVC增强塑料管 2. 排水口:D100带罩铸铁雨水口 3. 雨水斗:矩形白色UPVC增强塑料雨水斗	m	73.20	29.77	2 179.16	
4	010702005001	屋面天沟、檐沟	1. 材料品种:SBS改性沥青卷材,厚3mm 2. 防水层做法:满粘 3. 找坡:C20细石混凝土找坡0.5% 4. 找平层:1:2防水砂浆20厚,不分格	m²	33.68	66.69	2 246.12	
			本页小计				10 157.77	
			合 计				10 157.77	

6.3 措施费及其他项目费计算

6.3.1 建筑物超高增加费用

1) 建筑物超高增加费计价表概况

本章根据《计价规范》对定额的章节划分方式单独设置,划分为两节,一是建筑物超高增加费,二是单独装饰工程超高部分人工降效分段增加系数计算表,共36个子目。

2) 本章有关说明

(1) 建筑物超高增加费

① 建筑物设计室外地面至檐口的高度(不包括女儿墙、屋顶水箱、突出屋面的电梯间、楼梯间等的高度)超过20 m时,应计算超高费,如图6.3.1。

② 超高费内容包括:人工降效、高压水泵摊销、临时垃圾管道等所需费用。超高费包干

162

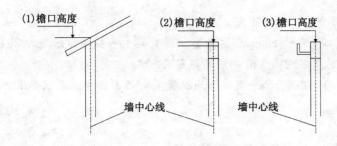

图 6.3.1 檐口高度示意图

使用,不论实际发生多少,均按本定额执行,不调整。

③ 建筑物超高费以超过 20 m 部分的建筑面积计算。

a. 檐高超过 20 m 部分的建筑物应按其超过部分的建筑面积计算。

b. 层高超过 3.6 m 时,以每增高 1 m(不足 0.1 m 按 0.1 m 计算)按相应子目的 20% 计算,并随高度变化按比例递增。

c. 建筑物檐高高度超过 20 m,但其最高一层或其中一层楼面未超过 20 m 时,则该楼层在 20 m 以上部分仅能计算每增高 1 m 的层高超高费。

d. 同一建筑物中有两个或两个以上的不同檐口高度时,应分别按不同高度竖向切面的建筑面积套用定额。

e. 单层建筑物(无楼隔层者)檐高超过 20 m,其超过部分除构件安装按构件安装的计算规定执行外,另再按相应超高费项目计算每增高 1 m 的层高超高费。

(2) 单独装饰工程超高人工降效

① 单独装饰工程超高部分人工降效以超过 20 m 部分的人工费分段计算。

② "高度"和"层高",只要其中一个指标达到规定,即可套用该项目。

③ 当同一个楼层中的楼面和天棚不在同一计算段内时,按天棚面标高段为准计算。

3) 建筑物超高增加费用计算

【例 6.37】 如图 6.3.2 某楼主楼为 19 层,每层建筑面积为 1000 m²;附楼为 6 层,每层建筑面积为 1500 m²。主附楼底层层高均为 5 m,其余各层层高均为 3 m。试计算该楼的超高费。

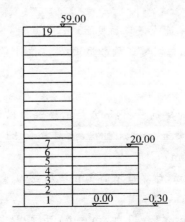

图 6.3.2 某楼主附楼立面示意图

163

【相关知识】

1. 超过 20 m 部分的计算超高费。

2. 建筑物檐高高度超过 20 m,但其最高一层或其中一层楼面未超过 20 m,则该楼层在 20 m 以上部分仅能计算每增高 1 m 的层高超高费。

3. 有两个不同檐口高度时,分别按不同高度竖向切面的建筑面积套用。

【解】

1. 计算工程量

(1) 计算楼面 20 m 以上各层建筑面积之和

$$1\,000\ \text{m}^2/\text{层} \times 13\ \text{层} = 13\,000\ \text{m}^2$$

(2) 计算楼面 20 m 以下第六层建筑面积,上层楼面 20.30 m,仅计算每增高 1 m 的增加费(0.3 m)。

(3) 计算楼面 20 m 以下且屋面 20.3 m,顶层建筑面积 1 500 m²(已知)。

2. 套《计价表》

(1) 套子目 18—4 换,单价计算说明:三类工程换算为一类工程

综合单价:$(13.65+0.54+7.74)+(13.65+7.74)\times(35\%+12\%)=31.98$(元/m²)

$$13\,000\ \text{m}^2 \times 31.98\ \text{元/m}^2 = 415\,740\ \text{元}$$

(2) 套子目 18—4 换 ×20% ×0.3,按相应定额的 20% 计算增高高度 0.3 m

综合单价:$31.98\times20\%\times0.3=1.92$(元/m²)

$$1\,000\ \text{m}^2 \times 1.92\ \text{元/m}^2 = 1\,920\ \text{元}$$

(3) 套子目 18—1 换 ×20% ×0.3

单价换算说明:a. 三类工程换算为一类工程;

                  b. 每增高 1 m 按相应定额的 20% 计算;

                  c. 增高高度 0.3 m 按比例调整。

综合单价:

$$[(5.46+0.54+3.39)+(5.46+3.93)\times(35\%+12\%)]\times20\%\times0.3=0.83\ (\text{元/m}^2)$$

$$1\,500\ \text{m}^2 \times 0.83\ \text{元/m}^2 = 1\,245\ \text{元}$$

3. 该楼的总超高费用:$415\,740+1\,920+1\,245=418\,905$(元)

【例 6.38】 某多层民用建筑的檐口高度 25 m,共 6 层,室内外高差 0.3 m,第一层层高 4.7 m,第二至六层层高 4.0 m,每层建筑面积 500 m²。试计算超高费用。

【解】

1. 计算工程量

(1) 计算楼面 20 m 以上的建筑面积:第六层的建筑面积 500 m²。

(2) 计算楼面 20 m 以下第五层建筑面积,上层楼面 21 m,仅计算每增高 1 m 增加费(1 m):第五层的建筑面积 500 m²。

(3) 第六层的层高超 3.6 m,计算每增高 1 m 增加费(0.4 m)。

2. 套《计价表》

(1) 套子目 18—1　500 m² ×13.41 元/m² = 6 705 元

(2) 套子目 18—1 ×20%　500 m² ×13.41 元/m² ×20% = 1 341 元

(3) 套子目 18—1×20％×0.4　500 m²×13.41 元/m²×20％×0.4＝536.4 元

3. 该楼的总超高费用：6 705＋1 341＋536.4＝8 582.4(元)

6.3.2　脚手架费

1）脚手架费计价表概况

本章沿用了单位估价表中的脚手架的内容，并对其加以补充完善，使该章节与《计价规范》措施清单的要求相吻合。本章共分脚手架和 20 m 以上脚手架材料增加费两节，计 47 个子目。

2）本章有关说明

(1) 脚手架工程

① 凡工业与民用建筑、构筑物所需搭设的脚手架，均按本定额执行。

② 本定额适用于檐高在 20 m 以内的建筑物，檐高不包括女儿墙、屋顶水箱、突出主体建筑的楼梯间等高度，如前后檐高不同，则按平均高度计算。檐高在 20 m 以上的建筑物脚手架除按脚手架子目计算外，其超过部分所需增加的脚手架加固措施等费用，均按超高脚手架材料增加费子目执行。构筑物、烟囱、水塔、电梯井按其相应子目执行。

③ 本定额已按扣件钢管脚手架与竹脚手架综合编制，实际施工中不论使用何种脚手架材料，均按本定额执行。

④ 下述情况中脚手架的套用：

a. 高度在 3.60 m 以内的墙面、天棚、柱、梁抹灰(包括钉间壁、钉天棚)用的脚手架费用套用 3.60 m 以内的抹灰脚手架。

b. 室内(包括地下室)净高超过 3.60 m 时，天棚需抹灰(包括钉天棚)应按满堂脚手架计算，但其内墙抹灰不再计算脚手架。

c. 高度在 3.60 m 以上的内墙面抹灰，如无满堂脚手架可以利用时，可按墙面垂直投影面积计算抹灰脚手架。

d. 建筑物室内净高超过 3.60 m 的钉板间壁以其净长乘以高度计算一次脚手(按抹灰脚手架定额执行)，天棚吊筋与面层按其水平投影面积计算一次满堂脚手架。

e. 天棚面层高度在 3.60 m 内，吊筋与楼层的连接点高度超过 3.60 m，应按满堂脚手架相应项目基价乘以 0.60 计算。

f. 室内天棚面层净高 3.60 m 以内的钉天棚、钉间壁的脚手架与其抹灰的脚手架合并计算一次脚手架，套用 3.60 m 以内的抹灰脚手架。

g. 单独天棚抹灰计算一次脚手架，按满堂脚手架相应项目乘以系数 0.1。

h. 室内天棚面层净高超过 3.60 m 的钉天棚、钉间壁的脚手架与其抹灰的脚手架合并计算一次满堂脚手架。

i. 室内天棚净高超过 3.60 m 的板下勾缝、刷浆、油漆可另行计算一次脚手架费用，按满堂脚手架相应项目乘以 0.10 计算；墙、柱、梁面刷浆、油漆的脚手架按抹灰脚手架相应项目乘以 0.10 计算。

⑤ 瓦屋面坡度大于 45°时，屋面基层、盖瓦的脚手架费用应另按实计算。

⑥ 当结构施工搭设的电梯井脚手架使用延续至电梯设备安装时，套用安装用电梯井脚手架子目时应扣除定额中的人工及机械。

⑦ 构件吊装的脚手架,混凝土构件按体积以立方米计算,钢构件按构件的重量以吨位计算。

(2) 超高脚手架材料增加费

① 本定额中脚手架是按建筑物檐高在 20 m 以内编制的,檐高超过 20 m 时应计算脚手架材料增加费。

② 檐高超过 20 m 的脚手架材料增加费内容包括:脚手架使用周期延长摊销费、脚手架加固。脚手架材料增加费包干使用,无论实际发生多少,均按本章规定执行,不调整。

③ 檐高超过 20 m 的脚手架材料增加费按下列规定计算:

a. 檐高超过 20 m 部分的建筑物应按其超过部分的建筑面积计算。

b. 层高超过 3.6 m 每增高 0.1 m 按增高 1 m 的比例换算(不足 0.1 m 按 0.1 m 计算),按相应项目执行。

c. 建筑物檐高超过 20 m,但其最高一层或其中一层楼面未超过 20 m 时,则该楼层在 20 m 以上部分仅能计算每增高 1 m 的增加费。

d. 同一建筑物中有两个或两个以上的不同檐口高度时,应分别按不同高度竖向切面的建筑面积套用相应子目。

e. 单层建筑物(无楼隔层者)檐高超过 20 m,其超过部分除构件安装按构件安装的规定执行外,另再按相应脚手架材料增加费项目计算每增高 1 m 的脚手架材料增加费。

3) 脚手架工程量计算规则

(1) 脚手架工程量一般计算规则

① 凡砌筑高度超过 1.5 m 的砌体均需计算脚手架。

② 砌墙脚手架均按墙面(单面)垂直投影面积以平方米计算。

③ 计算脚手架时,不扣除门、窗洞口,空圈洞口,车辆通道,变形缝等所占面积。

④ 同一建筑物高度不同时,按建筑物的竖向不同高度分别计算。

(2) 砌筑脚手架工程量计算规则

① 外墙脚手架按外墙外边线长度(如外墙有挑阳台,则每个阳台计算一个侧面宽度,计入外墙面长度,两户阳台连在一起的也只算一个侧面)乘以外墙高度以平方米计算。外墙高度指室外设计地坪至檐口(或女儿墙顶面)高度,坡屋面至屋面板下(或椽子顶面)墙中心高度。

② 内墙脚手架以内墙净长乘以内墙净高计算。有山尖者算至山尖 1/2 处的高度;有地下室时,自地下室室内地坪至墙顶面高度。

③ 砌体高度在 3.60 m 以内者,套用里脚手架定额;高度超过 3.60 m 者,套用外脚手架定额。

④ 山墙自设计室外地坪至山尖 1/2 处高度超过 3.60 m 时,该整个外山墙按相应外脚手架计算,内山墙按单排外架子计算。

⑤ 独立砖(石)柱高度在 3.60 m 以内者,脚手架以柱的结构外围周长乘以柱高计算,执行砌墙脚手架里架子定额;柱高超过 3.60 m 者,以柱的结构外围周长加 3.6 m 乘以柱高计算,执行砌墙脚手架外架子(单排)定额。

⑥ 砌石墙到顶的脚手架,工程量按砌墙相应脚手架乘系数 1.50。

⑦ 外墙脚手架包括一面抹灰脚手架在内,另一面墙可计算抹灰脚手架。

⑧ 砖基础自设计室外地坪至垫层(或混凝土基础)上表面的深度超过 1.50 m 时,按相

应砌墙脚手架执行。

⑨ 突出屋面部分的烟囱,高度超过 1.50m 时,其脚手架按外围周长加 3.60m 乘以实砌高度,按 12m 内单排外手架计算。

(3) 现浇钢筋混凝土脚手架工程量计算规则

① 钢筋混凝土基础自设计室外地坪至垫层上表面的深度超过 1.50m,带形基础底宽超过 3.0m,独立基础、满堂基础及大型设备基础的底面积超过 16m² 的混凝土浇捣脚手架(必须满足两个条件),应按槽、坑土方规定放工作面后的底面积计算,按满堂脚手架相应定额乘以系数 0.3 计算脚手架费用。

② 现浇钢筋混凝土独立柱、单梁、墙高度超过 3.60m 应计算浇捣脚手架。柱的浇捣脚手架以柱的结构周长加 3.60m 乘以柱高计算;梁的浇捣脚手架按梁的净长乘以地面(或楼面)至梁顶面的高度计算;墙的浇捣脚手架以墙的净长乘以墙高计算。套柱、梁、墙混凝土浇捣脚手架子目。

③ 层高超过 3.60m 的钢筋混凝土框架柱、墙(楼板、屋面板为现浇板)所增加的混凝土浇捣脚手架费用,以每 10m² 框架轴线水平投影面积(注意是框架轴线面积),按满堂脚手架相应子目乘以系数 0.3 执行;层高超过 3.60m 的钢筋混凝土框架柱、梁、墙(楼板、屋面板为预制空心板)所增加的混凝土浇捣脚手架费用,以每 10m² 框架轴线水平投影面积,按满堂脚手架相应子目乘以系数 0.4 执行。

(4) 贮仓脚手架,不分单筒或贮仓组,高度超过 3.60m,均按外边线周长乘以设计室外地坪至贮仓上口之间高度以平方米计算。高度在 12m 内,套双排外脚手架定额,乘系数 0.7 执行;高度超过 12m,套 20m 内双排外脚手架定额,乘系数 0.7 执行(均包括外表面抹灰脚手架在内)。

(5) 抹灰脚手架、满堂脚手架工程量计算规则

① 抹灰脚手架

A. 钢筋混凝土单梁、柱、墙,按以下规定计算脚手架。

a. 单梁以梁净长乘以地坪(或楼面)至梁顶面高度计算。

b. 柱以柱结构外围周长加 3.60m 乘以柱高计算。

c. 墙以墙净长乘以地坪(或楼面)至板底高度计算。

B. 墙面抹灰以墙净长乘以净高计算。

C. 如有满堂脚手架可以利用时,不再计算墙、柱、梁面抹灰脚手架。

D. 天棚抹灰高度在 3.60m 以内,按天棚抹灰面(不扣除柱、梁所占的面积)以平方米计算。

② 满堂脚手架

天棚抹灰高度超过 3.60m,按室内净面积计算满堂脚手架,不扣除柱、垛、附墙烟囱所占面积。

A. 基本层:高度在 8m 以内计算基本层。

B. 增加层:高度超过 8m,每增加 2m,计算一层增加层,计算式如下:

$$增加层数 = \frac{室内净高(m) - 8(m)}{2(m)}$$

余数在 0.6m 以内,不计算增加层,超过 0.6m,按增加一层计算。

C. 满堂脚手架高度以室内地坪(或楼面)至天棚面或屋面板的底面为准(斜的天棚或屋面板按平均高度计算)。室内挑台栏板外侧共享空间的装饰如无满堂脚手架可利用时,按地面(或楼面)至顶层栏板顶面高度乘以栏板长度以平方米计算,套相应抹灰脚手架定额。

(6) 其他脚手架工程量计算规则

① 高压线防护架按搭设长度以延长米计算。

② 金属过道防护棚按搭设水平投影面积以平方米计算。

③ 斜道、烟囱、水塔、电梯井脚手架区别不同高度以"座"计算。滑升模板施工的烟囱、水塔,其脚手架费用已包括在滑模计价表内,不另计算脚手架。烟囱内壁抹灰是否搭设脚手架,按施工组织设计规定办理,其费用按相应满堂脚手架执行,人工增加 20%,其余不变。

④ 高度超过 3.60 m 的贮水(油)池,其混凝土浇捣脚手架按外壁周长乘以池的壁高以平方米计算,按池壁混凝土浇捣脚手架项目执行,抹灰者按抹灰脚手架另计。

(7) 建筑物檐高超过 20 m,即可计算檐高超过 20 m 脚手架材料增加费,脚手架材料增加费按建筑物超过 20 m 部分建筑面积计算。

4) 脚手架费计算

【例 6.39】 某工程为三类工程,钢筋混凝土独立基础如图 6.3.3 所示。请判别该基础是否可计算浇捣脚手费。如可以计算,请计算出工程量和合价。

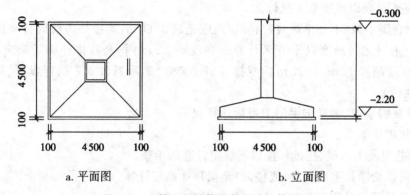

a. 平面图　　　　　　　　　b. 立面图

图 6.3.3　某工程钢筋混凝土独立基础图

【相关知识】

1. 计算钢筋混凝土浇捣脚手架的条件

混凝土带形基础:

(1) 自设计室外地坪至垫层上表面的深度超过 1.50 m;

(2) 带形基础混凝土底宽超过 3.0 m。

混凝土独立基础、满堂基础、大型设备基础:

(1) 自设计室外地坪至垫层上表面的深度超过 1.50 m;

(2) 混凝土底面积超过 16 m²。

2. 按槽坑上方规定放工作面后的底面积计算。

3. 按满堂脚手架乘以系数 0.3 计算。

【解】

1. 因为该钢筋混凝土独立基础深度 2.20−0.30=1.90(m) > 1.50(m)

168

该钢筋混凝土独立基础混凝土底面积 $4.5 \times 4.5 = 20.25(m^2) > 16(m^2)$

同时满足两个条件,故应计算浇捣脚手架。

2. 工程量计算

$(4.5+0.3) \times (4.5+0.3) = 23.04(m^2)$（0.3 m 为规定的工作面增加尺寸）

3. 套《计价表》

套 $19-7 \times 0.3$ 子目　$\dfrac{23.04}{10} \times 63.23 \times 0.3 = 43.70(元)$

【例 6.40】 某工程天棚抹灰需要搭设满堂脚手架,室内净面积为 $500\ m^2$,室内净高为 11 m,计算该项满堂脚手费。

【相关知识】

1. 计算满堂脚手的增加层数。

2. 余数的处理,在 0.6 m 以内不计算增加层。

【解】

1. 工程量为已知室内净面积 $500\ m^2$。

2. 计算增加层数 $= \dfrac{11-8}{2} = 1.5$

余数 $0.5 < 0.6$,只能计算 1 层增加层。

3. 套子目

《计价表》$19-8$　$500 \times \dfrac{79.12}{10} = 3\,956(元)$

《计价表》$19-9$　$500 \times \dfrac{17.52}{10} = 876(元)$

4. 该项满堂脚手费合计:$4\,832$ 元。

【例 6.41】 某单层建筑物平面如图 6.3.4 所示。室内外高差 0.3 m,平屋面,预应力空心板厚 0.12 m,天棚抹灰。试根据以下条件计算内外墙、天棚脚手架费用:(1) 檐高 3.52 m;(2) 檐高 4.02 m;(3) 檐高 6.12 m。

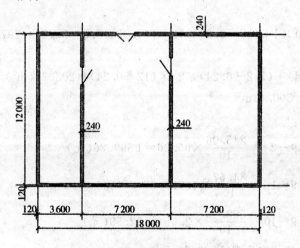

图 6.3.4　某单层建筑物平面图

169

【解】

1. 檐高 3.52 m

(1) 计算工程量

① 外墙砌筑脚手架

$(18.24+12.24)\times 2\times 3.52=214.58(\text{m}^2)$

② 内墙砌筑脚手架

$(12-0.24)\times 2\times(3.52-0.3-0.12)=72.91(\text{m}^2)$

③ 抹灰脚手架

高度 3.6 m 以内的墙面、天棚套用 3.6 m 以内的抹灰脚手架

a. 墙面抹灰(按砌筑脚手架可以利用考虑)

$[(12-0.24)\times 4+(18-0.24)\times 2]\times(3.52-0.3-0.12)=255.94(\text{m}^2)$

b. 天棚抹灰

$[(3.6-0.24)+(7.2-0.24)\times 2]\times(12-0.24)=203.21(\text{m}^2)$

抹灰面积小计：$255.94+203.21=459.15(\text{m}^2)$

(2) 套子目

《计价表》19—1 $\dfrac{214.58+72.91}{10}\times 6.88=197.79(\text{元})$

《计价表》19—10 $\dfrac{459.15}{10}\times 2.05=94.13(\text{元})$

所以内外墙、天棚的脚手费共 291.92 元。

2. 檐高 4.02 m

(1) 计算工程量

① 外墙砌筑脚手架

$(18.24+12.24)\times 2\times 4.02=245.06(\text{m}^2)$

② 内墙砌筑脚手架

$(12-0.24)\times 2\times(4.02-0.3-0.12)=84.67(\text{m}^2)$

③ 抹灰脚手架

a. 墙面抹灰

$[(12-0.24)\times 4+(18-0.24)\times 2]\times(4.02-0.3-0.12)=297.22(\text{m}^2)$

b. 天棚抹灰

$[(3.6-0.24)+(7.2-0.24)\times 2]\times(12-0.24)=203.21(\text{m}^2)$

抹灰面积小计：500.43m²

(2) 套子目

《计价表》19—2 $\dfrac{245.06}{10}\times 65.26=1\,599.26(\text{元})$

《计价表》19—1 $\dfrac{84.67}{10}\times 6.88=58.25(\text{元})$

《计价表》19—10 $\dfrac{500.43}{10}\times 2.05=102.59(\text{元})$

因此内外墙、天棚的脚手费 1 760.10 元。

3. 檐高 6.12 m

(1) 计算工程量

① 外墙砌筑脚手架

$(18.24+12.24)\times2\times6.12=373.08(m^2)$

② 内墙砌筑脚手架

$(12-0.24)\times2\times(6.12-0.3-0.12)=134.06(m^2)$

③ 抹灰脚手架

净高超 3.6 m,按满堂脚手架计算

$[(3.6-0.24)+(7.2-0.24)\times2]\times(12-0.24)=203.21(m^2)$

(2) 套子目

《计价表》19—2 $\dfrac{373.08+134.06}{10}\times65.26=3\,309.60(元)$

《计价表》19—8 $\dfrac{203.21}{10}\times79.12=1\,607.80(元)$

所以内外墙、天棚的脚手费 4 917.40 元。

【例6.42】 某工程施工图纸标明有 370×490 方形独立柱 10 根,高度 4.6 m;300×400 方形独立柱 6 根,高度 3.5 m。请计算柱的浇捣脚手费。(三类工程)

【相关知识】

现浇钢筋混凝土独立柱高度超 3.6 m 的应计算浇捣脚手架。

【解】

1. 工程量

$[(0.37+0.49)\times2+3.6]\times4.6\times10=244.72(m^2)$

2. 套子目

《计价表》19—13 $\dfrac{244.72}{10}\times16.56=405.26(元)$

3. 柱的浇捣脚手费为 405.26 元。

【例6.43】 某工程施工图标明有现浇钢筋混凝土剪力墙三道,净长长度共为 15.5 m,二层楼表面至三层楼表面层高 3.8 m,楼板厚 80 mm。试计算该三道剪力墙的浇捣脚手费。

【相关知识】

墙的浇捣脚手架以墙的净长乘以墙高计算。

【解】

1. 工程量

$15.5\times(3.8-0.08)=57.66(m^2)$

2. 套子目

《计价表》19—13 $\dfrac{57.66}{10}\times16.56=95.48(元)$

3. 剪力墙的浇捣脚手费为 95.48 元。

171

6.3.3 模板工程

1）模板工程计价表概况

《计价表》中"模板工程"共设置了四节：（1）现浇构件模板，（2）现场预制构件模板，（3）加工场预制构件模板，（4）构筑物工程模板。共计254个子目。

在定额编制中，现场预制构件的底模按砖底模考虑，侧模考虑了组合钢模板和复合木模板两种；加工场预制构件的底模按混凝土底模考虑，侧模考虑定型钢模板和组合钢模板两种；现浇构件除部分项目采用全木模和塑壳模外，都考虑了组合钢模板配钢支撑和复合木模板配钢支撑两种。在编制报价时施工单位应根据制定的施工组织设计中的模板方案选择一种子目或补充一种子目执行。

2）本章有关说明

（1）为便于施工企业快速报价，在附录中列出了混凝土构件的模板含量表，供使用单位参考。按设计图纸计算模板接触面积或使用混凝土含模量折算模板面积，这两种方法仅能使用其中一种，相互不得混用。使用含模量者，竣工结算时模板面积不得再调整。构筑物工程中的滑升模板是以立方米混凝土为单位的，模板系综合考虑。倒锥形水塔水箱提升以"座"为单位。

（2）预制构件模板子目，按不同构件，分别以组合钢模板、复合木模板、木模板、定型钢模板、长线台钢拉模、加工厂预制构件配混凝土地模、现场预制构件配砖胎模、长线台配混凝土地胎模编制，使用其他模板时，不予换算。

（3）模板工作内容包括清理、场内运输、安装、刷隔离剂、浇灌混凝土时模板维护、拆模、集中堆放、场外运输。木模板包括制作（预制构件包括刨光，现浇构件不包括刨光），组合钢模板、复合木模板包括装箱。

（4）现浇钢筋混凝土柱、梁、墙、板的支模高度以净高（底层无地下室者高需另加室内外高差）在3.6m以内为准，净高超过3.6m的构件其钢支撑、零星卡具及模板人工分别乘相应系数。但其脚手架费用应按脚手架工程的规定另行执行。注意：轴线未形成封闭框架的柱、梁、板称独立柱、梁、板。

（5）支模高度净高分别按下列4种情况计算：

① 柱：无地下室底层时是指设计室外地面至上层板底面、楼层板顶面至上层板底面；

② 梁：无地下室底层时是指设计室外地面至上层板底面、楼层板顶面至上层板底面；

③ 板：无地下室底层时是指设计室外地面至上层板底面、楼层板顶面至上层板底面；

④ 墙：整板基础板顶面（或反梁顶面）至上层板底面、楼层板顶面至上层板底面。

（6）模板项目中，仅列出周转木材而无钢支撑的项目，其支撑量已含在周转木材中，模板与支撑按7：3拆分。

（7）模板材料已包含砂浆垫块与钢筋绑扎用的22#镀锌铁丝在内，现浇构件和现场预制构件不用砂浆垫块，而改用塑料卡，应根据定额说明增加费用。目前，许多城市已强行规定使用塑料卡，因此在编制标底和投标报价时一定要注意。

（8）有梁板中的弧形梁模板按弧形梁定额执行（含模量＝肋形板含模量），其弧形板部分的模板按板定额执行。

（9）砖墙基上带形混凝土防潮层模板按圈梁定额执行。

(10) 混凝土底板面积在 1000 m² 以内,有梁式满堂基础的反梁或地下室墙侧面的模板如用砖侧模时,砖侧模的费用应另外增加,同时扣除相应的模板面积(扣除的模板总量不得超过总的定额中的含模量,否则会出现倒挂现象);超过 1000 m² 时,反梁用砖侧模,则砖侧模及边模的组合钢模应分别另列项目计算。

(11) 地下室后浇墙带的模板应按已审定的施工组织设计另行计算,但混凝土墙体模板含量不扣。

(12) 弧形构件按相应定额执行,但带形基础、设备基础、栏板、地沟如遇圆弧形,除按相应定额的复合模板执行外,其人工、复合木模板乘定额规定的系数调整,其他不变。

(13) 用钢滑升模板施工的烟囱、水塔、贮仓使用的钢提升杆是按 $\Phi 25$ 一次性用量编制的,设计要求不同时,进行换算。定额中施工时是按无井架计算的,并综合了操作平台,不再计算脚手架和竖井架。

(14) 倒锥壳水塔塔身钢滑升模板项目,也适用于一般水塔塔身滑升模板工程。

(15) 本章的 20—246、20—247、20—248 子目混凝土、钢筋混凝土地沟是指建筑物室外的地沟。室内钢筋混凝土地沟按 20—87、20—88 子目执行。

(16) 现浇有梁板、无梁板、平板、楼梯、雨篷及阳台,底面设计不抹灰者,增加模板缝贴胶带纸人工 0.27 工日/10 m²,计 7.02 元。

3) 模板工程工程量计算规则

(1) 现浇混凝土及钢筋混凝土模板工程量

① 现浇混凝土及钢筋混凝土模板工程量除另有规定者外,均按混凝土与模板的接触面积以平方米计算。若使用含模量计算模板接触面积者,其工程量等于构件体积乘以相应项目含模量。

② 钢筋混凝土墙、板上单孔面积在 0.3 m² 以内的孔洞,不予扣除,洞侧壁模板不另增加,但突出墙面的侧壁模板应相应增加。单孔面积在 0.3 m² 以外的孔洞,应予扣除,洞侧壁模板面积并入墙、板模板工程量之内计算。

③ 现浇钢筋混凝土框架分别按柱、梁、墙、板有关规定计算。墙上单面附墙柱并入墙内工程量计算,双面附墙柱按柱计算,但后浇墙、板带的工程量不扣除。

④ 设备螺栓套孔或设备螺栓分别按不同深度以"个"计算。二次灌浆,按实灌体积以立方米计算。

⑤ 预制混凝土板间或边补现浇板缝,缝宽在 100 mm 以上者,模板按平板定额计算。

⑥ 构造柱外露面均应按图示外露部分计算面积(锯齿形,则按锯齿形最宽面计算模板宽度)。构造柱与墙接触面不计算模板面积。

⑦ 现浇混凝土雨篷、阳台、水平挑板,按图示挑出墙面以外板底尺寸的水平投影面积计算(附在阳台梁上的混凝土线条不计算水平投影面积)。挑出墙外的牛腿及板边模板已包括在内。复式雨篷挑口内侧净高超过 250 mm 时,其超过部分按挑檐定额计算(超过部分的含模量按天沟含模量计算)。竖向挑板按 100 mm 内墙定额执行。

⑧ 整体直形楼梯包括楼梯段、中间休息平台、平台梁、斜梁及楼梯与楼板连接的梁,按水平投影面积计算,不扣除小于 200 mm 的梯井,伸入墙内部分不另增加。

⑨ 圆弧形楼梯按楼梯的水平投影面积以平方米计算(包括圆弧形梯段、休息平台、平台梁、斜梁及楼梯与楼板连接的梁)。

⑩ 楼板后浇带以延长米计算(整板基础的后浇带不包括在内)。

⑪ 现浇圆弧形构件除定额已注明者外,均按垂直圆弧形的面积计算。

⑫ 栏杆按扶手的延长米计算,栏板竖向挑板按模板接触面积以平方米计算。扶手、栏板的斜长按水平投影长度乘系数 1.18 计算。

⑬ 劲性混凝土柱模板,按现浇柱定额执行。

⑭ 砖侧模分别不同厚度,按实砌面积以平方米计算。

(2) 现场预制混凝土及钢筋混凝土模板工程量

① 现场预制构件模板工程量,除另有规定者外,均按模板接触面积以平方米计算。若使用含模量计算模板面积者,其工程量等于构件体积乘以相应项目的含模量。砖地模费用已包括在定额含量中,不再另行计算。

② 镂空花格窗、花格芯按外围面积计算。

③ 预制桩不扣除桩尖虚体积。

④ 加工厂预制构件有此项目,而现场预制无此项目,实际在现场预制时模板按加工厂预制模板子目执行。现场预制构件有此项目,加工厂预制构件无此项目,实际在加工厂预制时,其模板按现场预制模板子目执行。

(3) 加工厂预制构件的模板,除镂空花格窗、花格芯外,均按构件的体积以立方米计算。

① 混凝土构件体积一律按施工图纸的几何尺寸以实体积计算,空腹构件应扣除空腹体积。

② 镂空花格窗、花格芯按外围面积计算。

3) 模板工程费用计算

【例 6.44】 设现浇钢筋混凝土方形柱层高 5 m,板厚 100 mm,设计断面尺寸为 450 mm × 400 mm。请计算模板接触面积和模板费用。(按一类工程计取)

【相关知识】

柱净高超 3.6 m 支模增加费,钢支撑、零星卡具模板乘以调整系数。

【解】

1. 模板接触面积

$(0.45+0.4) \times 2 \times (5-0.1) = 8.33 (\text{m}^2)$

2. 根据施工组织设计,施工方法按复合木模板考虑

(1)《计价表》20－26 换 单价换算 取费由三类工程换算为一类工程

$(83.72+85.33+9.36)+(83.72+9.36) \times (35\%+12\%) = 222.16 (\text{元/m}^2)$

(2)《计价表》20－26 换 单价换算(1)超 3.6 m 增加费

取费由三类工程换算为一类工程

$[(11.07+6.73) \times 0.07+83.72 \times 0.05] \times (1+35\%+12\%) = 7.99 (\text{元/m}^2)$

3. 套价

《计价表》20－26 换(1) $\dfrac{8.33}{10} \times 222.16 = 185.06 (\text{元})$

《计价表》20－26 换(2) $\dfrac{8.33}{10} \times 7.99 = 6.66 (\text{元})$

模板费 $185.06+6.65 = 191.72 (\text{元})$

174

【例 6.45】 现浇有梁板中的主梁长为 14.24 m,断面尺寸 400 mm×300 mm,板厚 80 mm,采用塑料卡垫保护层。请计算模板费用。(三类工程)

【相关知识】

1. 有梁板中的肋梁部分模板应套用现浇板子目。

2. 用塑料卡代替砂浆垫块,应增加费用。

【解】

1. 模板接触面积

   $[(0.4-0.08)\times2+0.3]\times14.24=13.39(m^2)$

2. 套子目

   《计价表》20—57 $\dfrac{13.39}{10}\times188.01=251.75(元)$

   塑料卡费 $\dfrac{13.39}{10}\times6=8.03(元)$

3. 模板费 $251.75+8.03=259.78(元)$

【例 6.46】 设现浇 240 mm×250 mm 圈梁一道,其周长为 45 m。计算它的模板接触面积及模板费用。(三类工程)

【解】

1. 模板接触面积

   $(0.25+0.25)\times45=22.5(m^2)$

2. 套子目

   《计价表》20—40 $\dfrac{22.5}{10}\times198.51=446.65(元)$

【例 6.47】 某工程地面上钢筋混凝土墙厚 180 mm,混凝土工程量 1 200 m²。请根据附录中混凝土及钢筋混凝土构件模板含量表计算模板接触面积。

【解】

$1\,200\times13.63=16\,356(m^2)$

模板接触面积 16 356 m²

【例 6.48】 请计算"L"、"T"形墙体处构造柱模板工程量。已知墙体厚 240 mm,构造柱高 2.8 m,三类工程,"L"形 20 根,"T"形 10 根。

【相关知识】

构造柱按锯齿形最宽面计算模板宽度。

【解】

1. 工程量

"L"形:$(0.3\times2+0.06\times2)\times2.8=2.02(m^2)$

"T"形:$(0.36+0.12\times2)\times2.8=1.68(m^2)$

工程量:$2.02\times20+1.68\times10=57.2(m^2)$

2. 套子目

《计价表》20—30　$\dfrac{57.2}{10}\times261.15=1\,493.78$（元）

【例 6.49】　如图 6.3.5 所示独立基础,请计算该独立基础模板费用。(三类工程)

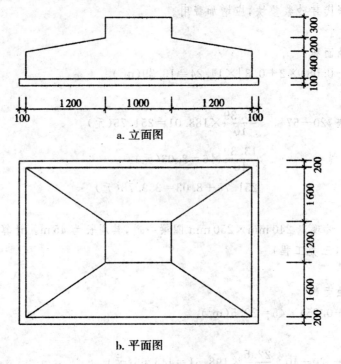

a. 立面图

b. 平面图

图 6.3.5　独立基础图

【解】
1. 工程量
    $(3.4+2.2)\times2\times0.4+(1.0+0.6)\times2\times0.3=5.44(\text{m}^2)$
2. 套子目

    《计价表》20—11　$\dfrac{5.44}{10}\times177.52=96.57$（元）

【例 6.50】　如图 6.3.6 所示,某带三层裙房的现浇框架高层建筑,一至三层有关情况如下:层高底层 5 m,二、三层 4.5 m,室内外高差 0.6 m。房间面与墙中心线,墙厚 200 mm,二至四层 C30 混凝土有梁楼板厚度 100 mm,后浇带 C35 混凝土,宽度 1 000 mm,后浇带立最底层支撑至拆四层屋面支撑预计需 10 个月零 8 天。底层柱上焊钢牛腿 0.48 t,现场制作钢牛腿刷一度防锈漆,二度调和漆。图中肋梁不考虑,每层的楼梯、电梯间等非有梁板面积 60 m²,柱子工程量自室外地坪起算。

请计算柱的混凝土、模板(按含量)、脚手架费用,钢牛腿、后浇带混凝土、模板费用。

【解】
    《计价表》5—13　矩形柱　277.28 元/m³
        $0.9\times0.9\times(5.6-0.1)\times28(\text{个})=124.74(\text{m}^3)$

176

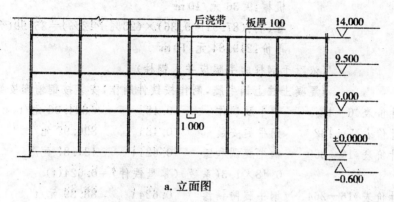

a. 立面图

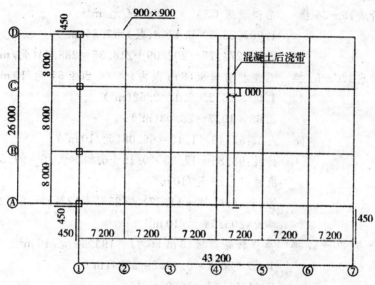

b. 平面图

图 6.3.6 三层裙房现浇框架图

$0.9 \times 0.9 \times (4.5-0.1) \times 28(个) \times 2(层) = 199.58(m^3)$

计:$324.32 m^3$

《计价表》20—26 换　矩形柱模板(支模 8 m 以内)　232.73 元/10 m²

$124.74 \times 5.56(含量) = 693.55(m^2)$

单价　人工:$83.72 \times 1.15 = 96.28(元/10 m^2)$

材料:$85.33 + 11.07 \times 0.15 + 6.73 \times 0.15 = 88.00(元/10 m^2)$

机械:$9.36 元/10 m^2$

管、利:$(96.28 + 9.36) \times (25\% + 12\%) = 39.09(元/10 m^2)$

单价:$232.73 元/10 m^2$

《计价表》20—26 换　矩形柱模板(支模 5 m 以内)　219.84 元/10 m²

$199.58 \times 5.56 = 1109.66(m^2)$

单价　人工:$83.72 \times 1.05 = 87.91(元/10 m^2)$

材料:$85.33 + 11.07 \times 0.07 + 6.73 \times 0.07 = 86.58(元/10 m^2)$

机械:9.36 元/10 m²

管、利:(87.91+9.36)×(25%+12%)=35.99(元/10 m²)

单价:219.84 元/10 m²

（依附于钢柱的牛腿应并入钢柱）

（混凝土柱上钢牛腿,制作按铁件制作,安装按钢墙架安装）

《计价表》6—40　　钢牛腿制作　　0.48 t　　6 324.06 元/t

《计价表》7—132　钢牛腿安装　　0.48 t　　896.95 元/t

《计价表》16—260　钢牛腿调和漆　0.624 t　131.87 元/t

　　　　　　　0.48×1.3(系数)(零星铁件)=0.624(t)

《计价表》16—264　钢牛腿防锈漆　0.624 t　88.39 元/t

《计价表》5—36 换　后浇板带 C35　288.04 元/m³

　　　　　　　1.00×26.2×0.1×3(层)=7.86(m³)

　　　　　　　单价:273.77-202.09+216.36=288.04(元/m³)

《计价表》20—57 换　后浇板带模板(8 m 以内)　　203.54 元/10 m²

　　　　　　　1.00×26.2×0.1=2.62(m³)

　　　　　　　2.62×10.7=28.03(m²)

　　单价　人工:57.46×1.15=66.08(元/10 m²)

　　　　　材料:93.85+17.95×0.15+6.88×0.15=97.57(元/10 m²)

　　　　　机械:11.27 元/10 m²

　　　　　管、利:(66.08+11.27)×(25%+12%)=28.62(元/10 m²)

　　　　　单价:203.54 元/10 m²

《计价表》20—57 换　后浇板带模板(5 m 以内)　193.68 元/10 m²

　　　　　　　1.00×26.2×0.1×2=5.24(m³)

　　　　　　　5.24×10.7=56.07(m²)

　　单价　人工:57.46×1.05=60.33(元/10 m²)

　　　　　材料:93.85+17.95×0.07+6.88×0.07=95.59(元/10 m²)

　　　　　机械:11.27 元/10 m²

　　　　　管、利:(60.33+11.27)×(25%+12%)=26.49(元/10 m²)

　　　　　单价:193.68 元/10 m²

《计价表》20—67+68×5 换　后浇板带模板支撑增加费(8 m 以内)　1 752.97 元/10 m

　　　　　　　工程量:26.2 m

　　　　　　　单价换算:1 324.57+299.18×0.15=1 369.45(元/10 m)

　　　　　　　　　(67.73+59.83×0.15)×5=383.52(元/10 m)

　　　　　　　单价:1 752.97 元/10 m

《计价表》20—67+68×5 换　后浇板带模板支撑增加费(5 m 以内)　1 705.10 元/10 m

　　　　　　　工程量:26.2×2=52.4(m)

　　　　　　　单价换算:1 324.57+299.18×0.07=1 345.51(元/10 m)

　　　　　　　　　(67.73+59.83×0.07)×5=359.59(元/10 m)

　　　　　　　单价:1 705.10 元/10 m

178

《计价表》19-8×0.3　框架浇捣脚手架(8 m 以内)　23.74 元/10 m²

　　　　　　　　　　7.2×6×26＝1 123.2(m²)

《计价表》19-7×0.3　框架浇捣脚手架(5 m 以内)　18.97 元/10 m²

　　　　　　　　　　7.2×6×26×2 层＝2 246.4(m²)

6.3.4　施工排水、降水、深基坑支护

1)施工排水、降水、深基坑支护计价表概况

本章划分为(1)施工排水,(2)施工降水,(3)深基坑支护三节,共 30 个子目。

2)本章有关说明

(1)人工土方施工排水是在人工开挖湿土、淤泥、流沙等施工过程中的地下水排放发生的机械排水台班费用。

(2)基坑排水必须同时具备两个条件:① 地下常水位以下,② 基坑底面积超过 20 m²。土方开挖以后,在基础或地下室施工期间所发生的排水包干费用,如果±0.00 m 以上有设计要求待框架、墙体完成以后再回填基坑土方的,在此期间的排水费用应该另算。

(3)井点降水项目适用于地下水位较高的粉砂土、砂质粉土或淤泥质夹薄层砂性土的地层。一般情况下,降水深度在 6 m 以内。井点降水使用时间根据施工组织设计确定。井点降水材料使用摊销量中包括井点拆除时材料损耗量。井点间距根据地质和降水要求由施工组织设计确定,一般轻型井点管间距为 1.2 m。

井点降水成孔工程中产生的泥水处理及挖沟排水工作应另行计算。

井点降水必须保证连续供电,在电源无保证的情况下,使用备用电源的费用应另计。

(4)强夯法加固地基坑内排水是指击点坑内的积水排水台班费用。

(5)机械土方工作面中的排水费已包含在土方中,但地下水位以下的施工排水费用不包括。如发生,依据施工组织设计规定,排水人工、机械费用另行计算。

(6)打、拔钢板桩单位工程打桩工程量小于 50 t 时,注意人工和机械要乘以系数 1.25。场内运输超过 300 m 时,除按相应构件运输子目执行外,还要扣除打桩子目中的场内运输费。

3)施工排水、降水、深基坑支护工程量计算规则

(1)人工土方施工排水不分土壤类别、挖土深度,按挖湿土工程量以立方米计算。

(2)人工挖淤泥、流沙施工排水按挖淤泥、流沙工程量以立方米计算。

(3)基坑、地下室排水按土方基坑的底面积以平方米计算。

(4)强夯法加固地基坑内排水,按强夯法加固地基工程量以平方米计算。

(5)井点降水 50 根为一套,累计根数不足一套者按一套计算,井点使用定额单位为套天,一天按 24 小时计算。井管的安装、拆除以"根"计算。

(6)基坑钢管支撑为周转摊销材料基坑钢管支撑,其场内运输、回库保养均已包括在内。基坑钢管支撑以坑内的钢立柱、支撑、围檩、活络接头、法兰盘、预埋铁件的合并重量按吨计算。支撑处需挖运土方、围檩与基坑护壁的填充混凝土未包括在内,发生时应按实另行计算。

(7)打、拔钢板桩按设计钢板桩重量以吨计算。

4）施工排水、降水、深基坑支护费用计算

【例 6.51】 某工程项目，整板基础，在地下常水位以下，基础面积 115.0 m×10.5 m。该工程不采用井点降水，采用坑底明沟排水。请计算基坑排水费用。（三类工程）

【相关知识】

计算条件：1. 地下常水位以下。

2. 基坑底面积超过 20 m²。

【解】

1. 计算工程量

$$(115.0+0.3\times2)\times(10.5+0.3\times2)=1\,283.16(m^2)$$

2. 套子目

《计价表》21—4 $\dfrac{1\,283.16}{10}\times297.77=38\,208.66(元)$

3. 该工程基坑排水费用 38 208.66 元，包干使用。

【例 6.52】 若上题的工程项目因地下水位太高，施工采用井点降水，基础施工工期为 80 天。请计算井点降水的费用。（成孔产生的泥水处理不计）

【解】

1. 计算井点根数

$$\frac{115.0+0.3\times2}{1.2}\approx97(根)$$

$$\frac{10.5+0.3\times2}{1.2}\approx10(根)$$

因此：$(97+10)\times2=214(根)$

$$\frac{214}{50}\approx5(套)$$

2. 套子目

《计价表》21—13 $\dfrac{214}{10}\times346.97=7\,425.16(元)$

《计价表》21—14 $\dfrac{214}{10}\times109.15=2\,335.81(元)$

《计价表》21—15 $5\times481.93\times80=192\,772(元)$

3. 本工程井点降水费用

$7\,425.16+2\,335.81+192\,772=202\,532.97(元)$

6.3.5 建筑工程垂直运输

1）建筑工程垂直运输计价表概况

本章划分为建筑物垂直运输、构筑物垂直运输、单独装饰工程垂直运输和施工垂直运输机械基础等四节，共计 57 个子目。

本章中所指的工期定额为：建标〔2000〕38 号文颁发的《全国统一建筑安装工程工期定额》（简称《工期定额》）。

本章中所指的江苏省工期调整规定为:江苏省建设厅苏建定〔2000〕283号《关于贯彻执行〈全国统一建筑安装工程工期定额〉的通知》。

江苏省工期调整规定如下:

(1) 民用建筑工程中单项工程:±0.00 m以下工程调减5%;±0.00 m以上工程中的宾馆、饭店、影剧院、体育馆调减5%。

(2) 民用建筑工程中单位工程:±0.00 m以下结构工程调减5%;±0.00 m以上结构工程,宾馆、饭店及其他建筑的装修工程调减10%。

(3) 工业建筑工程均调减10%。

(4) 其他建筑工程均调减5%。

(5) 专业工程:设备安装工程中除电梯安装外均调减5%。

(6) 其他工程均按国家工期定额标准执行。

2) 本章有关说明

(1) "檐高"是指设计室外地坪至檐口的高度,突出主体建筑物顶的女儿墙、电梯间、楼梯间、水箱等不计入檐口高度以内;"层数"指地面以上建筑物的自然层。

(2) 本定额工作内容包括在江苏省调整后的国家工期定额内完成单位工程全部工程项目所需的垂直运输机械台班,不包括机械的场外运输、一次安装、拆卸、路基铺垫和轨道铺拆等费用。施工塔吊与电梯基础、施工塔吊和电梯与建筑物连接的费用单独计算。

(3) 本定额项目划分是以建筑物"檐高"、"层数"两个指标界定的,只要其中一个指标达到定额规定,即可套用该定额子目。

(4) 一个工程,出现两个或两个以上檐口高度(层数),使用同一台垂直运输机械时,定额不做调整;使用不同垂直运输机械时,应依照国家工期定额规定结合施工合同的工期约定,分别计算。

(5) 当建筑物垂直运输机械数量与定额不同时,可按比例调整定额含量。本定额按卷扬机施工配两台卷扬机,塔式起重机施工配一台塔吊、一台卷扬机(施工电梯)考虑。

(6) 檐高3.60 m内的单层建筑物和围墙,不计算垂直运输机械台班。

(7) 垂直运输高度小于3.6 m的一层地下室,不计算垂直运输机械台班。

(8) 预制混凝土平板、空心板、小型构件的吊装机械费用已包括在本定额中。

(9) 本定额中现浇框架系指柱、梁、板全部为现浇的钢筋混凝土框架结构。如部分现浇、部分预制,按现浇框架乘系数0.96。

(10) 柱、梁、墙、板构件全部现浇的钢筋混凝土框筒结构、框剪结构按现浇框架执行;筒体结构按剪力墙(滑模施工)执行。

(11) 预制或现浇钢筋混凝土柱,预制屋架的单层厂房,按预制排架定额计算。

(12) 单独地下室工程项目定额工期按不含打桩工期自基础挖土开始考虑。

(13) 当建筑物以合同工期日历天计算时,在同口径条件下定额乘以下系数:

$$1+\frac{国家工期定额日历天-合同工期日历天}{国家工期定额日历天}$$

未承包施工的工程内容,如打桩、挖土等的工期,不能作为提前工期考虑。

(14) 混凝土构件,使用泵送混凝土浇筑者,卷扬机施工定额台班乘系数0.96;塔式起重机施工定额中的塔式起重机台班含量乘系数0.92。

（15）建筑物高度超过定额取定高度，每增加 20 m，人工、机械按最上两档之差递增。不足 20 m 者，按 20 m 计算。

（16）采用履带式、轮胎式、汽车式起重机（除塔式起重机外）吊（安）装预制大型构件的工程，除按本章规定计算垂直运输费外，另按第六章有关规定计算构件吊（安）装费。

（17）烟囱、水塔、筒仓的"高度"指设计室外地坪至构筑物的顶面高度，突出构筑物主体顶的机房等高度，不计入构筑物高度内。

3）建筑工程垂直运输工程量计算规则

（1）建筑物垂直运输机械台班用量，区分不同结构类型、檐口高度（层数）按国家工期定额以日历天计算。

（2）单独装饰工程垂直运输机械台班，区分不同施工机械、垂直运输高度、层数按定额工日分别计算。

（3）烟囱、水塔、筒仓垂直运输机械台班，以"座"计算。超过定额规定高度时，按每增高 1 m 定额项目相应增量计算。高度不足 1 m，按 1 m 计算。

（4）施工塔吊、电梯基础，塔吊及电梯与建筑物连接件，按施工塔吊及电梯的不同型号以"台"计算。

4）《工期定额》说明

（1）单项工程工期是指单项工程从基础破土开工（或原桩位打基础桩）起至完成建筑安装工程施工全部内容，并达到国家验收标准之日止的全过程所需的日历天数。

（2）执行中的一些规定

① 《全国统一建筑安装工程工期定额》是在原城乡建设环境保护部 1985 年制定的《建筑安装工程工期定额》基础上，依据国家建筑安装工程质量检验评定标准、施工及验收规范等有关规定，按正常施工条件、合理的劳动组织，以施工企业技术装备和管理的平均水平为基础，结合各地区工期定额执行情况，在广泛调查研究的基础上修编而成。

② 本定额是编制招标文件的依据，是签订建筑安装工程施工合同、确定合理工期及施工索赔的基础，也是施工企业编制施工组织设计、确定投标工期、安排施工进度的参考。

③ 单项（位）工程中层高在 2.2 m 以内的技术层不计算建筑面积，但计算层数。

以下情况可以调整工期：因重大设计变更或发包方原因造成停工，经承发包双方确认后，可顺延工期；因承包方原因造成停工，不得增加工期；施工技术规范或设计要求冬季不能施工而造成工程主导工序连续停工，经承发包双方确认后，可顺延工期；基础施工遇到障碍物或古墓、文物、流沙、溶洞、暗滨、淤泥、石方、地下水等需要进行基础处理时，由承发包双方确定增加工期。

④ 单项（位）工程层数超出本定额时，工期可按定额中最高相邻层数的工期差值增加。

⑤ 一个承包单位同时承包 2 个以上（含 2 个）单项（位）工程时，工期的计算，以一个单项（位）工程的最大工期为基数，另加其他单项（位）工程工期总和乘相应系数计算：加一个乘系数 0.35，加两个乘系数 0.2，加三个乘系数 0.15，四个以上的单项（位）工程不另增加工期。

⑥ 坑底打基础桩，另增加工期。

（3）《工期定额》的基本内容

《工期定额》总共有六章，根据工程类别，又分为三大部分，第一部分：民用建筑工程；第二部分：工业及其他建筑工程；第三部分：专业工程。

① 第一部分：民用建筑工程基本内容

在第一部分民用建筑工程中，包括第一章单项工程和第二章单位工程。

第一章单项工程：本章包括±0.00 m以下工程、±0.00 m以上工程、影剧院和体育馆工程，而±0.00 m以下工程按土质分类，划分为无地下室和有地下室两部分，无地下室按基础类型及首层建筑面积划分，有地下室按地下室层数及建筑面积划分。其工期包括±0.00 m以下全部工程内容。±0.00 m以上工程按工程用途、结构类型、层数及建筑面积划分。其工期包括结构、装修、设备安装全部内容。影剧院和体育馆工程按结构类型、檐高及建筑面积划分。其工期不分±0.00 m以下、±0.00 m以上，均包括基础、结构、装修全部工程内容。另外，对于±0.00 m以上工程，按工程用途又划分为住宅工程，宾馆、饭店工程，综合楼工程，办公、教学楼工程，医疗、门诊楼工程以及图书馆工程，可以按照这一分类方式分别计算各类工程工期。

第二章单位工程：本章包括结构工程和装修工程。结构工程包括±0.00 m以下结构工程和±0.00 m以上结构工程。±0.00 m以下结构工程有地下室按地下室层数及建筑面积划分。±0.00 m以上结构工程按工程结构类型、层数及建筑面积划分。±0.00 m以下结构工程工期包括基础挖土、±0.00 m以下结构工程、安装的配管工程内容。±0.00 m以上结构工程工期包括±0.00 m以上结构、屋面及安装的配管工程内容。装修工程按工程用途、装修标准及建筑面积划分。装修工程工期适用于单位工程，以装修单位为总协调单位，其工期包括内装修、外装修及相应的机电安装工程工期。宾馆、饭店星级划分标准按《中华人民共和国旅游涉外饭店星级标准》确定。其他建筑工程装修标准划分为一般装修、中级装修、高级装修，划分标准按规定执行。

② 第二部分：工业及其他建筑工程基本内容

在第二部分工业及其他建筑工程中，包括第三章工业建筑工程和第四章其他建筑工程。

第三章工业建筑工程：本章包括单层、多层厂房，降压站，冷冻机房，冷库，冷藏间，空压机房等工业建筑，工程工期是指一个单项工程（土建、安装、装修等）的工期，其中土建包括基础和主体结构。除本定额有特殊规定外，工业建筑工程的附属配套工程的工期已包括在一个单项工程工期内，不得再计算。冷库工程不适用于山洞冷库、地下冷库和装配式冷库工程，现浇框架结构冷库的工期也适用于柱板结构的冷库。

第四章其他建筑工程：本章包括地下汽车库、汽车库、仓库、独立地下工程、服务用房、停车场、园林庭院和构筑物工程等，地下车库为独立的地下车库工程工期。如遇有单独承包零星建筑工程（如传达室、有围护结构的自行车库、厕所等），按服务用房工程定额执行。

③ 第三部分：专业工程基本内容

在第三部分专业工程中，包括第五章设备安装工程和第六章机械施工工程。

第五章设备安装工程：本章适用于民用建筑设备安装和一般工业厂房的设备安装工程，包括电梯、起重机、锅炉、供热交换设备、空调设备、通风空调、变电室、开关所、降压站、发电机房、肉联厂屠宰间、冷冻机房冷冻冷藏间、空压站、自动电话交换机及金属容器等的安装工程。本章工期从土建交付安装并具备连续施工条件起，至完成承担的全部设计内容，并达到国家建筑安装工程验收标准的全部日历天数。室外设备安装工程中的气密性试验、压力试验，如受气候影响，在事先征得建设单位同意后，工期可以顺延。

第六章机械施工工程：本章具体包括构件吊装、网架吊装、机械土方、机械打桩、钻孔灌注桩和人工挖孔桩等工程,而且是以各种不同施工机械综合考虑的,对使用任何机械种类,均不做调整。构件吊装工程(网架除外)包括柱子、屋架、梁、板、天窗架、支撑、楼梯、阳台等构件的现场搬运、就位、拼装、吊装、焊接等。不包括钢筋张拉、孔道灌浆和开工前的准备工作。单层厂房的吊装(网架除外)工期,以每10节间(柱距6m)为基数,在定额规定10节间以上时,其增加节间的工期,按定额工期的60%计算。柱距在6m以上时,按2个节间计算。网架吊装工程包括就位、拼装、焊接、搭设架子、刷油、安装等全过程。不包括下料、喷漆等。机械土方工程的开工日期以基槽开挖开始计算,不包括开工前的准备工作时间。机械打桩工程包括桩的现场搬运、就位、打桩、接桩和2m以内的送桩。打桩的开工日期以打第一根桩开始计算,不包括试桩时间。

5) 建筑工程垂直运输费用计算

【例6.53】 江苏省某办公楼工程,要求按照国家定额工期提前15%工期竣工。该工程为三类土、条形基础,现浇框架结构五层,每层建筑面积900 m²,檐口高度16.95 m,使用泵送商品混凝土,配备40 t·m自升式塔式起重机、带塔卷扬机各一台。请计算该工程定额垂直运输费。

【解】

1. 基础定额工期

《工期定额》1-2　50天×0.95(江苏省调整系数)=47.5天

47.5天四舍五入为48天

2. 上部定额工期

《工期定额》1-1011　235天

合计　48天+235天=283天

3. 定额综合单价

《计价表》22-8换　293.63元/天

《计价表》22-8子目换算

该子目人工费、材料费为零,0.523为机械台班含量,卷扬机不变,管理费、利润相应变化。

机械费:

其中塔式起重机　0.523×259.06×0.92=124.65(元)

卷扬机　89.68元

机械费小计:214.33元

管理费:　214.33×25%=53.58(元)

利　润:　214.33×12%=25.72(元)

综合单价:214.33+53.58+25.72=293.63(元/天)

4. 垂直运输费

293.63×[1+0.15(提前工期系数)]×(283×0.85)(合同工期)=81 227.6(元)

注意:由于是混凝土泵送,因此塔吊台班要乘系数,而不是整个子目乘系数,合同工期提前应计算提前工期系数,但计算的工期还要按合同工期计算。

【例6.54】 江苏省某工程单独招标地下室土方和主体结构部分的施工(打桩工程另行发包)。该地下室二层,三类土,钢筋混凝土箱形基础,每层建筑面积1 400 m²,现场配置一台 80 t·m 自升式塔式起重机。请计算该工程定额垂直运输费。

【解】

1. 定额工期

《工期定额》2—6 115 天×0.95（江苏省调整系数）＝109.25 天≈110 天

2. 定额综合单价

《计价表》22—27 换 （二类工程，管理费 30%） 617.26 元/天

3. 垂直运输费

617.26 元/天×110 天＝67 898.60 元

【例 6.55】 ××大学砖混结构学生公寓工程概况如下：

1. 该工程为留学生公寓，位于江苏省，总建筑面积 6 246 m²，结构形式为砖混结构，基础采用筏基。

2. 留学生公寓体形为"L"形，长边轴线尺寸为 57.04 m，短边轴线尺寸为 33.90 m，入口大门设在北面，建筑主体高六层，两翼作退层处理，局部高为五层。

3. 建筑物层数为 6 层，首层 4.20 m，2~5 层 3.0 m，6 层 3.30 m。

4. 建筑物入口大厅设 2 层共享空间，通过内通道与建筑各个功能用房相联系，北面圆弧形阶梯、圆弧形雨篷与入口门厅形成富于变化的交流共享环境。

5. 建筑物首层设会议、办公、接待、阅览、洗衣、库房、咖啡厅、设备用房及部分公寓用房，其他层全部为公寓用房（每间公寓设简易厨房及一套卫生间），顶层为水箱间与电梯机房。

6. 建筑物有 2 座楼梯及 1 台电梯，其中 1 座楼梯设有封闭楼梯间。

7. 建筑物每层均设有休息厅，屋顶设有屋顶平台，为留学生提供了充分的交流活动场所。

8. 本建筑物设计抗震烈度为七度，耐火等级为二级。

9. 屋面排水采用有组织外排水，直接排向室外。垃圾处理各自打包，由清洁工统一运出。

10. 建筑物首层面积为 1 089 m²，第 2 层为 1 010 m²，3~5 层均为 1 044 m²，第 6 层为 911 m²，顶层为 104 m²，总建筑面积 6 246 m²。

11. 场地地面标高为 3.50~3.74 m，按由上而下依次为人工填土、黏土、粉质黏土、黏土、粉质黏土、粉土。

12. 基础采用筏片基础，厚 300 mm，由Ⅱ黏土作天然地基持力层，承载力标准值 110 kPa，在大开间部分设置地梁加强整体刚度。

13. 给水系统：生活用水分为两个系统供水，Ⅰ区为 1~4 层，由市政直接供水。Ⅱ区为 5~6 层，由设在首层设备用房内的生活泵加压到顶层生活及消防合用水箱，再由水箱上行下给供水，Ⅱ区生活泵共 2 台。

14. 热源由 2 台燃油热水器提供热水，主要供 3 件套卫生间洗浴用水。

15. 排水采用雨污分流制。

计算该工程的施工工期及垂直运输费。

【相关知识】

1. 总工期为±0.00 m 以下工期与±0.00 m 以上工期之和。

2. ±0.00m以上工程首先按照结构类型进行大的分类,这些结构类型包括砖混结构、内浇外砌结构、内浇外挂结构、全现浇结构、现浇框架结构、砖木结构、砌块结构、内板外砌结构、预制框架结构和滑模结构。

3. 对于±0.00m以上工程的每一种结构类型,《工期定额》中按层数、建筑面积和地区类型来划分。

4. 当建筑物垂直运输机械数量与定额不同时,可按比例调整定额含量。

【解】

1. 工期计算

(1) 基础工程工期(±0.00m以下工程工期)。该工程基础为筏基(满堂红基础),查《工期定额》第6页,见下表。

无地下室工程工期表

编　号	基础类型	建筑面积 （m²）	工期天数	
			Ⅰ、Ⅱ类土	Ⅲ、Ⅳ类土
1—1	带形基础	500 以内	30	50
1—2		1000 以内	45	50
1—3		1000 以外	65	70
1—4	满堂红基础	500 以内	40	45
1—5		1000 以内	55	60
1—6		1000 以外	75	80
1—7	框架基础	500 以内	25	30
1—8	（独立柱基）	1000 以内	35	40
1—9		1000 以外	55	60

本工程地基为黏土、粉质黏土、黏土、粉质黏土、粉土,属Ⅰ、Ⅱ类土,单层面积为 $1041\,m^2$,由编号 1—6 查得:基础工期 $T_1 = 75$ 天。

(2) 主体工程工期(±0.00m以上工程工期)。查《工期定额》第10页表"住宅工程",见下表。

砖混结构工期表

编　号	层数	建筑面积 （m²）	工　期　天　数		
			Ⅰ类	Ⅱ类	Ⅲ类
1—41	4	3000 以内	125	135	155
1—42	4	5000 以内	135	145	165
1—43	4	5000 以外	150	160	185
1—44	5	3000 以内	145	155	180
1—45	5	5000 以内	155	165	190
1—46	5	5000 以外	170	180	205
1—47	6	3000 以内	170	180	205
1—48	6	5000 以内	180	190	215
1—49	6	7000 以内	195	205	235
1—50	6	7000 以外	210	225	255
1—51	7	3000 以内	195	205	235
1—52	7	5000 以内	205	220	250
1—53	7	7000 以内	220	235	265
1—54	7	7000 以外	240	255	285

本工程在江苏,属Ⅰ类地区,层数为6层,建筑面积6 246 m²,由《工期定额》1—49查得:主体结构工期T_2=195天。

(3)总工期

根据苏建定〔2000〕283号规定,江苏省定额工期调整如下:±0.00 m以下工程调减5%;±0.00 m以上住宅楼工程不做调整。

××大学留学生公寓施工总工期$T=T_1\times0.95+T_2=75\times0.95+195\approx266$(天)。

2. 垂直运输费计算

本工程住宅,六层,建筑面积6 246 m²,檐口高度小于34 m,工程类别为三类。

根据施工组织设计,本工程使用2台塔式起重机。

套《计价表》子目22—6换

该子目人工费、材料费为零,0.487为塔式起重机机械台班含量乘以2,卷扬机扣除,管理费、利润相应变化。

机械费:

其中塔式起重机　0.487×2×259.06=252.32(元)

机械费小计252.32元

管理费:252.32×25%=63.08(元)

利　润:252.32×12%=30.28(元)

综合单价:252.32+63.08+30.28=345.68(元/天)

本工程垂直运输费=266天×345.68元/天=91 950.88元

【例6.56】　江苏省××市电信枢纽综合楼工程概况如下:

1. 该工程位于江苏省××市。枢纽大楼主体地上17层,地下2层,裙房2层。总建筑面积33 329 m²,其中地上部分建筑面积29 807 m²,地下部分建筑面积3 522 m²。

2. 枢纽大楼主体17层建筑面积为28 985 m²,结构采用现浇钢筋混凝土框架—筒体结构。裙房两层建筑面积为822 m²,也采用现浇钢筋混凝土框架结构,且主楼与裙房用沉降缝分开。

3. 地基基础:由于缺乏工程地质考察报告,凭该地区施工经验可知,一般为砂类土,所以基础设计初选结构基础为桩—筏基础,桩选型为钻孔灌注桩。

4. 装修工程:裙房外墙拟采用石材饰面,主楼外墙采用面砖,室内装修材料的选择将依工艺的环境要求而定,初步定在中级装修水平。

求该工程的施工工期及垂直运输费。

【相关知识】

1. 主体建筑物施工工期的确定。根据已知设计情况,由《工期定额》说明,本工程分±0.00 m以下和±0.00 m以上两部分工期。

2. ±0.00 m以上工程首先按照结构类型进行大的分类,这些结构类型包括砖混结构、内浇外砌结构、内浇外挂结构、全现浇结构、现浇框架结构、砖木结构、砌块结构、内板外砌结构、预制框架结构和滑模结构。

3.《工期定额》第二章“单位工程”说明:单位工程±0.00 m以上结构由两种或两种以上结构组成。无变形缝时,先按全部面积查出不同结构的相应工期,再按不同结构各自的建筑面积加权平均计算;有变形缝时,先按不同结构各自的面积查出相应工期,再以其中一个最大的工期为基数,另加其他部分工期的25%计算。

【解】

1.工期确定

(1)±0.00m以下工程工期

本工程属综合楼工程,土质一般为砂类土为主,属Ⅰ、Ⅱ类土,由此可查《工期定额》第136页表"±0.00m以下结构工程",见下表。本工程有地下室2层,建筑面积为3 522 m²。

有地下室工程工期表

	层数	建筑面积 (m²)	工期天数	
			Ⅰ、Ⅱ类土	Ⅲ、Ⅳ类土
2—1	1	500 以内	50	55
2—2	1	1000 以内	60	65
2—3	1	1000 以外	75	80
2—4	2	1 000 以内	85	90
2—5	2	2 000 以内	95	100
2—6	2	3 000 以内	110	115
2—7	2	3 000 以外	130	135
2—8	3	3 000 以内	140	150
2—9	3	5 000 以内	160	170

根据编号2—7查得:两层地下室工程工期 $T_1 = 130$ 天。

说明:本工程拟采用钻孔灌注桩基础,但由于该分部不在报价范围内,所以打桩工程不考虑了。

(2)±0.00m以上工程工期

本枢纽大楼为17层,建筑面积为28 985 m²,结构采用现浇钢筋混凝土框架—筒体结构,裙房两层建筑面积为822 m²,也采用现浇钢筋混凝土框架结构,且主楼与裙房用沉降缝分开。故其工期可以分为两部分:

① 高层部分施工工期。查《工期定额》第151页表"±0.00m以上结构工程",见下表。

现浇框架结构工期表(1)

编号	层数	建筑面积 (m²)	工期天数		
			Ⅰ类	Ⅱ类	Ⅲ类
2—199	16 以下	10 000 以内	320	335	370
2—200	16 以下	15 000 以内	335	350	385
2—201	16 以下	20 000 以内	350	365	405
2—202	16 以下	25 000 以内	370	385	425
2—203	16 以下	25 000 以外	390	410	455
2—204	18 以下	15 000 以内	365	380	420
2—205	18 以下	20 000 以内	380	395	435
2—206	18 以下	25 000 以内	395	415	460
2—207	18 以下	30 000 以内	415	435	480
2—208	18 以下	30 000 以外	440	460	505
2—209	20 以下	15 000 以内	390	410	455
2—210	20 以下	20 000 以内	405	425	470

该工程位于江苏省，属Ⅰ类地区，所以，根据上表采用编号 2－207 得：主体枢纽大楼工程，工期 $T_{2-1}=415$ 天。

② 裙房部分施工工期。裙房两层建筑面积为 822 m²，也采用现浇钢筋混凝土框架结构，且主楼与裙房用沉降缝分开。查《工期定额》第 149 页表"±0.00 m 以上结构工程"，见下表。

现浇框架结构工期表(2)

编号	层数	建筑面积 (m²)	工 期 天 数		
			Ⅰ类	Ⅱ类	Ⅲ类
2－175	6 以下	3 000 以内	160	165	185
2－176	6 以下	5 000 以内	170	175	195
2－177	6 以下	7 000 以内	180	185	205
2－178	6 以下	7 000 以外	195	200	220
2－179	8 以下	5 000 以内	210	220	245
2－180	8 以下	7 000 以内	220	230	255
2－181	8 以下	10 000 以内	235	245	270
2－182	8 以下	15 000 以内	250	260	285
2－183	8 以下	15 000 以外	270	280	310
2－184	10 以下	7 000 以内	240	250	275
2－185	10 以下	10 000 以内	255	265	295
2－186	10 以下	15 000 以内	270	280	310

根据编号 2－175 可得裙房部分施工工期 $T_{2-2}=160$ 天。

高层部分施工工期 $T_2=T_{2-1}+T_{2-2}\times25\%=415+160\times25\%=455$（天）。

③ 装修工程。根据《工期定额》第 168 页表"其他建筑工程"，见下表。

中级装修工期表

编号	建筑面积 (m²)	工 期 天 数		
		Ⅰ类	Ⅱ类	Ⅲ类
2－405	500 以内	65	70	80
2－406	1 000 以内	75	80	90
2－407	3 000 以内	95	100	110
2－408	5 000 以内	115	120	130
2－409	10 000 以内	145	150	165
2－410	15 000 以内	180	185	205
2－411	20 000 以内	215	225	250
2－412	30 000 以内	285	295	325
2－413	35 000 以内	325	340	375
2－414	35 000 以外	380	400	440

因为该工程初步定在中级装修水平，所以根据编号 2—412 得：装修工程工期 T_3—285 天。

（3）该工程总工期（不包括打桩工程工期）$T = T_1 + T_2 + T_3 = 130 \times 0.95 + 455 \times 0.9 + 285 \times 0.9 = 790$（天）

2. 垂直运输费计算

本工程高层，地上 17 层，地下 2 层，建筑面积 33 329 m²，工程类别为一类。

根据施工组织设计，本工程使用 1 台塔式起重机，1 台人货电梯。

套子目 22—10 换

定额子目中三类工程换算为一类工程，管理费、利润相应变化。

管理费：$(38.74 + 494.71) \times 35\% = 186.71$（元）

利润：$(38.74 + 494.71) \times 12\% = 64.01$（元）

综合单价：$38.74 + 494.71 + 186.71 + 64.01 = 784.17$（元/天）

本工程垂直运输费 $= 790$ 天 $\times 784.17$ 元/天 $= 619\,494.3$（元）

6）土建工程垂直运输费计算中的有关问题

根据江苏省造价管理总站的定额解释，土建工程垂直运输费计算有关问题明确答复如下：

（1）多个单项工程组团工程垂直运输费如何套用？

根据每个单项工程，分别套用国家工期定额，分别计算垂直运输费。

（2）单项工程实际使用垂直运输机械与定额不一致时，定额含量如何调整？

① 如实际只使用一台塔吊，不使用卷扬机时，定额塔吊台班数量改以该子目卷扬机台班数量换之，且檐口高度在 30 m 以上的单项工程另增加塔吊台班 0.09 台班/天，卷扬机台班扣除。

② 如实际只使用一台卷扬机，不使用塔吊时，执行卷扬机施工定额子目：

$$卷扬机台班数量 \times 0.50（系数）$$

（3）两个或三个土建单位工程合用一台塔吊（卷扬机）时，垂直运输费如何计取？

① 如实际只使用塔吊，不使用卷扬机时，应按照上述第（1）条规定处理，另外乘以系数：

$$\frac{单独施工天数 + 与另外一栋同时施工天数 \times 0.5 + 与另外两栋同时施工天数 \times \frac{1}{3}}{该单位工程国家工期定额天数}$$

② 如实际只使用卷扬机，不使用塔吊时，执行卷扬机施工定额子目：

$$\frac{卷扬机}{台班数量} \times 0.5（系数）\times \frac{单独施工天数 + 与另外一栋同时施工天数 \times 0.5 + 与另外两栋同时施工天数 \times \frac{1}{3}}{该单位工程国家工期定额天数}$$

③ 当采用合同工期来确定单独施工天数、与另外一栋同时施工天数及与另外两栋同时施工天数时，可按照各自所占比重确定上述系数。

（4）如实际使用的塔吊型号与定额不一致时，是否可以调整？

不予调整，仍按定额执行。

【例 6.57】 甲（檐口高度在 30 m 以内）、乙（檐口高度在 20 m 以内）两个砖混结构单项工程合用一台塔吊，甲工程定额工期为 350 天，乙工程定额工期 290 天，合同工期甲工程为

280 天、乙工程为 230 天,甲工程比乙工程早开工 20 日。请计算甲、乙两个单项工程的定额塔吊台班数量。

【解】

1. 甲工程应套用《计价表》22－7 子目,塔式起重机台班数量调整为

$$0.827 \text{ 台班／天} \times \frac{280 \text{ 天}－230 \text{ 天}＋230 \text{ 天} \times 0.5}{280 \text{ 天}} = 0.487 \text{ 台班／天}$$

2. 乙工程应套用《计价表》22－6 子目,塔式起重机台班数量调整为

$$0.811 \text{ 台班／天} \times \frac{230 \text{ 天} \times 0.5}{230 \text{ 天}} = 0.406 \text{ 台班／天}$$

6.3.6 场内二次搬运

1) 场内二次搬运计价表概况

本章按运输工具划分为机动翻斗车二次搬运和单(双)轮车二次搬运两部分,共 136 个子目。

2) 本章有关说明

(1) 市区沿街建筑在现场堆放材料有困难,汽车不能将材料运入巷内的建筑,材料不能直接运到单位工程周边,需再次中转,建设单位不能按正常合理的施工组织设计提供材料,构件堆放场地和临时设施用地的工程而发生的二次搬运费用,执行本章定额。

(2) 执行本定额时,应以工程所发生的第一次搬运为准。

(3) 水平运距的计算,分别以取料中心点为起点,以材料堆放中心为终点。超运距增加运距,不足整数者,进位取整计算。

(4) 运输道路已按 15% 以内的坡度考虑,超过时另行处理。

(5) 松散材料运输不包括做方,但要求堆放整齐。如需做方者,应另行处理。

(6) 机动翻斗车最大运距为 600 m,单(双)轮车最大运距为 120 m,超过时,应另行处理。

3) 场内二次搬运计算规则

(1) 沙子、石子、毛石、块石、炉渣、矿渣、石灰膏按堆积原方计算。

(2) 混凝土构件及水泥制品按实体积计算。

(3) 玻璃按标准箱计算。

(4) 其他材料按表中计量单位计算。

4) 场内二次搬运费用计算

【例 6.58】 某三类工程因施工现场狭窄,计有 300 t 弯曲成型钢筋和 20 万块空心砖发生二次转运。成型钢筋采用人力双轮车运输,转运运距 250 m,空心砖采用人力双轮车运输,转运运距 100 m。试计算该工程定额二次转运费。

【解】

1. 成型钢筋二次转运

《计价表》23－107　　　300×7.99＝2 397(元)

《计价表》23－108×4　　300×0.64×4＝768(元)

2. 空心砖二次转运

《计价表》23－31　2 000 百块×9.6 元／百块＝19 200 元

《计价表》23－32×1　2 000 百块×2.7 元/百块＝5 400 元

3. 该工程定额二次转运费 27 765 元。

6.3.7　其他措施费

1) 其他措施费项目

（1）临时设施费；（2）夜间施工增加费；（3）大型机械设备进出场及安拆费；（4）检验试验费；（5）环境保护费；（6）现场安全文明施工措施费；（7）已完工程及设备保护费；（8）室内空气污染测试费；（9）赶工措施费；（10）工程按质论价；（11）特殊条件下施工增加费。

2) 其他措施费项目计算方法

（1）实体措施费的计算

实体措施费是指工程量清单中，为保证某类工程实体项目顺利进行，按照国家现行有关建设工程施工及验收规范、规程要求，必须配套完成的工程内容所需的费用。

① 系数计算法

系数计算法是用与措施项目有直接关系的工程项目直接工程费（或人工费，或人工费与机械费之和）合计作为计算基数，乘以实体措施费用系数。

实体措施费用系数是根据以往有代表性的工程资料，通过分析计算取得的。

② 方案分析法

方案分析法是通过编制具体的措施实施方案，对方案所涉及的各种经济技术参数进行计算后，确定实体措施费用。

（2）配套措施费的计算

配套措施费不是为某类实体项目，而是为保证整个工程项目顺利进行，按照国家现行有关建设工程施工及验收规范、规程要求，必须配套完成的工程内容所需的费用。

配套措施费计算方法也包括系数计算法和方案分析法两种。

① 系数计算法

系数计算法是用整体工程项目直接费（或人工费，或人工费与机械费之和）合计作为计算基数，乘以配套措施费用系数。

配套措施费用系数是根据以往有代表性的工程资料，通过分析计算取得的。

② 方案分析法

方案分析法是通过编制具体的措施实施方案，对方案所涉及的各种经济技术参数进行计算后，确定配套措施费用。

3) 举例

【例 6.59】　某工程基础采用先张法预应力管桩，机械使用静力压桩机（2 000 kN）。主体施工阶段使用一台塔式起重机（150 kN·m），装修阶段使用施工电梯（75 m）。在主体施工阶段因甲方原因塔式起重机停置 3 天，装修阶段施工电梯因甲方原因停置 5 天。求该工程的大型机械设备进出场及安拆费，机械停置索赔费用。

【相关知识】

1. 大型机械设备进出场及安拆费按照《江苏省施工机械台班费用定额》(2004)执行。

2. 机械停置台班费＝机械折旧费＋人工费＋其他费用。

3. 机械停置 1 天只能按 1 个台班计算。

【解】

1. 大型机械设备进出场及安拆费

（1）静力压桩机

14032　场外运输费用　17 720.67 元

14033　组装拆卸费　7 832.38 元

（2）塔式起重机

14042　场外运输费用　15 360.69 元

14043　组装拆卸费　19 917.25 元

（3）施工电梯

14048　场外运输费用　6 463.11 元

14049　组装拆卸费　5 607.86 元

（4）本工程大型机械设备进出场及安拆费为 72 901.96 元

2. 机械停置索赔费用

（1）塔式起重机

停置台班单价＝225.12（折旧费）＋65（人工费）＋0（其他费用）＝290.12（元）

（2）施工电梯

停置台班单价＝74.80（折旧费）＋32.5（人工费）＋0（其他费用）＝107.3（元）

（3）索赔费用 290.12×3＋107.3×5＝1 406.86（元）

【例 6.60】　某住宅工程地处××市，当地环保部门规定环境保护费每平方建筑面积 0.3 元。住宅工程赶工措施费比定额工期提前 20% 以内，按分部分项工程费的 2%～3.5% 计取。住宅工程优良工程增加分部分项工程费的 1.5%～2.5%。该工程建筑面积 6 200 m²，甲方要求合同工期比定额工期提前 20%，该工程质量目标"市优"。请计算该工程的措施费。（分部分项工程费为 248 万元）

【解】

1. 环境保护费

　　6 200 m²×0.3 元/m²＝1 860 元

2. 现场安全文明施工措施费

根据该市的规定，报价时按暂定费率 1.5% 列入

　　2 480 000×1.5%＝37 200（元）

3. 临时设施费

根据以往工程的资料测算费率为 2%

　　2 480 000×2%＝49 600（元）

4. 夜间施工增加费

经测算发生的照明设施、夜餐补助和工效降低的费用为 25 000 元。

5. 二次搬运费

本工程材料不需转运，该费用为零。

6. 大型机械设备进出场及安拆费

本工程使用一台 60 kN·m 的塔式起重机

$$8\,144.85 + 6\,814.16 = 14\,959.01(元)$$

7. 模板费用

根据《计价表》第二十章计算,考虑到可利用部分已全部计提折旧的旧周转材料,该项费用 8 万元。

8. 脚手架费

根据《计价表》第十九章计算,并考虑到可利用部分已全部计提折旧的旧周转材料,该项费用 5 万元。

9. 施工降水、设备保护等本工程不发生。

10. 垂直运输机械费

根据《计价表》第二十二章计算,费用为 8 万元。

11. 检验试验费

按分部分项工程费的 0.4% 计算

$$2\,480\,000 \times 0.4\% = 9\,920(元)$$

12. 赶工措施费

甲乙双方约定按分部分项工程费的 3% 计取

$$2\,480\,000 \times 3\% = 74\,400(元)$$

13. 工程优质奖

工程达到"市优",甲乙双方约定按分部分项工程费的 2.5% 计取

$$2\,480\,000 \times 2.5\% = 62\,000(元)$$

该工程施工措施费

$$1\,860 + 37\,200 + 49\,600 + 25\,000 + 14\,959.01 + 80\,000 + 50\,000 + 80\,000 + 9\,920 + 74\,400 + 62\,000 = 484\,939.01(元)$$

6.3.8 其他项目费计算

其他项目费是指预留金、材料购置费(仅指由招标人购置的材料费也即甲供材)、总承包服务费、零星工作项目费等估算金额的总和。

其他项目清单可以分为招标人部分、投标人部分,两个部分的内容组成见表 6.3.1。

表 6.3.1 其他项目清单计价表

工程名称:　　　　　　　　　　　　　　　　　　　　　　　　第___页　共___页

序号	项 目 名 称	金额(元)
1	招标人部分	
1.1	预留金	
1.2	材料购置费	
1.3	其他	
	小计	
2	投标人部分	
2.1	总包服务费	
2.2	零星工作费	
2.3	其他	
	小计	
	合计	

194

1）招标人部分

（1）预留金，主要是建设单位考虑到可能发生的工程量变化和费用增加而预留的金额。引起工程量变化和费用增加的原因很多，归纳起来一般主要有以下几个方面：

① 清单编制人员在统计工程量及变更工程量清单时发生的漏算、错算等引起的工程量增加（根据《计价规范》4.0.9 条规定，该部分工程量增加应由招标人承担）；

② 设计深度不够、设计质量低造成的设计变更引起的工程量增加；

③ 在现场施工过程中，应业主要求，并由设计或监理工程师出具的工程变更增加的工程量；

④ 其他原因引起的，且应由业主承担的费用增加，如各种索赔费用。

此处提出的工程量的变更主要是指工程量清单漏项或有误引起的工程量的增加和施工中的设计变更引起标准提高或工程量的增加等。

预留金由清单编制人根据业主意图和拟建工程的实际情况计算出金额，并填制表格。预留金是招标人的钱款，预留金属于招标人预留工程变更的费用，与投标人无关，投标人不得将此进行优惠让利。竣工结算时，应按承包人实际完成的工作内容和工作量结算，剩余部分仍归招标人所有。

预留金的计算，应根据设计文件的深度、设计质量的高低、拟建工程的成熟程度以及工程风险的性质来确定其额度。设计深度深，设计质量高，已经成熟的工程设计，一般预留工程总造价的 3%～5% 即可。在初步设计阶段，工程设计不成熟的，最少要预留工程总造价的 10%～15%。

预留金作为工程造价费用的组成部分计入工程造价，但预留金的支付与否、支付额度以及用途，都必须通过甲方或（监理）工程师的批准。

（2）材料购置费，是指业主出于特殊目的或要求，对工程消耗的某种或某几种材料，在招标文件中规定，由招标人采购的拟建工程材料费。该费用纳入工程造价中，待竣工财务结算时再退回业主。

（3）其他，系指招标人部分可增加的新列项。例如，指定分包工程费，由于某分项工程或单位工程专业性较强，必须由专业队伍施工，即可增加这项费用，费用金额应通过向专业队伍询价（或招标）取得。

2）投标人部分

《计价规范》中列举了总承包服务费、零星工作项目费两项内容。如果招标文件对承包商的工作范围还有其他要求，也应对其要求列项。例如，设备的厂外运输，设备的接、保、检，为业主代培技术工人等。

总承包服务费主要是指对建设工程的勘察、设计、施工、设备采购的全过程"交钥匙"方式的服务费，以及建设单位单独分包的由总包单位收取的配合费。

投标人部分的清单内容设置，除总承包服务费仅需简单列项外，其余内容应该量化的必须量化描述。如设备厂外运输，需要标明设备的台数，每台的规格重量、运距等。零星工作项目表要标明各类人工、材料、机械的消耗量，见表 6.3.2。

表 6.3.2 零星工作项目计价表

工程名称:建筑安装工程

序号	名　称	计量单位	数　量	综合单价	合　价
				金额(元)	
	土建				
1	人工				
1.1	一级工	工日	30.00	40	1 200
1.2	二级工	工日	40.00	35	1 400
1.3	三级工	工日	50.00	30	1 500
	小计				4 100
2	材料				
2.1	水泥 32.5	kg	10 000.00	0.38	3 800
2.2	石子 5～31.5mm	t	20.00	55	1 100
2.3	沙(江沙)	t	30.00	60	1 800
	小计				6 700
3	机械				
3.1	25t 履带吊	台班	3.00	660	1 980
3.2	40t 汽车吊	台班	5.00	850	4 250
3.3	夯实机	台班	1.00	24	24
	小计				6 254
	合计				17 054

　　零星工作项目中的工料机计量,要根据工程的复杂程度、工程设计质量的优劣,以及工程项目设计的成熟程度等因素来确定其数量。一般工程以人工计量为基础,按人工消耗总量的 1% 取值即可。材料消耗主要是辅助材料消耗,按不同专业工人消耗材料类别列项,按工人每日消耗的材料数量计入。机械列项和计量,除了考虑人工因素外,还要参考各单位工程机械消耗的种类,可按机械消耗总量的 1% 取值。

196

7 工程量清单及招标控制价编制

7.1 清单计价与招投标

7.1.1 工程量清单在招标投标过程中的运作

由于工程量清单明细地反映了工程的实物消耗和有关费用,因此,这种计价模式易于结合建设工程的具体情况,变现行的以预算定额为基础的静态计价模式为将各种因素考虑在单价内的动态计价模式。过去的招标投标制,招投标双方针对某一建筑产品,依据同一施工图纸,运用相同的预算定额和取费标准,一个编制招标标底,一个编制投标报价。由于两者角度不同,出发点不同,工程造价差异很大,而且大多数招标工程实施标底评标制度,评标定标时将报价控制在标底的一定范围内,超过者定为废标,扩大了标底的作用,不利于市场竞争。

采用工程量清单招投标,要求招投标双方严格按照规范的工程量清单标准格式填写,招标人在表格中详细、准确描述应该完成的工程内容;投标人根据清单表格中描述的工程内容,结合工程情况、市场竞争情况和本企业实力,充分考虑各种风险因素,自主填报清单,列出包括工程直接成本、间接成本、利润和税金等项目在内的综合单价与汇总价,并以所报综合单价作为竣工结算调整价的招标投标方式。它明确划分了招投标双方的工作,招标人计算量,投标人确定价,互不交叉、重复,不仅有利于业主控制造价,也有利于承包商自主报价;不仅提高了业主的投资效益,还促使承包商在施工中采用新技术、新工艺、新材料,努力降低成本、增加利润,在激烈的市场竞争中保持优势地位。

评标过程中,评标委员会在保证质量、工期和安全等条件下,根据《中华人民共和国招标投标法》和有关法规,按照"合理低价中标"原则,择优选择技术能力强、管理水平高、信誉可靠的承包商承建工程,既能优化资源配置,又能提高工程建设效益。

7.1.2 工程量清单计价对完善招标投标制的促进作用

随着我国建设市场的快速发展,招标投标制度的逐步完善,以及中国加入 WTO 等对我国工程建设市场提出的新要求,改革现行按预算定额计价方法,实行工程量清单计价法是建立公开、公正、公平的工程造价计价和竞争定价的市场环境,逐步解决定额计价中与工程建设市场不相适应的因素,彻底铲除现行招标投标工作中弊端的根本途径之一。

(1) 充分引入市场竞争机制,规范招标投标行为

1984 年 11 月,国家出台了《建筑工程招标投标暂行规定》,在工程施工发包与承包中开始实行招投标制度,但无论是业主编制标底,还是承包商编制报价,在计价规则上均未超出定额规定的范畴。这种传统的以定额为依据、施工图预算为基础、标底为中心的计价模式和招标方式,因为建筑市场发育尚不成熟,监管不到位,加上定额计价方式的限制,原本希望通过实行招标投标制度引入竞争机制,却没有完全起到竞争的作用。

作为市场主体的企业,应具有根据其自身的生产经营状况和市场供求关系自主决定其产品价格的权利,而原有工程预算由于定额项目和定额水平总是与市场相脱节,价格由政府确定,投标竞争往往蜕变为预算人员水平的较量,还容易诱导投标单位采取不正当手段去探听标底,严重阻碍了招投标市场的规范化运行。

把定价权交还给企业和市场,取消定额的法定作用,在工程招标投标程序中增加"询标"环节,让投标人对报价的合理性、低价的依据、如何确保工程质量及落实安全措施等进行详细说明。通过询标,不但可以及时发现错、漏、重等报价,保证招投标双方当事人的合法权益,而且还能将不合理报价、低于成本报价排除在中标范围之外,有利于维护公平竞争和市场秩序,又可改变过去"只看投标总价,不看价格构成"的现象,排除了"投标价格严重失真也能中标"的可能性。

(2) 实行量价分离、风险分担,强化中标价的合理性

现阶段工程预算定额及相应的管理体系在工程发承包计价中调整双方利益和反映市场实际价格、需求方面还有许多不相适应的地方。市场供求失衡,使一些业主不顾客观条件,人为压低工程造价,导致标底不能真实反映工程价格,招标投标缺乏公平和公正,承包商的利益受到损害。还有一些业主在发包工程时就有自己的主观倾向,或因收受贿赂,或因碍于关系、情面,总是希望自己想用的承包商中标,所以标底泄漏现象时有发生,保密性差。

"量价分离、风险分担",指招标人只对工程内容及其计算的工程量负责,承担量的风险;投标人有权根据市场的供求关系自行确定人工、材料、机械价格和利润、管理费,只承担价的风险。由于成本是价格的最低界限,投标人减少了投标报价的偶然性技术误差,就有足够的余地选择合理标价的下浮幅度,掌握一个合理的临界点,既使报价最低,又有一定的利润空间。另外,由于制定了合理的衡量投标报价的基础标准,并把工程量清单作为招标文件的重要组成部分,既规范了投标人计价行为,又在技术上避免了招标中弄虚作假和暗箱操作。

合理低价中标是在其他条件相同的前提下,选择所有投标人中报价最低但又不低于成本的报价,力求工程价格更加符合价值基础。在评标过程中,增加询标环节,通过综合单价、工料机价格分析,对投标报价进行全面的经济评价,以确保中标是合理低价。

(3) 增加招投标的透明度,提高评标的科学性

要体现招标投标的公平合理,评标定标是最关键的环节,必须有一个公正合理、科学先进、操作准确的评标办法。工程量清单的公开,提高了招投标工作的透明度,为承包商竞争提供了一个共同的起点。由于淡化了标底的作用,把它仅作为评标的参考条件,设与不设均可,不再成为中标的直接依据,消除了编制标底给招标活动带来的负面影响,彻底避免了标底的"跑、漏、靠"现象,使招标工程真正做到了符合"公开、公平、公正"和"诚实、信用"的原则。

承包商"报价权"的回归和"合理低价中标"的评定标原则,杜绝了建设市场可能的权钱交易,堵住了建设市场恶性竞争的漏洞,净化了建筑市场环境,确保了建设工程的质量和安全,促进了我国有形建筑市场的健康发展。

总之,工程量清单计价是建筑业发展的必然趋势,是市场经济发展的必然结果,也是适应国际国内建筑市场竞争的必然选择,它对招标投标机制的完善和发展,建立有序的建设市场公平竞争秩序都将起到非常积极的推动作用。

7.2 工程量清单编制

工程量清单应由具有编制能力的招标人或受其委托,具有相应资质的工程造价咨询人编制。采用工程量清单方式招标,工程量清单必须作为招标文件的组成部分,其准确性和完整性由招标人负责。工程量清单是工程量清单计价的基础,应作为编制招标控制价、投标报价、计算工程量、支付工程款、调整合同价款、办理竣工结算以及工程索赔等的依据。工程量清单应由分部分项工程量清单、措施项目清单、其他项目清单、规范项目清单、税金项目清单组成。

1) 工程量清单编制依据

(1)《建设工程工程量清单计价规范》GB 50500—2008。

(2) 国家或省级、行业建设主管部门颁发的计价依据和办法。

(3) 建设工程设计文件。

(4) 与建设工程项目有关的标准、规范、技术资料。

(5) 招标文件及其补充通知、答疑纪要。

(6) 施工现场情况、工程特点及常规施工方案。

(7) 其他相关资料。

2) 分部分项工程量清单

(1) 分部分项工程量清单应包括项目编码、项目名称、项目特征、计量单位和工程量。

(2) 分部分项工程量清单应根据附录规定的项目编码、项目名称、项目特征、计量单位和工程量计算规则进行编制。

(3) 分部分项工程量清单的项目编码,应采用十二位阿拉伯数字表示。一至九位应按附录的规定设置,十至十二位应根据拟建工程的工程量清单项目名称设置,同一招标工程的项目编码不得有重码。

(4) 分部分项工程量清单的项目名称应按附录的项目名称结合拟建工程的实际确定。

(5) 分部分项工程量清单中所列工程量应按附录中规定的工程量计算规则计算。

(6) 分部分项工程量清单的计量单位应按附录中规定的计量单位确定。

(7) 分部分项工程量清单项目特征应按附录中规定的项目特征,结合拟建工程项目的实际予以描述。

(8) 编制工程量清单出现附录中未包括的项目,编制人应作补充,并报省级或行业工程造价管理机构备案,省级或行业工程造价管理机构应汇总报住房和城乡建设部标准定额研究所。

(9) 补充项目的编码由附录的顺序码与 B 和三位阿拉伯数字组成,并应从×B001 起顺序编制,同一招标工程的项目不得重码。工程量清单中需附有补充项目的名称、项目特征、计量单位、工程量计算规则、工程内容。

3) 措施项目清单

措施项目清单应根据拟建工程的实际情况列项。通用措施项目可按表 7.2.1 选择列项,专业工程的措施项目可按附录中规定的项目选择列项。若出现本规范未列的项目,可根据工程实际情况补充。

表 7.2.1   通用措施项目一览表

序号	项 目 名 称
1	安全文明施工(含环境保护、文明施工、安全施工、临时设施)
2	夜间施工
3	二次搬运
4	冬雨季施工
5	大型机械设备进出场及安拆
6	施工排水
7	施工降水
8	地上、地下设施,建筑物的临时保护设施
9	已完工程及设备保护

措施项目中可以计算工程量的项目清单宜采用分部分项工程量清单的方式编制,列出项目编码、项目名称、项目特征、计量单位和工程量计算规则;不能计算工程量的项目清单,以"项"为计量单位。

4) 其他项目清单

其他项目清单宜按照下列内容列项:暂列金额;暂估价:包括材料暂估价、专业工程暂估价;计日工;总承包服务费。出现清单计价规范未列明的项目,可根据工程实际情况补充。

5) 规费项目清单

规费项目清单应按照下列内容列项:工程排污费;工程定额测定费;社会保障费:包括养老保险费、失业保险费、医疗保险费;住房公积金;危险作业意外伤害保险。出现清单计价规范未列明的项目,应根据省级政府或省级有关权力部门的规定列项。

6) 税金项目清单

税金项目清单应包括下列内容:营业税;城市维护建设税;教育费附加;出现清单计价规范未列明的项目,应根据税务部门的规定列项。

7.3 工程量清单计价一般规定

采用工程量清单计价,建设工程造价由分部分项工程费、措施项目费、其他项目费、规费和税金组成。

分部分项工程量清单计价应采用综合单价计价。招标文件中的工程量清单标明的工程量是投标人投标报价的共同基础,竣工结算的工程量按发、承包双方在合同中约定应予计量且实际完成的工程量确定。

措施项目清单计价应根据拟建工程的施工组织设计,可以计算工程量的措施项目,应按分部分项工程量清单的方式采用综合单价计价;其余的措施项目可以"项"为单位的方式计价,应包括除规费、税金外的全部费用。措施项目清单中的安全文明施工费应按照国家或省级、行业建设主管部门的规定计价,不得作为竞争性费用。

其他项目清单计价应根据工程特点和《建设工程工程量清单计价规范》GB 50500—2008 第 4.2.6、4.3.6、4.8.6 条的规定计价。

招标人在工程量清单中提供了暂估价的材料和专业工程属于依法必须招标的,由承包人和招标人共同通过招标确定材料单价与专业工程分包价。若材料不属于依法必须招标的,经发、承包双方协商确认单价后计价。若专业工程不属于依法必须招标的,由发包人、总承包人与分包人按有关计价依据进行计价。

规费和税金应按国家或省级、行业建设主管部门的规定计算,不得作为竞争性费用。采用工程量清单计价的工程,应在招标文件或合同中明确风险内容及其范围(幅度),不得采用无限风险、所有风险或类似语句规定风险内容及其范围(幅度)。

7.4 招标控制价编制

7.4.1 招标控制价编制概述

国有资金投资的工程建设项目应实行工程量清单招标,并应编制招标控制价。招标控制价超过批准的概算时,招标人应将其报原概算部门审核。投标人的投标报价高于招标控制价的,其投标应予以拒绝。招标控制价应由具有编制能力的招标人,或受其委托具有相应资质的工程造价咨询人编制。

1) 招标控制价编制依据

(1)《建设工程工程量清单计价规范》GB 50500—2008。

(2) 国家或省级、行业建设主管部门颁发的计价定额和计价办法。

(3) 建设工程设计文件及相关资料。

(4) 招标文件中的工程量清单及有关要求。

(5) 与建设项目相关的标准、规范、技术资料。

(6) 工程造价管理机构发布的工程造价信息;工程造价信息没有发布的参照市场价。

(7) 其他相关资料。

2) 各清单项费用的确定

(1) 分部分项工程费应根据招标文件中的分部分项工程量清单项目的特征描述及有关要求,按《计价规范》第 4.2.3 条的规定确定综合单价计算。综合单价中应包括招标文件中要求投标人承担的风险费用。招标文件提供了暂估单价的材料,按暂估的单价计入综合单价。

(2) 措施项目费应根据招标文件中的措施项目清单按《计价规范》第 4.1.4、4.1.5 和 4.2.3 条的规定计价。

(3) 其他项目费应按下列规定计价:

① 暂列金额应根据工程特点,按有关计价规定估算。

② 暂估价中的材料单价应根据工程造价信息或参照市场价格估算;暂估价中的专业工程金额应分不同专业,按有关计价规定估算。

③ 计日工应根据工程特点和有关计价依据计算。

④ 总承包服务费应根据招标文件列出的内容和要求估算。

(4) 规费和税金应按本规范第 4.1.8 条的规定计算。

（5）招标控制价应在招标时公布，不应上调或下浮，招标人应将招标控制价及有关资料报送工程所在地工程造价管理机构备查。

（6）投标人经复核认为招标人公布的招标控制价未按照《计价规范》的规定编制的，应在开标前5天向招投标监督机构或（和）工程造价管理机构投诉。

（7）招投标监督机构应会同工程造价管理机构对投诉进行处理，发现确有错误的，应责成招标人修改。

7.4.2　招标控制价编制原则

（1）根据《建设工程工程量清单计价规范》的要求，工程量清单的编制与计价必须遵循"四统一"原则：① 项目编码统一；② 项目名称统一；③ 计量单位统一；④ 工程量计算规则统一。

"四统一"原则即是在同一工程项目内对内容相同的分部分项工程只能有一组项目编码与其对应，同一编码下分部分项工程的项目名称、计量单位、工程量计算规则必须一致。四统一原则下的分部分项工程计价必须一致。

（2）遵循市场形成价格的原则。市场形成价格是市场经济条件下的必然产物。长期以来我国工程招标的招标控制价的确定受国家（或行业）工程预算定额的制约，招标控制价反映的是社会平均消耗水平，不利于市场经济条件下企业间的公平竞争。

工程量清单计价由投标人自主报价，有利于企业发挥自己的最大优势。各投标企业在工程量清单报价条件下必须对单位工程成本、利润进行分析，统筹考虑，精心选择施工方案，并根据企业自身能力合理地确定人工、材料、施工机械等生产要素的投入与配置，优化组合，有效地控制现场费用和技术措施费用，形成最具有竞争力的报价。

工程量清单下的招标控制价反映的是由市场形成的具有社会先进水平的生产要素市场价格。

（3）体现公开、公平、公正的原则。工程造价是工程建设的核心内容，也是建设市场运行的核心。工程量清单下的招标控制价应充分体现公开、公平，公正原则。公开、公平、公正不仅是投标人之间的公开、公平、公正，亦包括招投标双方间的公开、公平、公正。即招标控制价的确定，应同其他商品一样，由市场价值规律来决定，不能人为地盲目压低或提高。

（4）风险合理分担原则。风险无处不在，对建设工程项目而言，存在风险是必然的。

工程量清单计价方法，是在建设工程招投标中，招标人按照国家统一的工程量计算规则计算提供工程数量，由投标人依据工程量清单所提供的工程数量自主报价，即由招标人承担工程量计量的风险，投标人承担工程价格的风险。在标底价的编制过程中，编制人应充分考虑招投标双方风险可能发生的几率，风险对工程量变化和工程造价变化的影响，在招标控制价中予以体现。

（5）标底的计价内容、计价口径，与工程量清单计价规范下招标文件的规定完全一致的原则。标底的计价过程必须严格按照工程量清单给出的工程量及其所综合的工程内容进行计价，不得随意变更或增减。

（6）一个工程只能编制一个标底的原则。要素市场价格是工程造价构成中最活跃的成分，只有充分把握其变化规律才能确定招标控制价的唯一性。一个标底的原则，即是确定市场要素价格唯一性的原则。

7.4.3 招标控制价的编制程序与方法

1）招标控制价的编制程序

招标控制价的编制必须遵循一定的程序才能保证招标控制价的正确性。

（1）确定招标控制价的编制单位。

招标控制价由招标单位（或业主）自行编制，或受其委托具有编制招标控制价资格和能力的中介机构代理编制。

（2）搜集审阅编制依据。

（3）取定市场要素价格。

（4）确定工程计价要素消耗量指标。

（5）勘察施工现场。

（6）招标文件质疑。

对招标文件（工程量清单）表述不清的问题向招标人质疑，请求解释，明确招标方的真实意图，力求计价精确。

（7）综合上述内容，按工程量清单表述的工程项目特征和描述的综合工程内容进行计价。

（8）招标控制价初稿完成。

2）招标控制价的编制方法

招标控制价由五部分内容组成：分部分项工程量清单计价、措施项目清单计价、其他项目清单计价、规费、税金。

（1）分部分项工程量清单计价

分部分项工程量清单计价有预算定额调整法、工程成本测算法两种方法。

按测算法计算工程成本，编制人员必须有丰富的现场施工经验，才能准确地确定工程的各种消耗。造价人员应深入现场，不断积累现场施工知识，当现场知识累积到一定程度后才能自如完成相关估算。工程技术与工程造价相结合应是当今工程造价人员业务素质发展的方向。

管理费的计算可分为费用定额系数计算法和预测实际成本法。费用定额系数计算法是利用有关的费用定额取费标准，按一定的比例计算管理费。在工程量清单计价条件下，基本直接费的组成内容已经发生变化，一部分费用进入措施清单项目，造成人工费基数不完整。在利用费用定额系数法计算管理费时，要注意调整因基数不同造成的影响。

预测实际成本法是把施工现场和总部为本工程项目预计要发生的各项费用逐项进行计算，汇总出管理费总额，建筑工程以直接费为权数分摊到各分部分项工程量清单中。

利润是投标报价竞争最激烈的项目，在招标控制价编制时其利润率的确定应根据拟建项目的竞争程度，以及参与投标各单位在投标报价中的竞争能力而确定。例如，有五家单位投标，其中三家企业近期工程量不足于承揽新的工程，这样就会产生激烈的竞争。竞争的手段首先是消减工程利润。招标控制价的编制就要顺应形势以低利润计价，以免投标价与招标控制价产生较大的偏离。

综上所述，工程量清单下的标底必须严格遵照《建设工程工程量清单计价规范》进行编制，以工程量清单给出的工程数量和综合的工程内容，按市场价格计价。对工程量清单开列的工程数量和综合的工程内容不得随意更改、增减,必须保持与各投标单位计价口径的统一。

（2）措施项目清单计价

《建设工程工程量清单计价规范》为工程量清单的编制与计价提供了一份措施项目一览表,供招标投标双方参考使用。

招标控制价编制人要对表内内容逐项计价。如果编制人认为表内提供的项目不全,亦可列项补充。

措施项目招标控制价的计算,宜采用成本预测法估算。《计价规范》提供的措施项目费分析表可用于计算此项费用。

（3）其他项目清单计价

其他项目清单计价按单位工程计取。分为招标人、投标人两部分,分别由招标人与投标人填写。由招标人填写的内容包括预留金、材料购置费等。由投标人填写的包括总承包服务费、零星工作项目费等。

招标人部分的数据由招标人填写,并随同招标文件一同发至投标人或招标控制价编制人。在招标控制价计价中,编制人如数填写不得更改。

投标人部分由投标人或招标控制价编制人填写,总承包服务费根据工程规模、工程的复杂程度、投标人的经营范围计取,一般不大于承包工程总造价的5%。

零星工作项目表,由招标人提供具体项目和数量,由投标人或招标控制价编制人对其进行计价。

零星工作项目计价表中的单价为综合单价,其中人工费综合了管理费与利润,材料费综合了材料购置费及采购保管费,机械费综合了机械台班使用费,车船使用税以及设备的调遣费等。

（4）规费

规费亦称地方规费,是税金之外由政府或政府有关部门收取的各种费用。各地收取的内容多有不同,在招标控制价编制时应按工程所在地的有关规定计算此项费用。

（5）税金

税金包括营业税、城市维护建设税、教育费附加等三项内容。因为工程所在地的不同,税率也有所区别。招标控制价编制时应按工程所在地规定的税率计取税金。

7.4.5 招标控制价的审查与应用

1）招标控制价的审查

（1）招标控制价审查的意义

招标控制价编制完成后,需要认真进行审查。加强招标控制价的审查,对于提高工程量清单计价水平,保证招标控制价质量具有重要作用。

① 发现错误,修正错误,保证招标控制价的正确率。

② 促进工程造价人员提高业务素质,成为懂技术、懂造价的复合型人才,以适应市场经济环境下工程建设对工程造价人员的要求。

③ 提供正确的工程造价基准,保证招标投标工作的顺利进行。

（2）招标控制价的审查过程

招标控制价的审查分三个阶段进行。

① 编制人自审

招标控制价初稿完成后,编制人要进行自我审查,检查分部分项工程生产要素消耗水平是否合理,计价过程的计算是否有误。

② 编制人之间互审

编制人之间互审可以发现不同编制人对工程量清单项目理解的差异,统一认识,准确理解。

③ 审核单位审查

审核单位审查包括对招标文件的符合性审查,计价基础资料的合理性审查,招标控制价整体计价水平的审查,招标控制价单项计价水平的审查,是完成定稿的权威性审查。

（3）招标控制价审查的内容

① 符合性

符合性包括计价价格对招标文件的符合性,对工程量清单项目的符合性,对招标人真实意图的符合性。

② 计价基础资料合理性

计价基础资料的合理,是招标控制价合理的前提。计价基础资料包括:工程施工规范、工程验收规范、企业生产要素消耗水平、工程所在地生产要素价格水平。

③ 招标控制价整体价格水平

招标控制价是否大幅度偏离概算价,是否无理由偏离已建同类工程造价,各专业工程造价是否比例失调,实体项目与非实体项目价格比例是否失调。

2）招标控制价的应用

招标控制价最基本的应用形式,是招标控制价与各投标单位投标价格的对比。对比分为工程项目总价对比、分项工程总价对比、单位工程总价对比、分部分项工程综合单价对比、措施项目列项与计价对比、其他项目列项与计价对比。

在《建设工程工程量清单计价规范》下的工程量清单报价,为招标控制价在商务标测评中建立了一个基准的平台,即招标控制价的计价基础与各投标单位报价的计价基础完全一致,方便了招标控制价与投标报价的对比。

7.5 工程量清单计价表格

7.5.1 计价表格组成

1）封面

（1）工程量清单:封—1

（2）招标控制价:封—2

（3）投标总价:封—3

（4）竣工结算总价:封—4

2）总说明:表—01

3）汇总表

（1）工程项目招标控制价/投标报价汇总表:表—02

（2）单项工程招标控制价/投标报价汇总表：表—03

（3）单位工程招标控制价/投标报价汇总表：表—04

（4）工程项目竣工结算汇总表：表—05

（5）单项工程竣工结算汇总表：表—06

（6）单位工程竣工结算汇总表：表—07

4）分部分项工程量清单表

（1）分部分项工程量清单与计价表：表—08

（2）工程量清单综合单价分析表：表—09

5）措施项目清单表

（1）措施项目清单与计价表（一）：表—10

（2）措施项目清单与计价表（二）：表—11

6）其他项目清单表

（1）其他项目清单与计价汇总表：表—12

（2）暂列金额明细表：表—12—1

（3）材料暂估单价表：表—12—2

（4）专业工程暂估价表：表—12—3

（5）计日工表：表—12—4

（6）总承包服务费计价表：表—12—5

（7）索赔与现场签证计价汇总表：表—12—6

（8）费用索赔申请（核准）表：表—12—7

（9）现场签证表：表—12—8

7）规费、税金项目清单与计价表：表—13

8）工程款支付申请（核准）表：表—14

7.5.2 计价表格使用规定

1）工程量清单与计价宜采用统一格式

各省、自治区、直辖市建设行政主管部门和行业建设主管部门可根据本地区、本行业的实际情况,在本《计价规范》表格的基础上补充完善。

2）工程量清单的编制应符合下列规定

（1）工程量清单编制使用表格包括:封—1、表—01、表—08、表—10、表—11、表—12（不含表—12—6～表—12—8）、表—13。

（2）封面应按规定的内容填写、签字、盖章,造价员编制的工程量清单应有负责审核的造价工程师签字、盖章。

（3）总说明应按下列内容填写

① 工程概况:建设规模、工程特征、计划工期、施工现场实际情况、自然地理条件、环境保护要求等。

② 工程招标和分包范围。

③ 工程量清单编制依据。

④ 工程质量、材料、施工等的特殊要求。

⑤ 其他需要说明的问题。

3) 招标控制价、投标报价、竣工结算的编制应符合下列规定

(1) 使用表格

① 招标控制价使用表格包括:封—2、表—01、表—02、表—03、表—04、表—08、表—09、表—10、表—11、表—12(不含表—12—6～表—12—8)、表—13。

② 投标报价使用的表格包括:封—3、表—01、表—02、表—03、表—04、表—08、表—09、表—10、表—11、表—12(不含表—12—6～表—12—8)、表—13。

③ 竣工结算使用的表格包括:封—4、表—01、表—05、表—06、表—07、表—08、表—09、表—10、表—11、表—12、表—13、表—14。

(2) 封面应按规定的内容填写、签字、盖章,除承包人自行编制的投标报价和竣工结算外,受委托编制的招标控制价、投标报价、竣工结算若为造价员编制的,应有负责审核的造价工程师签字、盖章以及工程造价咨询人盖章。

(3) 总说明应按下列内容填写

① 工程概况:建设规模、工程特征、计划工期、合同工期、实际工期、施工现场及变化情况、施工组织设计的特点、自然地理条件、环境保护要求等。

② 编制依据等。

4) 投标人应按照招标文件的要求,附工程量清单综合单价分析表。

5) 工程量清单与计价表中列明的所有需要填写的单价和合价,投标人均应填写,未填写单价和合价,视为此项费用已包含在工程量清单的其他单价和合价中。

8 承包商的工程估价与投标报价

8.1 建筑工程投标概述

8.1.1 工程估价工作的组织与步骤

投标报价是整个投标工作中最重要的一环。一项工程好坏的重要标志是工期、造价、质量,而工期与质量尽管从承包商的历史、技术状况可以看出一部分,但真正的工期与质量还要在施工开始以后才能直观地看出。可是造价却是在开工之前基本确定,因此,工程投标报价对于承包商来说是至关重要的。

投标报价要根据具体情况,充分进行调查研究,内外结合,逐项确定各种定价依据,切实掌握本企业的成本,力求做到:报价对外有一定的竞争力,对内又有盈利,工程完工后又非常接近实际水平。这样就必须采取合理措施,提高管理水平,更要讲究投标策略,运用报价技巧,在全企业范围内开动脑筋,才能作出合理的标价。

随着竞争程度的激烈和工程项目的复杂,报价工作成为涉及企业经营战略、市场信息、技术活动的综合的商务活动,因此必须进行科学的组织。

1) 工程估价工作机构

工程估价,不论承包方式和工程范围如何,都必须涉及承包市场竞争态势、生产要素市场行情、工程技术规范和标准、施工组织和技术、工料消耗标准或定额、合同形式和条款以及金融、税收、保险等方面的问题。因此,需要有专门的机构和人员对估价的全部活动加以组织和管理,组织一个由业务水平高、经验丰富、精力充沛的工程估价工作人员组成的工作机构是投标获得成功的基本保证。

工程估价工作机构一般由公司主管副总直接领导,工作机构的成员应是懂技术、懂经济、懂造价、懂法律的多面手,这样的估价班子人员精干,工作效率高,可以提高估价工作的连续性、协调性和系统性。但是,对上述多方面知识都很精深而且能力强的专门人才毕竟是比较少的,因此在实际工作中,对工程估价工作机构的领导人及注册造价师尽可能按上述要求配备,对工作机构的其他人员则侧重某一方面的专长。一般来说,工程估价工作机构的工作人员应由经济管理、专业技术、商务金融和合同管理等方面的人才组成。

经济管理类人才,主要是指工程估价人员。他们对本公司各类分部分项工程工料机消耗的标准和水平应了如指掌,而且对本公司的技术特长和优势以及不足之处有客观的分析和认识,对竞争对手的状况以及生产要素市场的行情也非常熟悉。他们应能对所掌握的信息和数据进行正确的处理,使估价工作建立在可靠的基础之上。另外,他们对常见工程的主要技术特点和常用施工方法也应有足够的了解。

专业技术类人才,主要是指懂设计和施工的技术人员。他们应掌握本专业最新的技术知识,具备熟练的实际操作能力,能解决本专业的技术难题,以便在估价时从本公司的实际技术水平出发,根据投标工程的技术特点和需要,选择适当的施工方案。

商务金融类人才，是指从事金融、贸易、采购、保险、保函、贷款等方面工作的专业人员。他们要懂税收、保险、财会、外汇管理和结算等方面的知识，根据招标文件的有关规定选定或拟定有关的工作方案，如材料采购计划、贷款计划、保险方案、保函业务等。

合同管理类人才，是指从事合同管理和索赔工作的专业人员。他们应熟悉与工程承包有关的法律法规，能对招标文件所规定采用的合同条件进行深入分析，从中找出对承包商有利和不利的条款，提出要予以特别注意的问题，并善于发现索赔的可能性及其合同依据，以便在估价时予以考虑。

估价工作机构仅仅做到成员个体素质好还不够，各类专业人员既要有明确分工，又要能通力合作，及时交流信息。为此，估价工作机构的负责人就显得相当重要，他不仅要具有比一般人员更全面的知识和更丰富的经验，而且要善于管理、组织和协调，使各类专业人员都能充分发挥自己的主动性和积极性以及专业特长，按照既定的工作程序开展估价工作。

另外，作为承包商来说，要注意保持估价工作机构成员的相对稳定，以便积累和总结经验，不断提高成员的素质和水平，提高估价工作的效率，从而提高本公司投标报价的竞争力。一般来说，除了专业技术类人才要根据投标工程的工程内容、技术特点等因素而有所变动之外，其他三类专业人员尽可能不做大的调整或变动。

2）工程估价的工作步骤

工程估价是正确进行投标决策的重要依据，其工作内容繁多，工作量大，而时间往往又十分紧迫，因而必须周密地进行，统筹安排，遵照一定的工作程序，使估价工作有条不紊、紧张而有序地进行。估价工作在投标者通过资格预审并获得招标文件后即开始。其主要工作环节可概括为询价、估价和报价。

（1）询价

询价是工程估价非常重要的一个环节。建筑材料、施工机械设备（购置或租赁）的价格有时差异较大，"货比三家"对承包商总是有利的。询价时要注意两个问题：一要确保产品质量满足招标文件的有关规定，二是要关注供货方式、时间、地点、有无附加费用。如果承包商准备在工程所在地招募劳务，必须进行劳务询价。这方面主要有两种情况：一种是成建制的劳务公司，相当于劳务分包，一般费用较高，但素质较可靠，工效较高，承包商的管理任务较轻；另一种是在劳务市场招募零散劳动力，这种方式虽然劳务价格较低，但往往素质达不到要求，承包商的管理工作较繁重。估价人员应在对劳务市场充分了解的基础上决定采用哪种方式，并以此为依据进行估价。分包商的选择往往也需要通过询价决定。如果总包商或主包商在某一地区有长期稳定的任务来源，这时与一些可靠的分包商建立相对稳定的总分包关系，分包询价工作可以大大简化。

（2）估价

估价与报价是两个不同的概念。估价是指估价人员在施工进度计划、主要施工方法、分包计划和资源安排确定之后，根据本公司的工料机消耗标准以及询价结果，对本公司完成招标工程所需要支出的费用的估价。其原则是根据本公司的实际情况合理补偿成本，不考虑其他因素，不涉及投标决策问题。

（3）报价

报价是在估价的基础上，分析该招标工程以及竞争对手的情况，判断本公司在该招标工程上的竞争地位，拟定本公司的经营目标，确定在该工程上的预期利润水平。报价实质上是投标决策,要考虑运用适当的投标技巧或策略,与估价的任务和性质是不同的。因此,报价通常是由承包商方面主管经营管理的负责人作出。

8.1.2 投标文件的编制原则

1) 资格预审书的编制原则

资格预审是在投标之前,发包单位对各个承包单位在财务状况、技术能力等方面所进行的一次全面审查。只有那些财力雄厚、技术水平高、经验丰富、信誉高的承包单位才有可能被通过,而那些在各个方面比较薄弱的公司是很难通过的。承包单位编制资格预审书时有几个原则性的问题必须掌握。

(1) 获得信息后,针对工程性质、规模、承包方式及范围,首先进行一次决策,以决定是否有能力承包。

(2) 针对资格预审文件要求,要求报什么就应该报什么,与文件要求无关的内容切记不要报送,于事无补。

(3) 应反映承包商的真正实力。资格预审最主要的目的是考察承包商的能力,特别要注意对财力、人员资格、承包经验、施工设备等的要求,必须满足。切记避免使发包单位对承包商产生不信任感。

(4) 资格预审的所有内容应有证明文件。以往的经验及成就中所列出的全部项目,都要有用户的证明文件(原件),以证明真实性;有关人员提供相应的资格证明文件;财力方面应由相关机构提供证明。

(5) 施工设备要有详细的性能说明。许多公司在承包工程中所报出的施工机具,仅明示名称、规格、型号、数量,这是不够的。因为施工所付出的劳动相当大,现代建筑工程没有施工机具几乎是不可能的。因此,业主对施工机具的要求很严、很细。

(6) 资格预审文件的内容不能做任何改动,有错误也不能改。如果承包商有不同看法、异议或补充等,可在最后一项"声明"一栏里填写清楚,或另加表格加以补充。

(7) 编制资格预审书时要特别注意打分最多的几项。如:业绩、人员、机具这三项一般是得分最多的,一定要不丢分或少丢分。

(8) 报送的资格预审资料应有一份原件及数件复印件,并按指定的时间、地点送达。

2) 技术标和商务标的编制原则

技术标和商务标是是否中标的关键。如果水平太低而不能中标,则在整个投标过程所耗费的费用,全部付诸东流。下面将说明报送技术标和商务标的主要原则。

(1) 技术标与商务标必须统一,不应出现矛盾。

有时报价书的关键数字在技术标与商务标中不统一,主要有以下几种情况:技术标中对一项工程耗用的工日数大于商务标中的工日数,特别是高峰人数一般都大得多;耗用机械在技术标中比商务标大;施工方案与商务标计算时的口径不一;进度计划中的时间、人数与商务标不一致。

出现上述问题,主要有以下两方面的原因:

一是编制技术标与商务标的两套班子脱节,技术人员考虑的问题与编制商务标人员所考虑的问题不一样。如:编制商务标的人员,首先根据所选定的定额计算出的工日数与定额水平是相符的,然后,以工日数除以工期而得出人员数。而编制技术标的人员,是根据组织人数及其施工条件因素,重点考虑的是要留有余地,所以与定额水平肯定有一定差距。

二是定额的编制是考虑了通常使用的施工方法,而当施工方案发生变化时,编制商务标还套用相近的定额,致使出现口径不一的现象。

这些问题的出现,可能会导致如下后果:

标书质量低劣,前后矛盾,使业主无法衡量承包商的水平而将其淘汰;使报价水平降低,费用过高而不中标;商务标中标后,成本失控而造成亏损。

(2) 技术标及商务标编制过程中应遵循下列原则:

① 遵守报价的计算程序。当资格预审合格后,承包商将立即接到购买标书的通知。在研究、吃透标书的基础上,进行现场调查和质疑,然后开始编制报价书。

② 首先计算出直接费中的各种数据。如人工工日数和其中各工种的工日数、材料(各种消耗材料)各个品种的数量、耗用各种机械的品种和台班数。在此基础上进行决策,确定工日数和机械化水平。最后,计算直接费。

③ 编制商务标人员将计算依据通知编制技术标人员,而编制技术标人员将所考虑的方案通知编制商务标人员,取得一致意见。

④ 用人工工日数、施工机械耗用台班数编制进度计划。

⑤ 用各种材料用量和各种施工机械耗用台班数控制技术标中各种材料、机械的数量。

8.1.3 投标中应注意的问题

(1) 承包商从计算标价开始到工程完工为止往往时间较长,在建设期内工资、材料价格、设备价格等可能上涨,这些因素在投标时应该予以充分考虑。

(2) 公开招标的工程,承包者在接到资格预审合格的通知以后,或采用邀请招标方式的投标者在收到招标者的投标邀请信后,即可按规定购买标书。

(3) 取得招标文件后,投标者首先要详细弄清全部内容,然后对现场进行实地勘察。重点要了解劳动力、道路、水、电、大宗材料等供应条件,以及水文地质条件,必要时地下情况应取样分析。这些因素对报价影响颇大,招标者有义务组织投标者参观现场,对提出的问题给以必要的介绍和解答。除对图纸、工程量清单和技术规范、质量标准等要进行详细审核外,对招标文件中规定的其他事项如:开标、评标、决标、保修期、保证金、保留金、竣工日期、拖期罚款等,一定要搞清楚。

(4) 投标者对工程量要认真审核,发现重大错误应通知招标单位,未经许可,投标单位无权变动和修改。投标单位可以根据实际情况提出补充说明或计算出相关费用,写成函件作为投标文件的一个组成部分。招标单位对于工程量差错而引起的投标计算错误不承担任何责任,投标单位也不能据此索赔。

(5) 估价计算完毕,可根据相关资料计算出最佳工期和可能提前完工的时间,以供决策。报出工期、费用、质量等具有竞争力的报价。

(6) 投标单位准备投标的一切费用,均由投标单位自理。

(7) 注意投标的职业道德,不得行贿,营私舞弊,更不能串通一气哄抬标价,或出卖标价,损害国家和企业利益。如有违反,即取消投标资格,严重者给予必要的经济与法律制裁。

8.2 承包商工程估价准备工作

8.2.1 研究招标文件

认真研究招标文件,旨在搞清承包商的责任和报价的范围,明确招标书中的各种问题,使得在投标竞争中做到报价适当,击败竞争对手;在实施过程中,依据合同文件避免承包失误;在执行过程中能获得相应的赔款,使承包商获得理想的经营效果。

招标文件包括投标者须知,通用合同条件、专用合同条件、技术规范、图纸、工程量清单,以及必要的附件,如各种担保或保函的格式等。这些内容可归纳为两个方面:一是投标者为投标所需了解并遵守的规定,二是投标者投标时所需提供的文件。

招标文件除了明确了招标工程的范围、内容、技术要求等技术问题之外,还反映了业主在经济、合同等方面的要求或意愿,这些都是承包商中标后的主要任务。因此,对招标文件进行仔细的分析研究是估价工作中不可忽视的重要环节。

招标书中关于承包商的责任是十分苛刻的。工程业主聘请有经验的咨询公司编制严密的招标文件,对承包商的制约条款几乎达到无所不包的地步,承包商基本上是受限制的一方。但是,有经验的承包商并不是完全束手无策。既应当接受那些基本合同的限制,同时,对那些明显不合理的制约条款,可以在投标价中埋下伏笔,争取在中标后作某些修改,以改善自己的地位。

由于招标文件内容很多,涉及多方面的专业知识,因而对招标文件的研究要作适当的分工。一般来说,经济管理类人员研究投标者须知、图纸和工程量清单;专业技术类人员研究技术规范和图纸以及工程地质勘探资料;商务金融类人员研究合同中的有关条款和附件;合同管理类人员研究条件,尤其要对专用合同条件予以特别注意。不同的专业人员所研究的招标文件的内容可能有部分交叉,因此相互配合和及时交换意见相当重要。

1) 研究投标须知

(1) 弄清招标项目的资金来源

进行公开招标的工程大多是政府投资项目。这些项目的建筑工程资金可通过多种形式解决,可以是中央政府提供资金,也可以是地方政府或部门提供资金。投标人通过对资金来源的分析,可以了解建设资金的落实情况和今后的支付实力,并摸清资金提供机构的有关规定。

(2) 投标担保

投标担保是对招标者的一个保护。若投标者在投标有效期内撤销投标,或在中标后拒绝在规定时间内签署合同,或拒绝在规定时间内提供履约保证,则招标者有权没收投标担保金。投标担保一般由银行或其他担保机构出具担保文件(保函),金额一般为投标价格的1%～3%,或业主规定的某一数额。估价人员要注意招标文件对投标担保形式、担保机构、担保数额和担保有效期的规定,如果其中任何一项不符合要求,均可视为招标文件未作出应有的投标担保而判定为废标。

(3) 投标文件的编制和提交

投标须知中对投标文件的编制和提交有许多具体的规定,例如,投标文件的密封方式和要求,投标文件的份数和语种,改动处必须签名或盖章,工程量清单和单价表的每一页页末写明合计金额、最后一页页末写明总计金额等等。估价人员必须注意每一个细节,以免被判为废标。若邮寄提交投书,要充分考虑邮递所需的时间,以确保在投标截止之前到达。

(4) 更改或备选方案

估价人员必须注意投标须知中对更改或备选方案的规定。一般来说,招标文件中的内容不得更改,如有任何改动,该投标书即不予考虑。若业主在招标文件中鼓励投标者提出不同方案投标。这时,投标者所提出的方案一定要具有比原方案明显的优点,如降低造价、缩短工期等。

必须注意的是,在任何情况下,投标者都必须对招标文件中的原方案报价,相应的投标书必须完整,符合招标文件中的所有规定。

(5) 评标定标办法

对于大型、复杂的建设项目来说,在评标时,除考虑投标价格,还需考虑其他因素。有时在招标书中明确规定了评标所考虑的各种因素中,如投标价格、工期、施工方法的先进性和可靠性、特殊的技术措施等。若招标文件不给定评定因素的权重,估价人员要对各评标因素的相对重要作出客观的分析,把估价的计算工作与方案很好地结合起来。需要说明的是,除少数特殊工程之外,投标价格一般都是很重要的因素。

2) 合同条件分析

(1) 承包商的任务、工作范围和责任

这是工程估价最基本的依据,通常由工程量清单、图纸、工程说明、技术规范所定义。在分项承包时,要注意本公司与其他承包商,尤其是工程范围相邻或工序相衔接的其他承包商之间的工程范围界限和责任界限;在施工总包或主包时,要注意在现场管理和协调方面的责任;另外,要注意为业主管理人员或监理人员提供现场工作和生活条件方面的责任。

(2) 工程变更及相应的合同价格调整

工程变更几乎是不可避免的,承包商有义务按规定完成,但同时也有权利得到合理的补偿。工程变更包括工程数量增减和工程内容变化。一般来说,工程数量增减所引起的合同价格调整的关键在于如何调整幅度,这在合同款中并无明确规定。估价人员应预先估计哪些分项工程的工程量可能发生变化、增加还是减少以及幅度大小,并内定相应的合同价格调整计算方式和幅度。至于合同内容变化引起的合同价格调整,究竟调还是不调、如何调,都很容易发生争议。估价人员应注意合同条款中有关工程变更程序、合同价格调整前提等规定。

(3) 付款方式、时间

估价人员应注意合同条款中关于工程预付款、材料预付款的规定,如数额、支付时间、起扣时间和方式。估价人员还要注意工程进度款的支付时间、每月保留金扣留的比例、保留金总额及退还时间和条件。根据这些规定和预计的施工进度计划,估价人员可绘出本工程现金流量图,计算出占有资金的数额和时间,从而可计算出需要支付的利息数额并计入估价。如果合同条款中关于付款的有关规定比较含糊或明显不合理,应要求业主在标前答疑会上澄清或解释,最好能修改。

(4) 施工工期

合同条款中关于合同工期、工程竣工日期、部分工程分期交付工期等规定,是投标者制订施工进度计划的依据,也是估价的重要依据。但是,在招标文件中业主可能并未对施工工期作出明确规定,或仅提出一个最后期限,而将工期作为投标竞争的一个内容,相应的开竣工日期仅是原则性的规定。估价人员要注意合同条款中有无工期奖的规定,工期长短与估价结果之间的关系,尽可能做到在工期符合要求的前提下报价有竞争力,或在报价合理的前提下工期有竞争力。

(5) 业主责任

通常,业主有责任及时向承包商提供符合开工条件要求的施工场地的设计图纸和说明,及时供应业主负责采购的材料和设备,办理有关手续和及时支付工程款等。投标者所制订的施工进度计划和作出的估价都是以业主正确和完全履行其责任为前提的。虽然估价人员在估价中不必考虑由于业主责任而引起的风险费用,但是,应当考虑到业主不能正确和完全履行其责任的可能性以及由此而造成的承包商的损失。因此,估价人员要注意合同条款中关于业主责任措辞的严密性以及关于索赔的有关规定。

3) 工程报价及承包商获得补偿的权利

(1) 合同种类

招标项目可以采用总价合同、单价合同、成本加酬金合同,"交钥匙"合同中的一种或几种,有的招标项目可能对不同的分部分项工程内容采用不同的计价合同种类。两种合同方式并用的情况是较为常见的。承包商应当充分注意,承包商在总价合同中承担着工程量方面的风险,应当将工程量核算得准确一些;在单价合同中,承包商主要承担单价不准确的风险,就应对每一子项工程的单价作出详尽细致的分析和综合。

(2) 工程量清单

应当仔细研究招标文件中工程量清单的编制体系和方法。例如有无初期付款,是否将临时工程、机具设备、临时水电设备设施等列入工程量表。业主对初期工程单独付款,抑或要求承包商将初期准备工程费用摊入正式工程中,这两种不同报价体系对承包商计算标价有很大影响。

另外,还应当认真考虑招标文件中工程量的分类方法及每一项子工程具体含义和内容。在单价合同方式中,这一点尤其重要。为了正确地进行工程估价,估价人员应对工程量清单进行认真分析,主要应注意以下三方面问题:

① 工程量清单复核

工程量清单中的各分部分项工程量并不十分准确,若设计深度不够则可能有较大的误差。工程量清单仅作为投标报价的基础,并不作为工程结算的依据,工程结算以经监理工程师审核的实际工程量为依据。因此,估价还要复核工程量,因为工程量的多少,是选择施工方法、安排人力和机械、准备材料必须考虑的因素,也自然影响分项工程的单价。如果工程量不准确,偏差太大,就会影响估价的准确性。若采用固定总价合同,对承包商的影响就更大。因此,估价人员一定要复核工程量,若发现误差太大,应要求业主澄清,但不得擅自改动工程量。

② 措施项目、其他项目及零星项目计价

措施项目清单计价表中的序号、项目名称必须按措施项目清单中的相应内容填写。投标人可根据施工组织设计采取的措施增加项目。其他项目清单计价表中的序号、项目名称必须按其他项目清单中的相应内容填写。投标人部分的金额必须按《计价规范》5.1.3条中招标人提出的数额填写。零星工作项目计价表中的人工、材料、机械名称、计量单位和相应数量应按零星工作项目表中相应的内容填写,工程竣工后零星工作费应按实际完成的工程量所需费用结算。

③ 计日工单价

计日工是指在工程实施过程中,业主有一些临时性的或新增的但未列入工程量清单的工作,需要使用人工、机械(有时还可能包括材料)。投标者应对计日工报出单价,但并不计入总价。估价人员应注意工作费用包括哪些内容、工作时间如何计算。一般来说,计日工单价可报得较高,但不宜太高。

(3) 永久工程之外项目的报价要求

如对旧建筑物的拆除、监理工程师的现场办公室的各项开支、模型、广告、工程照片和会议费用等,应视招标文件有何具体规定,正确地列入工程总价中去。总之,要搞清楚一切费用纳入工程总报价的方法,不得有任何遗漏或归类的错误。

(4) 承包商可能获得补偿的权利

搞清楚有关补偿的权利可使承包商正确估计执行合同的风险。一般惯例,由于恶劣气候或工程变更而增加工程量等,承包商可以要求延长工期。有些招标文件还明确规定,如果遇到自然条件和人为障碍等不能合理预见的情况而导致费用增加时,承包商可以得到合理的补偿。但是某些招标项目的合同文件,故意删去这一类条款,甚至写明"承包商不得以任何理由而索取合同价格以外的补偿",这就意味着承包商要承担很大的风险。在这种情况下,承包商投标时不得不增大不可预见费用,而且应当在投标致函中适当提出,以便在商签合同时争取修订。

除索取补偿外,承包商也要承担违约罚款、损害赔偿,以及由于材料或工程不符合质量要求等责任。搞清楚责任及赔偿限度等规定,也是估价风险的一个重要方面,承包商也必须在投标前充分注意和估量。

8.2.2　工程现场调查

工程现场调查是投标者必须经过的投标程序。业主在招标文件中明确注明投标者进行工程现场调查的时间和地点。投标者所提出的报价一般被认为是在审核招标文件后并在工程现场调查的基础上编制出来的。一旦报价提出以后,投标者就无权因为现场调查不周、情况了解不细或其他因素考虑不全面提出修改报价、调整报价或给予补偿等要求。因此,工程现场调查既是投标者的权利又是投标者的责任,必须慎重对待。

工程现场调查之前一定要做好充分准备。首先,针对工程现场调查所要了解的内容对招标文件的相关内容进行研究,主要是工作范围、专用合同条件、设计图纸和说明等。应拟订尽可能详细的调查提纲,确定重点要解决的问题,调查提纲尽可能标准化、规格化、表格化、以减少工程现场调查的随意性,避免因选派的工程现场调查人员的不同而造成调查结果的明显差异。

现场调查所发生的费用由承包商自行承担,可列入标价内,但对于未中标的承包商将是一笔损失。调查的主要内容包括下列三个方面。

1) 一般情况调查

(1) 当地自然条件调查

自然条件调查包括年平均气温、年最高气温和最低气温,风向图、最大风速和风压值,日照,年平均降雨(雪)量和最大降雨(雪)量,年平均湿度、最高和最低湿度,其中尤其要分析全年不能或不宜施工的天数。

(2) 交通、运输和通讯情况调查

① 当地公路运输情况,如公路、桥梁收费和限速、限载、管理等有关规定,运费、车辆租赁价格、汽车零配件供应情况,油料价格及供应情况。

② 当地铁路运输情况,如动力、装卸能力、提货时间限制、运费、运输保险和其他服务内容等。

③ 当地水路运输情况,如离岸停泊情况(码头吃水或吨位限制、泊位等)、装卸能力、平均装卸时间和压港情况,运输公司的选择及港口设施使用的申请手续等。

④ 当地水、陆联运手续的办理、所需时间、承运人责任、价格等。

⑤ 当地空运条件及价格水平。

⑥ 当地网络、电话、传真、邮递的可靠性、费用、所需时间等。

(3) 生产要素市场调查

① 主要建筑材料的采购渠道、质量、价格、供应方式。

② 工程上所需的机、电设备采购渠道、订货周期、付款规定、价格,设备供应商是否负责安装、如何收费,设备质量和安装质量的保证。

③ 施工用地方材料的货源和价格、供应方式。

④ 当地劳动力的技术水平、劳动态度和工效水平、雇佣价格及雇佣当地劳务的手续、途径等。

2) 工程施工条件调查

(1) 工程现场的用地范围、地形、地貌、地物、标高。

(2) 工程现场周围的道路、进出场条件(材料运输、大型施工机具)、有无特殊交通限制(如单向行驶、夜间行驶、转弯方向限制、货载重量、高度、长度限制等规定)。

(3) 工程现场施工临时设施、大型施工机具、材料堆放场地安排的可能性,是否需要二次搬运。

(4) 工程现场临近建筑物与招标工程的间距、高度。

(5) 市政给水及污水、雨水排放管位置、标高、管径、压力、废水、污水处理方式,市政消防供水管管径、压力、位置等。

(6) 当地供电方式、方位、距离、电压等。

(7) 工程现场通讯线路的连接和铺设。

(8) 当地政府有关部门对施工现场管理的一般要求、特殊要求及规定,是否允许节假日和夜间施工。

(9) 建筑装饰构件和半成品的加工、制作和供应条件。

(10) 是否可以在工程现场安排工人住宿,对现场住宿条件有无特殊规定和要求。

(11) 是否可以在工程现场或附近搭建食堂,自己供应施工人员伙食,若不可能,通过什么方式解决施工人员餐饮问题,其费用如何。

(12) 工程现场附近治安情况如何,是否需要采用特殊措施加强施工现场保卫工作。

(13) 工程现场附近的生产厂家、商店、各种公司和居民的一般情况,本工程施工可能对他们所造成的不利影响程度。

（14）工程现场附近各种社会设备设施和条件，如当地的卫生、医疗、保健、通讯、公共交通、文化、娱乐设施情况，其技术水平、服务水平、费用，有无特殊的地方病、传染病，等等。

3）对业主方的调查

对业主方的调查包括对业主、建设单位、咨询公司、设计单位及监理单位的调查。

（1）工程的资金来源、额度及到位情况。

（2）工程的各项审批手续是否齐全，是否符合工程所在地关于工程建设管理的各项规定。

（3）工程业主是首次组织工程建设，还是长期有建设任务，若是后者，要了解该业主在工程招标、评标上的习惯做法，对承包商的基本态度，履行业主责任的可靠程度，尤其是能否及时支付工程款、合理对待承包商的索赔要求等。

（4）业主项目管理的组织和人员，其主要人员的工作方式和习惯、工程建设技术和管理方面的知识和经验、性格和爱好等个人特征。

（5）委托监理的方式，业主项目管理人员和监理人员的权力和责任分工以及与监理有关的主要工作程序。

（6）监理工程师的资历，对承包商的基本态度，对承包商的正当要求能否给予合理的补偿，当业主与承包商之间出现合同争端时，能否站在公正的立场提出合理的解决方案等。

8.2.3 确定影响估价的其他因素

确定影响估价的其他因素即确定施工方案。主要包括确定进度计划，主要分部工程施工方案，资源计划及分包计划。

1）拟定进度计划

招标文件中一般都明确对工程项目的工期及竣工日期的要求，有时还规定分部工程的交工日期，有时合同中还规定了提前工期奖励及拖期惩罚条款。

估价前编制的进度计划不是直接指导施工的作业计划，不必十分详细，但都必须标明各项主要工程的开始和结束时间，要合理安排各个工序，体现主要工序间的合理逻辑关系，并在考虑劳动力、施工机械、资金运用的前提下优化进度计划。施工进度计划必须满足招标文件的要求。

2）选择施工方法

施工方法影响工程造价，估价前应结合工程情况和本企业施工经验、机械设备及技术力量等，选择科学、经济、合理的施工方法，必要时还可进行技术经济分析，比选适当的施工方法。

3）资源安排

资源安排是由施工进度计划和施工方法决定的。资源安排涉及劳动力、施工设备、材料和工程设备以及资金的安排。资源安排合理与否，对于保证施工进度计划的实现、保证工程质量和承包商的经济效益有重要意义。

（1）劳动力的安排

劳动力的安排计划一方面取决于施工进度计划，另一方面又影响施工进度计划的实施。因此，施工总进度计划的编制与劳动力的安排应同时考虑，劳动力的安排要尽可能均衡，避免短期内出现劳动力使用高峰，从而增加施工现场临时设施，降低功效。

（2）施工机械设备的安排

施工机械的安排，一方面应尽可能满足施工进度计划的要求，另一方面要考虑本企业的现有机械条件，同时也可以采用租赁的方式。安排施工机械应采用经济分析的方法，并与施工进度计划、施工方法等同时考虑。

（3）材料及工程设备的安排

材料及设备的采购应满足施工进度的要求，时间安排太紧有可能耽误施工进度，购买太早又造成资金的浪费。材料采购应考虑采购地点、产品质量、价格、运输方式、所需时间、运杂费以及合理的储备数量。设备采购应考虑设备价格、订货周期、运输所需时间及费用、付款方式等。

（4）资金的安排

根据施工进度计划，劳动力和施工机械安排，材料和工程设备采购计划，可以绘制出工程资金需要量图。结合业主支付的工程预付款、材料和设备预付款、工程进度款等，就可以绘制出该工程的资金流量图。要特别注意业主预付款和进度款的数额，支付的方式和时间，预付款起扣时间，扣款方式和数额。此外，贷款利率也是必须考虑的重要因素之一。

（5）分包计划

作为总包商或主承包商，如果对某些分部分项工程由自己施工不能保证工程质量要求或成本过高而引起报价过高，就应当对这些工程内容考虑选择适当的分包商来完成。通常对以下工程内容可考虑分包：

① 劳务性工程

对不需要什么技术，也不需要施工机械和设备的工作内容，在工程所在地选择劳务分包公司通常是比较经济的，例如，室外绿化，清理现场施工垃圾，施工现场二次搬运，一般维修工作等。

② 需要专用施工机械的工程

这类工程亦可以在当地购置或租赁施工机械由自己施工。但是，如果相应的工程量不大，或专用机械价格或租赁费过高时，可将其作为分包工程内容。

③ 机电设备安装工程

机电设备供应商负责相应设备的安装在工程承包中是常见的，这比承包商自己安装要经济，而且有利于保证安装工程质量。依据分包内容选择分包商，若分包商报价不低于自己施工的费用可调整分包内容。

8.3 工程询价及价格数据维护

工程询价及价格数据维护是工程估价的基础。承包商在估价前必须通过各种渠道，采用各种手段对所需各种材料、设备、劳务、施工机械等生产要素的价格、质量、供应时间、供应数量等进行系统的调查，这一工作过程称为询价。

询价不仅要了解生产要素价格，还应对影响价格的因素有准确的了解，这样才能够为工程估价提供可靠的依据。因此，询价人员不但应具有较高的专业技术知识，还应熟悉和掌握市场行情并有较好的公共关系能力。

由于投标报价往往时间十分紧迫，因此，工程估价人员在平时就应做好价格数据的维护工作。估价人员可从互联网及其他公共媒体获得一部分价格信息,从工程造价主管部门及中介机构获得一部分价格信息,结合询价结果形成本企业的生产要素价格、半成品价格信息库,并不断维护更新。

8.3.1 生产要素询价

1）劳务询价

随着经评审最低价中标法的推行,按工程量清单报价实施细则的出台,人工单价也必将随行就市。估价人员可参考国际惯例将操作工人划分为高级技术工,熟练工,半熟练工和普工若干个等级,分别确定其人工单价,若为劳务分包,还应考虑劳务公司的管理费用。

2）材料询价

材料价格在工程造价中占有很大的比例,占 60%～70%,材料价格是否合理对工程估价影响很大。因此,对材料进行询价是工程询价中最主要的工作。当前建筑市场竞争激烈、价格变化迅速,作为估价人员必须通过询价搜集市场上的最新价格信息。

(1)询价渠道

① 生产厂商。与生产厂商直接联系可使询价正确,因为减少了流通环节,售价比市场价要便宜。

② 生产厂商的代理商、代理人或从事该项业务的经纪人。

③ 经营该项产品的门市部。

④ 咨询公司。向咨询公司进行询价,所得到的询价资料比较可靠,但是要支付一定的咨询费。

⑤ 同行或友好人士。

⑥ 自行进行市场调查或信函询价。

询价要抱着“货比三家不吃亏”的原则进行,并要对所询问的资料汇总分析。但要特别注意业主在招标文件中明确规定采用某厂生产的某种牌号产品的条文。询价时,该厂商报价可能还较合适,可到订货时,一旦知道该产品是业主指定需要的产品可能会提价。在这种情况,中标后既要订货迅速,又要订货充足并配齐足够的配件,否则可能会吃亏。

(2)询价内容

材料询价一般考虑以下内容:

① 材料的规格和质量要求,应满足设计和施工验收规范规定的标准,并达到业主或招标文件提出的要求。

② 材料的数量及计量单位应与工程总需要相适应,并考虑合理的损耗。

③ 材料的供应计划,包括供货期及每段时间内材料的需求量应满足施工进度。

④ 到货地点及当地各种交通限制。

⑤ 运输方式、材料报价的形式、支付方式,及所报单价的有效时间。

承包商询价部门应备有用于材料询价的标准文件格式供随时使用。有时还可从技术规范或其他合同文件中摘取有关内容作为询价单的附件。

(3)询价分析

询价人员在项目的施工方案初步研究后,应立即发出材料询价单,并催促材料供应商及时报价。收到询价单后,询价人员应将从各种渠道所询得的材料报价及其他有关资料加以汇总整理。对同种材料从不同经销部门所得到的所有资料进行比较分析,选择合适、可靠的材料供应商的报价,提供给工程估价及投标报价人员使用。询价资料应采用表格形式,并借助计算机进行分析、管理。

3）施工机械设备询价

施工用的大型机械设备,不一定要从基地运往工程所在地,有时在当地租赁更为有利。因此,在估价前有必要进行施工机械设备的询价。对必须采购的机械设备,可向供应厂商询价,其询价方法与材料询价方法基本一致。对于租赁的机械设备,可向专门从事租赁业务的机构询价,并详细了解其计价方法。例如,各种机械每台时的租赁费,最低计费起点,燃料费和机械进出场运费以及机上人员工资是否包括在台时租赁费内,如需另行计算,这些费用项目的具体数额为多少等。

8.3.2 分包询价

1）分包形式

分包形式通常有下面两种。

（1）业主指定分包形式：这种形式是由业主直接与分包单位签订合同。总包商或主承包商仅负责在现场为分包商提供必要的工作条件、协调施工进度或提供一些约定的施工配合,总包商可向业主收取一定数量的管理费。指定分包的另一种形式是由业主和监理工程师指定分包商,但由总包商或主承包商与指定分包商签订分包合同,并不与业主直接发生经济关系。当然,这种指定分包商,业主不能强制总包商或主承包商接受。

（2）总包确定分包形式：这种形式由总包商或主承包商直接与分包商签订合同,分包商完全对总包商负责,而不与业主发生关系。如果承包合同没有明文禁止分包,或没有明文规定分包必须由业主许可,采用这种形式是合法的,业主无权干涉。分包工程应由总包商统一报价,业主也不干涉。总包商最好在签订分包合同前,向业主报告,以取得业主许可。

2）分包询价的内容

除由业主指定的分包工程项目外,总承包商应在确定施工方案的初期就定出需要分包的工程范围。决定分包商范围主要考虑工程的专业性和项目规模。大多数承包商都把自己不熟悉的专业化程度高或利润低、风险大的分部分项工程分包出去,决定了分包工作内容后,承包商应备函将准备交分包的图纸说明送交预定的几个分包商,请他们在约定的时间内报价,以便进行比较选择。

分包询价单相当于一份招标文件,其主要内容应包括：

（1）分包工程施工图及技术说明。

（2）分包工程在总包工程的进度安排。

（3）需要分包商提供服务的时间,以及这段时间可能发生的变化范围,以便适应日后进度计划不可避免的变动。

（4）分包商对分包工程应负的责任和应提供的技术措施。

（5）总包商提供的服务设施及分包商到总包现场认可的日期。

（6）分包商应提供的材料合格证明、施工方法及验收标准、验收方式。

（7）分包商必须遵守的现场安全和劳资关系条例。

（8）分包工程报价及报价日期。

上述资料主要来源于合同文件和总承包商的施工计划,询价人员可把合同文件中有关部分的复印件、图纸总包施工计划有关细节发给分包商,使他们能清楚地了解在总工程中工作期需要达到的水平,以及与其他分包商之间的关系。

2）分包询价分析

分包询价分析在收到各分包商报价单之后,可从以下几方面开展工作:

（1）分析分包标函的完整性

审核分包标函是否包括分包询价单要求的全部工作内容,对于那些分包商用模棱两可的含糊语言来描述的工作内容,既可解释为已列入报价又可解释未列入报价,应特别注意必须用更确切的语言加以明确,以免今后工作中引起争议。

（2）核实分项工程单价的完整性

估价人员应核准分项工程单价的内容,如材料价格是否包括运杂费,分项单价是否含人工费、管理费等。

（3）分析分包报价的合理性

分包工程报价高低,对总包商影响很大。总包商应对分包商的标函进行全面分析,不能仅把报价的高低作为唯一的标准。作为总包商,除了要保护自己的利益之外,还应考虑分包商的利益。与分包商友好交往,实际上也是保护了总包商的利益。总包商让分包商有利可图,分包商也会帮助总包商共同搞好工程项目,完成总包合同。

（4）其他因素分析、

对有特殊要求的材料或施工技术的关键性的分包工程,估价人员不仅要弄清标函的报价,还应当分析分包商对这些特殊材料的供货情况和为该关键分项工程配备人员等措施是否有保证。

分析分包询价时还要分析分包商的工程质量、合作态度及其可信赖性。总包商在决定采用某个分包商的报价之前,必须通过各种渠道来确定并肯定该分包商是可信赖的。

8.3.3 价格数据维护

承包商进行工程估价需要用到大量的价格数据,估价人员应注意各类价格数据的积累与维护。

1）价格信息的获得

通常价格信息可以从下列渠道获得:

（1）互联网

许多工程造价网站提供当地或本部门、本行业的价格信息,不少材料设备供应商也利用互联网介绍其产品性能和价格。网络价格信息量大、更新快、成本低,适用于产品性能和价格的初步比选,但主要材料价格尚需进一步核实。

（2）政府部门

各地工程造价管理机构定期发布各类材料预算价格、材料价格指数及材差调整系数,可以作为编制投标报价的主要依据。

（3）厂商及其代理人

主要设备及主要材料应向厂商及其代理人询价,货比三家以求获得更准确的价格信息。

（4）其他

估价人员还可从同行、招标市场及相关机构或部门，如运输公司等获得各类价格信息。

2）价格数据的分类

（1）按价格种类划分

按价格种类可划分为人工单价、材料价格、机械台班价格、设备价格。人工单价又可按不同工种、不同熟练程度细分。材料按大类划分为建筑材料、安装材料、装饰材料，建筑材料又可细分为地方材料及建材制品、木材及竹材类、金属及有色金属类、金属制品类、涂料类、防水及保温材料类、燃料及油料类。《江苏省建筑与装饰工程计价表》（2004年）对上述分类有详细的论述，并按一定的分类规则给出了代码编号，这些人工、材料及机械的代码编号可以作为造价软件中的电算代码，承包商的估价人员可以参照这种分类方法建立本企业的价格信息库。

（2）按价格用途划分

按价格用途可分为下面几类。

① 辅助价格信息：是计算基础价格即要素单价的辅助资料，如材料的采购运输、中转堆放、过闸装卸等收费标准。

② 基础价格：包括人工、材料、机械单价。

③ 半成品单价：如抹灰砂浆等混合材料单价。

3）价格数据的维护

价格数据面广量大、变化快，工程估价人员应在平时积累各类价格数据，应用计算机和网络技术，实现本企业内各分公司间的信息共享，参加有关的工程估价协会，实现会员间的信息共享，从而为快速准确估价做好充分的准备。

8.4　工程估价

8.4.1　分项工程单价计算

分项工程单价由直接费、管理费和利润等组成。

1）分项工程直接费估价方法

分项工程直接费包括人工费、材料费和机械使用费。估算分项工程直接费涉及人工、材料、机械的用量和单价。每个建筑工程，可能有几十项甚至几百项分项工程，在这些分项工程中，通常是较少比例的（例如20%）的分项工程包含合同工程款的绝大部分（例如80%），因此可根据不同分项工程所占费用比例的重要程度，采用不同的估价方法。

（1）定额估价法

定额估价法是我国现阶段主要采用的估价方法，有些项目可以直接套用地区计价表中的人工、材料、机械台班用量；有些项目应根据承包商自身情况在地区估价表的基础上进行适当调整，也可自行补充本企业的定额消耗量。人工、材料、机械台班的价格则尽量采用市场价或招标文件指定的价格。

（2）作业估价法

定额估价法以定额消耗为依据，不考虑作业的持续时间。当机械设备所占比重较大，使用均衡性较差,机械设备搁置时间难以在定额估价中进行恰当的考虑时,可以采用作业估价法进行计算。

应用作业估价法应首先制订施工作业计划。即先计算各分项工程的工作量,各分项工程的资源消耗,拟定分项工程作业时间及正常条件下人工、机械的配备及用量,在此基础上计算该分项工程作业时间内的人工、材料、机械费用。

(3)匡算估价法

对于某些分项工程的直接费单价的估算,估价人员可以根据以往的实际经验或有关资料,直接匡算出分项工程中人工、材料的消耗定额,从而估算出分项工程的直接费单价。采用这种方法,估价师的实际经验直接决定了估价的正确程度。因此,往往适用于工程量不大,所占费用比例较小的那些分项工程。

2)分项工程基础单价的计算与确定

分项工程基础单价是指人工、材料、半成品、设备单价及施工机械台班使用费等。

(1)人工工资单价的计算与确定

人工工资单价的计算与确定有下列三种方法。

① 综合人工单价:工人不分等级,采用综合人工单价。人工预算单价的内容组成是:基础工资、工资性津贴、流动施工津贴、房租津贴、职工福利费、劳动保护费等。

② 分等级分工种工资单价:可以将工人划分为高级熟练工、熟练工、半熟练工和普工,不同等级、不同工种的工作采用不同的工资标准。

工资单价可以由基本工资、辅助工资、工资附加费、劳动保护费四部分组成。其中基本工资由技能工资、岗位工资 、年功工资三部分组成;辅助工资由地区津贴、施工津贴、夜餐津贴、加班津贴等组成;工资附加费包括职工福利基金、工会经费、劳动保险基金、职工待业保险基金四项内容。

③ 人工费价格指数或市场定价:人工费单价的计算还可以采用国家统计局发布的工程所在地的人工费价格指数,即职工货币工资指数,结合工程情况调整确定该工程人工工资单价。投标报价时人工工资单价也可根据市场行情,或向劳务公司询价确定。但工资单价的内容应包含政策规定的劳动保险或劳保统筹,职工待业保险等内容。

(2)材料、半成品和设备单价的计算

估价人员通过询价可以获得材料、设备的报价。这些报价是材料、设备供应商的销售价格,估价人员还必须仔细确定材料设备的运杂费、损耗费以及采购保管费用。同一种材料来自不同的供应商,则按供应比例加权平均计算单价。

半成品主要是按一定的配合比混合组成的材料,如砂浆等。这些材料应用广泛,可以先计算各种配合比下的混合材料的单价。也可根据各种材料所占总工程量的比例,加权计算出综合单价,作为该工程统一使用的单价。

(3)施工机械使用费

施工机械使用费由基本折旧费、运杂费、安装拆卸费、燃料动力费、机上人工费、维修保养费以及保险费组成。有时施工机械台班费还包括银行贷款利息、车船使用税、牌照税等。

在招标文件中,施工机械使用费可以列入不同的费用项目中,一是在施工措施项目中列出机械使用费的总数,在工程单价中不再考虑;二是全部摊入工程量单价中;三是部分列入施工措施费,如垂直运输机械等,部分摊入工程量单价,如上方机械等。具体处理方法应根据招标文件的要求确定。

施工机械若向专业公司租借,其机械使用费就包括付给租赁公司的租金以及机上人员工资、燃料动力费和各种消耗材料费用。若租赁公司提供机上操作人员,且租赁费包含了他们的工资,估价人员可适当考虑他们的奖金、加班费等内容。

3) 管理费的内容

工程估价时,有许多内容在招标文件中没有直接开列,但又必须编入工程估价,这些内容包括许多项目,各个工程情况也不尽相同。这里我们将可以分摊到每个分项工程单价的内容,称为管理费,也称分摊费用,而将不宜分摊到每个分项工程单价的内容称为措施项目费用。措施项目费单独列项独立报价。

8.4.2 措施项目费的估算

措施项目费按招标文件要求单独列项,各个工程的内容可能不一样。如沿海某市将措施项目费确定为施工图纸以外,施工前和施工期间可能发生的费用项目以及特殊项目费用。内容包括:履约担保手续费、工期补偿费、风险费、优质优价补偿费、使用期维护费、临时设施费、夜间施工增加费、雨季施工增加费、高层建筑施工增加费、施工排水费、保险费、维持交通费、工地环卫费、工地保安费、大型施工机械及垂直运输机械使用费、施工用脚手费、施工照明费、流动津贴、临时停水停电影响费、施工现场招牌围板费、职工上下班交通费、特殊材料设备采购费,原有建筑财产保护费、地盘管理费、业主管理费及其他等项目。计算施工措施费时,避免与分项工程单价所含内容重复(如脚手架费、临时设施费等)。施工措施费需逐项分析计算。

8.5 投标报价

8.5.1 投标价编制要求

投标价应由投标人或受其委托具有相应资质的工程造价咨询人编制。除《建设工程工程量清单计价规范》(GB 50500—2008)强制性规定外,投标价由投标人自主确定,但不得低于成本。

投标人应按招标人提供的工程量清单填报价格。填写的项目编码、项目名称、项目特征、计量单位、工程量必须与招标人提供的一致。分部分项工程费按招标文件中分部分项工程量清单项目的特征描述确定综合单价计算。综合单价中应考虑招标文件中要求投标人承担的风险费用。招标文件中提供了暂估单价的材料,按暂估的单价计入综合单价。

投标人可根据工程实际情况结合施工组织设计,对招标人所列的措施项目进行增补。措施项目费应根据招标文件中的措施项目清单及投标时拟定的施工组织设计或施工方案确定。

其他项目费应按下列规定报价:

(1) 暂列金额应按招标人在其他项目清单中列出的金额填写。

(2) 材料暂估价应按招标人在其他项目清单中列出的单价计入综合单价;专业工程暂

估价应按招标人在其他项目清单中列出的金额填写。

（3）计日工按招标人在其他项目清单中列出的项目和数量，自主确定综合单价并计算计日工费用。

（4）总承包服务费根据招标文件中列出的内容和提出的要求自主确定。

投标总价应当与分部分项工程费、措施项目费、其他项目费和规费、税金的合计金额一致。估价人员在分项工程单价和拟建项目初步标价的基础上，根据招标工程具体情况及收集到的各方面的信息资料，对初拟标价进行自评，应用报价技巧，经过报价决策，最终确定招标项目的投标报价。

8.5.2 标价自评

标价自评是在分项工程单价及其汇总表的基础上，对各项计算内容进行仔细检查，对某些单价作出必要的调整，并形成初步标价后，再对初步标价作出盈亏及风险分析，进而提出可能的低标价和可能的高标价，供决策者选择。

1）影响标价调整的因素

（1）业主及其工程师

实践表明，业主及其工程师对承包商的效益有较大的影响，因此报价前应对业主及其工程师作出分析。

① 业主的资金情况。若业主资金可靠，标价可适当降低，若业主资金紧缺或可能很难及时到位，标价宜适当提高。

② 业主的信誉情况。若业主是政府拨款或是信誉良好的大型企事业单位，则资金风险小，标价可降低，反之标价应提高。

③ 业主及工程师的其他情况。包括业主及工程师是否有建设管理经验，是否会为难承包商等。

（2）竞争对手

竞争对手是影响报价的重要因素，承包商不仅要收集分析对手的既往工程资料，更应采取有效措施，了解竞争对手在本工程项目中的各种信息。

（3）分包商

承包商应慎重选择分包商，并对分包商的报价作出严格的比选，以确保分包商的报价科学合理，从而提高总报价的竞争力。

（4）工期

工期的延误有两种原因，一是非承包商原因造成的工期延误，从理论上讲，承包商可以通过索赔获得补偿，但从我国工程实际出发，这种工期延误给承包商造成的损失往往很难由索赔完全获得，因此报价应对这种延误考虑适当的风险及损失；二是由于承包商原因造成的工期延误，如管理失误、质量问题等导致工期延误，不仅增大承包商的管理费、劳务费、机械费及资金成本，还可能发生违约拖期罚款。因此投标阶段可对工期因素进行敏感性分析，测定工期变化对费用增加的影响关系。

（5）物价波动

物价波动可能造成材料、设备、工资及相关费用的波动，报价前应对当地的物价趋势及幅度作出适当的预测，借助敏感性分析测出物价波动时对项目成本的影响。

（6）其他可变因素

影响报价的因素很多，有些因素难以作出定量分析，有些因素投标人无法控制。但投标人仍应对这些因素作出必要的预测和分析，如政策法规的变化、汇率利率的波动等。

2）标价风险分析

在项目实施过程中，承包商可能遭遇到各种风险。标价风险分析就是要对影响标价的风险因素进行评价，对风险的危害程度和发生概率作出合理的估计，并采取有效对策与措施来避免或减少风险。

风险管理的内容包括：风险识别、风险分析与评价、风险处理和风险监督。对潜在的可能损失的识别是最首要、最困难的任务，识别风险的方法有依靠观察、掌握有关知识、调查研究、实地踏勘、采访或参考有关资料、听取专家意见、咨询有关法规等。

风险分析和评价是对已识别的风险进行分析和评价，这一阶段的主要任务是测度风险量 R。德国人马特提出风险量的测度模型为

$$R = f(p \cdot q \cdot A)$$

式中：p——风险发生的概率；

q——风险对项目财务的影响量；

A——风险评价员的预测能力。

从上述模型可以看出，由于风险量均为风险评价员预测而得出，所以评价员的预测能力和水平就成了至关重要的因素。

常见的工程风险有两类：一是因估价人员素质低、经验少，在估价计算上有质差、量差、漏项等造成的费用差别；另一类是属于估价时依据不足，工程量估算粗糙造成的费用差别。对这些风险进行估算时可遵循下列原则：现场勘察资料充分，风险系数小，反之风险系数大；标书计算依据完整、详细，风险系数可以小一些；工程规模大、工期长的工程，风险系数应大一些；分包多，用当地工人多，风险系数应增大。

风险费用的计算可以采用系数方法。现将某工程风险系数计算列于表 8.5.1。

表 8.5.1　某工程风险系数计算表

费用名称	占造价比例（%）	风险概率（%）	风险系数
工程设备	37	4.4	0.016 28
材料采购	8	10	0.008
人工费	12	15	0.018
施工机械	2.6	15	0.003 9
分包	24	4.8	0.011 52
施工管理费	4.8	15	0.007 2
上涨增加费	10	15	0.015
其他	1.6	20	0.003 2
合计	100		0.083 1

该工程风险系数为 0.083 1。

3）标价盈亏分析

（1）标价盈余分析

标价盈余分析，是指对标价所采用数据中的人工、材料、机械消耗量，人工、材料单价，机

械台班(时)价,综合管理费,施工措施费,保证金,保险费,贷款利息等各计价因素逐项分析,重新核实,找出可以挖掘潜力的地方。经上述分析,最后得出总的估计盈余总额。

（2）标价亏损分析

标价亏损分析是对计价中可能少算或低估,以及施工中可能出现的质量问题,可能发生的工期延误等带来的损失的预测。主要内容包括:可能发生的工资上涨,材料设备价格上涨,质量缺陷造成的损失,估计计算失误,业主或监理工程师引起的损失,不熟悉法规、手续而引起的罚款,管理不善造成的损失等。

（3）盈亏分析后的标价调整

估价人员可根据盈亏分析调整标价:

$$低标价＝基础标价－估计盈利×修正系数$$
$$高标价＝基础标价＋估计亏损×修正系数$$

修正系数一般为 0.5～0.7。

4）提高报价的竞争力

业主通过招标促使多个承包商在以价格为核心的各方面(如工期、质量、技术能力、施工等)展开竞争,从而达到工程工期短、质量好、费用低的目的。承包商要击败其他竞争对手而中标,在很大程度上取决于能否迅速报出极有竞争力的价格。

提高报价的竞争力,可从以下几个方面入手。

（1）提高报价的准确性

既要注意核实各项报价的原始数据,使报价建立在数据可靠、分析科学的基础之上,更要注意施工方案比选、施工设备选择,从而实现价格、工期、质量的优化。

（2）价格水平务求真实准确

对工程所在地的情况应尽最大可能调查清楚,这样报价才有针对性。对于那些专业性强,技术水平要求高的工程,可以报高。有时候在特殊情况下,一个高级工的工资可能高于工程师,工种之间的价格也要有区别。对于物资价格应了如指掌,用货比三家的原则选择最低的价格,力争报出有竞争力的价格。

（3）提高劳动生产率

长期以来,我国的承包商往往重视向业主算钱,而轻视企业内部的管理,但是承包商要想提高竞争力,取得好的效益,就必须大力挖掘企业内部的潜力。通过周密科学安排计划,巧妙地减少工序交叉和组织工序衔接,提倡一专多能,使劳动效力能够最大地发挥出来;采用先进的施工工艺和方法,提高机械化水平,特别是应用先进的中小型机械及相应的工具,借以加快进度、缩短工期;认真控制质量,减少返工损失也会增加盈利。

（4）加强和改善管理,降低成本

科学的施工组织,合理的平面布置,高效的现场管理,可以减少二次搬运,节省工时和机具,减少临时房屋的面积,提高机械的效率等,从而降低成本。

（5）降低非生产人员的比例

降低非生产人员比例,并要求非生产人员既懂技术又懂管理,可以减少机构层次,提高工作效率,降低管理费用。

（6）提高生产人员技术素质

生产人员技术素质高,可提高效率,保证质量,这对提高报价竞争力影响很大。

总之,认真分析影响报价的各项因素,充分合理地反映本企业较高的管理、技术和生产水平,可以提高报价的竞争力。

8.5.3　投标报价决策

在招标市场的激烈竞争中,任何建筑施工企业都必须重视投标报价决策问题的研究,投标报价决策是企业经营成败的关键。

1）投标报价决策的主要内容

建筑施工企业的投标报价决策,实际就是解决投标过程中的对策问题,决策贯穿竞争的全过程,对于招标投标中的各个主要环节,都必须及时做出正确的决策,才能取得竞争的全胜。投标报价决策的主要内容可概括为下列四个方面:

（1）分析本企业在现有资源条件下,在一定时间内,应当和可以承揽的工程任务数量。

（2）对可投标工程的选择和决定。当只有一项工程可供投标时,决定是否投标;有若干项工程可供投标时,正确选择投标对象,决定向哪个或哪几个工程投标。

（3）确定进行某工程项目投标后,在满足招标单位对工程质量和工期要求的前提下,对工程成本的估价作出决策,即对本企业的技术优势和实力结合实际工程作出合理的评价。

（4）在收集各方信息的基础上,从竞争谋略的角度确定高价、微利、保本等方面的投标报价决定。

投标报价应遵循经济性和有效性的原则。所谓经济性,是尽量利用企业的有限资源,发挥企业的优势,积极承揽工程,保证企业的实际施工能力和工程任务的平衡。所谓有效性,是指决策方案必须合理可行,必须促进企业兴旺发达,谨防因决策不正确致使企业经营管理背上包袱。

2）确定企业承揽工程任务的能力

企业承揽的工程任务超过了企业的生产能力,就只能追加单位工程量投入的资源,从而增大成本;企业承揽任务不足,人力窝工,设备闲置,维持费用增加,可能导致企业亏损。因此,正确分析企业的生产能力十分重要。

（1）用企业经营能力指标确定生产能力

企业经营能力指标包括:技术装备产值率、流动资金周转率、全员劳动生产率等。这些指标均以年为单位,并依据历史数据,再采用一元线性回归等方法考虑生产能力的变动趋势,确定未来的生产能力和经营规模。

（2）用量、本、利分析确定生产能力

根据量、本、利关系计算出盈亏平衡点,即确定企业或内部核算单位保本的最低限度的经营规模。盈亏平衡点可按实物工程量、营业额等分别计算。

（3）用边际收益分析方法确定生产能力

产品的成本可分为固定成本和变动成本两部分,在一定限度下总成本随着产量的增加而增加,但单位产品的成本却随着产量的增加而逐渐减少。因为固定成本是不变的,产量越多,摊入每个产品的固定成本越来越少,但产量超过一定限度时,必须追加设备、管理人员等,这样平均成本又会随着产量的增加而增加。我们把由增加每一个产品而同时增加的总成本,称为边际成本,即每增加一个单位产量而带来总成本的增量。

当边际成本小于平均成本时,平均成本是随产量的增加而减少;若边际成本大于平均成本,这时再增大产量就是增大平均成本。因此企业生产存在一个最高产量点。在盈亏平衡点与最高产量点之间的产量都是可盈利的产量。

上述三种确定企业生产能力的具体方法,读者可参阅有关书籍。

3) 决定是否参加某项工程投标

(1) 确定投标的目标

决定是否参加某项工程的投标,首先应根据企业的经营状况确定投标的目标,投标的目标可能是为了获得最大的利润,可能是为了确保企业有活干,也可能是为了克服一次生存危机。

(2) 确定对投标机会判断的标准

投标的目标不同,确定的判断标准也不同。判断标准一般从三个方面综合拟定。一是现有技术对招标工程的满足程度,包括技术水平、机械设备、施工经验等能否满足施工要求;二是经济条件,如资金运转能否满足施工进度,利润的大小等;三是对生存与发展方面的考虑,包括招标单位的资信、是否已经履行各项审批手续、工程会不会中途停建缓建、有没有内定的得标人、能不能通过该工程的施工而取得有利于本企业的社会影响、竞争对手的情况、自身的优势等。将上述三方面的内容分别制定评分标准,并拟定若该工程这三方面得分之和达到某一分值则决定投标。

(3) 判断是否投标的步骤

首先应确定评价是否投标的影响因素,其次确定评分方法,再依据以往经验确定最低得分标准。

举例如表 8.5.2,该工程影响投标因素共 8 个,权数合计为 20,每个因素按 5 分制打分,满分 100 分。该工程最低得分标准 65 分,实际打分 70 分,满足最低得分标准,可以投标。

表 8.5.2　投标条件评分表

影响投标的因素	权数	评价	得分
技术水平	4	5	20
机械设备能力	4	3	12
设计能力	1	3	3
施工经验	3	5	15
竞争的激烈程度	2	3	6
利润	2	2	4
对今后机会的影响	2	0	0
招标单位信誉	2	5	10
合　计	20		70
最低可接受的分数			65

(4) 与竞争者对比分析,确定是否投标

首先确定对比分析的因素及评分标准,再收集各竞争对手的信息,采用表 8.5.3 的方法综合评分。若得分优于对手,显然参加投标是合适的;若与对手不相上下,则应考虑应变措施;若明显低于对手,则是否投标要慎重考虑。

表 8.5.3　投标优势评价表

评价因素(满分5分)	投　标　单　位			
	A	B	C	D
劳动工效与技术装备水平 L	3	3	5	3
施工速度 V	4	3	5	3
施工质量 M	3	4	4	2
成本控制水平 C	2	3	4	5
在本地区的信誉与影响 B	3	3	5	3
与招标单位的关系及交往渠道 R	3	3	4	5
过去中标的概率 P	3	3	4	3
合　　计	21	22	31	24

4) 选择投标工程

当企业有若干工程可供投标时,选择其中一项或几项工程投标。

(1) 权数计分评价法

采用表 8.5.2 所示的方法对不同的投标工程打分,选择得分较高的一项或几项工程投标。

(2) 其他决策方法

有条件时可采用线性规划模型分析、决策树等现代管理中的决策方法确定是否投标。

9 建筑工程施工阶段清单计价

9.1 合同的签订与履行

9.1.1 合同签订前的审查分析

1) 概述

工程承包经过招标、投标、授标的一系列交易过程之后,根据《中华人民共和国合同法》规定,发包人和承包人的合同法律关系就已经建立。但是,由于建设工程标的规模大、金额高、履行时间长、技术复杂,再加上可能由于时间紧,工程招标投标工作较仓促,从而可能会导致合同条款完备性不够,甚至合法性不足,给今后合同履行带来很大困难。因此,中标后,发包人和承包人在不背离原合同实质性内容的原则下,还必须通过合同谈判,将双方在招投标过程中达成的协议具体化或作某些增补或删减,对价格等合同条款进行法律认证,最终订立一份对双方均有法律约束力的合同文件。根据《中华人民共和国招标投标法》及《房屋建筑和市政基础设施工程施工招标投标管理办法》规定,发包人和承包人必须在中标通知书发出之日起 30 日内签订合同。

由于这是双方建立合同关系的最后也是最关键的一步,因而无论是发包人还是承包人都极为重视合同的措辞和最终合同条款的确定,力争在合同条款上通过谈判维护自己的合法权益。双方愿意进一步通过合同谈判签订合同的原因有以下几方面。

(1) 完善合同条款。招标文件中往往存在缺陷和漏洞,如工程范围含糊不清,合同条款较抽象,可操作性不强,合同中出现错误、矛盾和争议等,从而给今后合同履行带来很大困难。为保证工程顺利实施,必须通过合同谈判完善合同条款。

(2) 降低合同价格。在评标时,发包人虽然从总体上可以接受承包人的报价,但发现承包人投标报价仍有部分不太合理。因此,希望通过合同谈判,进一步降低正式的合同价格。

(3) 评标时发现其他投标人的投标文件中某些建议非常可行,而中标人并未提出,发包人非常希望中标人能够采纳这些建议。因此需要与承包人商讨这些建议,并确定由于采纳建议导致的价格变更。

(4) 讨论某些局部变更,包括设计变更、技术条件或合同条件变更对合同价格的影响。对承包人来说,由于建筑市场竞争非常激烈,发包人在招标时往往提出十分苛刻的条件,在投标时,承包人只能被动应付。进入合同谈判、签订合同阶段,由于被动地位有所改变,承包人往往利用这一机会与发包人讨价还价,力争改善自己的不利处境,以维护自己的合法权益。承包人的主要目标有:

① 澄清标书中某些含糊不清的条款,充分解释自己在投标文件中的某些建议或保留意见。

② 争取改善合同条件,谋求公正和合理的权益,使承包人的权利与义务达到平衡。

③ 利用发包人的某些修改变更进行讨价还价,争取更为有利的合同价格。

为了切实维护自己的合法权益,在合同谈判之前,无论是发包人还是承包人都必须认真仔细地研究招标文件及双方在招投标过程中达成的协议,审查每一个合同条款,分析该条款的履行后果,从中寻找合同漏洞及于己不利的条款,力争通过合同谈判使自己处于较为有利的位置,以改善合同条件中一些主要条款的内容,从而能够从合同条款上全力维护自己的合法权益。

2) 合同审查分析的内容

合同审查分析是一项技术性很强的综合性工作,它要求合同管理者必须熟悉与合同相关的法律法规,精通合同条款,对工程环境有全面的了解,有合同管理的实际工作经验并有足够的细心和耐心。

土木工程合同审查分析主要包括以下几方面内容:

(1) 合同效力的审查与分析

合同必须在合同依据的法律基础的范围内签订和实施,否则会导致合同全部或部分无效,从而给合同当事人带来不必要的损失。这是合同审查分析的最基本也是最重要的工作。合同效力的审查与分析主要从以下几方面入手:

① 合同当事人资格的审查,即合同主体资格的审查。无论是发包人还是承包人必须具有发包和承包工程、签订合同的资格,即具备相应的民事权利能力和民事行为能力。有些招标文件或当地法规对外地或外国承包商有一些特别规定,如在当地注册、获取许可证等。在我国,承包人要承包工程不仅必须具备相应的民事权利能力(营业执照、许可证),而且还必须具备相应的民事行为能力(资质等级证书)。

② 工程项目合法性审查,即合同客体资格的审查。主要审查工程项目是否具备招标投标合同的一切条件,包括:

a. 是否具备工程项目建设所需要的各种批准文件。

b. 工程项目是否已经列入年度建设计划。

c. 建设资金与主要建筑材料和设备来源是否已经落实。

③ 合同订立过程的审查。如审查招标人是否有规避招标行为和隐瞒工程真实情况的现象;投标人是否有串通作弊、哄抬标价或以行贿的手段谋取中标的现象;招标代理机构是否有泄露应当保密的与招标投标活动有关的情况和资料的现象,以及其他违反公开、公平、公正原则的行为。

有些合同需要公证,或由官方批准后才能生效,这应当在招标文件中说明。在国际工程中,有些国家项目、政府工程,在合同签订后,或业主向承包商发出中标通知书后,还得经过政府批准后,合同才能生效。对此,应当特别注意。

④ 合同内容合法性审查。主要审查合同条款和所指的行为是否符合相应法律规定,如关于分包转包、劳动保护、环境保护、赋税和免税、外汇额度、劳务进出口等条款是否符合相应的法律规定。

(2) 合同的完备性审查

根据《中华人民共和国合同法》规定,合同应包括合同当事人、合同标的、标的的数量和质量,合同价款或酬金、履行期限、地点和方式,违约责任和解决争议的方法。一份完整的合同应包括上述所有条款。由于建设工程的工程活动多,涉及面广,合同履行中不确定性因素多,从而给合同履行带来很大风险。如果合同不够完备,就可能会给当事人造成重大损失。

因此,必须对合同的完备性进行审查。合同的完备性审查包括:

① 合同文件完备性审查,即审查属于该合同的各种文件是否齐全。如发包人提供的技术文件等资料是否与招标文件中规定的相符,合同文件是否能够满足工程需要等。

② 合同条款完备性审查。这是合同完备性审查的重点,即审查合同条款是否齐全,对工程涉及的各方面问题是否都有规定,合同条款是否存在漏项等。合同条款完备性程度与采用何种合同文本有很大关系:

a. 如果采用的是合同示范文本,如 FIDIC 条件,或我国施工合同示范文本等,则一般认为该合同条款较完备。此时,应重点审查专用合同条款是否与通用合同条款相符,是否有遗漏等。

b. 如果未采用合同示范文本,但合同示范文本存在,在审查时应当以示范文本为样板,将拟签订的合同与示范文本的对应条款一一对照,从中寻找合同漏洞。

c. 如果无标准合同文本,如联营合同等,无论是发包人还是承包人在审查该类合同的完备性时,应尽可能多地收集实际工程中的同类合同文本,并进行对比分析,以确定该类合同内容的范围和合同文本结构形式。再将被审查的合同按结构拆分开,并结合工程的实际情况,从中寻找合同漏洞。

(3) 合同条款的公正性审查

公平公正、诚实信用是《中华人民共和国合同法》的基本原则,当事人无论是签订合同还是履行合同,都必须遵守该原则。但是,在实际操作中,由于建筑市场竞争异常激烈,而合同的起草权掌握在发包人手中,承包人只能处于被动应付的地位,因此业主所提供的合同条款往往很难达到公平公正的程度。所以,承包人应逐条审查合同条款是否公平公正,对明显缺乏公平公正的条款,在合同谈判时,通过寻找合同漏洞,向发包人提出自己的合理化建议,利用发包人澄清合同条款及进行变更的机会,力争使发包人对合同条款作出有利于自己的修改。同时,发包人应当认真审查研究承包人的投标文件,从中分析投标报价过程中承包人是否存在欺诈等违背诚实信用原则的现象。对施工合同而言,应当重点审查以下内容。

① 工作范围,即承包人所承担的工作范围。包括施工,材料和设备供应,施工人员的提供,工程量的确定,质量、工期要求及其他义务。工作范围是制定合同价格的基础,因此工作范围是合同审查与分析中一项极其重要的不可忽视的问题。招标文件中往往有一些含糊不清的条款,故有必要进一步明确工作范围。在这方面,经常发生的问题有:

a. 因工作范围和内容规定不明确或承包人未能正确理解而出现报价漏项,从而导致成本增加甚至整个项目出现亏损。

b. 由于工作范围不明确,对一些应该纳入的工程量没有进行计算而导致施工成本上升。

c. 规定工作内容时,对于规格、型号、质量要求、技术标准文字表达不清楚,从而在实施过程中容易产生合同纠纷。

因此,合同审查一定要认真仔细,规定工作内容时一定要明确具体,责任分明。特别是在固定总价合同中,根据双方已达成的价格,查看承包人应完成哪些工作,界面划分是否明确,对追加工程能否另计费用。对招标文件中已经体现,工程质量也已列入,但总价中未计入者,是否已经逐项指明不包括在本承包范围内,否则要补充计价并相应调整合同价格。为现场监理工程师提供的服务如包含在报价内,应分析承包人必须提供的办公及住房的建筑面积和标准,工作、生活设备数量和标准等是否明确。合同中有否诸如"除另有规定外的一切工程"、"承包人可以合理推知需要提供的为本工程服务所需的一切工程"等含糊不清的词句。

② 权利和责任。合同应公平合理地规定双方的责任和权益。因此,在合同审查时,一定要列出双方各自的责任和权利,在此基础上进行权利义务关系分析,检查合同双方责权是否平衡,合同有否逻辑问题等。同时,还必须对双方责任和权力的制约关系进行分析。如在合同中规定一方当事人有一项权力,则要分析该权力的行使会对对方当事人产生什么影响,该权力是否需要制约,权力方是否会滥用该权力,使用该权力的权力方应承担什么责任等,还据此可以提出对该项权力的反制约。例如合同中规定"承包商在施工中随时接受工程师的检查"条款。作为承包商,为了防止工程师滥用检查权,应当相应增加"如果检查结果符合合同规定,则业主应当承担相应的损失(包括工期和费用赔偿)"条款,以制约工程师的检查权。

如果合同中规定一方当事人必须承担一项责任,则要分析承担该责任应具备什么前提条件,以及相应拥有什么权力,以及如果对方不履行相应的义务应承担什么责任等。例如,合同规定承包商必须按时开工,则在合同中应相应地规定业主应按时提供现场施工条件,及时支付预付款等。

在审查时,还应当检查双方当事人的责任和权益是否具体、详细、明确,责权范围界定是否清晰等。例如,对不可抗力的界定必须清晰,如风力为多少级,降雨量为多少毫米,地震的震级为多少等等。如果招标文件提供的气象、水文和地质资料明显不全,则应争取列入非正常气象、水文和地质情况下业主提供额外补偿的条款,或在合同价格中约定对气象、水文和地质条件的估计,如超过该假定条件,则需要增加额外费用。

③ 工期和施工进度计划

a. 工期:工期的长短直接与承发包双方利益密切相关。对发包人而言,工期过短,不利于工程质量,还会造成工程成本增加;而工期过长,则影响发包人正常使用,不利于发包人及时收回投资。因此,发包人在审查合同时,应当综合考虑工期、质量和成本三者的制约关系,以确定最佳工期。对承包人来说,应当认真分析自己能否在发包人规定的工期内完工;为保证自己按期竣工,发包人应当提供什么条件,承担什么义务;如发包人不履行义务应承担什么责任,以及承包人不能按时完工应当承担什么责任等。如果根据分析,很难在规定工期内完工,承包人应在谈判过程中依据施工规划,在最优工期的基础上,考虑各种可能的风险影响因素,争取确定一个承发包双方都能够接受的工期,以保证施工的顺利进行。

b. 开工:主要审查开工日期是已经在合同中约定还是以工程师在规定时间发出开工通知为准,从签约到开工的准备时间是否合理,发包人提交的现场条件的内容和时间能否满足施工需要,施工进度计划提交及审批的期限,发包人延误开工、承包人延误进场各应承担什么责任等。

c. 竣工:主要审查竣工验收应当具备什么条件,验收的程序和内容;对单项工程较多的工程,能否分批分栋验收交付,已竣工交付部分,其维修期是否从出具该部分工程竣工证书之日算起;工程延期竣工罚款是否有最高限额;对于工程变更、不可抗力及其他发包人原因而导致承包人不能按期竣工的,承包人是否可以延长竣工时间等。

④ 工程质量。主要审查工程质量标准的约定能否体现优质优价的原则;材料设备的标

准及验收规定；工程师的质量检查权力及限制；工程验收程序及期限规定；工程质量瑕疵责任的承担方式；工程保修期期限及保修责任等。

⑤ 工程款及支付问题。工程造价条款是工程施工合同的关键条款，但通常会发生约定不明或设而不定的情况，往往为日后争议和纠纷的发生埋下隐患。实际情况表明，业主与承包商之间发生的争议、仲裁和诉讼等，大多集中在与付款有关的问题上；承包工程的风险或利润，最终也都要在付款中表现出来。因此，无论发包人还是承包人都必须花费相当多的精力来研究与付款有关的各种问题。

a. 合同价格，包括合同的计价方式，如采用固定价格方式，则应检查在合同中是否约定合同价款风险范围及风险费用的计算方法，价格风险承担方式是否合理；如采用单价方式，则应检查在合同中是否约定单价随工程量的增减而调整的变更限额百分比（如 15％、20％或 25％）；如采用成本加酬金方式，则应检查合同中成本构成和酬金的计算方式是否合理。还应分析工程变更对合同价格的影响等等。

同时，还应检查合同中是否约定工程最终结算的程序、方式和期限。对单项工程较多的工程，是否约定按各单项工程竣工日期分批结算；对"三边"工程，能否设定分阶段决算程序。当合同当事人对结算工程最终造价有异议时应当如何处理等。

b. 工程款支付，主要包括以下内容：

预付款。由于施工初期承包人的投入较大，因此如果在合同中约定预付款以支付承包人初期准备费用是公平合理的。对承包人来说，争取预付款既可以使自己减少垫付的周转资金及利息，也可以表明业主的支付信用，减少部分风险。因此，承包人应当力争取得预付款，甚至可适当降低合同价款以换取部分预付款，同时还要分析预付款的比例、支付时间及扣还方式等。在没有预付款时，通过合同，分析能否要求发包人根据工程初期准备工作的完成情况给付一定的初期付款。

付款方式。对于采用根据工程进度按月支付的，主要审查工程计量及工程款的支付程序，以及检查合同中是否有中期支付的支付期限及延期支付的责任。对于采用按工程形象进度付款的，应重点分析各付款阶段付款额对工程资金现金流的影响，以合理确定各阶段的付款比例。

支付保证。支付保证包括承包人预付款保证和发包人工程款支付保证。对预付款保证，应重点审查保证的方式及预付款保证的保值是否随被扣还的预付款金额而相应递减。业主支付能力直接影响到承包商资金风险是否会发生及风险发生后影响程度的大小，承包商事先必须详细调查业主的资信状况，并尽可能要求业主提供银行出具的资金到位的证明或资金支付担保。

保留金。主要检查合同中规定的保留金限额是否合理，保留金的退还时间，分析能否以维修保函代替扣留的应付款。对于分批交工的工程，是否可分批退还保留金。

⑥ 违约责任。违约责任条款订立的目的在于促使合同双方严格履行合同义务，防止违约行为的发生。发包人拖欠工程款、承包人不能保证工程质量或不按期竣工，均会给对方以及第三人带来不可估量的损失。因此，违约责任条款的约定必须具体、完整。在审查违约责任条款时，要注意以下几点：

a. 对双方违约行为的约定是否明确，违约责任的约定是否全面。在工程施工合同中，双方的义务繁多，因此一些违反非合同主要义务的责任承担往往容易被忽视。而违反这些义务极可能影响到整个合同的履行，所以，应当注意必须在合同中明确违约行为，否则很难追究对方的违约责任。

b. 违约责任的承担是否公平。针对自己关键性权利，即对方的主要义务，应向对方规定违约责任，如对承包人必须按期完工、发包人必须按规定付款等，都要详细规定各自的履行义务和违约责任。在对自己确定违约责任时，一定要同时规定对方的某些行为是自己履约的先决条件，否则自己不应当承担违约责任。

c. 对违约责任的约定不应笼统化，而应区分情况作相应约定。有的合同不论违约的具体情况，笼统约定一笔违约金，这很难与因违约而造成的实际损失相匹配，从而导致出现违约金过高或过低等不合理现象。因此，应当根据不同的违约行为，如工程质量不符合约定、工期延误等分别约定违约责任。同时，对同一种违约行为，应视违约程度，承担不同的违约责任。

d. 虽然规定了违约责任，在合同中还要明确相应措施，以作为督促双方履行各自的义务和承担违约责任的一种保证。

此外，在合同审查时，还必须注意合同中关于保险、担保、工程保修、争议的解决及合同的解除等条款的约定是否完备、公平合理。

9.1.2　签订工程承包合同

《建设工程工程量清单计价规范》(GB 50500—2008)第 4.4.3 条规定：实行工程量清单计价的工程，宜采用单价合同。

1) 办理好相关手续

签订工程承包合同之前，必须办理好履约保证书和各项保险手续。

"履约保证书"是投标单位在中标之后，为确保自己能履行拟签订的承包合同，而必须在承包合同签订之前，先向业主交纳保证书。保证书提出的保证金数额的确定方法一般有两种：一种是按标价的 10% 计算保证金数额；另一种是按规定的保证金数额。若承包人履约，则履约保证书的有效期应持续到完工之日。若承包人违约，该保证书的有效期就要持续到保证人以保证金额赔偿了业主方面的损失之日止。

需要办理的各项保险手续主要指：工程保险、第三方保险、工人人身保险等。

2) 商签工程承包合同

根据我国合同法对合同的定义，合同是"平等主体的自然人、法人、其他组织之间设立、变更、终止民事权利义务关系的协议"。

任何合同均应具备三大要素：主体、标的、内容。主体，即签约双方的当事人；标的，是当事人的权利和义务共同指向的对象；内容，指合同当事人之间的具体权利与义务。

工程承包合同，是由工程业主和承包商双方以承揽包工方式完成某一工程项目而签订的合同。它是双方履行各自权利、义务的具有法律效力的经济契约。业主根据合同条款对工程的工期、质量、价格等方面进行全面监督，并对承包商支付报酬；承包商则根据合同条款完成该项工程的施工建造，并取得酬金。因此，也可以认为工程承包合同是承包商保证为业主完成委托任务，业主保证按商定的条件给承包商支付酬金的法律凭证。

9.1.3 履行工程承包合同

工程承包合同的履行过程亦即商品交易中的付款提货过程。

1）承包人的履约工作

在履约过程中，承包人必须按照合同的约定保质、保量、如期地将工程交付给发包人使用，并根据合同中规定的价格及支付条款收取工程款。其主要工作是：

（1）办理好预付款保证书及时收取预付款。

（2）备工、备料，做好施工前的各项准备工作。

（3）按计划精心组织施工、确保工程质量、工期和安全施工。

（4）保存好全套工程项目资料并做好记录。必须妥善保存的文件、资料，主要是指投标文件、标书、图纸以及与业主、工程师的来往信件，各种财务方面及工程量计算方面的原始凭据等。需做好的各项记录是：工程师通知的工程变更记录、暂定项目的工程量记录、标书外的零星点工及零星机械使用量记录、天气记录、工伤事故记录等。这些记录均须取得有关方面的签认。

（5）办理支付证书并交工程师签证。根据工程的实际进度，及时累计所完成的各项工程量（包括开办费中的一些设备购置费、临时设施费等），并及时办理支付款项证明书，送交工程师签证，以便能及时领取应得款项。

（6）及时向工程师报告有关情况。及时以书面形式向工程师报告那些无法按照合同规定供应的材料、设备等，并应提出合适的代用品的建议，及时征得工程师的同意，以保证工程进度和承包人在价格方面不受影响。

（7）注意进行施工索赔必须做的各项工作，包括：分析标书及图纸等方面的漏误；核对施工中的项目内容与标书及图纸的出入；详细记录影响施工的恶劣气候的天数；详细记录由于工程所在国当局的原因及业主方面人员的原因贻误工期的具体情况；详细记录工程变更的具体情况等。

对上述各类问题导致的必须增加的费用额及必须延长的施工工期日数，均应以书面形式及时（一般是一个月以内）地通知工程师或其代表，请他们签证，以备日后能较顺利地进行费用和工期两方面的施工索赔。

2）发包人的履约工作

发包人在履约过程中，主要是按合同的约定，协同施工。

（1）按期提交合格的工程施工现场。

（2）据合同的约定协助承包方办理相关的各项手续。

（3）及时进行材料、设备样品的认可。

（4）做好工程的检验、检查工作，及时办理验收手续。

（5）按合同的规定，如期向承包人支付款项。

（6）委派工程师。委派得力的驻地工程师，代表业主全面负责工程实施的各项工作，解决、处理好应由缔约双方协商的各种重要事宜。

9.1.4 建设工程承包合同纠纷的解决

建设工程承包合同在履行的过程中，由于受政治、经济、自然条件等诸多因素的影响，且工程本身情况复杂又变化多端,履约中不可避免地会出现一些预料不到的问题。缔约双方从维护各自权益的角度出发,对这些问题的解决往往会产生矛盾和纠纷。这些纠纷应当依据双方在合同中规定解决纠纷的有关条款及国内或国际通用的解决工程承包合同纠纷的常用方法进行解决。

1)履约中常见主要纠纷

建设工程承包合同在履行过程中出现的各种纠纷可概括为以下几类:

(1)工作命令

原则上承包商有义务执行工程师下达的所有工作命令,但工程承包合同又通常规定承包商有权在规定的期限内对工程师下达的工作命令提出异议和要求,因此,可能导致双方之间产生分歧,尤其当发生了不可预见事件时,更是如此。

(2)工程材料及施工质量和标准

关于工程材料及施工的质量和标准,虽有技术规范、设计图纸和合同条款的规定,但有些标准并非是绝对的,有些标准并无十分明确的界限。工程质量能否得到监理工程师的认可,与工程师的水平、立场、态度关系极大,因此,也经常产生争议。

(3)工程付款依据

工程付款依据方面的分歧主要产生于对已实施工程的确认。通常是在对施工日志、工程进度报表的确认及对工程付款临时、正式账单审核签字时产生争议和纠纷。

(4)工期延误

工期纠纷是工程承包合同缔约双方间最常发生的纠纷。主要表现在对造成工期延误原因的确认和应采取的处理方法等方面出现争议。

(5)合同条款的解释

由于某些合同在签订时只是原则地提及双方的权利和义务,缺乏限定条款;还有些合同中部分条款的措词有时可以有多种解释,因而在合同实施中往往导致对合同条款如何解释产生分歧。

(6)不可抗力及不可预见事宜

因为各国的法律对这两类事件赋予的定义存在差异,有些合同在签订时很难对这两者间的界限予以明确规定,尤其是一些人为因素如罢工、内乱等造成的事件,所以,履约过程中此类事件一旦发生,双方极易出现纠纷。

(7)工程验收

业主或工程师与承包商在工程验收时,往往围绕工程是否合格的问题发生纠纷。工程是否合格的问题弹性很大,除明显的施工缺陷外,对于工程的评价通常很难确定一个双方完全一致公认的标准,常常为此发生争议。

(8)工程分包

某些合同签订时对于是否允许分包并未作出明确规定,而承包商则利用合同中未设明确禁止分包的条款,在没有征得业主同意的情况下,进行了工程分包,因而导致双方产生纠纷。

(9)工程变更

工程承包合同实施过程中,往往出现工程变更的量或时间与合同规定的范围稍有不符,而双方都斤斤计较,因此产生分歧。

（10）误期付款

尽管合同中都有明文规定业主拖欠工程款应付延期利息，但执行起来却非常困难，特别是延期利息数额巨大之时，势必导致双方产生纠纷。

除上述种种情况外，因工程设计修改及由此导致的工程性质及用料改变，业主无正当理由而拖延了对承包商提出要求的答复，承包商违章施工造成第三者受害，战争摧毁承包商已实施的工程，业主中途将合同转让导致与新老承包商之间难以合理确定酬金等问题，都会导致承发包双方产生纠纷。

2）解决合同纠纷的基本方法

解决工程承包合同纠纷常用的方法有以下几种：

（1）协商

协商是指缔约双方的当事人直接进行接触、磋商，自行解决纠纷和争议的一种方法。

进行协商的一般做法是，通过双方的接触和磋商，互相均作出一定限度的让步，在双方都认为能够接受的基础上，消除争议，达成和解，使问题得以解决。

用协商的方法来解决纠纷和争议，有利于保持双方的良好合作关系，并且能节省费用。

（2）调解

调解是指由工程师（或法律专家）受当事人之托作为调解人，对缔约人发生的争端，通过全面、公正地考虑双方的权益而做出决定性的解决意见，双方照此办理，使争端得到解决的一种方法。

调解的做法大致是这样的：若工程业主和承包商在合同或工程建造方面发生的争端，双方均可将争端提交工程师（或法律专家），请其进行调解。调解人在接到任何一方的请求后，即可考虑可行的调解意见，并于三个月内，将自己所考虑的决定意见通知业主和承包商双方。双方若都对调解决定满意，即调解有效，该决定意见对双方均有约束力；若有任何一方对决定不满意，均可在一个月内提出仲裁要求，此时，调解无效。

用调解的方法解决争端，一般花费不大，解决问题也较快。但由于调解决定需要双方自愿履行，其约束力和强制性均较差。

（3）仲裁

仲裁是指通过仲裁组织，按照仲裁程序，由仲裁员作为裁判，对于那些涉及的金额巨大或后果严重，双方均不愿做较大让步，经过长时期反复地协商、调解仍无法解决的争端，或一方有意毁约，态度恶劣，无解决问题诚意的争端作出裁决，是解决争端的一种常用方法。

仲裁有自己的仲裁组织，有固定的仲裁程序，由作为裁判的仲裁员来对双方争议的事项作出具体裁决。仲裁员的裁决是对双方均有约束力的最终裁决。尽管仲裁组织本身并没有强制能力和强制措施，但是法院可出面根据胜诉方的要求，强制败诉方执行裁决，致使败诉方无法忽视裁决而逃避责任，从而保障裁决的约束力和强制性。仲裁有较大的灵活性，仲裁能迅速解决问题且费用较省。

（4）诉讼

诉讼是指按照诉讼程序向有管辖权的法院起诉，通过法院的判决，来解决那些通过协商、调解均无法解决，且所涉及的金额巨大、后果严重、合同中又没签订仲裁条款的争端的方法。

上述争端中，双方当事人中的任何一方，都有权向当地法院起诉，申请判决。这种诉讼一般称为"民事诉讼"。法院的判决是具有法律约束力和强制性的,无任何协调余地。但是所需的花费比较多,时间也比较长。

以上简述了解决工程承包合同争端的几种基本方法,其中仲裁是最普遍的方法。

9.2 建筑工程标后预算

建筑工程标后预算是在建筑工程施工前,由施工单位内部编制的预算,它在工程承包合同价的控制下,根据施工定额编制。

在每一个建筑工程开工之前,施工单位都必须编制作业进度计划,计算工程材料用量、分析施工所需的工种、人工数量、机械台班消耗数量和直接费用,并提出各类构配件和外加工项目委托书等,以便有计划、有组织地进行施工,从而达到节约人力、物力和财力的目的。因此,编制标后预算和进行工料分析,是建筑施工企业管理工作中的一项重要措施,并已形成制度。

9.2.1 建筑工程标后预算概述

1) 标后预算的内容与作用

标后预算包括工程量、人工、材料和机械台班数量,以单位工程为对象,按分部工程进行计算。标后预算由说明书及表格两大部分组成。

(1) 说明书部分

说明书部分简要说明以下几方面的内容:

① 编制的依据,如采用什么定额、图纸等。

② 工程性质、范围及地点。

③ 设计图纸和说明书的审查意见及现场的主要资料。

④ 施工方案、施工期限。

⑤ 施工中采取的主要技术措施和降低成本的措施。

(2) 表格部分

标后预算为了满足各职能部门的管理要求,常采用以下几种表格:

① 标后预算工料分析表。这是标后预算中的基本表格,该表格依据工程量乘以工料消耗量编制。

② 标后预算工、料和机械消耗量汇总表。

③ "两算"对比表。用于进行合同价与标后预算对比。

④ 其他表格。如门窗加工表、五金明细表等。

(3) 标后预算的作用

标后预算有以下几方面的作用:

① 标后预算是施工计划部门安排作业和组织施工,进行施工管理的依据。

② 标后预算是施工管理部门或项目经理部向班组下达施工任务单和限额领料单的依据。

③ 标后预算是劳务部门安排劳动人数和进场时间的依据。

④ 标后预算是材料部门编制材料供应计划,进行备料和按时组织进场的依据。

⑤ 标后预算是财务部门定期进行经济活动分析,核算工程成本的依据。

⑥ 标后预算是施工企业加强内部管理,进行"两算"对比的依据。

2)标后预算的编制依据

(1)会审后的施工图和说明书。标后预算要分层、分段地编制。采用会审后的施工图和说明书以及会审纪要来编制,目的是使标后预算更符合实际情况。

(2)企业的劳动定额、材料消耗定额和施工机械台班定额。

(3)施工组织设计或施工方案。标后预算与施工组织设计或施工方案中选用的施工机械、施工方法等有密切关系,所以它是编制标后预算必不可少的依据。

(4)报价书。标后预算的分项工程项目划分比报价书的分项工程项目划分要细一些,但有的工程量与报价书是相同的,为了减少重复计算,标后预算可参考报价书。

(5)人工工资标准及材料预算价格。

(6)现场实际勘测资料。

3)标后预算的编制方法

标后预算的编制方法有实物法和实物金额法两种。

(1)实物法

根据图纸以及施工定额计算出工程量套用企业定额,计算并分析汇总工、料以及机械台班数量。

(2)实物金额法

实物金额法又可分为以下两种:

① 根据实物法计算工、料和机械台班数量,分别乘以工、料和机械台班的单价,求出人工费、材料费和机械使用费。

② 根据施工定额的规定计算工程量,套用定额估价表的人工、材料费和机械使用费,计算出标后预算的人工费、材料费和施工机械使用费。

4)标后预算的编制步骤

(1)熟悉图纸,了解现场情况及施工组织情况。

(2)根据图纸、定额、现场情况列出工程项目,再计算工程量。

(3)套用企业定额。计算人工、材料、机械用量。

(4)工料分析。根据所用定额逐项进行工料分析,并将同类项目工料相加汇总,形成完整的分部、分层、分段工料汇总表。

(5)编写编制说明及计算其他表格(如门窗加工表、五金配件表等)。

(6)编制标后预算与合同价对比表。

9.2.2 标后预算与合同价对比分析

1)标后预算与合同价的不同点

(1)工程项目粗细程度不同

① 标后预算的工程量计算要分层、分段、分工种、分项进行,其项目比较多。

② 标后预算项目划分比较细。

(2)计算范围不同

标后预算一般算到直接费为止,投标报价要完成整个工程造价计算。

（3）所考虑的施工组织方面的因素不同

标后预算所考虑的施工组织方面的因素比投标报价细得多。

2）标后预算与合同价的对比分析

（1）对比方法

① 实物对比法，是将标后预算与合同价的人工、材料、机械台班消耗数量分别进行对比。

② 实物金额对比法，是将标后预算与合同价的人工费、材料费、机械使用费分别进行对比。

（2）对比的内容

① 人工。一般标后预算应低于合同价 10%～15%。

② 材料。标后预算消耗量总体上低于合同价，因为施工操作损耗一般低于《计价表》中的材料损耗。

③ 机械台班。《计价表》中的机械台班耗用量是综合考虑的；施工定额要求根据实际情况计算，即根据施工组织设计或施工方案规定的进场施工的机械种类、型号、数量、工期计算。机械台班采用以金额表示的机械费进行标后预算与合同价对比。

（3）对比的范围

对比的范围可根据管理的要求灵活确定，可以是一个主要工序、一个分项工程、一个分部工程直至一个单位工程，可以对人工、材料、机械用量分别对比，可以仅对比其中一项，也可以用实物金额法对比人工费、材料费、机械费。

9.2.3　合同价与实际消耗对比分析

综合分析可采取预算、财务、施工等职能部门相互配合的方法进行，通过对工程实际耗用情况与承包合同价的绝对和相对比较，有利于对工程完成情况、经营成果提出合理的、有说服力的综合评价，并通过分析找出降低成本的突破口。

1）承包合同价与实际消耗降低程度分析

承包合同价与实际成本项目的对比分析，首先应将工程造价划分为若干个项目。划分的方法可参照责任会计中的成本项目划分方法。合理划分项目，有利于分析出各责任单位的成本节超情况。

如某工程各项费用的实际消耗与预算成本对比分析见表 9.2.1。

表 9.2.1　某工程各项费用实际消耗降低程度分析表

成本项目	预算（万元）	实际（万元）	降低额（万元）	降低率（%）（占本项）	降低率（%）（占总成本）
人工费	15.6	15.3	0.3	1.92	0.19
材料费	100.2	93.2	7.0	6.99	4.40
机械使用费	8.4	8.9	−0.5	−5.95	−0.31
其他直接费	3.0	2.8	0.2	6.67	0.13
工程直接成本	127.2	120.2	7.0	5.50	4.40
间接费	31.8	29.4	2.4	7.55	1.50
工程总成本	159.0	149.6	9.4	5.91	5.91

（1）工程预算成本 159.0 万元，实际成本 149.6 万元，实际比预算降低 9.4 万元，即该工程的成本降低率为 5.91%。

（2）在各成本项目中，材料费比重最大，降低额也最大，降低额 7.0 万元，降低率占材料费的 6.99%，占工程总成本的 4.40%。

（3）在各成本项目中，只有机械费超支，应分析其原因，是因为机械进退场不合理，是因为台班数量多了，还是由于机械台班使用费发生了变化等等。

2）合同价与实际工程成本相对构成分析

合同价与实际工程成本相对构成分析的目的是找出各成本项目对实际总成本降低计划的影响程度。某工程合同价与实际成本对比分析结果见表 9.2.2。

表 9.2.2　某工程合同价与实际成本对比分析表

成本项目	合同价成本构成（%）	实际成本构成（%）	增减（%）
人工费	9.81	10.22	+0.41
材料费	63.02	62.30	−0.72
机械使用费	5.28	5.95	+0.67
其他直接费	1.89	1.87	−0.02
工程直接成本	80.00	80.35	+0.35
间接费	20.00	19.65	−0.35
工程总成本	100	100	

从分析表中可看出：

（1）实际成本中，材料费、其他直接费、间接费比例降低，人工费和机械使用费比例上升。

（2）对比例降低项目应分析原因，总结经验。如间接费比例下降可能是施工临时设施搭设较少，也可能是未遇上冬雨季施工或其他原因。

（3）人工费、机械使用费比例上升，说明现场管理水平有待提高，应深入分析原因。

施工单位应在施工前根据工程情况和施工方案制订计划成本，并在工程完工后对计划成本与实际成本进行对比分析，这种分析可以从有关方面反映施工技术和管理水平。

9.2.4　建筑工程成本项目分析方法

在上述综合分析的基础上，进一步分析成本节超原因，应根据工程实际情况，参照下列方法进行。

1）人工费分析

影响人工费节超可能有以下原因：

（1）工日差，即预算工日数与实际使用工日数之差，可根据合同价对应的工料分析结果与实际施工记录对比分析。

（2）日工资标准差，合同价的日平均工资标准与实际日平均工资标准之差。

2）材料费分析

材料费的节超直接影响工程成本，是分析的重点。

（1）量差，即实际消耗量与合同价用量之差，包括两个方面：一是采购进场过程中短吨少位；二是施工消耗超定额。

（2）价差，即材料实际单价与合同价价格之差。

3）机械使用费分析

机械使用费直接以费用的形式分析有一定的难度，因此计算机械实际成本时，涉及机械折旧、大修、擦拭、保管等费用均难以计算，故机械使用应着重于提高效益，合理组织进退场，加强动力燃料管理，加强维护保养等。

4）其他直接费分析

其他直接费分析方法是以合同价中的量或价与实际的量或价相比较。

5）间接费分析

可将报价中间接费拆分成若干项目再分别与相应项目的实际费用相比较。各项目分析方法、分析范围可能有所不同。如劳保支出不能以一个单位工程为分析对象，可以以该独立核算单位年内建安工作量或更大的范围进行统一分析。

9.3 工程变更价款处理

工程变更直接影响工程造价。发生工程变更的原因有：业主对工程有新的要求、设计文件粗糙而引起的工程内容调整、施工条件变更、业主对进度计划的变更等。

9.3.1 工程变更的控制

工程变更的效果可能有两种情况：一是通过变更促进工程的功能完善、设计合理、节约成本、提高投资效益；二是因工程变更导致建设规模扩大、建设标准提高、投资超概算。因此对工程变更必须作出科学合理的分析，严格控制不合理变更。

（1）控制投资规模

施工过程中必须严格控制新增工程内容，严禁通过设计变更扩大建设规模。若工程变更导致造价超支部分在预备费中难以调剂时，必须报经概算审批部门批准后方可发出变更通知。

（2）尽量减少设计变更

施工阶段的设计变更往往因设计深度不够、设计不合理或不切实际而引起，这种变更常因贻误变更时机而造成经济损失。因此，设计单位应预先考虑周到，减少设计变更。对承包商因在施工技术或施工管理中发生失误而要求设计者发出某种变更以弥补其损失的行为必须严格禁止。

对必须且合理的设计变更，应先作工程量及造价变化分析，经业主同意，设计单位审查签证，发出相应图纸和说明后，方可发出变更通知，并调整原合同确定的工程造价。

（3）控制施工条件变更

施工条件变更是指施工中实际遇到的现场条件与招标文件中描述的现场条件有本质的差异，承包商因此向业主提出费用和工期的索赔。因此，承发包双方均应做好现场记录资料和试验数据的收集整理工作，科学、合理地把握好施工条件变化引起的施工单位和施工工期变化的规律，从而控制合同价款的变化。

（4）业主要求的进度计划变更

业主由于某种原因要求较合同进一步缩短工期，承包商因此加大成本并提出相应的索赔要求。业主应在科学决策的前提下,慎重地提出缩短工期的要求。

9.3.2　工程变更价款的确定

工程变更必然导致合同价款的变化。因非承包商原因发生的工程变更,由业主承担费用支出并顺延工期;因承包商违约或不合理施工导致的工程变更,由承包商承担责任。

确定工程变更价款的步骤如下:

(1) 承包商提出变更价格

承包商根据实际施工方案,在确保施工质量及安全的前提下,科学、合理、经济地编制预算,并计算出与变更前相应部分的合同价款的差额,确定该项变更引起的工期顺延天数,报监理单位或业主批准。

(2) 监理单位或业主方的造价工程师审核承包商提出的变更价格。

因分部分项工程量清单漏项或非承包人原因的工程变更,造成增加新的工程量清单项目,其对应的综合单价按下列方法确定:

① 合同中已有适用的综合单价,按合同中已有的综合单价确定。

② 合同中有类似的综合单价,参照类似的综合单价确定。

③ 合同中没有适用或类似的综合单价,由承包人提出综合单价,经发包人确认后执行。

9.3.3　工程签证

合同造价确定后,施工过程中如有工程变更和材料代用,可由施工单位根据变更核定单和材料代用单来编制变更补充预算,经建设单位签证,对原合同价进行调整。为明确建设单位和施工单位的经济关系和责任,凡施工中发生一切合同预算未包括的工程项目和费用,必须及时根据施工合同规定办理签证,以免事后发生补签和结算困难。

1) 追加合同价款签证

追加合同价款签证指在施工过程中发生的,经建设单位确认后按计算合同价款的方法增加合同价款的签证。主要内容如下:

(1) 设计变更增减费用。建设单位、设计单位和授权部门签发设计变更单,施工单位应及时编制增减预算,确定变更工程价款,向建设单位办理结算。

(2) 材料代用增减费用。因材料数量不足或规格不符,应由施工单位的材料部门提出经技术部门决定的材料代用单,经设计单位、建设单位签证后,施工单位应及时编制增减预算,向建设单位办理结算。

(3) 设计原因造成的返工、加固和拆除所发生的费用,可按实结算确定。

(4) 技术措施费。施工时采取施工合同中没有包括的技术措施及因施工条件变化所采取的措施费用,应及时与建设单位办理签证手续。

(5) 材料价差。合同规定允许调整的材料价格的变化,可以计算材料价格的差值。

2) 费用签证

费用签证指建设单位在合同价款之外需要直接支付的开支的签证。主要内容如下:

(1) 图纸资料延期交付,造成的窝工损失。

(2) 停水、停电、材料计划供应变更,设计变更造成停工、窝工的损失。

(3) 停建、缓建和设计变更造成材料积压或不足的损失。

（4）因停水、停电、设计变更造成机械停置的损失。

（5）其他费用。包括建设单位不按时提供各种许可证，不按期提供建设场地，不按期拨款所产生的利息或罚金的损失，计划变更引起临时工招募或遣散等费用。

9.4 索 赔

9.4.1 索赔管理

1）索赔管理

索赔是指合同履行过程中，合同一方因对方不履行或没有全面适当地履行合同所设定的义务而遭受损失时，向对方提出的赔偿或补偿要求。

建筑工程索赔主要发生在施工阶段，合同双方分别为业主与承包商。

业主，也称招标人。在国内，即指建设单位或其法人代表，也称甲方。业主作为工程建设的发包人，采用招标方式，雇用承包人，通过一定的合法程序，签订承包合同。

承包商，也称承包人。在国内，即指施工单位或其法人代表，也称乙方。

承包商向业主提出的索赔称为索赔，业主向承包商提出的索赔称为反索赔。一般来说，业主在向承包商索赔的过程中占有主动地位，可以直接从应付给承包商的工程款中扣抵，因此这里讲的索赔主要是指承包商向业主的索赔。

索赔是法律和合同赋予的正当权利，承包商应当重视索赔，善于索赔。我们不提倡国际承包市场上惯用的低标价、高索赔以获取利润的投标策略，但必要的施工索赔制度，应该得到大力提倡和推行。索赔的含义可概括为以下三个方面：

（1）承包商应当获得的利益，业主未能给予认可和支付，承包商以正式函件索要。

（2）由于一方违约给另一方造成损失，受损方向对方提出赔偿损失的要求。

（3）施工中遇到应由业主承担责任的不利自然条件或特殊风险事件，承包商向业主提出补偿损失的要求。

2）索赔事项分类

建筑施工过程中，引起索赔的事项很多，经常引发索赔的事项有：

（1）业主违约。如工程缓建、停建、拖欠工程款等。

（2）业主代表或监理工程师的不当行为。

（3）合同文件的缺陷。

（4）合同变更，如设计变更、追加或取消某项工作等。

（5）不可抗力事件，如自然灾害、社会动乱、物价大幅上涨等。

（6）第三方原因，如业主指定的供应商违约，业主付款被银行延误等。

上述索赔事项的索赔内容包括费用索赔和工期索赔两类。费用索赔是指承包商向业主提出赔偿损失或补偿额外费用的要求；工期索赔是指承包商在索赔事件发生后向业主提出延长工期，即推迟竣工日期的要求。

3）施工索赔的原则

提出索赔的一方必须收集充分的证据，采用合适的方法，并依据下列原则及时提出索赔要求。

（1）以合同为依据

施工索赔涉及面广,法律程序严格,参与施工索赔的人员应熟悉施工的各个环节,通晓建筑合同和法律,并具有一定的财会知识。索赔工作人员必须对合同条件、协议条款有深刻的理解,以合同为依据做好索赔的各项工作。

（2）以索赔证据为准绳

索赔工作的关键是证明承包商提出的索赔要求是正确的,还要准确地计算出要求索赔的数额,并证明该数额是合情合理的,而这一切都必须基于索赔证据。索赔证据必须是实施合同过程中存在和发生的;索赔证据应当能够相互关联、相互说明,不能互相矛盾;索赔证据应当具有可靠性,一般应是书面内容,有关的协议、记录均应有当事人的签字认可;索赔证据的取得和提出都必须及时。

承包商必须保存一套完整的工程项目资料,这是做好索赔工作的基础。下列资料均有可能成为索赔证据:

① 招标文件、合同文本及附件、中标通知书、投标书。

② 工程量清单、工程预算书、设计文件及其他技术资料。

③ 各种纪要、协议及双方来往信函。

④ 施工进度计划及具体的施工进度安排。

⑤ 施工现场的有关资料及照片。

⑥ 施工阶段的气象资料。

⑦ 工程检查验收报告、材料质检报告及其他技术鉴定报告。

⑧ 施工阶段水、电、路、气、通讯等情况记录。

⑨ 政府发布的材料价格变动、工资调整信息。

⑩ 有关的财务、会计核算资料。

⑪ 建筑材料采购、供应、使用等方面的凭据。

⑫ 有关的政策、法规等。

（3）及时、合理地处理索赔

索赔发生后,承发包双方应依据合同及时、合理地处理索赔。若多项索赔累积,可能影响承包商资金周转和施工进度,甚至增加双方矛盾。此外,拖到后期综合索赔,往往还牵涉到利息、预期利润补偿等问题,从而使矛盾进一步复杂化,增加了处理索赔的困难。

4）施工索赔的内容

（1）不利自然条件引起的索赔

承包商在工程施工期间遇到不利的自然条件或人为障碍,而这些条件与障碍是有经验的承包商也不能预见到的,则承包商可以提出索赔。

不利自然条件是指施工中遇到的实际自然条件比招标文件中所描述的更为恶劣和困难,这些不利自然条件导致承包商必须花费更多的时间和费用,此时,承包商可提出索赔。在有些合同条件中,往往写明承包商应在投标前确认现场环境及性质,即要求承包商承认已经考察和检查了周围环境,承包商不得因误解这些资料而提出索赔。

（2）工期延长和延误的索赔

工期延长和延误的索赔的内容包括两方面:一是承包商要求延长工期;二是承包商要求赔偿工期延误造成的损失。由于两方面索赔不一定同时成立,因此应分别编制索赔报告。

① 可以给予补偿的工期延误。对因场地条件变更、合同文件缺陷、业主或设计单位原因造成临时停工、处理不合理设计图纸造成的耽搁、业主供应的设备或材料推迟到货、场地准备工作不顺利、业主或监理工程师提出或认可的变更、该工程项目其他承包商的干扰等造成的工期延误,承包商有权要求延长工期和补偿费用。

② 可以给予延长工期的索赔。对于因战争、罢工、异常恶劣气候等造成的工期拖延,承包商可以要求适当推迟工期,但一般得不到收回损失费用的权利。

③ 有些工期延误不影响关键路线施工,承包商得不到延长工期的承诺,但可能获得适当的赔偿。

(3) 施工中断或工效降低的索赔

因业主或设计单位原因引起的施工中断、工效降低以及业主提出的比合同工期提前竣工而导致的工程费用增加,承包商可以提出人工、材料及机械费用的索赔。

(4) 因工程终止或放弃提出的索赔

因非承包方原因造成工程终止或放弃,承包商有权提出盈利损失及补偿损失两方面的索赔。盈利损失等于该工程合同价款与完成该工程所需花费的差额;补偿损失等于承包商在该工程已花费的费用减去已结算的工程款。

(5) 关于支付方面的索赔

① 关于价格调整方面的索赔。施工过程中价格调整的方法应在合同中明确规定。一般按各省市定额站颁发的材料预算价格调整系数或单项材料调整。有的地区开始应用材料价格指数进行动态结算。也可在合同中规定哪些费用一次包死,不得调整。

② 货币贬值导致的索赔。在引进外资的项目中,需使用多种货币时,合同中应明确有关货币汇率、货币贬值及动态结算的有关内容。

③ 拖延支付的索赔。业主未按合同规定时间支付工程款,承包商有权索赔利息。

5) 施工索赔程序

承包商应当积极地寻找索赔机会,及时收集索赔发生时的有关证据,提出正确的索赔理由。

(1) 发出索赔通知

索赔事件发生后,承包商应立即起草索赔通知,其内容包括索赔要求和相关证据。索赔通知应在索赔事件发生后的 20 天内向业主发出。

(2) 索赔的批准

业主在收到索赔通知后的 10 天内给予批准,或要求承包商进一步补充索赔理由和证据。业主若在 10 天内未予答复,则视为该项索赔已经批准。

6) 施工索赔文件

(1) 索赔信

索赔信由承包商致业主或其代表,其内容包括:索赔事件的内容、索赔理由、费用及工期索赔要求、附件说明。

(2) 索赔报告

索赔报告是索赔文件的核心内容,应包括标题、事实与理由、费用及工期损失的计算结果。

(3) 详细计算书及证据

详细计算书及证据这部分内容可繁可简,视具体情况而定。

9.4.2 索赔费用的计算

1) 计算索赔费用的原则

承包商在进行费用索赔时,应遵循以下两个原则:

(1) 所发生的费用应该是承包商履行合同所必需的,若没有该项费用支出,合同无法履行。

(2) 承包商不应由于索赔事件的发生而额外受益或额外受损,则费用索赔应以赔(补)偿损失为原则,实际损失可作为费用索赔值。实际损失包括两部分:一是直接损失,指导实际工程中实际成本的增加或费用的超支;二是间接损失,指可能获得的利润的减少。

2) 索赔费用的组成

索赔费用的组成与建筑工程造价的组成相似,主要包括:

(1) 人工费。包括完成业主要求的合同外工作而发生人工费、非承包商责任造成工效降低或工期延误而增加的人工费、政策规定的人工费增长等。

(2) 材料费。包括索赔事件引起的材料用量增加、材料价格大幅度上涨、非承包商原因造成的工期延误而引起的材料价格上涨和材料超期存储费用。

(3) 施工机械使用费。包括完成业主要求的合同外工作而发生的机械费、非承包商原因造成的工效降低或工期延误而增加的机械费、政策规定的机械费调增等。

(4) 现场管理费。指承包商完成业主要求的合同外工作、索赔事件工作、非承包商原因造成的工期延长期间的现场管理费,主要包括管理人员工资及办公费等。

(5) 企业管理费。主要指非承包商原因造成的工期延长期间所增加的企业管理费。

(6) 利息。指业主拖期付款的利息、索赔款的利息、错误扣款的利息等。利率按双方协议或银行贷款、透支利率计算。

(7) 利润。对工程范围、工作内容变更及施工条件变化等引起的索赔,承包商可按原报价单中的利润百分率计算利润。

3) 费用索赔的计算方法

费用索赔的计算方法有分项法和总费用法两种。

(1) 分项法

分项法,即对每个索赔文件所引起的损失费用分别计算索赔值。该索赔值可能包括该项工程施工过程中所发生的额外的人工费、材料费、施工机械使用费及相应的管理费、利润等。分项法计算准确,应用面广,采用该方法必须注意第一手资料的收集与整理。

(2) 总费用法

总费用法是指发生多次索赔事件后,重新计算该工程的实际总费用,再减去合同价,其差即为索赔金额。这种方法有两方面的缺点:一是实际发生的总费用中可能包括承包商的施工组织不合理等因素;二是投标报价时为竞争中标而压低标价,现在想要通过索赔得到补偿。因此,只有难以应用分项法计算实际费用时才应用总费用法。

9.4.3 业主反索赔

业主反索赔的内容包括:

(1) 工期延误反索赔

由于承包商原因推迟了竣工日期,业主有权提出反索赔,要求承包商支付延期竣工违约金。违约金的组成包括：工期延长而引起的货款利息增加；工期延长而增加的业主管理费及监理费；工期延长，本工程不能使用而租用其他建筑物的费用；业主的盈利损失等。违约金一般按每延误一天罚款一定金额表示，并在合同文件中具体约定，累计赔偿额一般不超过合同总额的 10%。

（2）施工缺陷反索赔

当承包商使用的材料质量不符合合同规定、施工质量达不到合同约定的标准、保修期未满以前未完成应该修补的工程时，业主有权提出关于施工缺陷的索赔。

（3）对超额利润的反索赔

若设计变更增加的工程量很多，承包商需投入的固定成本变化不大，单位产品成本下降，承包商预期收益增大；或政策法规的调整致使承包商获得超额利润时，双方可讨论调整合同价，业主收回部分超额利润。

（4）对指定分包商付款的反索赔

承包商未能向业主指定的其他分包商转付工程款，且又无合理证明时，业主可从承包商应得款项中扣降分包款，并直接付给指定分包商。

（5）业主合理终止合同或承包商不正当放弃工程的反索赔

业主合理终止合同，或承包商不合理放弃工程，业主有权向承包商索赔。新的承包商完成未完工程所需工程款与原合同未付部分的差额即为反索赔金额。例如，按原合同未完工程造价 100 万元，新的承包商完成该部分需 110 万元，则业主向原承包商反索赔 10 万元。

10 建筑工程造价管理信息系统

10.1 概　述

建筑工程造价管理信息系统,是指由人和计算机组成的,能够对工程造价信息进行收集、加工、传输、应用和管理的系统。建筑工程造价管理信息系统的用户可以是建筑工程造价管理部门、建设单位及其主管部门、设计单位、施工单位及咨询单位。建筑工程造价管理信息系统由计价依据管理系统、造价确定系统、造价控制系统和工程造价资料积累系统组成。

10.1.1　计价依据管理系统

1）计价依据管理系统功能划分图

根据系统调查和分析的结果,可以将计价依据管理系统功能粗略地划分为图 10.1.1 所示。

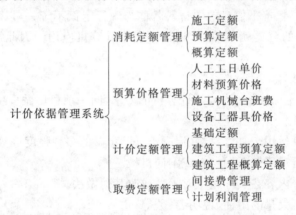

图 10.1.1　计价依据管理系统功能划分图

2）计价依据管理系统功能要求

（1）促进建设定额体系的建立和完善

建设部于 1996 年印发《关于建立工程建设定额体系表的几点意见》（1996 建标造字第 20 号）,提出编制《全国工程建设定额体系表》,其目的是从总体上展示工程建设定额体系的种类、结构层次和各类定额的名称、适用范围及其相互关系,为工程造价管理的科学化、规范化奠定基础。按该体系表的规定:定额在纵向上划分为基础定额或预算定额、概算定额与概算指标、估算指标三个层次;在横向上划分为全国统一、行业统一和地区统一三个类别。应用计算机管理工程造价计价依据,便于各地区、各部门相互交流和借鉴,国家有关部门也可以加以对照和比较,从中反映出各地区的技术水平,并逐步扩大全国统一部分,防止同类定额之间的重复或脱节和定额水平的不协调,减少编制工作中的重复劳动。

（2）应用计算机编制和修订定额

① 应用计算机可以在施工定额的基础上,自动汇总出预算定额、概算定额中的人工、材

料及机械台班消耗量。由于建筑技术日新月异,新工艺、新材料、新结构不断涌现,应用计算机可对原有定额及时修订和补充,并迅速贯彻新定额。施工企业应用该功能可以编制企业定额。

② 依据消耗定额和预算价格管理系统提供的价格信息,各部门、各地区可以适时生成单位估价表、综合预算定额,方便设计、施工、咨询单位计算定额直接费。

③ 收集招投标市场的间接费费率和利润率,经过计算机比较分析,得出代表市场动态的指导性取费标准,及时修订取费定额或给出取费费率的上下限,以维护建筑市场的正常秩序,维护承发包双方利益,并对市场供需平衡进行有效的事前控制。

3) 计价依据管理系统初步设计

设计和实现计价依据管理系统,必须进行大量的基础工作,其主要任务包括:

(1) 基础定额标准化

按照量价分离、工程实体消耗和施工措施性消耗分离的原则,编制并不断完善《全国统一建筑工程基础定额》,在项目划分、计量单位、工程量计算规则统一的基础上实现消耗量基本统一。

(2) 统一材料名称

现行定额中不少材料以不同名称出现,如将定额原样输入定额库,同一材料因名称不同被分别汇总。另外,材料价格信息中的材料名称与现行定额不统一,以木材为例,现行定额中与材料价格信息中的分类就不一样,这样不利于计算机应用。因此需要将材料名称、规格、单位等标准化。

(3) 定额项目系统化

现行定额在编制时,未能考虑应用计算机的要求,同一项目可做多项调整。这些调整可概括为以下四类:

① 同一定额项目适用于复合材料(混凝土、砂浆等)的多种强度等级。

② 同一定额项目适用于不同材料或不同机械。

③ 定额中的部分内容在实际施工时不做或改其他做法。

④ 定额中包含有大量的附注、说明、系数等。

上述调整内容在定额中的表述方式多种多样,若能在定额编制、修订、增补时,将所有注解、说明纳入同一数据系统,不仅大大简化建库工作,更有利于自动套用定额。采用定额"分项目"是处理附注、说明、系数、换算的最佳有效方法,个别难以处理的问题可单列定额项目。当然,设立定额分项目号,采用"××—×××—××"定额编号方式,会加大定额库容量。但实践证明,按目前的计算机配置,不仅不会影响计算速度,还可大大简化定额换算工作,增大定额库的适应性。

4) 计价依据软件化

采用计算机编制、修订和增补消耗定额、计价定额、取费定额,定期调整人工、材料、机械价格,各类工程造价管理信息均发行软件版,从而彻底改变七八年修订一次定额的被动局面。

5) 价格信息网络化

人工、材料、机械价格随市场行情不断波动,材料的品种、规格也不断改变。一方面,目前从造价管理部门获得的价格信息往往难以满足投标报价的要求,许多设计、施工、咨询单位为收集整理材料价格信息投入了不少的人力和资金;另一方面,建筑材料生产厂家又迫切希望更多的用户了解其产品性能和价格。建立地区甚至全国范围的材料价格信息网络是解决两方面要求的最佳办法,目前计算机网络已日益普及,实现价格信息网络化已不是遥远的事。

10.1.2　造价确定系统

1) 造价确定系统功能划分

造价确定系统的功能划分如图 10.1.2 所示。

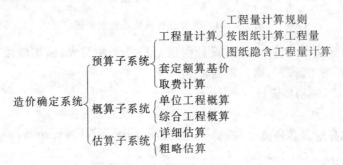

图 10.1.2　造价确定系统功能划分图

造价确定系统包括预算、概算、估算这三个层次,以下侧重说明预算子系统的初步设计。

2) 预算子系统初步设计

预算子系统的主要功能包括工程量计算、套用《计价表》和取费计算,现分别介绍如下。

(1) 工程量自动计算

工程量计算是工程造价确定的主要工作,工程量自动计算是研制预算子系统的难点。目前,扫描识读工程量仅适用于招标文件中已注明工程量的工程。直接扫描设计图纸,借助模式识别技术,通过数据转换计算工程量,该项研究虽有若干成果,但处理精度却难以使人放心。中国建筑科学研究院研制的系列软件,能在建筑结构、给排水、电气照明、暖通空调的设计过程中,将设计阶段 CAD 文件中的数据直接转换进入预算软件,并计算出工程量,虽已研制完成,但目前仅在小范围内应用。目前条件下最为实际有效的方法是通过专用 CAD 软件输入图纸,自动计算工程量。三维算量更增加了操作的直观性,有利于提高工程量计算的准确性。

(2) 图纸隐含工程量专家系统

计算建筑工程量时,有许多内容在图纸上没有明确表示,仅靠上述专用 CAD 软件画出的图形不能计算这些项目的工程量,如脚手费、超高费等,这些项目也是普通预算员容易漏算的内容。如需应用计算机辅助计算隐含工程量及其计算方法,可从两方面入手:一是建立计算隐含工程量专家系统,列出可能发生的各种隐含工程量及其计算方法和相关资料;二是将隐含工程量相应定额单列一章,以方便查阅,谨防漏项。

(3) 套用《计价表》计算清单报价

套用《计价表》,计算分项工程单价,这是目前应用最普遍和较成熟的工程造价软件。

10.1.3　造价控制系统

1) 造价控制系统功能划分

造价控制系统的功能划分如图 10.1.3 所示。

图 10.1.3 造价控制系统功能划分图

造价控制贯穿建设项目全过程,设计阶段对造价影响最大,施工阶段需要做的工作最多,这里着重介绍施工阶段的造价控制。

2）造价控制系统初步设计

（1）招标管理

招标管理部分应具备辅助编写招标文件、编制标底、存储投标单位标书、计算机辅助评标等功能。

① 计算机辅助评标

评标工作涉及面广,虽不能完全交由计算机完成,但可由计算机提供必要的决策支持信息。国外应用层次分析法（AHP 法）评标较为成功,国内也开展了这方面的研究工作。层次分析法是一种定量和定性因素相结合的处理复杂问题的决策方法,它将复杂问题分解成若干层次,在比原问题简单得多的层次上进行分析,再逐步汇总,进而得出最优解。层次分析法的评标步骤包括:建立层次分析模型、构造并检验判断矩阵、层次单排序、层次总排序。这一设计计算过程很适合计算机工作,这样就可以将定性定量的内容综合分析,从而克服计分法的局限性和主观性缺陷。

② 投标报价专家系统

投标报价要求速度快,反映市场行情和本企业的优势,且常在投标截止日期临近时作出报价决策,传统的手工计算方法不能适应投标报价快速灵活的要求,国内已有大型施工企业开发出适用的投标报价专家系统。

（2）合同管理

合同管理是施工管理的重要工作,为承发包双方所重视。合同管理中较为复杂的问题是索赔管理和工程变更管理。承包方的索赔管理模块,应具备下列功能:收集加工索赔证据、管理索赔文件、计算索赔金额和工期等。索赔及工程变更所带来的工期、预算和材料需求的变化,必须及时地反映到合同文件中,并依据变更调整进度计划和成本计划。材料、设备的供应计划和拨款计划也可能会发生变动,这些工作均可由计算机来自动完成。

（3）资源管理

在进度计划的基础上,根据标后预算,可以计算出每月的成本需求和人、材、机需求。随着进度计划的调整,这些计划也可以重新编制。其中的材料计划可进一步应用于材料的采购、供应、运输、仓储等环节。

（4）工程结算子系统的初步设计

工程结算是工程造价控制的重要环节,其主要工作是按实际工程情况计算工程直接费、材料价差及有关取费,最后汇总工程总造价。若合同管理和成本管理均是由计算机正确完成,则计算月结算和工程竣工结算也均可由计算机完成。

10.1.4 工程造价资料积累系统

1) 工程造价资料积累制度

建设部于1991年印发了《建立工程造价资料积累制度的几点意见》,标志着我国工程造价资料积累制度进入了经常化、制度化阶段。

工程造价资料积累是基本建设管理的一项基础工作,全面、系统地积累和利用工程造价资料,建立稳定的造价资料积累制度,对加强工程造价管理,合理确定和有效控制工程造价,具有十分重要的意义,也是改进工程造价管理工作的重要内容。

工程造价资料必须具有真实性、合理性和适用性。工程造价资料的积累必须有量有价,必须区别造价资料的不同服务对象,做到有粗有细,所收集的造价基础资料应满足工程造价动态分析的需要。

造价资料的收集整理应做到规范化、标准化。各行业、各地区应区别不同专业工程做到工程项目划分、设备材料目录及编码、表现形式、不同层次资料收集深度和计算口径的五统一。既要注重工程造价资料的真实性,又要做好科学的对比分析,反映出造价的变动情况和合理性。

应用通用性程序建立造价数据库,是提高资料适用性和可靠性的关键工作。

2) 工程造价资料积累系统初步设计

(1) 工程造价资料积累系统功能划分如图10.1.4所示。

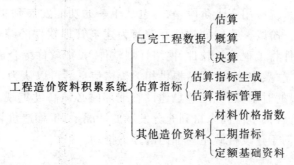

图10.1.4 工程造价资料积累系统功能划分图

(2) 已完工程数据

已完工程数据的积累范围包括:可行性研究报告、投资估算、初步设计概算、修正概算;经有关单位审定或签订的施工图预算、合同价、结算价和竣工决算。按照建设项目的组成,一般包括建设项目总造价、单项工程造价和单位工程造价资料。

已完工程数据应包括"量"和"价",以及工程概况、建设条件等。

① 建设项目总造价和单项工程造价资料

a. 对造价有主要影响的技术经济条件,如建设标准、建设工期、建设地点等。

b. 主要工程量,主要材料用量,主要设备的名称、型号、规格、数量等。

c. 投资估算、概算、预算、竣工决算及造价指数等。

② 单位工程造价资料

a. 工程内容,建筑结构特征。

b. 主要工程量,主要设备和材料的用量、单价,人工工日和人工费。

c. 单位工程造价。

③ 其他造价资料

还应积累新材料、新工艺、新技术所在分部分项工程的人工工日数和人工费、主要材料用量和单价、主要机械台班数和单价以及相应的分部分项工程造价资料。

（3）估算指标

估算指标可分为指标生成和指标调整两部分。为实现估算指标的生成,可由计算机完成下列工作:

① 典型工程预算、结算数据的汇总与分析。

② 主要材料的分析及价格的调整。

③ 取费及估算指标的计算。

④ 估算指标的检索与维护。

估算指标的调整是指依据工料机价格的变化及建筑市场行情的影响,及时发布新的估算指标。估算指标一般用金额表述。为使工程造价估算更符合实际情况,估算指标不应该像定额那样基本保持不变,而应当不断调整。这种调整用手工完成十分困难,计算机可以充分发挥作用。

市场经济的深化对建立工程造价管理信息系统提出了十分迫切的要求。可以认为,制约工程造价管理信息系统建立和应用的关键因素不是软件开发水平,而是工程造价管理基础工作的标准化。从计算机在建筑管理工程中应用的发展情况来看,国际上已经经历了单项应用、综合应用和系统应用三个阶段,软件也从单一的功能发展到集成化功能,目前许多国家已进入第二、第三阶段。我国的软件开发商为建筑管理软件的综合应用做了有益的尝试,如广联达慧中软件将工程造价软件、网络计划软件、投标软件综合成软件包,各软件间实现"无缝连接",并建立"数字建筑"网站提供相关价格信息。可以认为,现在我国还处于第一阶段向第二阶段过渡的时期,当务之急是建设管理部门必须高度重视工程管理基础工作的标准化。在工程造价咨询单位尚未得到充分发展的情况下,工程造价管理信息系统的建立、应用和发展,需要借助于建设行政主管部门的强力推动。

10.2 建筑工程计价软件应用示例

【例 10.1】 根据例 3.42 中列出的防腐工程量清单,计算并列出分部分项工程量清单计价表、分部分项工程量清单综合单价分析表、主要材料价格表。

【解】

本题根据例 3.24 和例 3.38 的计算结果,直接采用工程量清单计价软件进行计算。本例采用"一点智慧"清单计价软件 V9.1.03 版进行计算分析。具体步骤如下。

第一步:启动软件,单击快捷工具栏中的"新建工程"(或单击主菜单中的"工程",选择"新建工程"子菜单),在弹出的"请输入工程信息"窗体中填入工程基本信息,完成后点击左下角的"确认"按钮,见图 10.2.1。

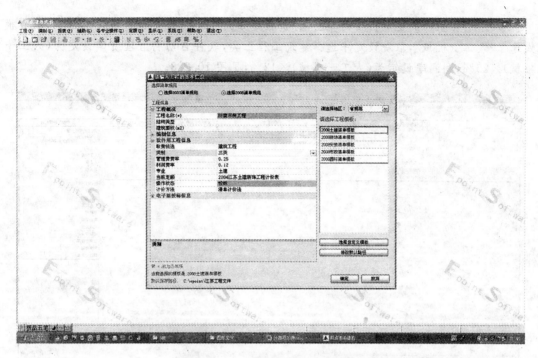

图 10.2.1　"请输入工程信息"窗体图

　　第二步：在弹出的"保存"窗体中输入要保存工程的文件名，点击左下角的"保存"按钮，见图 10.2.2。

图 10.2.2　"保存"窗体图

第三步:在生成的主界面中的单击"计价程序设定"页面,设定计价程序。这里,取费模式选择"人工十机械",取费设定中选择建筑工程三类,软件自动将管理费率设定为(人工十机械)×25%,利润率设定为(人工十机械)×12%,见图10.2.3。

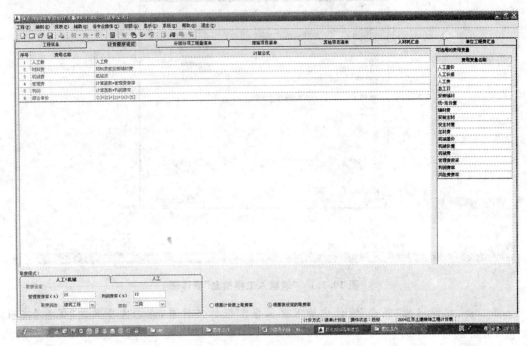

图 10.2.3 "计价程序设定"页面图

第四步:单击"分部分项工程量清单"页面,在此页面中编制工程量清单并进行组价,见图10.2.4。

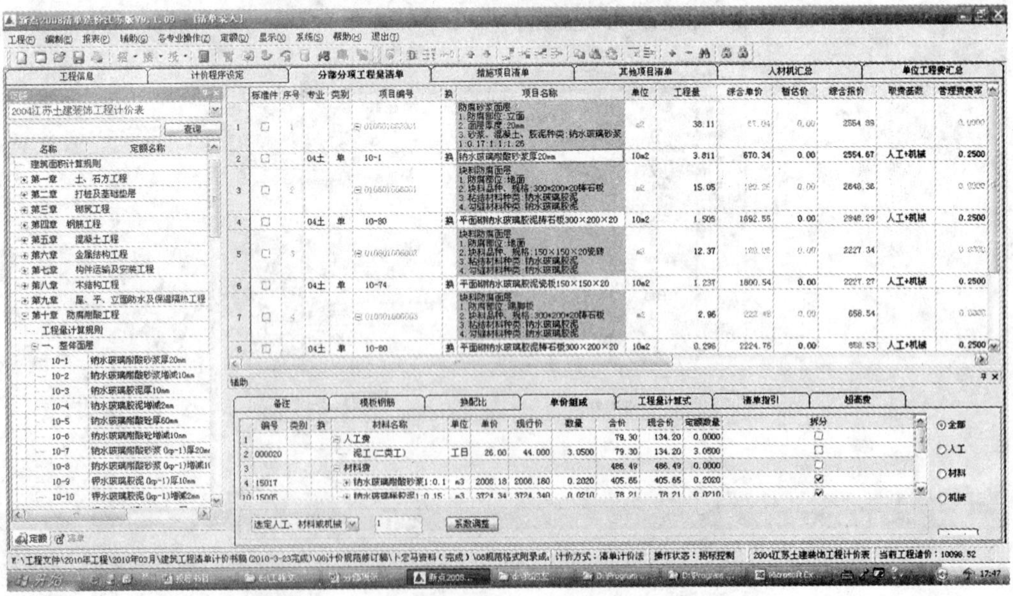

图 10.2.4 "分部分项工程量清单"页面图

第五步：单击"措施项目清单"页面，在此页面中编制措施项目清单并进行组价，见图10.2.5。

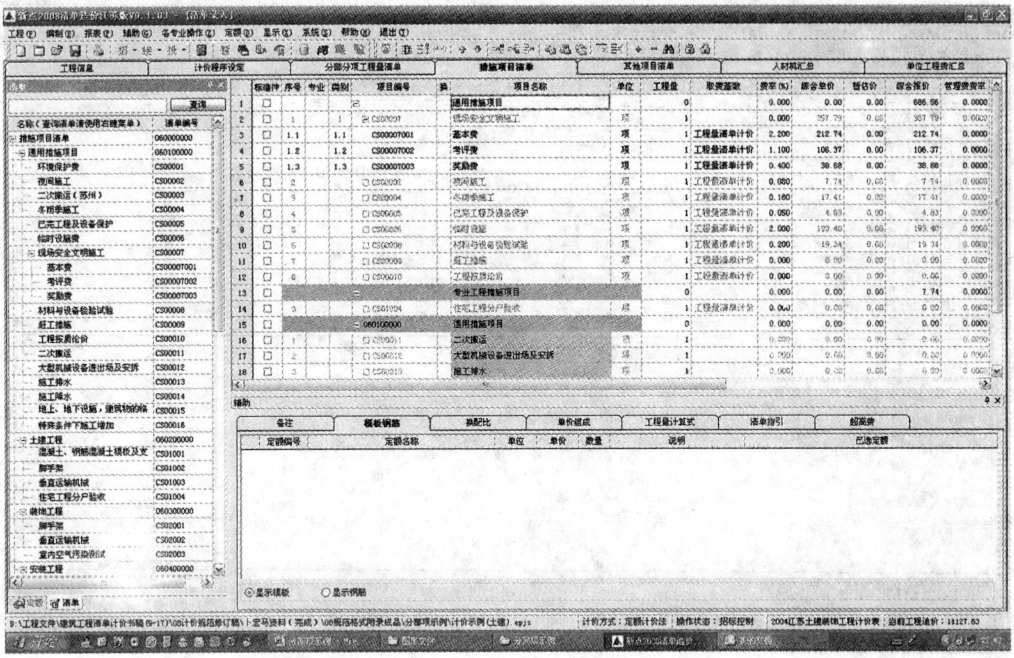

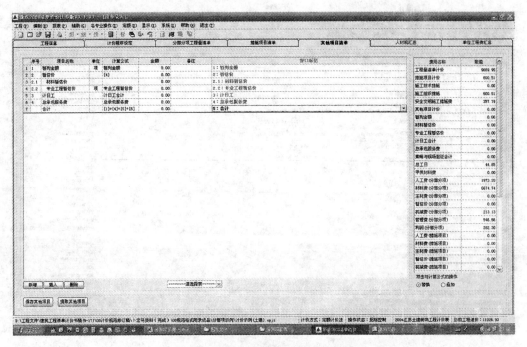

图 10.2.5 "措施项目清单"页面图

第六步：单击"其他项目清单"页面，在此页面中编制暂列金额、暂估价、计日工和总承包服务费项目，见图10.2.6。

图 10.2.6 "其他项目清单"页面图

第七步：单击"人材机汇总"页面，在此页面中设置和调整人工、材料、机械的价格，见图 10.2.7。

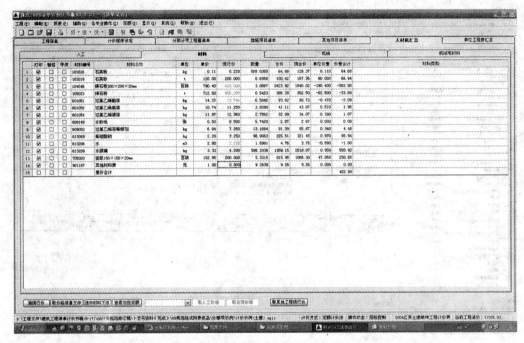

图 10.2.7 "人材机汇总"页面图

第八步：单击"单位工程费汇总"页面，在此页面中设置单位工程费的计价程序、公式和费率等，见图 10.2.8。

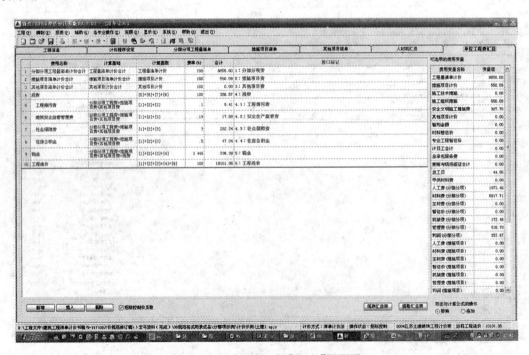

图 10.2.8 "单位工程费汇总"页面图

第九步：点击快捷工具栏上的"报表打印"按钮，进入报表打印页面。在此页面中，可以输出各种工程量清单计价所需要的表格文件，见图10.2.9。这里，仅输出分部分项工程量清单与计价表、工程量清单综合单价分析表、承包人供应材料一览表。

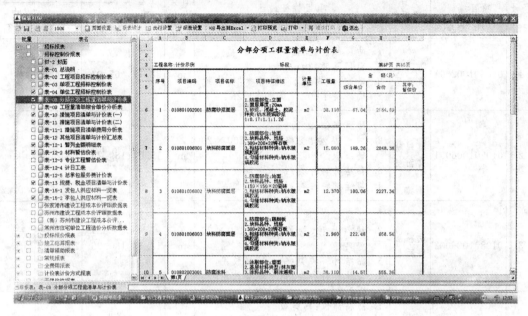

图 10.2.9　"报表打印"页面图

软件输出的报表共3份：

表 10.2.1　分部分项工程量清单与计价表；

表 10.2.2　工程量清单综合单价分析表；

表 10.2.3　承包人供应材料一览表。

表 10.2.1　分部分项工程量清单与计价表

工程名称:计价示例　　　　　　　　　　标段:　　　　　　　　　　第 页 共 页

序号	项目编码	项目名称	项目特征描述	计量单位	工程量	金额(元)		
						综合单价	合价	其中:暂估价
1	010801002001	防腐砂浆面层	1. 防腐部位:立面 2. 面层厚度:20 mm 3. 砂浆、混凝土、胶泥种类:钠水玻璃砂浆 1:0.17:1.1:1.26	m²	38.11	67.04	2 554.89	
2	010801006001	块料防腐面层	1. 防腐部位:地面 2. 块料品种、规格:300×200×20 铸石板 3. 黏结材料种类:钠水玻璃胶泥 4. 勾缝材料种类:钠水玻璃胶泥	m²	15.05	189.26	2 848.36	
3	010801006002	块料防腐面层	1. 防腐部位:地面 2. 块料品种、规格:150×150×20 瓷砖 3. 黏结材料种类:钠水玻璃胶泥 4. 勾缝材料种类:钠水玻璃胶泥	m²	12.37	180.06	2 227.34	
4	010801006003	块料防腐面层	1. 防腐部位:踢脚板 2. 块料品种、规格:300×200×20 铸石板 3. 黏结材料种类:钠水玻璃胶泥 4. 勾缝材料种类:钠水玻璃胶泥	m²	2.96	222.48	658.54	
5	010802003001	防腐涂料	1. 涂刷部位:墙面 2. 基层材料类型:抹灰面 3. 涂料品种、刷涂遍数:过氯乙烯底漆一遍、中间漆一遍、面漆一遍	m²	38.11	14.57	555.26	
			本页小计				8 844.39	
			合　　计				8 844.39	

表 10.2.2　工程量清单综合单价分析表

工程名称:计价示例　　　　　　　　　标段:　　　　　　　　第　页　共　页

项目编码	010801002001	项目名称	防腐砂浆面层	计量单位	m²

清单综合单价组成明细

定额编号	定额名称	定额单位	数量	单价					合价				
				人工费	材料费	机械费	管理费	利润	人工费	材料费	机械费	管理费	利润
10—1	钠水玻璃耐酸砂浆厚 20 mm	10 m²	0.100	134.20	486.29		33.55	16.10	13.42	48.65		3.36	1.61
综合人工工日		小　　　计							13.42	48.65		3.36	1.61
0.31 工日		未计价材料费											
清单项目综合单价									67.04				

	主要材料名称、规格、型号	单位	数量	单价（元）	合价（元）	暂估单价（元）	暂估合价（元）
材料费明细	石英粉	kg	10.218	0.11	1.12		
	石英砂	t	0.022	120.00	2.63		
	铸石粉		0.009	712.50	6.70		
	氟硅酸钠	kg	1.702	2.28	3.88		
	水玻璃	kg	10.236	3.33	34.08		
	其他材料费	元	0.242	1.00	0.24		
	材料费小计			—	48.65	—	

项目编码	010801006001	项目名称	块料防腐面层	计量单位	m²

清单综合单价组成明细

定额编号	定额名称	定额单位	数量	单价					合价				
				人工费	材料费	机械费	管理费	利润	人工费	材料费	机械费	管理费	利润
10—80	平面砌钠水玻璃胶泥铸石板 300×200 ×20	10 m²	0.100	419.76	1307.44	7.47	106.81	51.27	41.98	130.72	0.75	10.68	5.13
综合人工工日		小　　　计							41.98	130.72	0.75	10.68	5.13
0.95 工日		未计价材料费											
清单项目综合单价									189.26				

	主要材料名称、规格、型号	单位	数量	单价（元）	合价（元）	暂估单价（元）	暂估合价（元）
材料费明细	石英粉	kg	6.356	0.11	0.70		
	铸石板 300×200×20	百块	0.170	600.00	102.00		
	铸石粉	t	0.006	712.50	4.20		
	氟硅酸钠	kg	1.093	2.28	2.49		
	水	m³	0.060	2.21	0.13		
	水玻璃	kg	6.365	3.33	21.20		
	材料费小计			—	130.72	—	

项目编码	010801006002	项目名称	块料防腐面层	计量单位	m²

清单综合单价组成明细

定额编号	定额名称	定额单位	数量	单价					合价				
				人工费	材料费	机械费	管理费	利润	人工费	材料费	机械费	管理费	利润
10—74	平面砌钠水玻璃胶泥瓷板 150×150×20	10 m²	0.100	459.36	1161.08	7.47	116.71	56.02	45.94	116.10	0.75	11.67	5.60
综合人工工日			小　　　计						45.94	116.10	0.75	11.67	5.60
1.04 工日			未计价材料费										
清单项目综合单价									180.06				

材料费明细	主要材料名称、规格、型号	单位	数量	单价（元）	合价（元）	暂估单价（元）	暂估合价（元）
	石英粉	kg	6.664	0.11	0.73		
	铸石粉	t	0.006	712.50	4.42		
	氟硅酸钠	kg	1.139	2.28	2.60		
	水	m³	0.050	2.21	0.11		
	水玻璃	kg	6.620	3.33	22.04		
	瓷板 150×150×20	百块	0.431	200.00	86.20		
	材料费小计			—	116.10	—	

项目编码	010801006003	项目名称	块料防腐面层	计量单位	m²

清单综合单价组成明细

定额编号	定额名称	定额单位	数量	单价					合价				
				人工费	材料费	机械费	管理费	利润	人工费	材料费	机械费	管理费	利润
10—80	平面砌钠水玻璃胶泥铸石板 300×200×20	10 m²	0.100	654.81	1317.64	7.47	165.57	79.47	65.48	131.74	0.75	16.56	7.95
综合人工工日			小　　　计						65.48	131.74	0.75	16.56	7.95
1.49 工日			未计价材料费										
清单项目综合单价									222.48				

材料费明细	主要材料名称、规格、型号	单位	数量	单价（元）	合价（元）	暂估单价（元）	暂估合价（元）
	石英粉	kg	6.356	0.11	0.70		
	铸石板 300×200×20	百块	0.172	600.00	103.02		
	铸石粉	t	0.006	712.50	4.20		
	氟硅酸钠	kg	1.093	2.28	2.49		
	水	m³	0.060	2.21	0.13		
	水玻璃	kg	6.365	3.33	21.20		
	材料费小计			—	131.74	—	

项目编码	010802003001	项目名称		防腐涂料	计量单位		m²

清单综合单价组成明细

定额编号	定额名称	定额单位	数量	单价					合价				
				人工费	材料费	机械费	管理费	利润	人工费	材料费	机械费	管理费	利润
10—130	过氯乙烯漆混凝土面底漆一遍	10 m²	0.100	5.28	18.43	12.36	4.41	2.12	0.53	1.84	1.24	0.44	0.21
10—131	过氯乙烯漆混凝土面中间漆一遍	10 m²	0.100	7.92	36.45	18.54	6.62	3.18	0.79	3.65	1.85	0.66	0.32
10—132	过氯乙烯漆混凝土面面漆一遍	10 m²	0.100	3.96	13.62	8.24	3.05	1.46	0.40	1.36	0.82	0.31	0.15
综合人工工日		小　　计							1.72	6.85	3.91	1.41	0.68
0.04 工日		未计价材料费											
清单项目综合单价									14.57				

	主要材料名称、规格、型号	单位	数量	单价（元）	合价（元）	暂估单价（元）	暂估合价（元）
材料费明细	过氯乙烯磁漆	kg	0.172	14.25	2.45		
	过氯乙烯底漆	kg	0.100	10.74	1.07		
	过氯乙烯清漆	kg	0.072	11.97	0.86		
	水砂纸	张	0.150	0.50	0.08		
	过氯乙烯漆稀释剂	kg	0.344	6.94	2.39		
	材料费小计			—	6.85	—	

表 10.2.3 承包人供应材料一览表

工程名称：计价示例　　　　　　　　标段：　　　　　　　　　　第 页 共 页

序号	材料编码	材料名称	规格、型号等特殊要求	单位	数量	单价(元)	合价(元)	备注
1	101016	石英粉		kg	588.035	0.11	64.68	
2	101019	石英砂		t	0.837	120.00	100.44	
3	104046	铸石板 300×200×20		百块	3.067	600.00	1840.20	
4	105023	铸石粉		t	0.542	712.50	386.18	
5	601051	过氯乙烯磁漆		kg	6.584	14.25	93.82	
6	601052	过氯乙烯底漆		kg	3.828	10.74	41.11	
7	601054	过氯乙烯清漆		kg	2.756	11.97	32.99	
8	608149	水砂纸		张	5.742	0.50	2.87	
9	609050	过氯乙烯漆稀释剂		kg	13.168	6.94	91.39	
10	613069	氟硅酸钠		kg	98.906	2.28	225.51	
11	613206	水		m³	1.699	2.21	3.75	
12	613209	水玻璃		kg	588.334	3.33	1959.15	
13	705003	瓷板 150×150×20		百块	5.332	200.00	1066.40	
14	901167	其他材料费		元	9.264	1.00	9.26	
	合计						5917.75	

266

附录一　建筑工程工程量清单编制实例

一、编制依据

1. 设计文件,详见附图 1～附图 23。

2. 地质勘察资料:

　　2.1 根据地质勘察资料分析,土壤类别为三类土。

　　2.2 地下水位在-3.00 m(相对室内地面标高)。

3. 《建设工程工程量清单计价规范》(GB 50500—2008)。

4. 《江苏省建设工程工程量清单计价项目指引》。

5. 与清单编制相关的施工招标文件主要内容:

　　5.1 招标单位:×××房地产开发有限公司。

　　5.2 项目名称:花园小区 1#住宅楼土建。

　　5.3 工程质量等级要求:创市级优质工程。

　　5.4 安全生产文明施工要求:创建市级文明工地。

　　5.5 工期要求:220 天。

　　5.6 合同类型:单价合同。

　　5.7 材料供应方式:钢材发包人供应,其余材料均为承包人供应。

　　5.8 暂列金额:考虑到设计变更、材料涨价风险等因素,按 50 000 元计入算。

　　5.9 塑钢门窗的价格为暂定;

　　5.10 进户防盗门由专业厂家制作安装,由招标人指定分包。

二、工程量清单成果文件

1. 清单工程量计算表,见附表 1.1。

2. 工程量清单,见附表 1.2。

建筑设计说明

1 设计依据

1.1 设计委托合同书;

1.2 建设、规划、消防、人防等主管部分对项目的审批文件;

1.3 其他(略)。

2 项目概况

2.1 建筑名称:花园小区 1#住宅楼;

2.2 建设单位:×××房地产开发有限公司;

2.3 建筑面积:1 835.95 m²;

2.4 建筑层数:车库十六层住宅十阁楼;

2.5 主要结构类型:砖混结构;

2.6 抗震设防烈度:7 度;

2.7 设计使用年限:50 年。

3 标高及定位(略)

4 墙体工程

4.1 基础部分: MU10 蒸压粉煤灰砖、M10 水泥砂浆砌筑;

4.2 室内地面~7.75 m 用 MU10KP1 承重多孔砖、M10 混合砂浆砌筑;标高 7.75~13.35 m 用 MU10KP1 承重多孔砖、M7.5 混合砂浆砌筑;标高 13.35 m 以上用 MU10KP1 承重多孔砖、M5 混合砂浆砌筑。

5 屋面工程

5.1 屋面工程执行《屋面工程技术规范》(GB50345—2004)和地方的有关规程和规定。

5.2 平屋面做法(自上而下):

① 3 mm 厚 SBS 卷材防水层;

② 1:3 水泥砂浆找平层 20 厚;

③ 25 厚挤塑保温板;

④ 1:3 水泥砂浆找平层 20 厚;

⑤ 现浇钢筋混凝土屋面板。

5.3 坡屋面做法:详见苏 J10—2003—26/9,保温层采用 25 厚挤塑保温板,防水层采用 3 mm 厚 SBS 卷材。

6 门窗工程

6.1 外门窗的抗风压、气密性、水密性三项指标应符合 GB 7101 的有关规定。

6.2 门窗的选型见门窗表。

7 外装饰工程

7.1 详见用料做法表;

7.2 其他(略)。

8 内装饰工程

8.1 详见用料做法表;

8.2 其他(略)。

9 油漆涂料工程

9.1 详见用料做法表;

9.2 其他(略)。

10 室外工程

10.1 散水做法:苏 J 01—2005—3/12;

10.2 坡道做法:苏 J 01—2005—8/11

11 其他(略)

附图 1　建筑设计说明

268

门 窗 表

序号	编号	名称	洞口尺寸（宽×高）	数量（樘）	备注
1	M1	钢门	900×1900	2	车库安全防护门
2	M2	木门	800×2100	24	户内门用户自理
3	M3	钢门	1800×1900	5	车库安全防护门
4	M4	钢门	1500×1900	4	车库安全防护门
5	M5	钢门	1000×1900	2	车库安全防护门
6	M6	卷帘门	3460×1900	2	铝合金卷帘门
7	M7	防盗门	1000×2200	12	购成品
8	M8	木门	900×2400	42	户内门用户自理
9	M9	木门	900×1900	6	户内门用户自理
10	M10	塑钢门	3460×2400	12	南阳台门
11	C1	中空玻璃塑钢窗	1800×1500	30	参见苏 J30—2008 玻璃 5+12A+5
12	C2	中空玻璃塑钢窗	1500×1500	24	参见苏 J30—2008 玻璃 5+12A+5
13	C2'	中空玻璃塑钢窗	1500×1400	5	参见苏 J30—2008 玻璃 5+12A+5
14	C3	中空玻璃塑钢窗	1200×1500	12	参见苏 J30—2008 玻璃 5+12A+5
15	C4	中空玻璃塑钢窗	600×1500	12	参见苏 J30—2008 玻璃 5+12A+5
16	C5	中空玻璃塑钢窗	1800×600	1	参见苏 J30—2008 玻璃 5+12A+5
17	C6	中空玻璃塑钢窗	1200×600	4	参见苏 J30—2008 玻璃 5+12A+5
18	C7	中空玻璃塑钢窗	1500×600	1	参见苏 J30—2008 玻璃 5+12A+5

用料做法表

类别	编号	名称	图集号	编号	使用部位及说明
墙基防潮		防水砂浆防潮层	苏 J01—2005	1/1	砖基础
地面	地1	水泥砂浆地面	苏 J01—2005	2/2	车库
楼面	楼1	带防水层地砖楼面	苏 J01—2005	9a/3，地砖及结合层由用户自理	卫生间、餐厅，防水层采用聚氨酯防水涂料厚1.2mm
楼面	楼2	水泥楼面	苏 J01—2005	现浇板：1/3a 预制板：1/3b	除卫生间外其他楼面
踢脚	踢脚1	水泥砂浆踢脚线	苏 J01—2005	1/4	踢脚线高度150mm
内墙面	内1	混合砂浆墙面	苏 J01—2005	5/5	除卫生间、厨房外所有房间，面层801胶白水泥腻子两遍
内墙面	内2	瓷砖墙面	苏 J01—2005	19/5，瓷砖及结合层由用户自理	卫生间，厨房
外墙面	外1	保温外墙	苏 J01—2005	22/6	所有外墙，挤塑板厚20mm
顶棚	棚1	抹水泥砂浆顶棚	苏 J01—2005	5/8	所有房间，面层801胶白水泥腻子两遍

附图 2　建筑设计说明

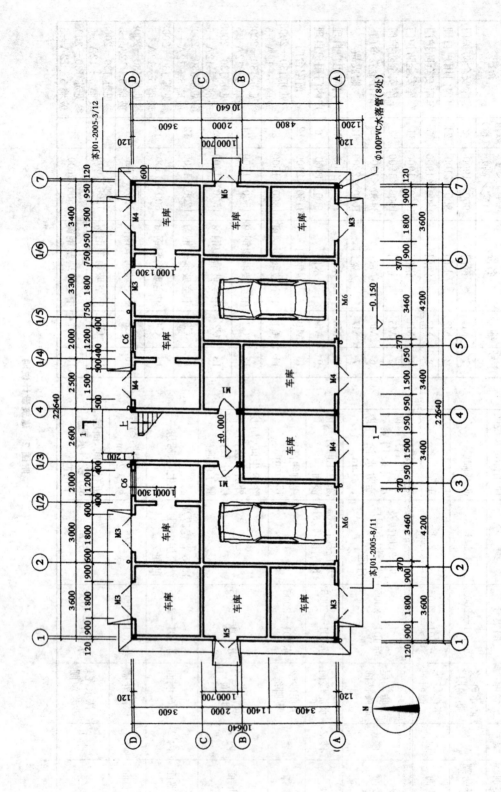

附图 3 一层平面图

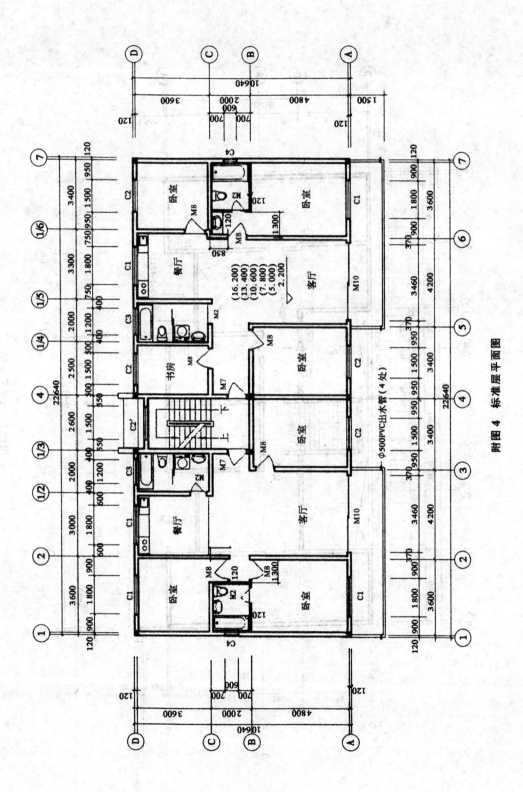

附图4 标准层平面图

271

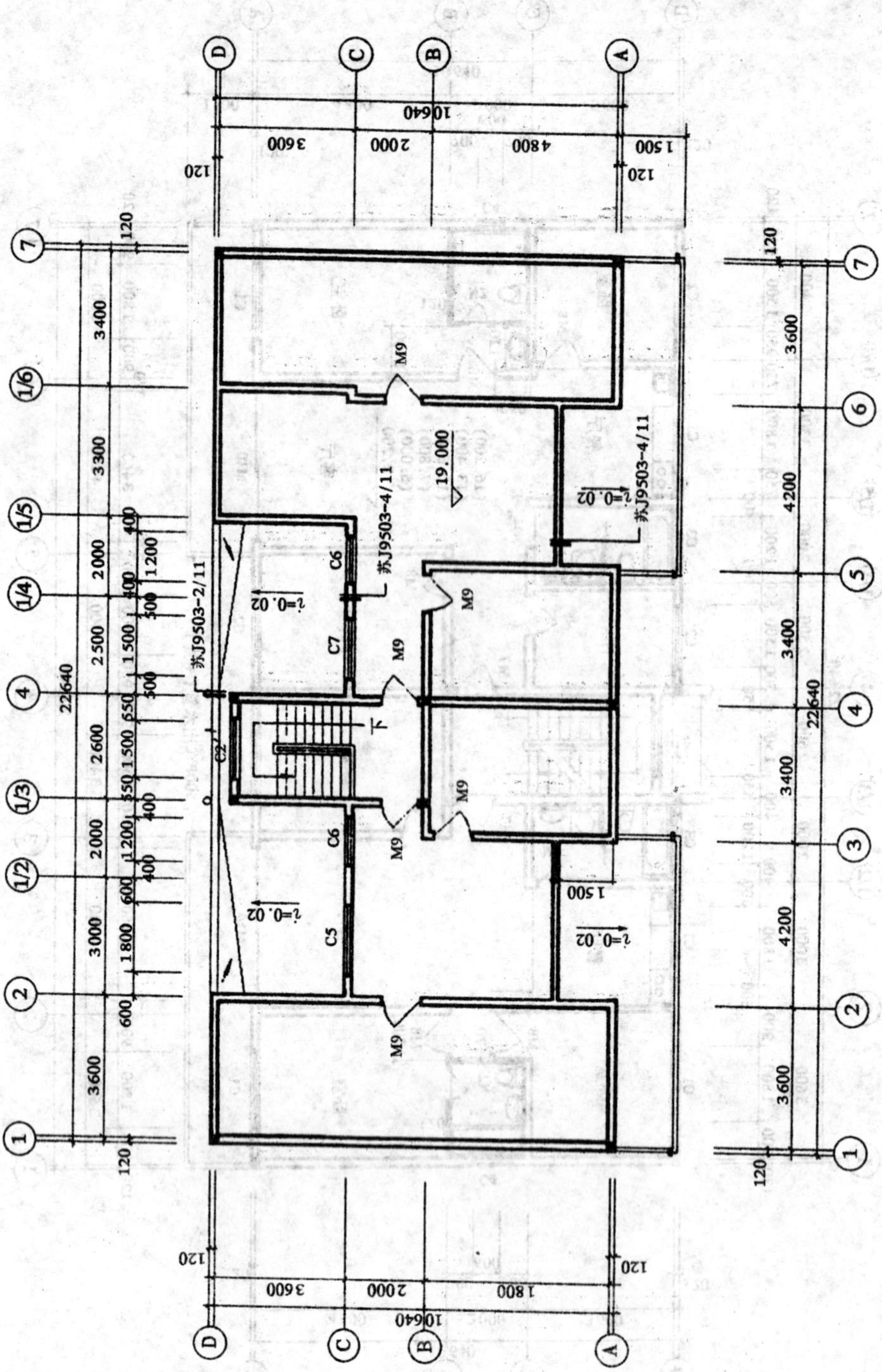

附图 5 夹层平面图

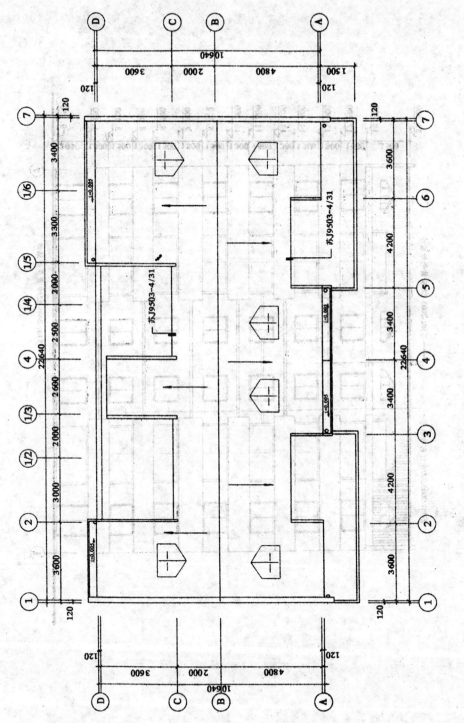

附图 6　屋顶平面图

273

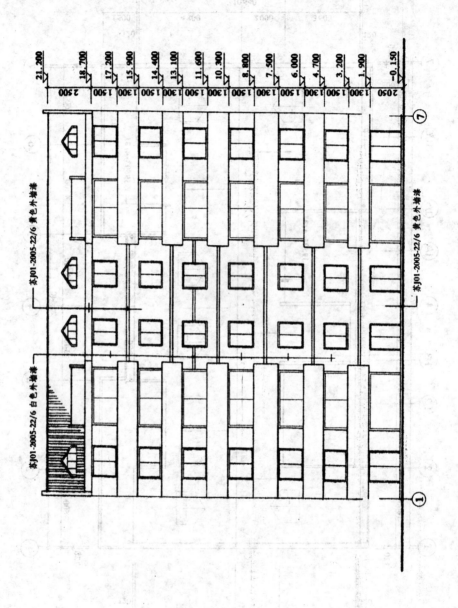

求J01-2005-22/6 白色外墙漆

求J01-2005-22/6 黄色外墙漆

求J01-2005-22/6 黄色外墙漆

21.200
18.700
17.200
15.900
14.400
13.100
11.600
10.300
8.800
7.500
6.000
4.700
3.200
1.900
-0.150

2500
1500
1300
1500
1300
1500
1300
1500
1300
1500
1300
1500
1300
2050

① ⑦

附图 7　南立面图

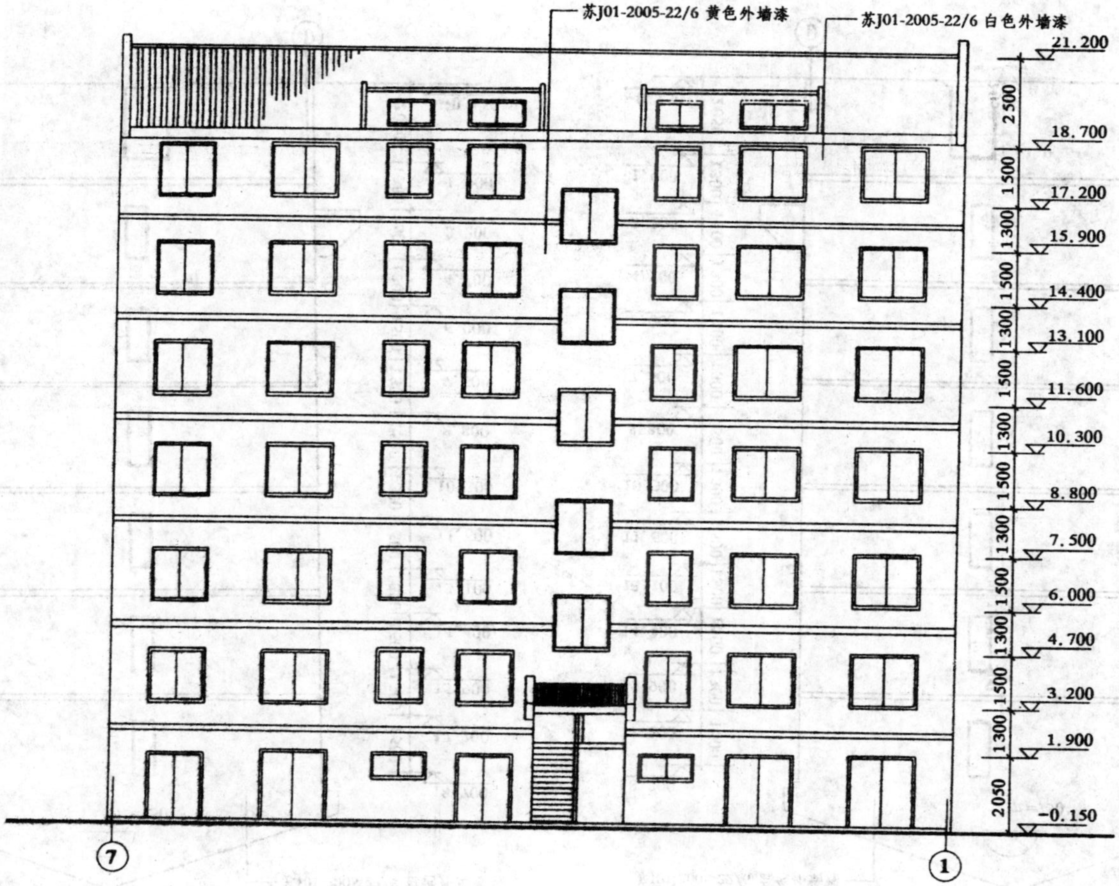

附图 8 北立面图

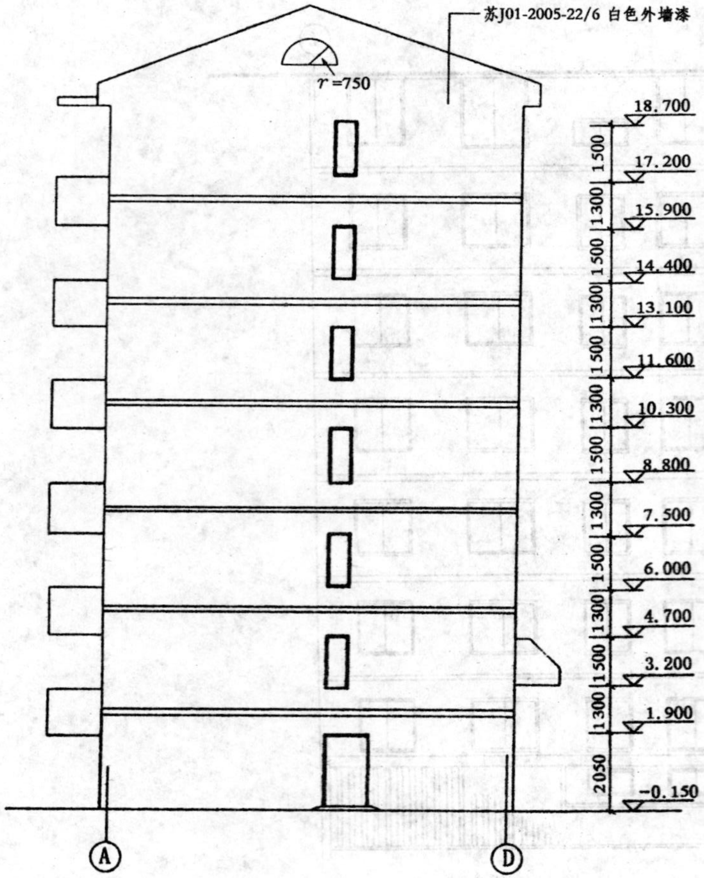

苏J01-2005-22/6 白色外墙漆

r=750

18.700
17.200
15.900
14.400
13.100
11.600
10.300
8.800
7.500
6.000
4.700
3.200
1.900
−0.150

1 500
1 300
1 500
1 300
1 500
1 300
1 500
1 300
1 500
1 300
1 500
1 300
2 050

Ⓐ

Ⓓ

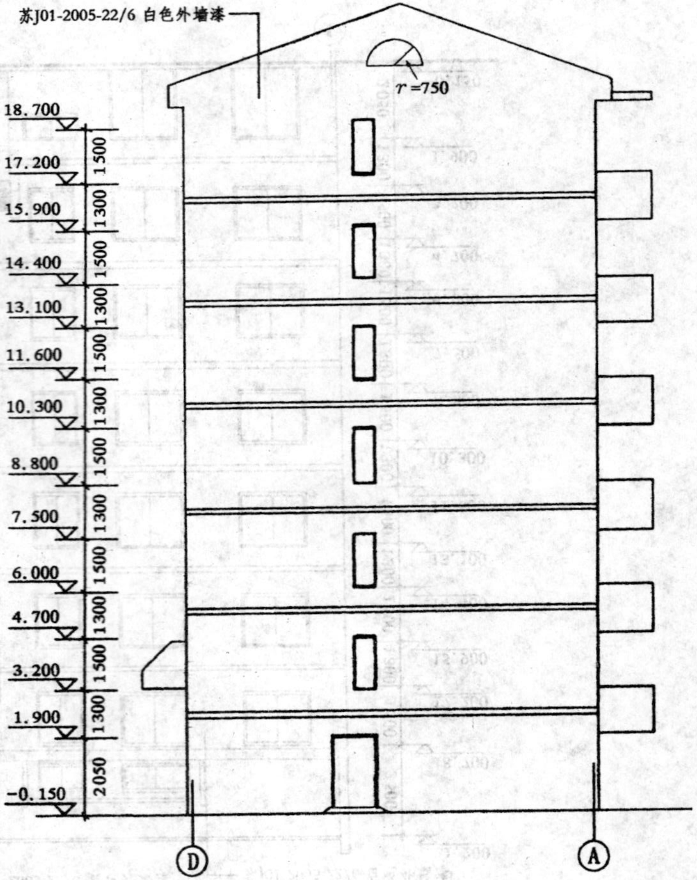

附图 10　西立面图

附图 9　东立面图

276

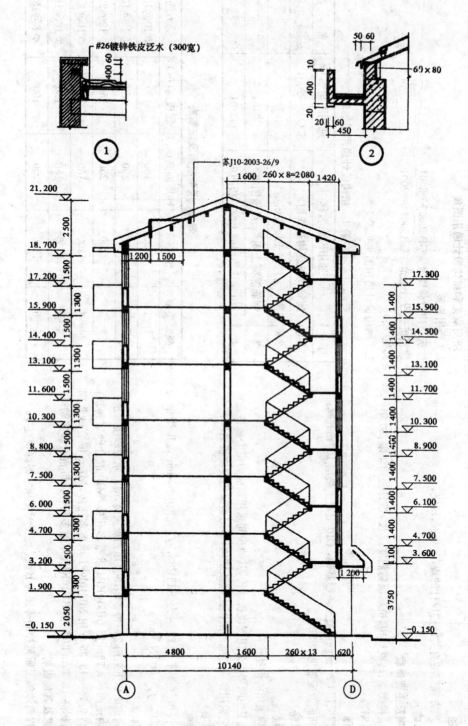

#26镀锌铁皮泛水（300宽）

苏J10-2003-26/9

附图 11　1-1 剖面图

277

结构设计说明

1 设计依据
1.1 国家、地方现行的有关结构设计的规范、规程、规定；
1.2 其他（略）。

2 设计原则及主要荷载
2.1 主要结构类型：砖混结构，抗震设防烈度：7度，设计使用年限：50年；
2.2 其他（略）。

3 基础工程
3.1 本工程采用 C20 钢筋混凝土条形基础，C10 混凝土垫层 100 mm 厚；
3.2 条基断面及配筋见表 2；
3.3 其他（略）。

4 主体工程
4.1 本工程采用砖混结构；
4.2 厨房、卫生间采用现浇板结构，其他房间采用预应力空心楼盖；
4.3 坡屋盖采用预应力钢筋混凝土标条结构，平屋盖采用现浇板结构；
4.4 其他（略）。

5 施工材料
5.1 本工程所注钢筋 I 级钢为 HPB235，$f_y = 210$ N/mm²，II 级钢为 HPB335，$f_y = 300$ N/mm²；
5.2 砖砌体
5.2.1 室内地面以下采用 240 厚 MU15 蒸压粉煤灰砖，M10 水泥砂浆砌筑；
5.2.2 室内地面～7.75m 用 MU10KP1 承重多孔砖，M10 混合砂浆砌筑；标高 7.75～13.35 m 用 MU10KP1 承重多孔砖，M7.5 混合砂浆砌筑；标高 13.35 m 以上用 MU10KP1 承重多孔砖，M5 混合砂浆砌筑。

6 施工要求及其他说明
6.1 本工程砌体施工质量控制等级为 B 级，施工时必须掌握好垂直度；
6.2 抗震构造按照《建筑物抗震构造详图》（苏 G02—2004）实施；
6.3 其他（略）。

7 所用规范和结构设计通用图集
7.1 所用规范
建筑结构荷载规范　GB50009—2001
建筑抗震设计规范　GB50011—2001
其他（略）。
7.2 结构设计通用图集见表 1

表 1　结构设计通用图集

序号	通用图集名称	通用图集编号	备注
1	《建筑物抗震构造详图》	苏 G02—2004	
2	《预应力混凝土雨篷、挑檐图集》	苏 G9702	
3	《钢筋混凝土雨篷、挑檐图集》	苏 G9404	
4	《120 预应力混凝土空心板图集》	苏 G9401	

表 2　条基断面及配筋表

截面类型	底宽（A）	梯形面高（h_1）	底板高（h_2）	受力筋
1—1	1800	150	150	Φ 10@150
2—2	2500	250	150	Φ 12@150
3—3	2200	250	150	Φ 12@200
4—4	1300	150	150	Φ 10@200
5—5	1600	150	150	Φ 10@180
6—6	1100	150	150	Φ 8@150

附图 12　结构设计说明

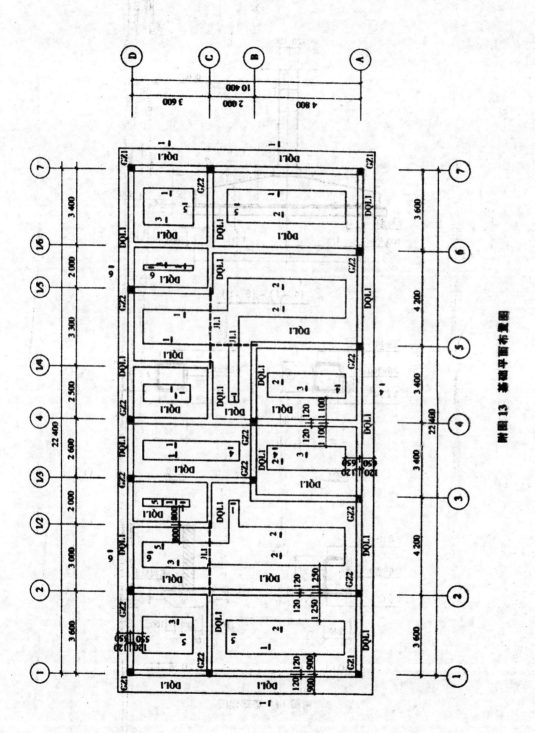

附图 13 基础平面布置图

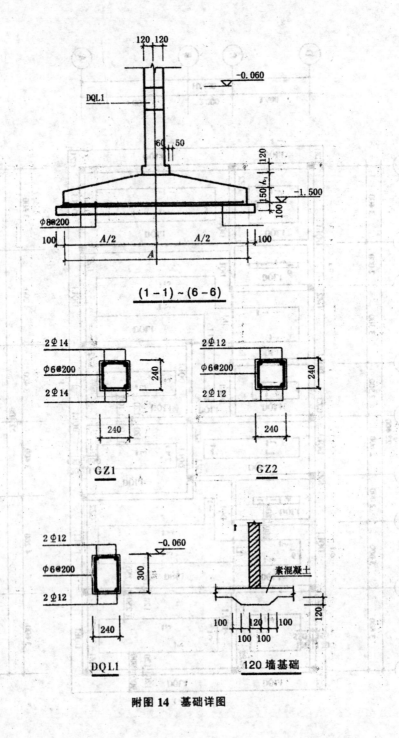

附图 14 基础详图

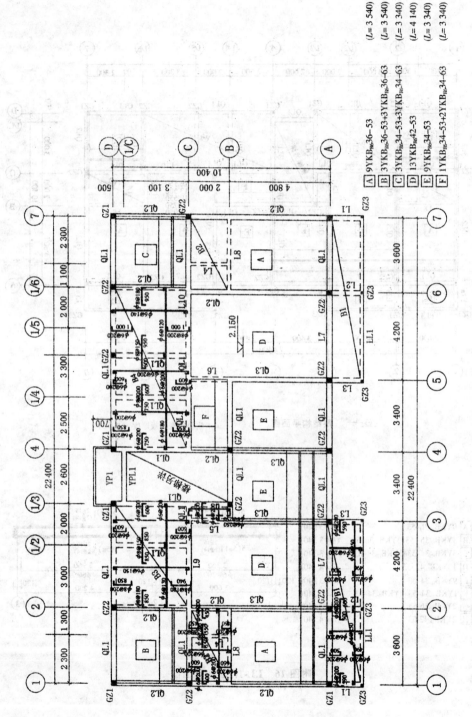

附图 15 ▽ $\frac{2.150}{}$ 层结构平面图

A	9YKB$_{bb}$36–53	(L=3 540)
B	3YKB$_{bb}$36–53+3YKB$_{bb}$36–63	(L=3 540)
C	3YKB$_{bb}$34–53+3YKB$_{bb}$34–63	(L=3 340)
D	13YKB$_{bb}$42–53	(L=4 140)
E	9YKB$_{bb}$34–53	(L=3 340)
F	1YKB$_{bb}$34–53+2YKB$_{bb}$34–63	(L=3 340)

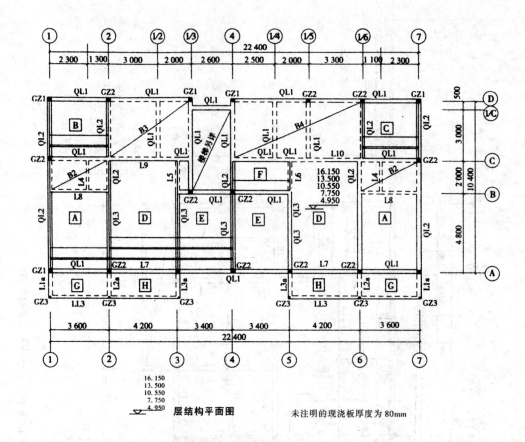

层结构平面图

未注明的现浇板厚度为80mm

A	9YKB$_{R6}$36-53	(L=3 540)
B	3YKB$_{R6}$36-53+3YKB$_{R6}$36-63	(L=3 540)
C	3YKB$_{R6}$34-53+3YKB$_{R6}$34-63	(L=3 340)
D	13YKB$_{R6}$42-53	(L=4 140)
E	9YKB$_{R6}$34-53	(L=3 340)
F	1YKB$_{R6}$34-53+2YKB$_{R6}$34-63	(L=3 340)
G	2YKB$_{R6}$36-63	(L=3 540)
H	2YKB$_{R6}$42-63	(L=4 140)

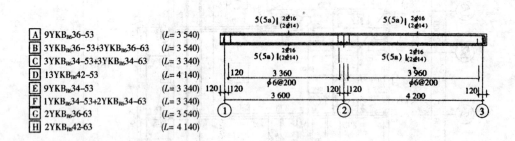

附图16　LL-1(LL-2)剖面图

282

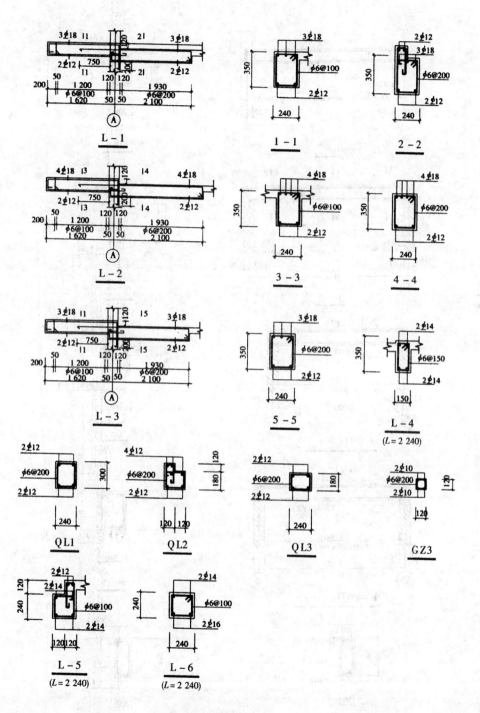

附图 17　配筋图

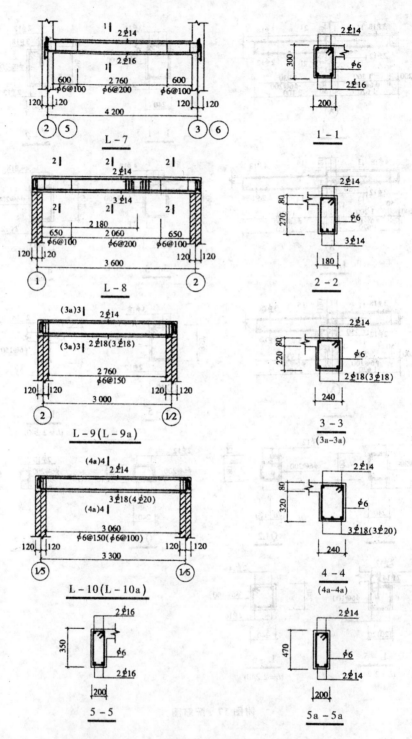

附图 18 配筋图

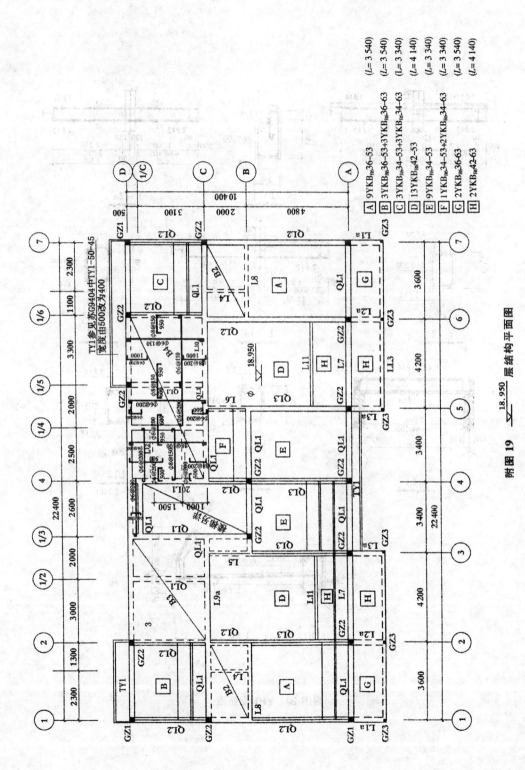

附图 19　$\underset{\triangledown}{\overline{18.950}}$　层结构平面图

285

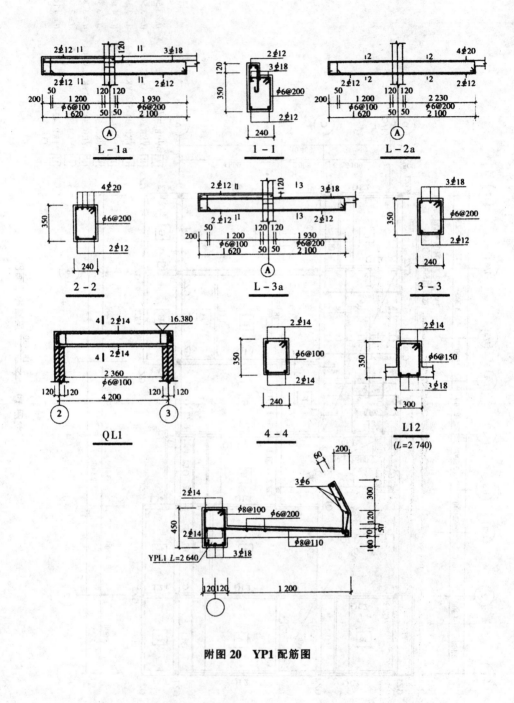

附图 20　YP1 配筋图

286

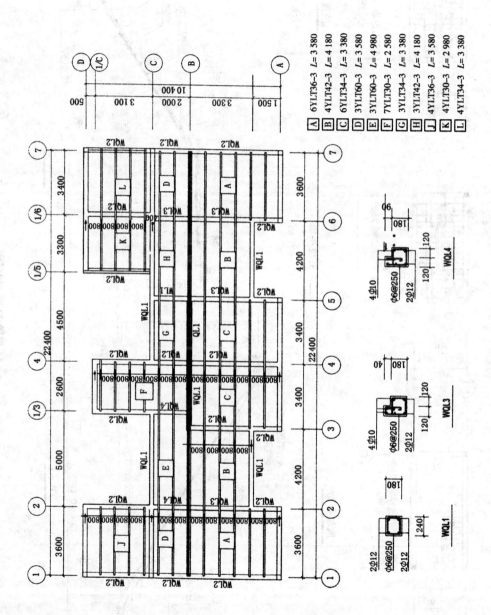

附图 21　屋面檩条结构布置图

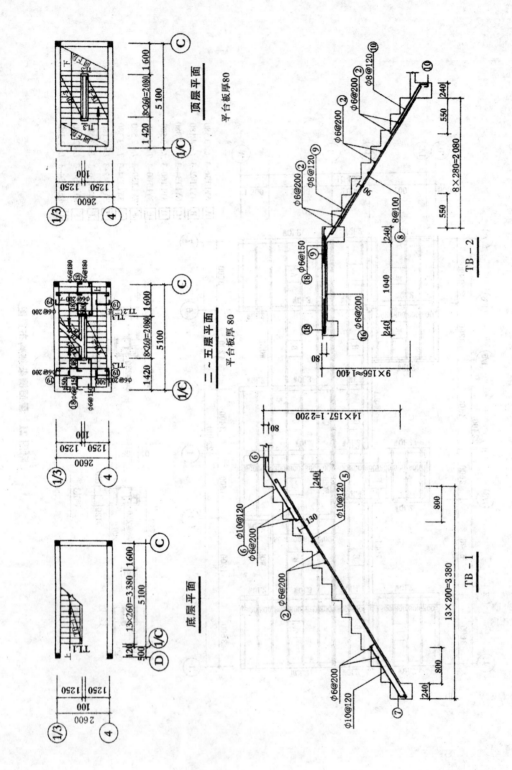

附图 22 楼梯详图

288

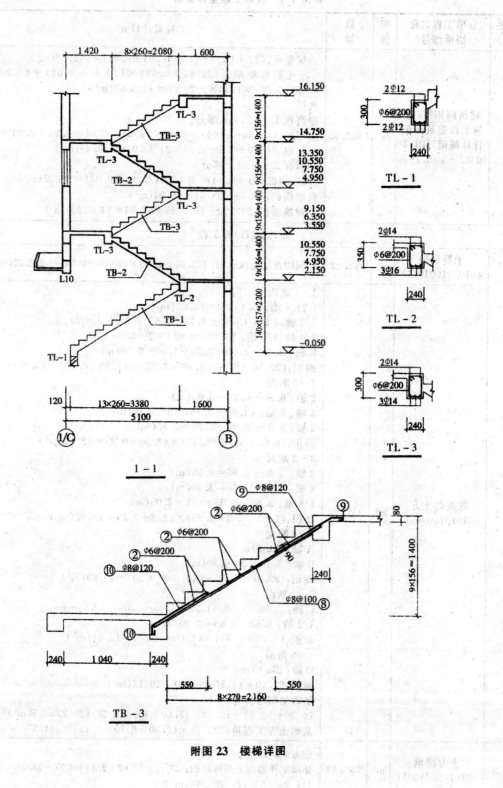

附图 23　楼梯详图

序号	分项工程名称 （清单编号）	单位	数量	工程量计算式
	建筑面积按《建筑工程建筑面积计算规范》GB/T 50353—2005 计算	m²	1 835.95	一层车库：(22.64＋0.04)×(10.64＋0.04)＝242.22(m²) 二~七层标准层：[(22.64＋0.04)×(10.64＋0.04)＋(4.20＋3.60＋0.24)×1.50×2/2]×6＝1525.69(m²) 夹层 净高在 1.2~2.1m 部分： [1.72×(22.64＋0.04)＋2.02×(3.84＋2.84＋6.94＋0.04×3)＋1.34×(5.0＋4.5－0.04×2)]×0.5＝39.69(m²) 净高在 2.1m 以上部分： 0.58×(22.64＋0.04)＋0.67×(22.64＋0.04)＝28.35(m²) 夹层面积：39.69＋28.35＝68.04(m²) 总建筑面积：242.22＋1525.69＋68.04＝1835.95(m²)
	A.1 土(石)方工程			
1	平整场地 (010101001001)	m²	242.22	建筑物首层建筑面积：(22.64＋0.04)×(10.64＋0.04)＝ 242.22(m²)
2	挖基础土方 (010101003001)	m³	341.85	1—1 断面 1 轴、7 轴：10.40×2＝20.80(m) 1/3 轴、4 轴：(5.60－0.75－0.65)×2＝8.40(m) 1/4 轴、1/5 轴：(3.60－0.65)×2＝5.90(m) C 轴：2.00－1.00＋2.50－1.00＝2.50(m) 面积：(20.80＋8.40＋5.90＋2.50)×(1.80＋0.20)＝75.20(m²) 2—2 断面 2 轴：6.80－0.75＝6.05(m) 3 轴、5 轴：(4.80－0.75)×2＝8.10(m) 6 轴：6.80－0.90－0.75＝5.15(m) 面积：(6.05＋8.10＋5.15)×(2.50＋0.2)＝52.11(m²) 3—3 断面 2 轴：3.60－0.65＝2.95(m) 4 轴：4.80－1.50＝3.30(m) 1/6 轴：3.60－0.65－0.9＝2.05(m) 面积：(2.95＋3.3＋2.05)×(2.2＋0.2)＝19.92(m²) 4—4 断面 A 轴：22.40 m B 轴：3.40×2＝6.80(m) 面积：(22.40＋6.80)×(1.30＋0.20)＝43.80(m²) 5—5 断面 C 轴：3.60－1.00－1.28＋5.40－1.00＝5.72(m) 1/2 轴：3.60－0.65＝2.95(m) 面积：(5.72＋2.95)×(1.60＋0.20)＝15.61(m²) 6—6 断面 D 轴：22.40 m 面积：22.40×(1.10＋0.20)＝29.12(m²) 基础垫层总面积： 75.20＋52.11＋19.92＋43.80＋15.61＋29.12＝235.76(m²) 基础土方工程量：235.76×(1.50＋0.10－0.15)＝341.85(m³)
3	土方回填 (010103001001)	m³	253.43	挖方：341.85 m³ 扣除室外地面下基础体积：23.75＋58.62＋1.18＋4.87＝88.42(m³) 341.85－88.42＝253.43(m³)

序号	分项工程名称（清单编号）	单位	数量	工程量计算式
				A.3 砌筑工程
4	砖基础（M10 水泥砂浆）（010301001001）	m³	30.62	（1）基础外墙中心线长 22.40×2+10.40×2=65.60(m) （2）内墙净长线长 B轴：3.40×2=6.80(m) C轴：3.60-0.24+2.0-0.12+2.5-0.12+5.4-0.12=12.90(m) 2轴：10.40-0.24=10.16(m) 1/2轴、1/4轴、1/5轴：（3.6-0.12）×3=10.44(m) 3轴、5轴：（4.80-0.12）×2=9.36(m) 1/3轴：5.60-0.25=5.35(m) 4轴：（10.4-0.24×2）=9.92(m) 6轴：6.80-0.24=6.56(m) 1/6轴：3.6-0.24=3.36(m) 内墙净长总长：6.80+12.90+10.16+10.44+9.36+5.35+9.92+6.56+3.36=74.85(m) （3）基础总长：65.60+74.85=140.45(m) （4）基础体积：0.24×（1.50-0.15-0.15-0.30+0.066）×140.45=32.56(m³) 扣除构造柱：（0.24×0.24×16+0.03×0.24×45）×（1.50-0.60）=1.12(m³) 扣2-2、3-3处（板厚400）：0.24×0.10×34.00=0.816(m³) 砖基工程量：32.56-1.12-0.816=30.62(m³)
5	空心砖墙、砌块墙（M10 一砖外墙）（010304001001）	m³	67.38	（1）底层面积 外墙中心线长：（22.40+10.40）×2=65.60(m) 墙体高度：2.20-0.30=1.90(m) 墙体毛面积：65.60×1.90=124.64(m²) 扣：M3：1.80×1.90×5=17.10(m²) 　　M4：1.50×1.90×4=11.40(m²) 　　M5：1.00×1.90×2=3.80(m²) 　　梯洞：2.36×2.2=5.19(m²) 　　C6：1.20×0.6×2=1.44(m²) 　　M6：3.46×1.90×2=13.15(m²) 门窗洞合计：52.08 m² 底层墙体净面积：124.64-52.08=72.56(m²) （2）二、三层面积 [（22.64+10.64）×2+0.5×2]×（2.8-0.30）×2=337.80(m²) 扣：C1：1.80×1.50×10=27.00(m²) 　　C2：1.50×1.50×8=18.00(m²) 　　C2′：1.50×1.40×2=4.20(m²) 　　C3：1.20×1.50×4=7.20(m²) 　　C4：0.60×1.50×4=3.60(m²) 　　M10：3.46×2.50×4=34.60(m²) 门窗洞合计：94.60 m² 二、三层墙体净面积：337.80-94.60=243.20(m²) （3）体积 （72.56+243.20）×0.24=75.78(m³) 扣构造柱体积：（0.24×0.24×1.90×16+0.03×0.24×41×1.90）+（0.24×0.24×2.50×16+0.03×0.24×41×2.50）×2=8.40(m³) M10一砖外墙工程量：75.78-8.40=67.38(m³)

序号	分项工程名称 （清单编号）	单位	数量	工程量计算式
6	空心砖墙、 砌块墙 （M7.5 一砖外墙） （010304001002）	m³	55.33	四、五层净面积同二、三层：243.20 m² 体积：243.20×0.24＝58.37（m³） 扣构造柱体积：3.04 m³ M7.5 一砖外墙工程量：58.37－3.04＝55.33（m³）
7	空心砖墙、 砌块墙 （M5 一砖外墙） （010304001003）	m³	68.44	六、七层标高 19.00 m 以下同四、五层：55.33 m³ 标高 19.00 m 以上阁楼部分面积 C轴：（5.00＋4.50）×（1.61－0.18）－1.8×0.6－1.2×0.6×2 －1.5×0.6＝10.17（m²） 1/A轴：4.20×2×（0.78－0.18）＝5.04（m²） 1、7轴：10.4×（2.20－0.22）/2×2－0.75×0.75×3.14/2×2＝18.83（m²） 2、3、5、6轴：1.50×（0.78－0.22）/2×4＝1.68（m²） 2、1/5轴：3.60×（1.61－0.22）/2×2＝5.00（m²） 1/3、4轴：3.10×（1.60＋0.22－0.22）/2×2＝4.96（m²） 1/C轴：2.60×（0.25－0.18）＝0.18（m²） 阁楼部分体积：（10.17＋5.04＋18.83＋1.68＋5.00＋4.96＋ 0.18）×0.24＝11.01（m³） 扣 1、7轴构造柱：（0.24×0.24＋0.06×0.24）×1.18×2＝0.17（m³） 11.01－0.17＝10.84（m³） 女儿墙：11.82×0.40×2×0.24＝2.27（m³） M5 一砖外墙工程量：55.33＋10.84＋2.27＝68.44（m³）
8	空心砖墙、 砌块墙 （M10 半砖内墙） （010304001004）	m³	3.84	二层： （2.0＋2.3－0.24＋3.60＋2.0－0.24－0.18＋0.9－0.18）× （2.80－0.35）＝24.40（m²） 扣：M8：0.90×2.40×2＝4.32（m²） 　　M2：0.80×2.10×2＝3.36（m²） 二层体积：（24.40－4.32－3.36）×0.115＝1.92（m³） 三层同二层：1.92 m³ M10 半砖内墙工程量：1.92＋1.92＝3.84（m³）
9	空心砖墙、 砌块墙 （M7.5 半砖内墙） （010304001005）	m³	3.84	四、五层同二、三层：3.84 m³
10	空心砖墙、 砌块墙 （M5 半砖内墙） （010304001006）	m³	3.84	六、七层同二、三层：3.84 m³

序号	分项工程名称（清单编号）	单位	数量	工程量计算式
11	空心砖墙、砌块墙（M10 一砖内墙）（010304001007）	m³	112.63	(1) 底层面积 2、4 轴:(10.64−0.24×2)×2=20.32(m) 1/2、1/4、1/5、1/6 轴:(3.6−0.24)×4=13.44(m) 1/3 轴:5.60−0.24=5.36(m) 3 轴:4.8−0.12=4.68(m) 5、6 轴:(6.80−0.24)×2=13.12(m) C 轴:22.4−0.24×3−2.6=19.08(m) B 轴:6.80−0.24×2=6.32(m) 1/A 轴:(3.60−0.24)×2=6.72(m) 内墙净长合计:89.04(m) 89.04×(2.2−0.30)=169.18(m²) 扣门洞:1.00×2.08×3+0.90×1.90×2=9.66(m²) 底层面积小计:169.18−9.66=159.52(m²) (2) 二层面积 2、6、1/6 轴:(10.64−0.24×2)×2=20.32(m) 3、1/3、4 轴:(10.64−0.24×2−0.5)×2=19.32(m) 1/2、1/5 轴:3.45×2=6.90(m) 1/4 轴:3.36 m 5 轴:4.80−0.12=4.68(m) C 轴:2.70−0.12+2.0−0.12+4.50−0.12+3.60−0.12=12.32(m) B 轴:6.80−0.24=6.56(m) 内墙净长合计:73.46(m) 内墙面积:73.46×(2.80−0.30)=183.65(m²) 扣门洞:1.00×2.50+1.00×2.68+2.20×1.00×2+0.90×2.40×7+0.80×2.10=26.38(m²) 二层面积小计:183.65−26.38=157.27(m²) 三层面积同二层:157.27 m² 面积总计:159.52+157.27+157.27=474.06(m²) 体积:474.06×0.24=113.77(m³) 扣构造柱:(0.24×0.24×2+0.03×0.24×7)×(2.20+2.8×2−0.30×3)=1.14(m³) M10 一砖内墙工程量:113.77−1.14=112.63(m³)
12	空心砖墙、砌块墙（M7.5 一砖内墙）（010304001008）	m³	74.66	四、五层同二、三层:157.27×2×0.24=75.49(m³) 扣构造柱:(0.24×0.24×2+0.03×0.24×7)×(2.8×2−0.30×2)=0.83(m³) M7.5 一砖内墙工程量:75.49−0.83=74.66(m³)
13	空心砖墙、砌块墙（M5 一砖内墙）（010304001009）	m³	86.83	六、七、阁楼层: 略
14	零星砌砖（M5 半砖砌阳台栏板）（010302006001）	m³	13.70	长度:[(1.50−0.12)×2+7.80]×2×6=126.72(m) 工程量:0.115×126.72×(1.00−0.06)=13.70(m³)

序号	分项工程名称（清单编号）	单位	数量	工程量计算式
				A.4 混凝土及钢筋混凝土工程
15	带形基础 (010401001001)	m³	58.62	1—1 断面 矩形截面长： 1 轴、7 轴：10.40×2＝20.80(m) 1/3 轴、4 轴：(5.60－0.65－0.55)×2＝8.80(m) 1/4 轴、1/5 轴：(3.60－0.55)×2＝6.10(m) C 轴：2.00－0.90+2.50－0.90+2.0－1.08＝3.62(m) 1—1 矩形截面总长：39.32 m 1—1 矩形截面体积：1.80×0.15×39.32＝10.62(m³) 1—1 梯形截面总长：39.32+0.21×2+0.16×4+0.34×3＝41.40(m) 1—1 梯形截面体积：(1.80+0.46)×0.15/2×41.40＝7.02(m³) 1—1 断面总体积：10.62+7.02＝17.64(m³) 2—2 断面 矩形截面长： 2 轴：6.80－0.65＝6.15(m) 3、5 轴：(4.80－0.65)×2＝8.30(m) 6 轴：6.80－0.80－0.65＝5.35(m) 2—2 矩形截面总长：19.80 m² 2—2 矩形截面体积：2.50×0.15×19.80＝7.43(m³) 2—2 梯形截面总长：19.80+1.075＝20.88(m) 2—2 梯形截面体积：(2.50+0.46)/2×0.25×20.88＝7.73(m³) 2—2 断面总体积：7.43+7.73＝15.16(m³) 3—3 断面 矩形截面长： 2 轴：3.60－0.55＝3.05(m) 4 轴：4.80－1.30＝3.50(m) 1/6 轴：3.60－0.55－0.80＝2.25(m) 3—3 矩形截面长：8.80 m 3—3 矩形截面体积：2.2×0.15×8.80＝2.90(m³) 3—3 梯形截面长：8.80 +1.025＝9.83(m) 3—3 梯形截面体积：(2.20+0.46)/2×0.25×9.83＝3.27(m³) 3—3 截面总体积：2.90+ 3.27＝6.17(m³) 同样方法，算出： 4—4 断面总体积：9.55 m³ 5—5 断面总体积：3.78 m³ 6—6 断面总体积：6.32 m³ 带形基础工程量：58.62 m³
16	垫层 (010401006001)	m³	23.58	235.76×0.1＝23.58 m³
17	矩形柱 （C20 构造柱） (010402001001)	m³	28.52	(1) 基础部分： (0.24×0.24×16+0.03×0.24×45)×(1.50－0.30)＝1.49(m³) (2) 一层部分： (0.24×0.24×18+0.03×0.24×49)×2.20＝3.06(m³) (3) 二~七层： (0.24×0.24×18+0.03×0.24×49)×2.8×6＝23.35(m³) (4) 阁楼层： B 轴：(0.24×0.24×2+0.03×0.24×7)×2.20＝0.36(m³) C 轴：(0.24×0.24×2+0.03×0.24×6)×1.62＝0.26(m³) C20 构造柱工程量：28.52 m³

序号	分项工程名称（清单编号）	单位	数量	工程量计算式
18	矩形柱 （C20 阳台栏板 构造柱） （010402001002）	m³	0.52	0.12×0.12×1.00×3×2×6=0.52（m³）
19	矩形梁 （C20 矩形梁） （010403002001）	m³	12.09	略
20	圈梁 （C20 地圈梁） （010403004001）	m³	9.73	地圈梁长度： A 轴：22.40 m B 轴：3.40×2=6.80（m） C 轴：3.60−0.24+2.0−0.12+2.5−0.12+5.4−0.12=12.90（m） D 轴：22.40 m 1、7 轴：10.40×2=20.80（m） 2 轴：10.40−0.24=10.16（m） 1/2、1/4 、1/5 轴：（3.6−0.12）×3=10.44（m） 3、5 轴：（4.80−0.12）×2=9.36（m） 4 轴：10.40−0.24×2=9.92（m） 6 轴：6.80−0.24=6.56（m） 1/6 轴：3.60−0.24=3.36（m） 总长：135.10 m C20 地圈梁工程量：0.24×0.30×135.10=9.73（m³）
21	圈梁 （C20 圈梁） （010403004002）	m³	59.68	略
22	过梁 （C20 过梁） （010403005001）	m³	6.25	略
23	有梁板 （C20 钢筋混凝土 有梁板） （010405001001）	m³	15.12	标高 2.15 m： B2：（3.84×2.24×0.08+0.18×0.27×3.36+0.15×0.27× 1.82）×2=0.93×2=1.86（m³） （3−1/3）轴，（B−C）轴之间：1.04×2.24×0.08+（0.24×0.24+ 0.12×0.04）×1.76=0.30（m³） 标高 2.15 m 计：1.86+0.30=2.16（m³） 标高 4.95 m，7.75 m、10.55 m、13.50 m、16.15 m、18.95 m： 2.16×6=12.96（m³） 有梁板工程量：2.16+12.96=15.12（m³）
24	平板 （C20 钢筋混凝土 平板） （010405003001）	m³	30.71	标高 2.15 m： B3：5.24×3.84×0.08=1.61（m³） B4：8.04×3.84×0.08=2.47（m³） 标高 2.15 m 计：4.08 m³ 标高 4.95 m，7.75 m、10.55 m、13.50 m、16.15 m、18.95 m： 4.08×6=24.48（m³） 梯过道板：2.60×1.48×0.08×7=2.15（m³） 平板工程量：4.08+24.48+2.15=30.71（m³）

续表

序号	分项工程名称 （清单编号）	单位	数量	工程量计算式
25	天沟、挑檐板 （010405007001）	m³	0.92	底板：$(3.84+6.94+6.80-0.24)\times0.4\times0.07=0.49(m^3)$ 侧板：$(3.84+6.94+6.80-0.24+0.40\times4)\times0.38\times0.06=0.43(m^3)$ 天沟、挑檐板工程量：$0.49+0.43=0.92(m^3)$
26	雨篷、阳台板 （二层平面 现浇阳台） （010405008001）	m³	3.31	阳台板： B1：$1.50\times8.04\times0.08\times2=1.93(m^3)$ LL1：$0.20\times0.27\times8.04\times2=0.87(m^3)$ L1、L2、L3：$(1.5-0.2)\times0.24\times0.27\times3\times2=0.51(m^3)$ 阳台板计：$3.31(m^3)$
27	雨篷、阳台板 （复式雨篷） （010405008002）	m³	0.46	YP1： $1.20\times2.84\times0.095+(2.84+0.70\times2)\times0.53\times0.06=0.46(m^3)$
28	直形楼梯 （010406001001）	m²	55.35	底层：$(3.38+0.24)\times(2.6-0.24-0.1)/2=4.09(m^2)$ 二～七层：$(1.30+2.08+0.24)\times(2.60-0.24)\times6=51.26(m^2)$ 合计：$4.09+51.26=55.35(m^2)$
29	其他构件 （阳台栏板 C20混凝土压顶） （010407001001）	m³	1.12	$0.06\times0.12\times126.72=0.91(m^3)$ 女儿墙压顶：$0.30\times0.06\times11.82=0.21(m^3)$ 合计：$0.91+0.21=1.12(m^3)$
30	散水、坡道 （010407002001）	m²	47.58	$(22.64-0.24-0.9\times2)\times1.20=24.72(m^2)$ $1.40\times1.2\times2+5.30\times1.20+8.35\times1.20+2.60\times1.20=22.86(m^2)$ 坡道工程量：$24.72+22.86=47.58(m^2)$
31	散水、坡道 （010407002002）	m²	17.54	$[(0.9+0.6+10.64-1.2+0.6+0.9)\times2+2.36+2.0)]\times0.6=17.54(m^2)$
32	空心板 （010412002001）	m³	72.22	略（按设计以体积计算）
33	现浇混凝土钢筋 （直径6～12 mm） （010416001001）	t	13.932	略
34	现浇混凝土钢筋 （直径14～25 mm） （010416001002）	t	3.883	略
35	现浇混凝土钢筋 （墙体加固筋） （直径6 mm） （010416001003）	t	1.061	略
36	先张法预应力钢筋 （冷轧带肋 钢筋4～5 mm） （010416005001）	t	5.281	略

序号	分项工程名称 （清单编号）	单位	数量	工程量计算式
			A.7 屋面及防水工程	
37	瓦屋面 (010701001001)	m²	207.28	[22.64×3.30+22.64×2.00+1.50×(3.84+7.04+3.84)+3.6 ×(3.84+6.64)+2.84×3.10]×1.099=207.28(m²)
38	屋面卷材防水 (010702001001)	m²	84.18	南侧：[(1.50−0.12)×7.80+(4.2−0.24)×1.50]×2=33.41(m²) 北侧：(3.6−0.24)×(12.10−0.24)−2.84×3.10=31.05(m²) 侧面卷边： 0.25×[(7.8×2+2.88×2)·2+(11.86×2+3.36×2+2.86× 2)]=19.72(m²) 屋面卷材防水工程量：33.41+31.05+19.72=84.18(m²)
39	屋面排水管 (010702004001)	m	151.60	(18.80+0.15)×8=151.60(m)
40	屋面天沟、沿沟 (010702005001)	m²	12.05	(3.6+6.7−0.12+6.80−0.24)×(0.39+0.33)=12.05(m²)
			A.8 防腐、隔热保温工程	
41	保温隔热屋面 （坡屋面） (010803001001)	m²	207.28	坡屋面保温：207.28 m²
42	保温隔热屋面 （平屋面） (010803001002)	m²	64.46	平屋面保温：64.46 m²
			B.1 楼地面工程	
43	水泥砂浆楼地面 （地面） (020101001001)	m²	203.72	外墙中心线面积：10.40×22.40=232.96(m²) 扣外墙占面积：65.60×0.12=7.87(m²) 扣内主墙占面积：89.04×0.24=21.37(m²) 水泥砂浆地面工程量：232.96−7.87−21.37=203.72(m²)
44	细石混凝土楼地面 （卫生间、餐厅楼面） (020101003001)	m²	188.31	卫生间 二层： B～C轴/1−2轴,1/6−7轴： (2.0−0.18)×(3.6−1.42−0.18)×2=7.28(m²) C～D轴/1/2−1/3轴,1/4−1/5轴： (2.0−0.24)×(3.6−0.24)×2=11.83(m²) 三～七层：11.83×5=59.15(m²) 卫生间合计：11.83+59.15=70.98(m²) 餐厅 [(3.0−0.24)×(3.6−0.24)+(3.3−0.24)×(3.6−0.24)]×6=117.33(m²) 总计：70.98+117.33=188.31 m²

序号	分项工程名称 （清单编号）	单位	数量	工程量计算式
45	水泥砂浆楼地面 （其他现浇板上楼面） （020101001002）	m²	256.81	除卫生间、餐厅外现浇混凝土板上 标高 2.2 m： 房间：(2.50−0.24)×(3.60−0.24)+(1.3−0.06)×(2.0−0.18)×2+(2.0−0.24)×0.8＝13.52(m²) 阳台：(1.5−0.12)×7.8×2＝21.53(m²) 楼梯过道：(2.6−0.24)×(1.6−0.24×0.12)＝3.71(m²) 小计：13.52+21.53+3.71＝38.76(m²) 标高 5.00 m、7.80 m、10.60 m、13.40 m、16.20 m： 38.76×5＝193.80(m²) 标高 19.00 m：(2.00−0.24)×(3.60−0.24)×2+(2.00−0.24)×0.80+(3.3−0.24)×3.60＝24.25(m²) 合计：38.76+193.80+24.25＝256.81(m²)
46	水泥砂浆楼地面 （空心板上楼面） （020101001003）	m²	1067.99	标高 2.20 m： (3.60−0.24)×(3.60−0.24)+(3.40−0.24)×(3.60−0.24)+(3.6−0.24)×(4.8−0.24)×2+(4.20−0.24)×(6.8−0.24)×2+(3.40−0.24)×(4.80−0.24)×2+(3.4−0.24)×(2.0−0.24)＝138.89(m²) 标高 4.95 m、7.75 m、10.55 m、13.50 m、16.15 m： (138.89+1.38×7.80×2)×5＝802.09(m²) 阁楼层：(3.60−0.24)×(3.60−0.24)+(3.40−0.24)×(3.60−0.24)+(3.6−0.24)×(4.8−0.24)×2+(4.20−0.24)×(5.30−0.24)×2+(3.40−0.24)×(4.80−0.24)×2+(3.4−0.24)×(2.0−0.24)＝127.01(m²) 合计：138.89+802.09+127.01＝1067.99(m²)
47	水泥砂浆踢脚线 （020105001001）	m²	218.70	底层： 65.66+89.16×2−1.80×5−3.46×2−1.50×4−1.00×2−0.90×2−1.00×3−0.24×19＝210.70(m) 二层： (22.64+10.64)×2+0.5×2+73.58×2+9.96×2−2.42×4−1.76×4−3.36×4−1.76×4−0.24×16−0.90×9−0.80×4＝182.30(m) 三～七层：182.30×5＝911.50(m) 阁楼层： (10.40−0.24)×4+5.06×4+3.60×2+5.10×2+4.56×4+(22.4−0.24)×2+(3.40−0.24)×4＝153.48(m) 踢脚线工程量： (210.70+182.30+911.50+153.48)×0.15＝218.70(m²)
48	水泥砂浆楼梯面 （020106003001）	m²	55.35	同直形楼梯面积：55.35 m²
49	硬木扶手 带栏杆、栏板 （020107002001）	m	40.16	(3.38+0.12)×1.27+(2.08+0.24)×12×1.15+0.20×12+1.30＝40.16(m)

序号	分项工程名称（清单编号）	单位	数量	工程量计算式
			B.2 墙、柱面工程	
50	墙面一般抹灰（内墙面抹灰）（020201001001）	m²	3239.32	一层 外墙内侧：(65.60−0.24×4)×(2.20−0.12)=134.45(m²) 内墙面双侧：(89.04×2−0.24×28)×(2.20−0.12)=356.43(m²) 扣门窗洞：52.08+9.66×2=71.40(m²) 一层计：134.45+356.43−71.40=419.48(m²) 同理算出二至阁楼层：2819.84 m² 内墙面抹灰合计：419.48+2819.84=3239.32（m²）
51	墙面一般抹灰（卫生间餐厅内墙面）（020201001002）	m²	455.51	二层 卫生间： (2.0−0.24+3.60−0.24)×2×(2.8−0.08)+(2.0−0.24+2.18−0.18)×2×(2.8−0.08)−0.80×2.10×4−1.20×1.50×2−0.60×1.50×2=36.19(m²) 餐厅： (3.0−0.24+3.60×2)×(2.80−0.08)+(3.3−0.24+3.60×2)×(2.80−0.08)−0.80×2.10−0.90×2.40−1.80×1.50×2=45.76(m²) 小计：36.19+45.76=81.95(m²) 三~七层：81.95×5=409.75(m²) 合计：45.76+409.75=455.51(m²)
52	墙面一般抹灰（外墙面抹灰）（020201001003）	m²	1083.67	一层 墙面：(22.64+10.64)×2×2.20−52.08=94.35(m²) 同理算出二至阁楼层：989.32 m² 合计：94.35+989.32=1083.67(m²)
53	墙面一般抹灰（阳台栏板抹灰）（020201001004）	m²	253.44	长度：126.72 m 面积：126.72×1.00×2=253.44(m²)
54	零星项目一般抹灰（天沟外侧）（020203001001）	m²	7.26	天沟外侧： (3.84+6.94+6.80−0.24+0.40×2)×0.40=7.26(m²)
			B.3 天棚工程	
55	天棚抹灰（现浇板底）（020301001001）	m²	494.52	一层顶棚 阳台底：(1.50×8.04+7.32×0.27+1.30×4×0.27)×2=30.88(m²) （注：梁侧并入天棚抹灰）B2 底：3.36×1.82×2=12.23(m²) B3 底：2.76×3.36+1.76×3.36=15.19(m²) B4 底：(7.80−0.24×3)×3.36=23.79(m²) (3−1/3),B−C轴之间：0.80×1.76=1.41(m²) 梯间过道底：2.36×1.28=3.02(m²) 一层顶棚合计：30.88+12.23+15.19+23.79+1.41+3.02=86.52(m²) 同理算出二至阁楼层现浇板底抹灰：333.84 m² 楼梯底：63.31 m² 雨篷底：3.91 m² 天沟底：(3.84+6.94+6.80−0.24)×0.4=6.94(m²) 现浇板底抹灰计：86.52+333.84+63.31+3.91+6.94=494.52(m²)

序号	分项工程名称 （清单编号）	单位	数量	工程量计算式
56	天棚抹灰 （预制板底） （020301001002）	m²	1005.93	按主墙间净面积计算（略）：1005.93 m²

B.4 门窗工程

序号	分项工程名称 （清单编号）	单位	数量	工程量计算式
57	金属平开门 （900×1900） （020402001001）	樘	2	见门窗表
58	金属平开门 （1800×1900） （020402001002）	樘	5	见门窗表
59	金属平开门 （1500×1900） （020402001003）	樘	4	见门窗表
60	金属平开门 （1000×1900） （020402001004）	樘	2	见门窗表
61	塑钢门 （3460×2400） （020402005001）	樘	12	见门窗表
62	金属卷闸门 （3460×1900） （020403001001）	樘	2	见门窗表
62	塑钢窗 （1800×1500） （020406007001）	樘	30	见门窗表
64	塑钢窗 （1500×1500） （020406007002）	樘	24	见门窗表
65	塑钢窗 （1500×1400） （020406007003）	樘	5	见门窗表
66	塑钢窗 （1200×1500） （020406007004）	樘	12	见门窗表
67	塑钢窗 （600×1500） （020406007005）	樘	12	见门窗表

序号	分项工程名称 （清单编号）	单位	数量	工程量计算式
68	塑钢窗 （1800×600） （020406007006）	樘	1	见门窗表
69	塑钢窗 （1200×600） （020406007007）	樘	4	见门窗表
70	塑钢窗 （1500×600） （020406007008）	樘	1	见门窗表
B.5 油漆、涂料、裱糊工程				
71	刷喷涂料 （内墙面） （020507001001）	m²	3239.32	同内墙面抹灰：3239.32 m²
72	刷喷涂料 （天棚面） （020507001002）	m²	1500.45	同天棚抹灰：494.52＋1005.93＝1500.45(m²)
73	刷喷涂料 （外墙面乳胶漆） （020507001003）	m²	1344.37	略

<u>　　　　花园小区 1[#]住宅楼　　　　</u>　**工程**

工 程 量 清 单

招　标　人：<u>×××房地产开发有限公司</u>
（单位盖章）

工 程 造 价
咨　询　人：<u>×××造价咨询有限公司</u>
（单位资质专用章）

法定代表人
或其授权人：<u>　×××签字或盖章　</u>
（单位盖章）

法定代表人
或其授权人：<u>　×××签字或盖章　</u>
（签字或盖章）

编　制　人：<u>×××签字并盖专用章</u>
（造价人员签字盖专用章）

复　核　人：<u>×××签字并盖专用章</u>
（造价工程师签字盖专用章）

编制时间：　　2009 年 8 月 8 日

复核时间：　　2009 年 8 月 10 日

总　说　明

一、工程概况：

1. 建设规模：建筑面积 1835.95 m²；

2. 工程特征：砖混结构，底层为车库，二～七层为住宅，顶层为阁楼；

3. 计划工期：220 日历天；

4. 施工现场实际情况：施工场地较平整；

5. 交通条件：交通便利，有主干道通入施工现场；

6. 环境保护要求：必须符合当地环保部门对噪音、粉尘、污水、垃圾的限制或处理的要求。

二、招标范围：设计图纸范围内的土建工程，详见招标文件。

三、工程量清单编制依据：

1.《建设工程工程量清单计价规范》（GB 50500—2008）；

2. 国家及省级建设主管部门颁发的有关规定；

3. 江苏省建设厅文件苏建价〔2009〕40 号《关于〈建设工程工程量清单计价规范〉（GB 50500—2008）的贯彻意见》；

4. 本工程项目的设计文件；

5. 与本工程项目有关的标准、规范、技术资料；

6. 招标文件及其补充通知、答疑纪要；

7. 施工现场情况、工程特点及常规施工方案；

8. 其他相关资料。

四、工程质量：创市级优质工程，详见招标文件。

五、安全生产文明施工：创市级文明工地，详见招标文件。

六、投标人在投标时应按《建设工程工程量清单计价规范》（GB 50500—2008）和招标文件规定的格式，提供完整齐全的文件。

七、投标文件的份数详见招标文件。

八、工程量清单编制的相关说明：

1. 分部分项工程量清单

1.1 挖基础土方自设计室外地面标高算起；

1.2 所有室内木门由住户自理，不列入清单；

1.3 进户防盗门由专业厂家制作安装，不列入分部分项清单；

1.4 本工程中的所有混凝土要求使用商品混凝土。

2. 措施项目清单

2.1 通用措施项目列入以下项目

2.1.1 安全文明施工费；

2.1.1.1 基本费

2.1.1.2 考评费

2.1.1.3 奖励费

2.1.2 夜间施工费；

2.1.3 冬雨季施工增加费；

2.1.4 大型机械设备进出场及安拆；

2.1.5 施工排水；

2.1.6 已完工程及设备保护；

2.1.7 临时设施；

2.1.8 材料与设备检验试验；

2.1.9 赶工措施；

2.1.10 工程按质论价。

2.2 专业工程措施项目列入以下项目

2.2.1 混凝土、钢筋混凝土模板及支架；

2.2.2 脚手架；

2.2.3 垂直运输运输机械；

2.2.4 住宅工程分户验收。

2.3 投标人如认为有必要,可自行补充其他措施项目并报价。

3. 其他项目清单

3.1 暂列金额:考虑工程量偏差及设计变更的因素计入 30 000 元,材料涨价风险因素计入 20 000 元,详见《暂列金额明细表》。

3.2 暂估价

3.2.1 材料暂估价:钢材、塑钢门窗为暂估价,其中钢材由承包人供应,详见《材料暂估单价表》和《发包人供应材料一览表》；

3.2.2 专业工程暂估价:进户防盗门由专业厂家生产并安装,详见《专业工程暂估价表》。

3.3 计日工清单见《计日工表》。

3.4 总承包服务费见总《承包服务费计价表》。

4. 规费和税金项目清单:按苏建价〔2009〕40 号文件《关于〈建设工程工程量清单计价规范〉(GB 50500—2008)的贯彻意见》的规定列入以下清单,详见《规费、税金清单计价表》。

4.1 规费

4.1.1 工程排污费；

4.1.2 安全生产监督费；

4.1.3 社会保障费；

4.1.4 住房公积金。

4.2 税金

分部分项工程量清单与计价表

序号	项目编码	项目名称	项目特征描述	计量单位	工程量	金额(元)		
						综合单价	合价	其中:暂估价
			A.1 土(石)方工程					
1	010101001001	平整场地	1. 土壤类别:三类土 2. 弃土运距:就近平整,无运输 3. 挖填厚度:30 cm 内	m²	242.22			
2	010101003001	挖基础土方	1. 土壤类别:三类 2. 基础类型:条形基础 3. 垫层底宽:1.3~2.70 m 4. 挖土深度:1.45 m 5. 弃土运距:场内运输,投标人自行考虑	m³	341.85			
3	010103001001	土(石)方回填	1. 土质要求:砂土或黏性土 2. 密实度要求:不小于 96% 3. 夯填:夯填密实 4. 运输距离:场内运输,投标人自行考虑	m³	253.43			
		分部小计						
			A.3 砌筑工程					
4	010301001001	砖基础	1. 砖品种、规格、强度等级:MU10 蒸压粉煤灰砖 2. 基础类型:条形 3. 基础深度:1.2 m 4. 砂浆强度等级:M10 水泥砂浆 5. 防潮层:1:2 防水砂浆防潮层	m³	30.62			
5	010304001001	空心砖墙、砌块墙	1. 墙体类型:外墙 2. 墙体厚度:240 mm 3. 空心砖、砌块品种、规格、强度等级:MU10KP1 承重多孔砖 240×115×90 4. 砂浆强度等级、配合比:M10 混合砂浆	m³	67.38			
6	010304001002	空心砖墙、砌块墙	1. 墙体类型:外墙 2. 墙体厚度:240 mm 3. 空心砖、砌块品种、规格、强度等级:MU10KP1 承重多孔砖 240×115×90 4. 砂浆强度等级、配合比:M7.5 混合砂浆	m³	55.33			
		本页小计						
		合　计						

工程名称:花园小区 1# 住宅楼建筑　　　　　　标段:　　　　　　　　

序号	项目编码	项目名称	项目特征描述	计量单位	工程量	金额(元)		
						综合单价	合价	其中:暂估价
7	010304001003	空心砖墙、砌块墙	1. 墙体类型:外墙 2. 墙体厚度:240 mm 3. 空心砖、砌块品种、规格、强度等级:MU10KP1 承重多孔砖 240×115×90 4. 砂浆强度等级、配合比:M5 混合砂浆	m³	68.44			
8	010304001004	空心砖墙、砌块墙	1. 墙体类型:内墙 2. 墙体厚度:120 mm 3. 空心砖、砌块品种、规格、强度等级:MU10KP1 承重多孔砖 4. 砂浆强度等级、配合比:M10 混合砂浆	m³	3.84			
9	010304001005	空心砖墙、砌块墙	1. 墙体类型:内墙 2. 墙体厚度:120 mm 3. 空心砖、砌块品种、规格、强度等级:MU10KP1 承重多孔砖 4. 砂浆强度等级、配合比:M7.5 混合砂浆	m³	3.84			
10	010304001006	空心砖墙、砌块墙	1. 墙体类型:内墙 2. 墙体厚度:120 mm 3. 空心砖、砌块品种、规格、强度等级:MU10KP1 承重多孔砖 4. 砂浆强度等级、配合比:M5 混合砂浆	m³	3.84			
11	010304001007	空心砖墙、砌块墙	1. 墙体类型:内墙 2. 墙体厚度:240 mm 3. 空心砖、砌块品种、规格、强度等级:MU10KP1 承重多孔砖 240×115×90 4. 砂浆强度等级、配合比:M10 混合砂浆	m³	112.63			
12	010304001008	空心砖墙、砌块墙	1. 墙体类型:内墙 2. 墙体厚度:240 mm 3. 空心砖、砌块品种、规格、强度等级:MU10KP1 承重多孔砖 240×115×90 4. 砂浆强度等级、配合比:M7.5 混合砂浆	m³	74.66			
			本页小计					
			合　计					

分部分项工程量清单与计价表

工程名称:花园小区 1# 住宅楼建筑　　　　标段:

序号	项目编码	项目名称	项目特征描述	计量单位	工程量	综合单价	合价	其中:暂估价
13	010304001009	空心砖墙、砌块墙	1. 墙体类型:内墙 2. 墙体厚度:240 mm 3. 空心砖、砌块品种、规格、强度等级:MU10KP1 承重多孔砖 240×115×90 4. 砂浆强度等级、配合比:M5 混合砂浆	m³	86.83			
14	010302006001	零星砌砖	1. 零星砌砖名称、部位:阳台栏板 2. 砂浆强度等级、配合比:M5 混合砂浆	m³	13.70			
		分部小计						
			A.4 混凝土及钢筋混凝土工程					
15	010401001001	带形基础	1. 混凝土强度等级:C20 2. 混凝土拌和料要求:商品混凝土	m³	58.62			
16	010401006001	垫层	1. 混凝土强度等级:C10 2. 混凝土拌和料要求:商品混凝土	m³	23.58			
17	010402001001	矩形柱	1. 柱高度:2.2～2.8 m 2. 柱截面尺寸:240 mm×240 mm 3. 混凝土强度等级:C20 4. 混凝土拌和料要求:商品混凝土 5. 柱类型:构造柱	m³	28.52			
18	010402001002	矩形柱	1. 柱高度:1.0 m 2. 柱截面尺寸:120 mm×120 mm 3. 混凝土强度等级:C20 4. 混凝土拌和料要求:商品混凝土 5. 柱类型:构造柱	m³	0.52			
19	010403002001	矩形梁	1. 梁截面:(150×350)mm～(240×350)mm 2. 混凝土强度等级:C20 3. 混凝土拌和料要求:商品混凝土	m³	12.09			
20	010403004001	圈梁	1. 梁截面:240 mm×300 mm 2. 混凝土强度等级:C20 3. 混凝土拌和料要求:商品混凝土 4. 梁部位:地圈梁	m³	9.73			
21	010403004002	圈梁	1. 梁截面:(240×180)mm～(240×300)mm 2. 混凝土强度等级:C20 3. 混凝土拌和料要求:商品混凝土 4. 梁部位:楼、屋面	m³	59.68			
		本页小计						
		合　计						

分部分项工程量清单与计价表

工程名称:花园小区 1# 住宅楼建筑　　　　　　标段:

序号	项目编码	项目名称	项目特征描述	计量单位	工程量	综合单价	合价	其中:暂估价
22	010403005001	过梁	1. 梁截面:240 mm×300 mm 2. 混凝土强度等级:C20 3. 混凝土拌和料要求:商品混凝土	m³	6.25			
23	010405001001	有梁板	1. 板厚度:80 mm 2. 混凝土强度等级:C20 3. 混凝土拌和料要求:商品混凝土	m³	15.12			
24	010405003001	平板	1. 板厚度:80 mm 2. 混凝土强度等级:C20 3. 混凝土拌和料要求:商品混凝土	m³	30.71			
25	010405007001	天沟、挑檐板	1. 混凝土强度等级:C20 2. 混凝土拌和料要求:商品混凝土	m³	0.92			
26	010405008001	雨篷、阳台板	1. 混凝土强度等级:C20 2. 混凝土拌和料要求:商品混凝土 3. 部位:阳台	m³	3.31			
27	010405008002	雨篷、阳台板	1. 混凝土强度等级:C20 2. 混凝土拌和料要求:商品混凝土 3. 部位:雨篷	m³	0.46			
28	010406001001	直形楼梯	1. 混凝土强度等级:C20 2. 混凝土拌和料要求:商品混凝土	m²	55.35			
29	010407001001	其他构件	1. 构件的类型:混凝土压顶 2. 混凝土强度等级:C20 3. 混凝土拌和料要求:商品混凝土	m³	1.12			
30	010407002001	散水、坡道	1. 垫层材料种类、厚度:200 厚碎石灌浆垫层,100 厚 C15 混凝土垫层 2. 面层厚度:200 厚 1:2 水泥砂浆 3. 混凝土拌和料要求:商品混凝土 4. 填塞材料种类:沥青砂浆 5. 部位类型:混凝土坡道	m²	47.58			
31	010407002002	散水、坡道	1. 垫层材料种类、厚度:120 厚碎石灌浆垫层 2. 面层厚度:1:1 砂浆压实抹光 3. 混凝土强度等级:60 厚 C15 混凝土	m²	17.54			
32	010412002001	空心板	1. 安装高度:层高 3.6 m 内 2. 混凝土强度等级:C30	m³	72.22			
33	010416001001	现浇混凝土钢筋	钢筋种类、规格:Ⅰ、Ⅱ级钢筋直径 6~12 mm	t	13.932			
			本页小计					
			合　计					

工程名称：花园小区 1[#] 住宅楼建筑　　　　标段：　　　　　　　　　　　　第 5 页　共 11 页

序号	项目编码	项目名称	项目特征描述	计量单位	工程量	金额（元）		
						综合单价	合价	其中：暂估价
34	010416001002	现浇混凝土钢筋	钢筋种类、规格：Ⅰ、Ⅱ级钢筋直径 14～25 mm	t	3.883			
35	010416001003	现浇混凝土钢筋	1. 钢筋种类、规格：Ⅰ级钢筋直径 6 mm 2. 部位：墙体加固钢筋	t	1.061			
36	010416005001	先张法预应力钢筋	钢筋种类、规格：冷轧带肋钢筋直径 4～5 mm	t	5.281			
		分部小计						
			A.7 屋面及防水工程					
37	010701001001	瓦屋面	1. 瓦品种、规格、品牌、颜色：彩色水泥瓦 2. 防水材料种类：3 mm 厚 SBS 卷材防水 3. 基层材料种类：20 厚木屋面板 4. 檩条种类、截面：混凝土檩条 5. 挂瓦方式：30×30 挂瓦条,40×10 顺水条	m²	207.28			
38	010702001001	屋面卷材防水	1. 卷材品种、规格：3 mm 厚 SBS 卷材 2. 防水层做法：满粘 3. 找平层材料：20 厚 1∶3 水泥砂浆 4. 防水部位：平屋面	m²	84.18			
39	010702004001	屋面排水管	1. 排水管品种、规格、颜色：D110UPVC 白色增强塑料管 2. 雨水口：铸铁落水口（带罩）直径 100 mm 3. 雨水斗：白色增强塑料 UPVC 水斗直径 100 mm	m	151.60			
40	010702005001	屋面天沟、沿沟	1. 材料品种：平均 40 厚 C20 细石混凝土找坡,1∶2 防水砂浆粉面 2. 宽度、坡度：宽 390 mm	m²	12.05			
		分部小计						
			A.8 防腐、隔热、保温工程					
41	010803001001	保温隔热屋面	1. 保温隔热部位：坡屋面 2. 保温隔热面层材料品种、规格、性能：25 厚挤塑保温板	m²	207.28			
			本页小计					
			合　计					

工程名称:花园小区 1# 住它楼建筑　　　　标段:　　　　　　　　　　第 6 页　共 11 页

序号	项目编码	项目名称	项目特征描述	计量单位	工程量	金额(元)		
						综合单价	合价	其中:暂估价
42	010803001002	保温隔热屋面	1. 保温隔热部位:平屋面 2. 保温隔热方式:外保温 3. 保温隔热面层材料品种、规格、性能:25 厚挤塑保温板 4. 找平层材料品种:20 厚 1:3 水泥砂浆找平层	m²	64.46			
		分部小计						
		B.1 楼地面工程						
43	020101001001	水泥砂浆楼地面	1. 垫层材料种类、厚度:100 厚碎石垫层,60 厚 C15 混凝土垫层 2. 面层厚度、砂浆配合比:20 厚 1:2 水泥砂浆面层	m²	203.72			
44	020101003001	细石混凝土楼地面	1. 找平层厚度、砂浆配合比:20 厚 1:3 水泥砂浆找平层 2. 防水层厚度、材料种类:聚氨酯防水涂料 1.2 mm 3. 防水层保护层:30 厚 C20 细石混凝土 4. 部位:卫生间、餐厅	m²	188.31			
45	020101001002	水泥砂浆楼地面	1. 面层厚度、砂浆配合比:素水泥结合层一道,20 厚 1:2 水泥砂浆面层 2. 部位:除卫生间、餐厅外现浇板楼面	m²	256.81			
46	020101001003	水泥砂浆楼地面	1. 找平层厚度、砂浆配合比:C20 细石混凝土找平层 40 mm 2. 面层厚度、砂浆配合比:20 厚 1:2 面层 3. 基层类型:预制空心板	m²	1 067.99			
47	020105001001	水泥砂浆踢脚线	1. 踢脚线高度:150 mm 2. 底层厚度、砂浆配合比:12 厚 1:3 水泥砂浆 3. 面层厚度、砂浆配合比:8 厚 1:2.5 水泥砂浆	m²	218.70			
48	020106003001	水泥砂浆楼梯面	1. 找平层厚度、砂浆配合比:15 厚 1:3 水泥砂浆 2. 面层厚度、砂浆配合比:10 厚 1:2 水泥砂浆	m²	55.35			
		本页小计						
		合　计						

工程名称:花园小区 1#住宅楼建筑　　　　标段:　　　　　　　　第 7 页　共 11 页

序号	项目编码	项目名称	项目特征描述	计量单位	工程量	综合单价	合价	其中:暂估价
						金额(元)		
49	020107002001	硬木扶手带栏杆、栏板	1. 扶手材料种类、规格:50×120 硬木扶手 2. 栏杆材料种类、规格:铁栏杆 3. 固定配件种类:铁件固定 4. 油漆品种、刷漆遍数:木扶手调和漆一底二度;铁栏杆防锈漆一遍,银粉漆两遍	m	40.16			
		分部小计						
			B.2 墙、柱面工程					
50	020201001001	墙面一般抹灰	1. 墙体类型:内墙 2. 底层厚度、砂浆配合比:15 厚 1:1:6 混合砂浆 3. 面层厚度、砂浆配合比:10 厚 1:0.3:3 混合砂浆 4. 装饰部位:内墙面	m²	3 239.32			
51	020201001002	墙面一般抹灰	1. 墙体类型:内墙 2. 底层厚度、砂浆配合比:12 厚 1:3 水泥砂浆 3. 装饰部位:卫生间、餐厅内墙面	m²	455.51			
52	020201001003	墙面一般抹灰	1. 墙体类型:外墙 2. 底层厚度、砂浆配合比:20 厚 1:3 水泥砂浆找平层 3. 面层厚度、砂浆配合比:8 mm 厚聚合物砂浆压入玻纤网格布一层 4. 保温层材料种类:3 厚专用黏结剂,界面剂一道,20 厚挤塑保温板,界面剂一道 5. 分格缝宽度、材料种类:塑料条分格 6. 装饰部位:外墙面	m²	1 083.67			
53	020201001004	墙面一般抹灰	1. 墙体类型:砖砌阳台栏板墙 2. 底层厚度、砂浆配合比:12 厚 1:3 水泥砂浆 3. 面层厚度、砂浆配合比:8 厚 1:2 水泥砂浆	m²	253.44			
54	020203001001	零星项目一般抹灰	1. 墙体类型:混凝土面 2. 底层厚度、砂浆配合比:12 厚 1:3 水泥砂浆 3. 面层厚度、砂浆配合比:8 厚 1:2 水泥砂浆	m²	7.26			
		分部小计						
			本页小计					
			合　　计					

311

序号	项目编码	项目名称	项目特征描述	计量单位	工程量	金额(元)		
						综合单价	合价	其中:暂估价
			B.3 天棚工程					
55	020301001001	天棚抹灰	1. 基层类型:现浇混凝土板,刷 801 胶素水泥浆一遍 2. 抹灰厚度、材料种类:6 厚 1:3 底,6 厚 1:2.5 面层	m²	494.52			
56	020301001002	天棚抹灰	1. 基层类型:预制混凝土板,清洗油腻,801 胶素水泥浆一遍 2. 抹灰厚度、材料种类:6 厚 1:3 底,6 厚 1:2.5 面层	m²	1 005.93			
		分部小计						
			B.4 门窗工程					
57	020402001001	金属平开门	1. 门类型:车库钢质防护门 2. 框材质、外围尺寸:型钢门框,外围洞口:900 mm×1 900 mm 3. 扇材质、外围尺寸:钢质门扇 4. 油漆品种:喷塑面层 5. 门编号:M1	樘	2			
58	020402001002	金属平开门	1. 门类型:车库钢质防护门 2. 框材质、外围尺寸:型钢门框,外围洞口:1 800 mm×1 900 mm 3. 扇材质、外围尺寸:钢质门扇 4. 油漆品种:喷塑面层 5. 门编号:M3	樘	5			
59	020402001003	金属平开门	1. 门类型:车库钢质防护门 2. 框材质、外围尺寸:型钢门框,外围洞口:1 500 mm×1 900 mm 3. 扇材质、外围尺寸:钢质门扇 4. 油漆品种:喷塑面层 5. 门编号:M4	樘	4			
60	020402001004	金属平开门	1. 门类型:车库钢质防护门 2. 框材质、外围尺寸:型钢门框,外围洞口:1 000 mm×1 900 mm 3. 扇材质、外围尺寸:钢质门扇 4. 油漆品种:喷塑面层 5. 门编号:M5	樘	2			
61	020402005001	塑钢门	1. 门类型:中窗玻璃塑钢门 2. 框材质、外围尺寸:塑钢型材,外围尺寸:3 460 mm×2 400 mm	樘	12			
			本页小计					
			合　计					

工程名称:花园小区 1#住宅楼建筑　　　　　　标段:

序号	项目编码	项目名称	项目特征描述	计量单位	工程量	金额(元)		
						综合单价	合价	其中:暂估价
62	020403001001	金属卷闸门	门材质、框外围尺寸:铝合金,外围洞口尺寸:3460 mm×1900 mm	樘	2			
63	020406007001	塑钢窗	1. 窗类型:中空玻璃塑钢窗 2. 框材质、外围尺寸:88 系列塑钢型材,外围洞口尺寸:1 800 mm×1 500 mm 3. 扇材质、外围尺寸:88 系列塑钢型材 4. 玻璃品种、厚度、五金材料、品种、规格:5+12A+5 中空玻璃 5. 窗编号:C1	樘	30			
64	020406007002	塑钢窗	1. 窗类型:中空玻璃塑钢窗 2. 框材质、外围尺寸:88 系列塑钢型材,外围洞口尺寸:1 500 mm×1 500 mm 3. 扇材质、外围尺寸:88 系列塑钢型材 4. 玻璃品种、厚度、五金材料、品种、规格:5+12A+5 中空玻璃 5. 窗编号:C2	樘	24			
65	020406007003	塑钢窗	1. 窗类型:中空玻璃塑钢窗 2. 框材质、外围尺寸:88 系列塑钢型材,外围洞口尺寸:1 500 mm×1 400 mm 3. 扇材质、外围尺寸:88 系列塑钢型材 4. 玻璃品种、厚度、五金材料、品种、规格:5+12A+5 中空玻璃 5. 窗编号:C2′	樘	5			
66	020406007004	塑钢窗	1. 窗类型:中空玻璃塑钢窗 2. 框材质、外围尺寸:88 系列塑钢型材,外围洞口尺寸:1 200 mm×1 500 mm 3. 扇材质、外围尺寸:88 系列塑钢型材 4. 玻璃品种、厚度、五金材料、品种、规格:5+12A+5 中空玻璃 5. 窗编号:C3	樘	12			
			本页小计					
			合　计					

分部分项工程量清单与计价表

工程名称:花园小区 1# 住宅楼建筑　　　　标段:

序号	项目编码	项目名称	项目特征描述	计量单位	工程量	金额(元)		
						综合单价	合价	其中:暂估价
67	020406007005	塑钢窗	1. 窗类型:中空玻璃塑钢窗 2. 框材质、外围尺寸:88 系列塑钢型材,外围洞口尺寸:600 mm×1 500 mm 3. 扇材质、外围尺寸:88 系列塑钢型材 4. 玻璃品种、厚度、五金材料、品种、规格:5+12A+5 中空玻璃 5. 窗编号:C4	樘	12			
68	020406007006	塑钢窗	1. 窗类型:中空玻璃塑钢窗 2. 框材质、外围尺寸:88 系列塑钢型材,外围洞口尺寸:1 800 mm×600 mm 3. 扇材质、外围尺寸:88 系列塑钢型材 4. 玻璃品种、厚度、五金材料、品种、规格:5+12A+5 中空玻璃 5. 窗编号:C5	樘	1			
69	020406007007	塑钢窗	1. 窗类型:中空玻璃塑钢窗 2. 框材质、外围尺寸:88 系列塑钢型材,外围洞口尺寸:1 200 mm×600 mm 3. 扇材质、外围尺寸:88 系列塑钢型材 4. 玻璃品种、厚度、五金材料、品种、规格:5+12A+5 中空玻璃 5. 窗编号:C6	樘	4			
70	020406007008	塑钢窗	1. 窗类型:中空玻璃塑钢窗 2. 框材质、外围尺寸:88 系列塑钢型材,外围洞口尺寸:1 500 mm×600 mm 3. 扇材质、外围尺寸:88 系列塑钢型材 4. 玻璃品种、厚度、五金材料、品种、规格:5+12A+5 中空玻璃 5. 窗编号:C7	樘	1			
		分部小计						
			本页小计					
			合　计					

分部分项工程量清单与计价表

序号	项目编码	项目名称	项目特征描述	计量单位	工程量	金额(元)		
						综合单价	合价	其中:暂估价
			B.5 油漆、涂料、裱糊工程					
71	020507001001	刷喷涂料	1. 基层类型:抹灰面 2. 腻子种类:801 胶白水泥腻子 3. 刮腻子要求遍数:两遍 4. 涂料部位:内墙面	m²	3 239.32			
72	020507001002	刷喷涂料	1. 基层类型:抹灰面 2. 腻子种类:801 胶白水泥腻子 3. 刮腻子要求遍数:两遍 4. 涂料部位:天棚面	m²	1 500.45			
73	020507001003	刷喷涂料	1. 基层类型:抹灰面 2. 腻子种类:专用腻子 3. 涂料品种、刷喷遍数:弹性外墙乳胶漆两遍	m²	1 344.37			
		分部小计						
		本页小计						
		合　计						

措施项目清单与计价表(一)

序号	项目名称	计算基础	费率(%)	金额(元)
	通用措施项目			
1	现场安全文明施工			
1.1	基本费			
1.2	考评费			
1.3	奖励费			
2	夜间施工增加费			
3	冬雨季施工增加费			
4	已完工程及设备保护			
5	临时设施			
6	材料与设备检验试验			
7	赶工措施			
8	工程按质论价			
	专业工程措施项目			
9	住宅工程分户验收			
	合　计			

措施项目清单与计价表（二）

序号	项 目 名 称	金额(元)
	通用措施项目	
1	大型机械设备进出场及安拆	
2	施工排水	
	专业工程措施项目	
3	脚手架	
4	垂直运输机械	
5	混凝土、钢筋混凝土模板及支架	
	合　　计	

其他项目清单与计价汇总表

序号	项目名称	计量单位	金额(元)	备 注
1	暂列金额	项	50 000.00	
2	暂估价		12 000.00	
2.1	材料暂估价			
2.2	专业工程暂估价	项	12 000.00	
3	计日工			
4	总承包服务费			
	合　　计			

暂列金额明细表

序号	项目名称	计量单位	暂定金额(元)	备 注
1	工程量偏差及设计变更	项	30 000.00	
2	材料涨价风险	项	20 000.00	
	合　　计		50 000.00	

材料暂估价格表

序号	材料编码	材料名称	规格、型号等特殊要求	单位	数量	单价(元)	合价(元)	备注
1	508190	中空玻璃塑钢窗		m²		280.00		
2	508192	塑钢门(平开无亮)		m²		280.00		
		合　计						

专业工程暂估价格表

序号	工程名称	工程内容	金额(元)	备注
1	进户防盗门	制作、安装	12 000.00	
	合　计		12 000.00	

计 日 工 表

序号	项目名称	单位	暂定数量	综合单价	合价
一	人　工				
1	普通工	工日	50.00		
2	技工(综合)	工日	100.00		
	人工小计				
二	材　料				
1	钢筋(Ⅰ、Ⅱ级钢综合)	t	2.00		
2	水泥 32.5 级	t	20.00		
	材料小计				
三	施工机械				
1	载货汽车 6 t	台班	5.00		
2	灰浆搅拌机 200 L	台班	5.00		
	施工机械小计				
	总　计				

总承包服务费计价表

序号	项目名称	项目价值(元)	服务内容	费率(%)	金额(元)
1	发包人供应材料	104 655.67	验收、保管		
2	发包人发包专业工程	12 000.00	补缝找平、垂直运输、验收资料汇总整理		
合　计					

规费、税金项目清单与计价表

序号	项目名称	计算基础	费率(%)	金额(元)
1	规费			
1.1	工程排污费	分部分项工程费＋措施项目费＋其他项目费		
1.2	建筑安全监督管理费	分部分项工程费＋措施项目费＋其他项目费		
1.3	社会保障费	分部分项工程费＋措施项目费＋其他项目费		
1.4	住房公积金	分部分项工程费＋措施项目费＋其他项目费		
2	税金	分部分项工程费＋措施项目费＋其他项目费＋规费		
合　计				

发包人供应材料一览表

序号	材料编码	材料名称	规格、型号等特殊要求	单位	数量	单价(元)	合价(元)	备注
1	502018	钢筋(综合)		t		4 146.00		
2	502086	冷拔钢丝		t		4 287.00		
合　计								

附录二　建筑工程投标报价编制实例

一、工程内容:同附录一中花园小区 1# 住宅楼,只计算建筑部分。

二、根据附录一的工程量清单,按《建设工程工程量清单计价规范》(GB 50500—2008)规定的格式和要求编制投标报价书。

三、本附录中只列出部分工程量清单项目中的工作内容(组价工程量)计算公式,其他均从略。

四、与投标报价相关的施工组织设计。

1. 工期

根据招标文件的要求,本项目计划工期为 220 天。

(注:据此计算垂直运输机械费)

2. 临时设施

2.1 办公:施工单位办公室 2 间,监理和业主办公室各 1 间。

2.2 生活设施:食堂 2 间,宿舍 10 间。

2.3 工具间和材料仓库各 1 间。

2.4 门卫 1 间。

2.5 工地四周设临时简易围墙。

2.6 场内临时道路。

(注:据此计算临时设施费)

3. 主要分部分项工程施工方法及安排

3.1 基础工程

3.1.1 土方工程:采用人工平整场地,土方就地平整,不考虑运输。

3.1.2 基础采用人工开挖,人力车运至 150 m 处弃土堆放。

3.1.3 回填土从弃土处运回。

3.1.4 因基础开挖深度较小,根据现场测量资料,基底标高在下水位线以上 60 cm,因此无需人工降低地下水位。

(注:据此计算和确定土方工程相关工程量及措施费用)

3.2 钢筋混凝土工程

3.2.1 模板支设:均采用复合木模板。

3.2.2 钢筋工程:钢筋接头采用搭接接头。

3.2.3 混凝土工程:根据招标文件的要求,采用商品混凝土。

(注:据此计算模板、钢筋工程量,以及确定混凝土工程的费用是否考虑商品混凝土等因素)

4. 主要机械设备选型

垂直运输机械采用 30 t·m 的塔式起重机 1 台;根据设备安装要求,采用钢筋混凝土基础。

(注:据此计算垂直运输机械费、大型机械进退场费和设备基础费)

5. 脚手架工程

5.1 外墙采用双排钢管扣件式脚手架。

5.2 砌内墙和室内抹灰、涂料采用定型工具式脚手。

（注：据此计算脚手架相关费用）

6. 材料运输

因交通条件较好，材料、构件可直接运至施工现场，无需进行材料、构件的二次转运。

（注：据此确定是否需考虑材料二次转运费）

7. 安全生产文明施工措施

7.1 根据现行的相关规定，安全生产文明施工措施属于不可竞争费用。

7.2 根据招标文件的要求，按市文明工程标准报价。

（注：据此考虑现场安全文明施工费）

8. 夜间施工

一般情况下不安排夜间施工，但主体结构混凝土工程施工以及楼、地、屋面工程施工过程中，当白天未能完成而又不可间断时，需进行夜间施工。

（注：据此考虑夜间施工增加费）

9. 按质论价费

招标文件要求本项目创建市级优质工程，根据对相关费用的测算，按分部分项工程费的2%报价。

10. 赶工措施费

本项目合同工期为 220 天，定额工期为 253 天，根据测算，按分部分项工程费的 1.5%报价。

五、报表及计算公式

1. 建筑工程工程量清单报价表如附表 2.1。

2. 工程量清单所含组价项目工程量计算表如附表 2.2。

3. 措施项目工程量及费用计算表如附表 2.3。

320

投 标 总 价

招　标　人：　　　×××房地产开发有限公司

工 程 名 称：　　　花园小区 1# 住宅楼

投标总价(小写)：　　　1 396 266.13 元

　　　　(大写)：　　　壹佰叁拾玖万陆仟贰佰陆拾陆圆壹角叁分

投　标　人：　　　×××建筑安装工程有限公司

　　　　　　　　　　　(单位盖章)

法定代表人
或其授权人：　　　(×××签字或盖章)

　　　　　　　　　　　(签字或盖章)

编　制　人：　　　(×××签字并盖资质章)

　　　　　　　　　　　(造价人员签字盖专用章)

编 制 时 间：　　　2009 年 8 月 18 日

总　说　明

一、工程概况：

1. 建设规模：建筑面积 1835.95 m²；

2. 工程特征：砖混结构，底层为车库，二～七层为住宅，顶层为阁楼；

3. 计划工期：220 日历天；

二、投标范围：设计图纸范围内的建筑工程，详见招标文件。

三、投标报价编制依据：

1.《建设工程工程量清单计价规范》(GB50500—2008)；

2. 本工程项目的设计文件、地质勘察资料；

3. 本公司的企业定额，部分项目参照《江苏省建筑与装饰工程计价表》(2004 年)；

4. 各类费用计算根据工程特点结合本公司具体情况确定，不可竞争费按照《江苏省建设工程费定额》(2009 年)及本地区的相关规定计取；

5. 与本工程项目有关的标准、规范、技术资料；

6. 招标文件、工程量清单及总说明文件；

7. 施工现场情况、工程特点及本项目的施工方案；

8. 主要材料、设备、成品价格根据本公司的市场调查信息并参考本地区的工程造价管理机构发布的指导价。

四、报价说明：

1. 分部分项工程量清单报价

    1.1 根据招标文件中的分部分项工程量清单及总说明和其他相关内容，按上述编制依据确定的综合单价进行报价；

    1.2 综合单价中包括招标文件中要求的投标人承担的风险费用；

    1.3 招标文件提供了暂估单价的材料，按暂估的单价计入综合单价。

2. 措施项目清单报价

    2.1 安全文明施工费：为不可竞争费，按《江苏省建设工程费用定额》(2009 年)中规定的相应费率计取，招标人要求创建市级文明工地，奖励费按市级文明工地标准报价；

    2.2 其他措施项目费根据本公司制定的施工方案结合本工程的具体情况进行报价。

3. 其他项目清单报价

    3.1 暂列金额应按招标人在工程量清单中《暂列金额明细表》中列出的金额填写报价。

    3.2 暂估价

        3.2.1 材料暂估价按工程量清单中的《材料暂估价格表》中的材料名称、规格、品种和价格填写报价；

        3.2.2 专业工程暂估价按工程量清单中《专业工程暂估价表》中列出的项目和金额填写报价。

    3.3 计日工按工程量清单中《计日工表》列出的项目和数量，按本公司确定的价格进行报价。

    3.4 总承包服务费根据招标文件中列出的内容和提出的要求，根据本公司测算分析的结果报价。

4. 规费和税金项目清单报价

    4.1 规费

4.1.1 工程排污费:按本地区现行的规定报价,按(分部分项工程费+措施项目费+其他项目费)×0.1%报价;

4.1.2 建筑安全监督管理费:按本地区现行的规定报价,按(分部分项工程费+措施项目费+其他项目费)×0.19%报价;

4.1.3 社会保障费:按《江苏省建设工程费用定额》(2009)规定费率计取,按(分部分项工程费+措施项目费+其他项目费)×3%报价;

4.1.4 住房公积金:按《江苏省建设工程费用定额》(2009)规定费率计取,按(分部分项工程费+措施项目费+其他项目费)×0.5%报价。

4.2 税金按现行计税标准报价。

工程项目投标报价汇总表

工程名称:花园小区 1# 住宅楼   第 1 页　共 1 页

序号	单项工程名称	金额(元)	其　中		
			暂估价 (元)	安全文明 施工费(元)	规费 (元)
1	花园小区 1# 住宅楼建筑	1 396 266.13	198 567.23	34 189.70	49 288.14
	合　计	1 396 266.13	198 567.23	34 189.70	49 288.14

单项工程投标报价汇总表

工程名称:花园小区 1# 住宅楼   第 1 页　共 1 页

序号	单项工程名称	金额(元)	其　中		
			暂估价 (元)	安全文明 施工费(元)	规费 (元)
1	花园小区 1# 住宅楼建筑	1 396 266.13	198 567.23	34 189.70	49 288.14
	合　计	1 396 266.13	198 567.23	34 189.70	49 288.14

单位工程投标报价汇总表

工程名称:花园小区 1# 住宅楼   第 1 页　共 1 页

序号	汇　总　内　容	金额(元)	其中:暂估价(元)
1	分部分项工程量清单计价合计	924 045.82	186 567.23
1.1	A.1 土(石)方工程	30 442.91	
1.2	A.3 砌筑工程	138 427.81	
1.3	A.4 混凝土及钢筋混凝土工程	286 407.45	107 492.99
1.4	A.7 屋面及防水工程	39 274.84	
1.5	A.8 防腐、隔热、保温工程	5 415.46	
1.6	B.1 楼地面工程	55 399.82	
1.7	B.2 墙、柱面工程	175 817.05	
1.8	B.3 天棚工程	20 872.73	
1.9	B.4 门窗工程	107 466.84	79 074.24
1.10	B.5 油漆、涂料、裱糊工程	64 520.91	
2	措施项目清单计价合计	291 041.15	
2.1	现场安全文明施工费	34 189.70	
3	其他项目清单计价合计	85 391.56	
3.1	暂列金额	50 000.00	
3.2	专业工程暂估价	12 000.00	
3.3	计日工	22 045.00	
3.4	总承包服务费	1 346.56	
4	规费	49 288.14	
5	税金	46 499.46	
	投标报价合计＝1＋2＋3＋4＋5	1 396 266.13	186 567.23

工程名称:花园小区 1# 住宅楼建筑　　　　标段:　　　　　　　　　　第 1 页　共 13 页

序号	项目编码	项目名称	项目特征描述	计量单位	工程量	金额(元)		
						综合单价	合价	其中:暂估价
			A.1 土(石)方工程					
1	010101001001	平整场地	1. 土壤类别:三类土 2. 弃土运距:就近平整,无运输 3. 挖填厚度:30 cm 内	m²	242.22	5.15	1 247.43	
2	010101003001	挖基础土方	1. 土壤类别:三类 2. 基础类型:条形基础 3. 垫层底宽:1.3~2.70 m 4. 挖土深度:1.45 m 5. 弃土运距:场内运输,投标人自行考虑	m³	341.85	48.50	16 579.73	
3	010103001001	土(石)方回填	1. 土质要求:砂土或黏性土 2. 密实度要求:不小于 96% 3. 夯填:夯填密实 4. 运输距离:场内运输,投标人自行考虑	m³	253.43	49.78	12 615.75	
		分部小计					30 442.91	
			A.3 砌筑工程					
4	010301001001	砖基础	1. 砖品种、规格、强度等级:MU10 蒸压粉煤灰砖 2. 基础类型:条形 3. 基础深度:1.2 m 4. 砂浆强度等级:M10 水泥砂浆 5. 防潮层:1:2 防水砂浆防潮层	m³	30.62	337.95	10 348.03	
5	010304001001	空心砖墙、砌块墙	1. 墙体类型:外墙 2. 墙体厚度:240 mm 3. 空心砖、砌块品种、规格、强度等级:MU10KP1 承重多孔砖 240×115×90 4. 砂浆强度等级、配合比:M10 混合砂浆	m³	67.38	259.45	17 481.74	
6	010304001002	空心砖墙、砌块墙	1. 墙体类型:外墙 2. 墙体厚度:240 mm 3. 空心砖、砌块品种、规格、强度等级:MU10KP1 承重多孔砖 240×115×90 4. 砂浆强度等级、配合比:M7.5 混合砂浆	m³	55.33	259.22	14 342.64	
		本页小计					72 615.32	
		合　计					72 615.32	

325

分部分项工程量清单与计价表

工程名称：花园小区 1# 住宅楼建筑　　　　标段：

序号	项目编码	项目名称	项目特征描述	计量单位	工程量	金额（元）		
						综合单价	合价	其中：暂估价
7	010304001003	空心砖墙、砌块墙	1. 墙体类型：外墙 2. 墙体厚度：240 mm 3. 空心砖、砌块品种、规格、强度等级：MU10KP1 承重多孔砖 240×115×90 4. 砂浆强度等级、配合比：M5 混合砂浆	m³	68.44	259.55	17 763.60	
8	010304001004	空心砖墙、砌块墙	1. 墙体类型：内墙 2. 墙体厚度：120 mm 3. 空心砖、砌块品种、规格、强度等级：MU10KP1 承重多孔砖 4. 砂浆强度等级、配合比：M10 混合砂浆	m³	3.84	269.71	1 035.69	
9	010304001005	空心砖墙、砌块墙	1. 墙体类型：内墙 2. 墙体厚度：120 mm 3. 空心砖、砌块品种、规格、强度等级：MU10KP1 承重多孔砖 4. 砂浆强度等级、配合比：M7.5 混合砂浆	m³	3.84	269.53	1 035.00	
10	010304001006	空心砖墙、砌块墙	1. 墙体类型：内墙 2. 墙体厚度：120 mm 3. 空心砖、砌块品种、规格、强度等级：MU10KP1 承重多孔砖 4. 砂浆强度等级、配合比：M5 混合砂浆	m³	3.84	269.79	1 035.99	
11	010304001007	空心砖墙、砌块墙	1. 墙体类型：内墙 2. 墙体厚度：240 mm 3. 空心砖、砌块品种、规格、强度等级：MU10KP1 承重多孔砖 240×115×90 4. 砂浆强度等级、配合比：M10 混合砂浆	m³	112.63	259.45	29 221.85	
12	010304001008	空心砖墙、砌块墙	1. 墙体类型：内墙 2. 墙体厚度：240 mm 3. 空心砖、砌块品种、规格、强度等级：MU10KP1 承重多孔砖 240×115×90 4. 砂浆强度等级、配合比：M7.5 混合砂浆	m³	74.66	259.22	19 353.37	
			本页小计				69 445.50	
			合　　计				142 060.82	

分部分项工程量清单与计价表

工程名称：花园小区 1# 住宅楼建筑　　　标段：

序号	项目编码	项目名称	项目特征描述	计量单位	工程量	金额(元)		
						综合单价	合价	其中：暂估价
13	010304001009	空心砖墙、砌块墙	1. 墙体类型：内墙 2. 墙体厚度：240 mm 3. 空心砖、砌块品种、规格、强度等级：MU10KP1 承重多孔砖 240×115×90 4. 砂浆强度等级、配合比：M5 混合砂浆	m³	86.83	259.55	22 536.73	
14	010302006001	零星砌砖	1. 零星砌砖名称、部位：阳台栏板 2. 砂浆强度等级、配合比：混合 M5.0	m³	13.70	311.91	4273.17	
		分部小计					138 427.81	
		A.4 混凝土及钢筋混凝土工程						
15	010401001001	带形基础	1. 混凝土强度等级：C20 2. 混凝土拌和料要求：商品混凝土	m³	58.62	348.25	20 414.42	
16	010401006001	垫层	1. 混凝土强度等级：C10 2. 混凝土拌和料要求：商品混凝土	m³	23.58	343.78	8 106.33	
17	010402001001	矩形柱	1. 柱高度：2.2～2.8 m 2. 柱截面尺寸：240 mm×240 mm 3. 混凝土强度等级：C20 4. 混凝土拌和料要求：商品混凝土 5. 柱类型：构造柱	m³	28.52	434.81	12 400.78	
18	010402001002	矩形柱	1. 柱高度：1.0 m 2. 柱截面尺寸：120 mm×120 mm 3. 混凝土强度等级：C20 4. 混凝土拌和料要求：商品混凝土 5. 柱类型：构造柱	m³	0.52	434.81	226.10	
19	010403002001	矩形梁	1. 梁截面：(150×350)mm～(240×350)mm 2. 混凝土强度等级：C20 3. 混凝土拌和料要求：商品混凝土	m³	12.09	372.53	4 503.89	
		本页小计					72 461.42	
		合　计					214 522.24	

分部分项工程量清单与计价表

工程名称:花园小区 1# 住宅楼建筑　　　　　　标段:

序号	项目编码	项目名称	项目特征描述	计量单位	工程量	金额(元)		
						综合单价	合价	其中:暂估价
20	010403004001	圈梁	1. 梁截面:240 mm×300 mm 2. 混凝土强度等级:C20 3. 混凝土拌和料要求:商品混凝土 4. 梁部位:地圈梁	m³	9.73	386.22	3 757.92	
21	010403004002	圈梁	1. 梁截面:(240×180)mm ～(240×300)mm 2. 混凝土强度等级:C20 3. 混凝土拌和料要求:商品混凝土 4. 梁部位:楼、屋面	m³	59.68	386.22	23 049.61	
22	010403005001	过梁	1. 梁截面:240 mm×300 mm 2. 混凝土强度等级:C20 3. 混凝土拌和料要求:商品混凝土	m³	6.25	414.14	2 588.38	
23	010405001001	有梁板	1. 板厚度:80 mm 2. 混凝土强度等级:C20 3. 混凝土拌和料要求:商品混凝土	m³	15.12	370.72	5 605.29	
24	010405003001	平板	1. 板厚度:80 mm 2. 混凝土强度等级:C20 3. 混凝土拌和料要求:商品混凝土	m³	30.71	376.08	11 549.42	
25	010405007001	天沟、挑檐板	1. 混凝土强度等级:C20 2. 混凝土拌和料要求:商品混凝土	m³	0.92	415.49	382.25	
26	010405008001	雨篷、阳台板	1. 混凝土强度等级:C20 2. 混凝土拌和料要求:商品混凝土 3. 部位:阳台	m³	3.31	461.02	1 525.98	
27	010405008002	雨篷、阳台板	1. 混凝土强度等级:C20 2. 混凝土拌和料要求:商品混凝土 3. 部位:雨篷	m³	0.46	306.11	140.81	
28	010406001001	直形楼梯	1. 混凝土强度等级:C20 2. 混凝土拌和料要求:商品混凝土	m²	55.35	80.84	4 474.49	
			本页小计				53 074.15	
			合　　计				267 596.39	

工程名称:花园小区 1#住宅楼建筑　　　　　　标段:　　　　　　　　第 5 页　共 13 页

序号	项目编码	项目名称	项目特征描述	计量单位	工程量	金额(元)		
						综合单价	合价	其中:暂估价
29	010407001001	其他构件	1. 构件的类型:混凝土压顶 2. 混凝土强度等级:C20 3. 混凝土拌和料要求:商品混凝土	m³	1.12	403.90	452.37	
30	010407002001	散水、坡道	1. 垫层材料种类、厚度:200 厚碎石灌浆垫层,100 厚 C15 混凝土垫层 2. 面层厚度:200 厚 1:2 水泥砂浆 3. 混凝土拌和料要求:商品混凝土 4. 填塞材料种类:沥青砂浆 5. 部位类型:混凝土坡道	m²	47.58	96.18	4 576.24	
31	010407002002	散水、坡道	1. 垫层材料种类、厚度:120 厚碎石灌浆垫层 2. 面层厚度:1:1 砂浆压实抹光 3. 混凝土强度等级:60 厚 C15 混凝土	m²	17.54	66.35	1163.78	
32	010412002001	空心板	1. 安装高度:层高 3.6 m 内 2. 混凝土强度等级:C30	m³	72.22	687.04	49 618.03	
33	010416001001	现浇混凝土钢筋	钢筋种类、规格:Ⅰ、Ⅱ级钢筋直径 6～12 mm	t	13.932	5 245.77	73 084.07	60 097.18
34	010416001002	现浇混凝土钢筋	钢筋种类、规格:Ⅰ、Ⅱ级钢筋直径 14～25 mm	t	3.883	4 919.27	19 101.53	16 750.43
35	010416001003	现浇混凝土钢筋	1. 钢筋种类、规格:Ⅰ级钢筋直径 6 mm 2. 部位:墙体加固钢筋	t	1.061	5 551.02	5 889.63	4 486.88
36	010416005001	先张法预应力钢筋	钢筋种类、规格:冷轧带肋钢筋直径 4～5 mm	t	5.281	6 399.57	33 796.13	26 158.50
		分部小计					286 407.45	107 492.99
		本页小计					187 681.78	107 492.99
		合　计					455 278.17	107 492.99

工程名称:花园小区 1#住宅楼建筑　　　　标段:　　　　　　　

序号	项目编码	项目名称	项目特征描述	计量单位	工程量	金额(元)		
						综合单价	合价	其中:暂估价
		A.7 屋面及防水工程						
37	010701001001	瓦屋面	1. 瓦品种、规格、品牌、颜色:彩色水泥瓦 2. 防水材料种类:3 mm 厚 SBS 卷材防水 3. 基层材料种类:20 厚木屋面板 4. 檩条种类、截面:混凝土檩条 5. 挂瓦方式:30×30 挂瓦条,40×10 顺水条	m²*	207.28	122.90	25 474.71	
38	010702001001	屋面卷材防水	1. 卷材品种、规格:3 mm 厚 SBS 卷材 2. 防水层做法:满粘 3. 找平层材料:20 厚 1∶3 水泥砂浆 4. 防水部位:平屋面	m²	84.18	39.08	3 289.75	
39	010702004001	屋面排水管	1. 排水管品种、规格、颜色:D110UPVC 白色增强塑料管 2. 雨水口:铸铁落水口(带罩)直径 100 mm 3. 雨水斗:白色增强塑料 UPVC 水斗直径 100 mm	m	151.60	67.74	10 269.38	
40	010702005001	屋面天沟、沿沟	1. 材料品种:平均 40 厚 C20 细石混凝土找坡,1∶2 防水砂浆粉面 2. 宽度、坡度:宽 390 mm	m²	12.05	20.00	241.00	
		分部小计					39 274.84	
		A.8 防腐、隔热、保温工程						
41	010803001001	保温隔热屋面	1. 保温隔热部位:坡屋面 2. 保温隔热面层材料品种、规格、性能:25 厚挤塑保温板	m²	207.28	17.82	3 693.73	
		本页小计					42 968.57	
		合　计					498 246.74	107 492.99

330

序号	项目编码	项目名称	项目特征描述	计量单位	工程量	综合单价	合价	其中:暂估价
42	010803001002	保温隔热屋面	1. 保温隔热部位:平屋面 2. 保温隔热方式:外保温 3. 保温隔热面层材料品种、规格、性能:25 厚挤塑保温板 4. 找平层材料品种:20 厚1:3 水泥砂浆找平层	m²	64.46	26.71	1 721.73	
		分部小计					5 415.46	
		B.1 楼地面工程						
43	020101001001	水泥砂浆楼地面	1. 垫层材料种类、厚度:100 厚碎石垫层,60 厚 C15 混凝土垫层 2. 面层厚度、砂浆配合比:20 厚 1:2 水泥砂浆面层	m²	203.72	43.40	8 841.45	
44	020101003001	细石混凝土楼地面	1. 找平层厚度、砂浆配合比:20 厚 1:3 水泥砂浆找平层 2. 防水层厚度、材料种类:聚氨酯防水涂料 1.2 mm 3. 防水层保护层:30 厚 C20 细石混凝土 4. 部位:卫生间、餐厅	m²	188.31	69.13	13 017.87	
45	020101001002	水泥砂浆楼地面	1. 面层厚度、砂浆配合比:素水泥结合层一道,20 厚 1:2 水泥砂浆面层 2. 部位:除卫生间、餐厅外现浇板楼面	m²	256.81	11.13	2 858.30	
46	020101001003	水泥砂浆楼地面	1. 找平层厚度、砂浆配合比:C20 细石混凝土找平层 40 mm 2. 面层厚度、砂浆配合比:20 厚 1:2 面层 3. 基层类型:预制空心板	m²	1 067.99	15.05	16 073.25	
47	020105001001	水泥砂浆踢脚线	1. 踢脚线高度:150 mm 2. 底层厚度、砂浆配合比:12 厚 1:3 水泥砂浆 3. 面层厚度、砂浆配合比:8 厚1:2.5 水泥砂浆	m²	218.70	25.59	5 596.53	
		本页小计					48 109.13	
		合　计					546 355.87	107 492.99

工程名称:花园小区 1# 住宅楼建筑　　　　标段:　　　　　　　　第 8 页　共 13 页

序号	项目编码	项目名称	项目特征描述	计量单位	工程量	金额(元)		
						综合单价	合价	其中:暂估价
48	020106003001	水泥砂浆楼梯面	1. 找平层厚度、砂浆配合比:15 厚 1:3 水泥砂浆 2. 面层厚度、砂浆配合比:10 厚 1:2 水泥砂浆	m²	55.35	49.95	2 764.73	
49	020107002001	硬木扶手带栏杆、栏板	1. 扶手材料种类、规格:50×120 硬木扶手 2. 栏杆材料种类、规格:铁栏杆 3. 固定配件种类:铁件固定 4. 油漆品种、刷漆遍数:木扶手调和漆一底二度;铁栏杆防锈漆一遍,银粉漆两遍	m	40.16	155.57	6 247.69	
		分部小计					55 399.82	
		B.2 墙、柱面工程						
50	020201001001	墙面一般抹灰	1. 墙体类型:内墙 2. 底层厚度、砂浆配合比:15 厚 1:1:6 混合砂浆 3. 面层厚度、砂浆配合比:10 厚 1:0.3:3 混合砂浆 4. 装饰部位:内墙面	m²	3 239.32	15.06	48 784.16	
51	020201001002	墙面一般抹灰	1. 墙体类型:内墙 2. 底层厚度、砂浆配合比:12 厚 1:3 水泥砂浆 3. 装饰部位:卫生间、餐厅内墙面	m²	455.51	12.54	5 712.10	
52	020201001003	墙面一般抹灰	1. 墙体类型:外墙 2. 底层厚度、砂浆配合比:20 厚 1:3 水泥砂浆找平层 3. 面层厚度、砂浆配合比:8 mm 厚聚合物砂浆压入玻纤网格布一层 4. 保温层材料种类:3 厚专用黏结剂,界面剂一道,20 厚挤塑保温板,界面剂一道 5. 分格缝宽度、材料种类:塑料条分格 6. 装饰部位:外墙面	m²	1 083.67	107.84	116 862.97	
		本页小计					180 371.65	
		合　计					726 727.52	107 492.99

工程名称：花园小区 1# 住宅楼建筑　　　　　标段：　　　　　　　　　　第 9 页　共 13 页

序号	项目编码	项目名称	项目特征描述	计量单位	工程量	金额（元）		
						综合单价	合价	其中：暂估价
53	020201001004	墙面一般抹灰	1. 墙体类型：砖砌阳台栏板墙 2. 底层厚度、砂浆配合比：12 厚 1:3 水泥砂浆 3. 面层厚度、砂浆配合比：8 厚 1:2 水泥砂浆	m²	253.44	16.44	4 166.55	
54	020203001001	零星项目一般抹灰	1. 墙体类型：混凝土面 2. 底层厚度、砂浆配合比：12 厚 1:3 水泥砂浆 3. 面层厚度、砂浆配合比：8 厚 1:2 水泥砂浆	m²	7.26	40.12	291.27	
		分部小计					175 817.05	
		B.3 天棚工程						
55	020301001001	天棚抹灰	1. 基层类型：现浇混凝土板，刷 801 胶素水泥浆一遍 2. 抹灰厚度、材料种类：6 厚 1:3 底，6 厚 1:2.5 面层	m²	494.52	13.14	6 497.99	
56	020301001002	天棚抹灰	1. 基层类型：预制混凝土板，清洗油腻，801 胶素水泥浆一遍 2. 抹灰厚度、材料种类：6 厚 1:3 底，6 厚 1:2.5 面层	m²	1 005.93	14.29	14 374.74	
		分部小计					20 872.73	
		B.4 门窗工程						
57	020402001001	金属平开门	1. 门类型：车库钢质防护门 2. 框材质、外围尺寸：型钢门框，外围洞口：900 mm×1900 mm 3. 扇材质、外围尺寸：钢质门扇 4. 油漆品种：喷塑面层 5. 门编号：M1	樘	2	519.49	1 038.98	
		本页小计					26 369.53	
		合　　计					753 097.05	107 492.99

333

分部分项工程量清单与计价表

工程名称：花园小区 1# 住宅楼建筑　　　　　　标段：

序号	项目编码	项目名称	项目特征描述	计量单位	工程量	金额（元）		
						综合单价	合价	其中：暂估价
58	020402001002	金属平开门	1. 门类型：车库钢质防护门 2. 框材质、外围尺寸：型钢门框，外围洞口：1 800 mm×1 900 mm 3. 扇材质、外围尺寸：钢质门扇 4. 油漆品种：喷塑面层 5. 门编号：M3	樘	5	1 038.97	5 194.85	
59	020402001003	金属平开门	1. 门类型：车库钢质防护门 2. 框材质、外围尺寸：型钢门框，外围洞口：1 500 mm×1 900 mm 3. 扇材质、外围尺寸：钢质门扇 4. 油漆品种：喷塑面层 5. 门编号：M4	樘	4	865.81	3 463.24	
60	020402001004	金属平开门	1. 门类型：车库钢质防护门 2. 框材质、外围尺寸：型钢门框，外围洞口：1 000 mm×1 900 mm 3. 扇材质、外围尺寸：钢质门扇 4. 油漆品种：喷塑面层 5. 门编号：M5	樘	2	577.22	1 154.44	
61	020402005001	塑钢门	1. 门类型：中窗玻璃塑钢门 2. 框材质、外围尺寸：塑钢型材，外围尺寸：3 460 mm×2 400 mm	樘	12	2 749.19	32 990.28	27 901.44
62	020403001001	金属卷闸门	1. 门材质、框外围尺寸：铝合金，外围洞口尺寸：3 460 mm×1 900 mm	樘	2	1 321.05	2 642.10	
63	020406007001	塑钢窗	1. 窗类型：中空玻璃塑钢窗 2. 框材质、外围尺寸：88 系列塑钢型材，外围洞口尺寸：1 800 mm×1 500 mm 3. 扇材质、外围尺寸：88 系列塑钢型材 4. 玻璃品种、厚度、五金材料、品种、规格：5＋12A＋5 中空玻璃 5. 窗编号：C1	樘	30	900.93	27 027.90	22 680.00
			本页小计				72 472.81	50 581.44
			合　计				825 569.86	158 074.43

序号	项目编码	项目名称	项目特征描述	计量单位	工程量	金额(元)		
						综合单价	合价	其中:暂估价
64	020406007002	塑钢窗	1. 窗类型:中空玻璃塑钢窗 2. 框材质、外围尺寸:88 系列塑钢型材,外围洞口尺寸:1 500 mm×1 500 mm 3. 扇材质、外围尺寸:88 系列塑钢型材 4. 玻璃品种、厚度、五金材料、品种、规格:5＋12A＋5 中空玻璃 5. 窗编号:C2	樘	24	750.77	18 018.48	15 120.00
65	020406007003	塑钢窗	1. 窗类型:中空玻璃塑钢窗 2. 框材质、外围尺寸:88 系列塑钢型材,外围洞口尺寸:1 500 mm×1 400 mm 3. 扇材质、外围尺寸:88 系列塑钢型材 4. 玻璃品种、厚度、五金材料、品种、规格:5＋12A＋5 中空玻璃 5. 窗编号:C2′	樘	5	700.72	3 503.60	2 940.00
66	020406007004	塑钢窗	1. 窗类型:中空玻璃塑钢窗 2. 框材质、外围尺寸:88 系列塑钢型材,外围洞口尺寸:1 200 mm×1 500 mm 3. 扇材质、外围尺寸:88 系列塑钢型材 4. 玻璃品种、厚度、五金材料、品种、规格:5＋12A＋5 中空玻璃 5. 窗编号:C3	樘	12	600.62	7 207.44	6 048.00
67	020406007005	塑钢窗	1. 窗类型:中空玻璃塑钢窗 2. 框材质、外围尺寸:88 系列塑钢型材,外围洞口尺寸:600 mm×1 500 mm 3. 扇材质、外围尺寸:88 系列塑钢型材 4. 玻璃品种、厚度、五金材料、品种、规格:5＋12A＋5 中空玻璃 5. 窗编号:C4	樘	12	300.32	3 603.84	3 024.00
			本页小计				32 333.36	27 132.00
			合　　计				857 903.22	185 206.43

分部分项工程量清单与计价表

工程名称:花园小区 1#住宅楼建筑   标段:

序号	项目编码	项目名称	项目特征描述	计量单位	工程量	金额(元)		
						综合单价	合价	其中:暂估价
68	020406007006	塑钢窗	1. 窗类型:中空玻璃塑钢窗 2. 框材质、外围尺寸:88 系列塑钢型材,外围洞口尺寸:1 800 mm×600 mm 3. 扇材质、外围尺寸:88 系列塑钢型材 4. 玻璃品种、厚度、五金材料、品种、规格:5+12A+5中空玻璃 5. 窗编号:C5	樘	1	360.37	360.37	302.40
69	020406007007	塑钢窗	1. 窗类型:中空玻璃塑钢窗 2. 框材质、外围尺寸:88 系列塑钢型材,外围洞口尺寸:1 200 mm×600 mm 3. 扇材质、外围尺寸:88 系列塑钢型材 4. 玻璃品种、厚度、五金材料、品种、规格:5+12A+5中空玻璃 5. 窗编号:C6	樘	4	240.25	961.00	806.40
70	020406007008	塑钢窗	1. 窗类型:中空玻璃塑钢窗 2. 框材质、外围尺寸:88 系列塑钢型材,外围洞口尺寸:1 500 mm×600 mm 3. 扇材质、外围尺寸:88 系列塑钢型材 4. 玻璃品种、厚度、五金材料、品种、规格:5+12A+5中空玻璃 5. 窗编号:C7	樘	1	300.32	300.32	252.00
		分部小计					107 466.84	7 9074.24
		B.5 油漆、涂料、裱糊工程						
71	020507001001	刷喷涂料	1. 基层类型:抹灰面 2. 腻子种类:801 胶白水泥腻子 3. 刮腻子要求遍数:两遍 4. 涂料部位:内墙面	m²	3 239.32	5.31	17 200.79	
		本页小计					18 822.48	1 360.80
		合　计					876 725.70	186 567.23

分部分项工程量清单与计价表

序号	项目编码	项目名称	项目特征描述	计量单位	工程量	金额（元）		
						综合单价	合价	其中：暂估价
72	020507001002	刷喷涂料	1. 基层类型：抹灰面 2. 腻子种类：801 胶白水泥腻子 3. 刮腻子要求遍数：两遍 4. 涂料部位：天棚面	m²	1500.45	12.22	18335.50	
73	020507001003	刷喷涂料	1. 基层类型：抹灰面 2. 腻子种类：专用腻子 3. 涂料品种、刷喷遍数：弹性外墙乳胶漆两遍	m²	1344.37	21.56	28984.62	
		分部小计					64520.91	
		本页小计					47320.12	
		合　计					924045.82	186567.23

工程量清单综合单价分析表（局部）

项目编码	010304001001	项目名称	空心砖墙、砌块墙	计量单位	m³

清单综合单价组成明细

定额编号	定额名称	定额单位	数量	单价					合价				
				人工费	材料费	机械费	管理费	利润	人工费	材料费	机械费	管理费	利润
3—22	M10KP1 黏土多孔砖 240×115×90 1 砖墙	m³	1.000	49.72	188.73	1.90	12.91	6.19	49.72	188.73	1.90	12.91	6.19
综合人工工日			小　计						49.72	188.73	1.90	12.91	6.19
1.13 工日			未计价材料费										
清单项目综合单价									259.45				

	主要材料名称、规格、型号	单位	数量	单价（元）	合价（元）	暂估单价（元）	暂估合价（元）
材料费明细	中砂	t	0.298	66.00	19.66		
	石灰膏	m³	0.006	310.00	1.74		
	蒸压粉煤灰砖 240×115×53	百块	0.150	41.00	6.15		
	多孔砖 KP1240×115×90	百块	3.360	44.00	147.84		
	水泥 32.5 级	kg	47.730	0.27	12.65		
	水	m³	0.173	4.00	0.69		
	其他材料费						
	材料费小计			—	188.73	—	

工程名称:花园小区 1# 住宅楼建筑　　　　标段:　　　　　　

序号	项目名称	计算基础	费率(%)	金额(元)
	通用措施项目			89 724.85
1	现场安全文明施工			34 189.70
1.1	基本费	工程量清单计价	2.20	20 329.01
1.2	考评费	工程量清单计价	1.10	10 164.50
1.3	奖励费	工程量清单计价	0.40	3 696.18
2	夜间施工增加费	工程量清单计价	0.08	739.24
3	冬雨季施工增加费	工程量清单计价	0.18	1 663.28
4	已完工程及设备保护	工程量清单计价	0.05	462.02
5	临时设施	工程量清单计价	2.00	18 480.92
6	材料与设备检验试验	工程量清单计价	0.20	1 848.09
7	赶工措施	工程量清单计价	1.50	13 860.69
8	工程按质论价	工程量清单计价	2.00	18 480.92
	专业工程措施项目			739.24
9	住宅工程分户验收	工程量清单计价	0.08	739.24
	合　计			90 464.09

措施项目清单与计价表(二)

工程名称:花园小区 1# 住宅楼建筑　　　　标段:　　　　　　第 1 页　共 1 页

序号	项目名称	金额(元)
	通用措施项目	26 405.75
1	大型机械设备进出场及安拆	24 798.15
2	施工排水	1 607.60
	专业工程措施项目	174 171.31
3	脚手架	19 510.88
4	垂直运输机械	92 171.32
5	混凝土、钢筋混凝土模板及支架	62 489.11
	合　计	200 577.06

工程名称:花园小区 1#住宅楼建筑　　　　标段:　　　　　　　　　　第1页　共1页

| 序号 | 1 | 项目名称 | 大型机械设备进出场及安拆 | 计量单位 | 项 |

清单综合单价组成明细

定额编号	定额名称	定额单位	数量	单价					合价				
				人工费	材料费	机械费	管理费	利润	人工费	材料费	机械费	管理费	利润
24-1	履带式挖掘机1m³以内场外运输费	次	1.00	390.00	162.81	2 658.03	762.01	365.76	390.00	162.81	2 658.03	762.01	365.76
24-38	塔式起重机60kN·m以内场外运输费	次	1.00	390.00	47.81	7 707.04	2 024.26	971.64	390.00	47.81	7 707.04	2 024.26	971.64
24-39	塔式起重机60kN·m以内组装拆卸费	次	1.00	1 560.00	44.90	5 209.26	1 692.32	812.31	1 560.00	44.90	5 209.26	1 692.32	812.31
综合人工工日		小　计							2 340.00	255.52	15574.33	4 478.59	2 149.71
84.00 工日		未计价材料费											
清单项目综合单价									24 798.15				

	主要材料名称、规格、型号	单位	数量	单价(元)	合价(元)	暂估单价(元)	暂估合价(元)
材料费明细	草袋子	片	30.000	1.00	30.00		
	镀锌铁丝 D4.0	kg	20.000	3.65	73.00		
	螺栓	个	28.000	0.30	8.40		
	枕木	m³	0.080	1 275.00	102.00		
	其他材料费			—	42.12	—	
	材料费小计			—	255.52	—	

其他项目清单与计价汇总表

工程名称:花园小区 1#住宅楼建筑　　　　　　标段:　　　　　第1页　共1页

序号	项目名称	计量单位	金额(元)	备　注
1	暂列金额	项	50 000.00	
2	暂估价		12 000.00	
2.1	材料暂估价			
2.2	专业工程暂估价	项	12 000.00	
3	计日工		22 045.00	
4	总承包服务费		1 346.56	
	合　计		85 391.56	

暂列金额明细表

序号	项目名称	计量单位	暂定金额(元)	备 注
1	工程量偏差及设计变更	项	30 000.00	
2	材料涨价风险	项	20 000.00	
	合　计		50 000.00	

材料暂估价格表

序号	材料编码	材料名称	规格、型号等特殊要求	单位	数量	单价(元)	合价(元)	备注
1	502018	钢筋(综合)		t	19.618	4 146.00	81 334.57	
2	502086	冷拔钢丝		t	6.102	4 287.00	26 158.42	
3	508190	中空玻璃塑钢窗		m²	182.760	280.00	51 172.80	
4	508192	塑钢门(平开无亮)		m²	99.648	280.00	27 901.44	
	合　计						186 567.23	

专业工程暂估价格表

序号	工程名称	工程内容	金额(元)	备注
1	进户防盗门	制作、安装	120 00.00	
	合　计		12 000.00	

计 日 工 表

序号	项目名称	单位	暂定数量	综合单价	合价
一	人　工				
1	普通工	工日	50.00	41.00	2 050.00
2	技工(综合)	工日	100.00	47.00	4 700.00
	人工小计				6 750.00
二	材　料				
1	钢筋(Ⅰ、Ⅱ级钢综合)	t	2.00	4 146.00	8 292.00
2	水泥 32.5 级	t	20.00	260.00	5 200.00
	材料小计				13 492.00
三	施工机械		0.00	0.00	
1	载货汽车 6 t	台班	5.00	309.47	1 547.35
2	灰浆搅拌机 200L	台班	5.00	51.13	255.65
	施工机械小计				1 803.00
	总　　计				22 045.00

总承包服务费计价表

序号	项目名称	项目价值(元)	服务内容	费率(%)	金额(元)
1	发包人供应材料	104 655.67	验收、保管	1.00	1 046.56
2	发包人发包专业工程	12 000.00	补缝找平、垂直运输、验收资料汇总整理	2.50	300.00
	合　计				1 346.56

规费、税金项目清单与计价表

序号	项目名称	计算基础	费率(%)	金额(元)
1	规费			49 288.14
1.1	工程排污费	分部分项工程费＋措施项目费＋其他项目费	0.10	1 300.48
1.2	建筑安全监督管理费	分部分项工程费＋措施项目费＋其他项目费	0.19	2 470.91
1.3	社会保障费	分部分项工程费＋措施项目费＋其他项目费	3.00	39 014.36
1.4	住房公积金	分部分项工程费＋措施项目费＋其他项目费	0.50	6 502.39
2	税金	分部分项工程费＋措施项目费＋其他项目费＋规费	3.445	46 499.46
	合　计			95 787.60

发包人供应材料一览表

序号	材料编码	材料名称	规格、型号等特殊要求	单位	数量	单价(元)	合价(元)	备注
1	502018	钢筋(综合)		t	19.618	4 146.00	81 336.23	
2	502086	冷拔钢丝		t	6.102	4 287.00	26 159.27	
	合　计						107 495.50	

序号	材料编码	材料名称	规格、型号等特殊要求	单位	数量	单价(元)	合价(元)	备注
1	101008	绿豆砂		t	0.942	68.00	64.03	
2	101022	中砂		t	569.906	66.00	37613.80	
3	102011	道砟 40～80mm		t	1.982	61.00	120.90	
4	102040	碎石 5～16mm		t	168.867	60.00	10132.00	
5	102041	碎石 5～20mm		t	16.389	60.00	983.36	
6	102042	碎石 5～40mm		t	104.026	61.00	6345.59	
7	105002	滑石粉		kg	211.275	0.45	95.07	
8	105012	石灰膏		m³	17.558	310.00	5442.95	
9	201008	蒸压粉煤灰砖 240×115×53		百块	231.308	41.00	9483.61	
10	201016	多孔砖 KP1240×115×90		百块	1654.854	44.00	72813.59	
11	203047	三向圆脊 M－D		块	0.532	31.07	16.52	
12	203080	圆脊封(T－D)		块	0.532	16.15	8.59	
13	203081	圆脊斜封 S－D		块	1.064	15.77	16.77	
14	207082	FWB聚苯乙烯挤塑板		m³	7.065	500.00	3532.60	
15	207086	XPS聚苯乙烯挤塑板		m³	23.847	500.00	11923.60	
16	209132	双向圆脊 L－D		块	0.532	38.95	20.71	
17	301002	白水泥		kg	2910.649	0.90	2619.58	
18	301023	水泥 32.5级		kg	110571.187	0.27	29301.36	
19	301026	水泥 42.5级		kg	44975.209	0.28	12593.06	
20	302105	水泥彩瓦(英红)420×332		百块	20.728	270.00	5596.56	
21	302120	水泥脊瓦(英红)432×228		百块	0.665	600.00	398.88	
22	302164	预制混凝土块		m³	1.444	374.30	540.64	
23	303062	商品混凝土 C10(非泵送)		m³	4.829	283.00	1366.72	
24	303064	商品混凝土 C20(非泵送)		m³	36.267	303.00	10988.90	
25	303079	商品混凝土 C10(泵送)		m³	23.934	295.00	7060.44	

序号	分项工程名称 （清单编号）	单位	清单数量	组表项目	计价表工程量计算式
	建筑面积	m²	1835.95	建筑面积	同清单计算部分：1 835.95 m²
A.1 土石方工程					
1	平整场地 （010101001001）	m²	242.22	1—98 人工平整场地	（22.64＋4）×（10.64＋4）＝390.01 m²
2	挖基础土方 （010101003001）	m³	341.85	1—23 人工挖地槽	计算公式（略） 414.62 m³
				[1—92]＋[1—95]×2 人力车运 150 m 以内	414.62 m³
3	土方回填 （010103001001）	m³	253.43	1—104 土方回填	挖方：414.62 m³ 扣除室外地面下基础体积： 414.62－23.75－58.62－1.18－4.87＝326.20 m³
				1—1 人工挖土方	326.20 m³
				[1—92]＋[1—95]×2 人力车运 150m 以内	326.20 m³
A.3 砌筑工程					
4	砖基础 （010301001001）	m³	30.62	3—1 砖基础直形	同清单工程量：30.62 m³
				3—42 墙基防潮层 防水砂浆	140.36×0.24＝33.69 m³
5	空心砖墙、砌块墙 （M10 一砖外墙） （010304001001）	m³	67.38	3—22 M10KP1 黏土多孔砖砖墙	同清单工程量：67.38 m³
6	空心砖墙、砌块墙 （M7.5 一砖外墙） （010304001002）	m³	55.33	3—22 M7.5KP1 黏土多孔砖砖墙	同清单工程量：55.33 m³
7	空心砖墙、砌块墙 （M5 一砖外墙） （010304001003）	m³	68.44	3—22 M5KP1 黏土多孔砖砖墙	同清单工程量：68.44 m³
8	空心砖墙、砌块墙 （M10 半砖内墙） （010304001004）	m³	3.84	3—21 M10KP1 黏土多孔砖半砖墙	同清单工程量：3.84 m³
9	空心砖墙、砌块墙 （M7.5 半砖内墙） （010304001005）	m³	3.84	3—21 M7.5KP1 黏土多孔砖半砖墙	同清单工程量：3.84 m³
10	空心砖墙、砌块墙 （M5 半砖内墙） （010304001006）	m³	3.84	3—21 M5KP1 黏土多孔砖半砖墙	同清单工程量：3.84 m³
11	空心砖墙、砌块墙 （M10 一砖内墙） （010304001007）	m³	112.63	3—21 M10KP1 黏土多孔砖一砖墙	同清单工程量：112.63 m³

序号	分项工程名称（清单编号）	单位	清单数量	组表项目	计价表工程量计算式
12	空心砖墙、砌块墙（M7.5 一砖内墙）（010304001008）	m³	74.66	3−21 M7.5 KP1黏土多孔砖一砖墙	同清单工程量：74.66 m³
13	空心砖墙、砌块墙（M5 一砖内墙）（010304001009）	m³	86.83	3−21 M5 KP1黏土多孔砖一砖墙	同清单工程量：86.83 m³
14	零星砌砖（M5 半砖砌阳台栏板）（010302006001）	m³	13.70	3−48 M5多孔砖小型砌体	同清单工程量：13.70 m³
A.4 混凝土及钢筋混凝土工程					
15	带形基础（010401001001）	m³	58.62	5−171 无梁式混凝土条形基础	同清单工程量：58.62 m³
16	垫层（010401006001）	m³	23.58	2−121 基础垫层混凝土无筋	同清单工程量：23.58 m³
	序号 17−32				略
33	现浇混凝土钢筋（直径 6～12 mm）（010416001001）	t	13.932	4−1 现浇构件钢筋直径 12 mm 以内	略（注：根据施工组织设计的规定，钢筋按搭接接头计算：14.211 t）
34	现浇混凝土钢筋（直径 14～25 mm）（010416001002）	t	3.883	4−2 现浇构件钢筋直径 25 mm 以内	略（注：根据施工组织设计的规定，钢筋按搭接接头计算：3.961 t）
35	现浇混凝土钢筋（墙体加固筋）（010416001003）	t	1.061	4−25 砌体加固钢筋不绑扎	同清单工程量：1.061 t
36	先张法预应力钢筋（冷轧带肋钢筋直径 4～5 mm）（010416005001）	t	5.281	4−15 预应力钢筋先张法直径 5 mm 以内	略（注：按设计长度加预留长度乘以理论重量计算：5.598 t）
A.7 屋面及防水工程（略）					
B.1 楼地面工程（略）					
B.2 墙、柱面工程					
50	墙面一般抹灰（内墙面抹灰）（020201001001）	m²	3239.32	13−31 墙面混合砂浆砖墙内墙	同清单工程量：3 239.32 m²
51	墙面一般抹灰（卫生间餐厅内墙面）（020201001002）	m²	455.51	13−18 砖墙内墙面上两遍水泥砂浆刮糙（毛坯）	同清单工程量：455.51 m²

序号	分项工程名称 (清单编号)	单位	清单 数量	组表项目	计价表工程量计算式
52	墙面一般抹灰 (外墙面抹灰) (020201001003)	m²	1083.67	13—11 砖外墙面、 墙裙抹水泥砂浆	一层：(22.64＋10.64)×2×2.20－51.97 ＝94.46 m² 同理算出二~阁楼层：989.32 m² 门窗侧及顶展开面积：51.80 m² 合计：94.46＋989.32＋51.80＝1 135.58 m²
				省补 9—1 外墙外保温、 聚苯乙烯挤塑板 厚度 20 mm 砖墙面	同上：1 135.58 m²
				补 13—69—1 外墙抹灰面分格 塑料分格条	同上：1 135.58 m²
53	墙面一般抹灰 (阳台栏板抹灰) (020201001004)	m²	253.44	13—11 砖外墙面、 墙裙抹水泥砂浆	同清单工程量：253.44 m²
54	零星项目一般抹灰 (天沟外侧) (020203001001)	m²	7.26	13—22 水泥砂浆挑沿、 天沟、腰线、栏杆、扶手	同清单工程量：7.26 m²
				B.3 天棚工程	
55	天棚抹灰 (现浇板底) (020301001001)	m²	494.52	14—113 现浇混凝土 天棚水泥砂浆面	同清单工程量：494.52 m²
56	天棚抹灰 (预制板底) (020301001002)	m²	1 005.93	14—114 预制混凝土 天棚水泥砂浆面	同清单工程量：1 005.93 m²
				B.4 门窗工程(按洞口面积计算,含框、扇的制作和安装及油漆,计算公式略)	
				B.5 油漆、涂料、裱糊工程	
71	刷喷涂料 (内墙面) (020507001001)	m²	3 239.32	16—308—2 在抹灰面 上批、刷两遍 801 胶 白水泥腻子	同清单工程量：3 239.32 m²
72	刷喷涂料 (天棚面) (020507001002)	m²	1 500.45	16—308—3 柱、梁、 天棚面乳胶漆 上批、刷两遍 801 胶 白水泥腻子	同清单工程量：1 500.45 m²
73	刷喷涂料 (外墙面乳胶漆) (020507001003)	m²	1 344.37	16—321 外墙 弹性涂料两遍	同清单工程量：1 344.37 m²

序号	工作或费用名称（计价表编号）	单位	数量	工程量或费用计算式
				1. 脚手架工程
1	砌墙外架子 20 m 内（19－4）	m²	1 381.47	一层： [(22.64+10.64)×2+1.50×2]×(0.15+2.2)=163.47（m²） 二～七层： [(22.64+10.64)×2+1.50×2+0.50×2]×(2.8×6+0.1)=1 192.46（m²） 阁楼层:(2.4×10.64)/2×2=25.54（m²） 合计:1 381.47 m²
2	砌墙里架 3.6 m 内（19－1）	m²	1 487.18	120 墙 二～七层:9.18×6×2.50=137.70（m²） 240 内墙 一层:89.04×1.90=169.18（m²） 二～七层:73.46×2.5×6=1 101.90（m²） 阁楼层:78.40 m² 合计:1 487.18 m²
3	内墙天棚面抹灰脚手架（19－10）	m²	5 689.57	内墙面 一层:(89.04×2+65.66)×2.10=511.85（m²） 二～七层:(73.46×2+67.56)×2.70×6=3 474.58（m²） 阁楼层:78.404×2+45.88=202.69（m²） 内墙面计:511.85+3 474.58+202.69=4 189.12（m²） 天棚面 同天棚抹灰工程量:494.52+1 005.93=1 500.45（m²） 总计:4 189.12+1 500.45=5 689.57（m²）
				2. 钢筋混凝土模板支架工程（按计价表含模量计算）
4	混凝土垫层（20－1）	m²	23.58	23.58×1.00=23.58（m²）
5	无梁式带形基础复合木模板（20－3）	m²	43.38	58.62×0.74=43.38（m²）
6	构造柱复合木模板（20－31）	m²	322.34	29.04×11.10=322.34（m²）
7	挑梁、单梁、连续梁、框架梁复合木模板（20－35）	m²	104.94	12.09×8.68=104.94（m²）
8	圈梁、地坑支撑梁复合木模板（20－41）	m²	578.19	(9.73+59.68)×8.33=578.19（m²）
9	过梁复合木模板（20－43）	m²	75.00	6.25×12=75.00（m²）
10	现浇板 10 cm 内复合木模板（20－57）	m²	552.71	45.83×12.06=552.71（m²）
11	楼梯复合木模板（20－70）	m²	55.35	55.35 m²
12	水平挑檐,板式雨篷复合木模板（20－72）	m²	3.16	3.16 m²

序号	工作或费用名称 （计价表编号）	单位	数量	工程量或费用计算式
13	阳台复合木模板 （20－76）	m²	24.12	1.5×8.04×2＝24.12（m²）
14	檐沟，小型构件 木模板（20－85）	m²	24.08	0.92×26.17＝24.08（m²）
15	压顶复合木模板 （20－90）	m²	12.43	11.1×1.12＝12.43（m²）
16	圆孔板模板 （20－180）	m²	72.22	72.22
17	矩形檩条模板 （20－182）	m²	3.70	3.70
	3. 大型机械设备进出场及安拆			
18	场外运输费用 塔式起重机 60 kN·m 以内 （附 14038）	次	1	
19	组装拆卸费 塔式起重机 60 kN·m 以内 （附 14039）	次	1	
20	塔吊基础 （22－51）	台	1	
	4. 垂直运输机械费			
21	塔吊施工砖混结构 檐口 20 m(6 层) 内 （22－7）	天	220	按《全国统一建筑安装工程工期定额》，查得：基础工程（定额编号为 1－1,三类土）：35 天×0.95（省调系数）＝33 天；地上部分含阁楼层共 8 层，定额工期为：195＋（195－170）＝220（天），定额总工期为 220＋33＝253（天），本例合同工期，即招标文件要求工期为 220 天，以合同工期计算，则垂直运输费定额乘以下系数：1＋（253－220)/253＝1.13
	5. 其他措施项目			
22	现场安全文明施工费；夜间施工增加费；冬雨季施工增加费；已完工程及设备保护；临时设施；材料与设备检验试验；赶工措施；工程按质论价；住宅工程分户验收	项	1	以分部分项工程清单总价为计算基数，其中现场安全文明施工费为不可竞争费，按省、市规定的费率进行报价,其他结合本工程的具体情况以及本项目的施工组织设计,按本公司的测算数据进行报价

附录三　工程造价过程控制

第一部分　费用索赔

工程背景：某建设工程系外资贷款项目，业主与承包商按照 FIDIC《土木工程施工合同条件》签订了施工合同。施工合同《专用条件》规定：钢材、木材、水泥由业主供货到现场仓库，其他材料由承包商自行采购。

当工程施工至第五层框架柱钢筋绑扎时，因业主提供的钢筋未到，使该项作业从 10 月 3 日至 10 月 16 日停工（该项作业的总时差为零）。

10 月 7 日至 10 月 9 日因停电、停水使第三层的砌砖停工（该项作业的总时差为 4 天）。

10 月 14 日至 10 月 17 日因砂浆搅拌机发生故障使第一层抹灰迟开工（该项作业的总时差为 4 天）。

为此，承包商于 10 月 20 日根据《建设工程工程量清单计价规范》（GB 50500—2008）格式向工程师提交了一份索赔意向书，并于 10 月 25 日送交了一份工期、费用索赔计算书和索赔依据的详细材料，见"费用索赔申请（核准）表"。（工期索赔另附）

附计算书如下：

1. 工期索赔

a. 框架柱扎筋	10 月 3 日至 10 月 16 日停工，	计 14 天
b. 砌砖	10 月 7 日至 10 月 9 日停工，	计 3 天
c. 抹灰	10 月 14 日至 10 月 17 日迟开工，	计 4 天
	总计请求顺延工期：	21 天

2. 费用索赔

a. 窝工机械设备费：

一台塔吊　　　　　$14 \times 234 = 3\,276$（元）

一台混凝土搅拌机　$14 \times 55 = 770$（元）

一台砂浆搅拌机　　$7 \times 24 = 168$（元）

小计：　$4\,214$（元）

b. 窝工人工费

扎筋　　35 人 $\times 20.15 \times 14 = 9\,873.50$（元）

砌砖　　30 人 $\times 20.15 \times 3 = 1\,813.50$（元）

抹灰　　35 人 $\times 20.15 \times 4 = 2\,821.00$（元）

小计：　$14\,508.00$ 元

c. 保函费延期补偿：　$(1\,500 \times 10\% \times 6‰ \div 365) \times 21 = 0.051\,78$（万元）$= 517.81$（元）

d. 管理费增加：　$(4\,214 + 14\,508.00 + 517.81) \times 15\% = 2\,885.97$（元）

e. 利润损失：　$(4\,214 + 14\,508.00 + 517.81 + 2\,885.97) \times 5\% = 1\,106.29$（元）

经济索赔合计：　$23\,232.07$ 元

<h1 style="text-align:center">费用索赔申请(核准)表</h1>

工程名称:×××工程　　　　　　　　标段:×标段　　　　　　　　编号:0001

致:_×××× _____（发包人全称）
根据施工合同条款第___×___条的约定,由于__建设单位材料供应不及时的__原因,我方要求索赔金额(大写)__贰万叁仟贰佰叁拾贰__元,(小写)__23 232__元,请予核准。 　附:1. 费用索赔的详细理由和依据: 　　　2. 索赔金额的计算: 　　　3. 证明材料: 　　　　　　　　　　　　　　　　　　　　　　　　　　　　承包人(章) 　　　　　　　　　　　　　　　　　　　　　　　　　　　　承包人代表　×××× 　　　　　　　　　　　　　　　　　　　　　　　　　　　　日　　期　××××

复核意见: 　　根据施工合同条款第_____条的约定,你方提出的费用索赔申请经复核: 　□ 不同意此项索赔,具体意见见附件。 　□ 同意此项索赔,索赔金额的计算,由造价工程师复核。 　　　　　　　　监理工程师_____ 　　　　　　　　日　　期_____	复核意见: 　　根据施工合同条款第_____条的约定,你方提出的费用索赔申请经复核,索赔金额为(大写)_____元,(小写)_____元。 　　　　　　　　造价工程师_____ 　　　　　　　　日　　期_____
审核意见: 　□ 不同意此项索赔。 　□ 同意此项索赔,与本期进度款同期支付。 　　　　　　　　　　　　　　　　　　　　　　　　　　　　发包人(章) 　　　　　　　　　　　　　　　　　　　　　　　　　　　　发包人代表_____ 　　　　　　　　　　　　　　　　　　　　　　　　　　　　日　　期_____	

注:1. 在选择栏中的"□"内作标志"√"。

　　2. 本表一式四份,由承包人填报,发包人、监理人、造价咨询人、承包人各存一份。

【问题】

1. 承包商提出的工期索赔是否正确？应予批准的工期索赔为多少天？

2. 假定经双方协商一致,窝工机械设备费索赔按台班单价的65%计;考虑对窝工人工应合理安排工人从事其他作业后的降效损失,窝工人工费索赔按每工日10元计;保函费计算方式合理;管理费、利润损失不予补偿。试确定经济索赔额。

【分析要点】

该案例主要考核工程索赔成立的条件与索赔责任的划分,工期索赔、费用索赔计算与审核。分析该案例时,要注意网络计划关键线路,工作的总时差的概念及其对工期的影响,因非承包商原因造成窝工的人工与机械增加费的确定方法。

【答案】

1. 承包商提出的工期索赔不正确。

(1) 框架柱绑扎钢筋停工14天,应予工期补偿。这是由于业主原因造成的,且该项作业位于关键路线上。

(2) 砌砖停工,不予工期补偿。因为该项停工虽属于业主原因造成的,但该项作业不在关键路线上,且未超过工作总时差。

(3) 抹灰停工,不予工期补偿。因为该项停工属于承包商自身原因造成的。

同意工期补偿:14+0+0=14(天)

2. 经济索赔审定:

(1) 窝工机械费

一台塔吊: $14 \times 234 \times 65\% = 2129.4$(元)(按惯例闲置机械只应计取折旧费)

一台混凝土搅拌机:$14 \times 55 \times 65\% = 500.5$(元)(按惯例闲置机械只应计取折旧费)

一台砂浆搅拌机: $3 \times 24 \times 65\% = 46.8$(元)(因停电闲置可按折旧计取)

因故障砂浆搅拌机停机4天应由承包商自行负责损失,故不给补偿。

小计:$2129.4 + 500.5 + 46.8 = 2676.7$(元)

(2) 窝工人工费

扎筋: $35 \times 10 \times 14 = 4900$ 元(业主原因造成,但窝工工人已做其他工作,所以只补偿工效差)

砌砖: $30 \times 10 \times 3 = 900$ 元(业主原因造成,但只考虑降效费用)

抹灰: 不应给补偿,因系承包商责任。

小计:$4900 + 900 = 5800$(元)

(3) 保函费补偿

$(1500 \times 10\% \times 6‰ \div 365) \times 14 = 0.035$(万元)$= 350$(元)

经济补偿合计:$2676.7 + 5800 + 350 = 8826.70$(元)

费用索赔申请(核准)表

工程名称:×××工程　　　　　　　　标段:×标段　　　　　　　　　　　编号:0001

致:××××	(发包人全称)

根据施工合同条款第___×___条的约定,由于__建设单位材料供应不及时的__原因,我方要求索赔金额(大写)__贰万叁仟贰佰叁拾贰__元,(小写)__23232__元,请予核准。

附:1. 费用索赔的详细理由和依据:

　　2. 索赔金额的计算:

　　3. 证明材料:

承包人(章)

承包人代表___×××___

日　　　期___×××___

复核意见:

　　根据施工合同条款第___×___条的约定,你方提出的费用索赔申请经复核:

　　☐ 不同意此项索赔,具体意见见附件。

　　☑ 同意此项索赔,索赔金额的计算,由造价工程师复核。

监理工程师___×××___

日　　　期___×××___

复核意见:

　　根据施工合同条款第___×___条的约定,你方提出的费用索赔申请经复核,索赔金额为(大写)__捌仟捌佰贰拾柒__元,(小写)__8827__元。

造价工程师___×××___

日　　　期___×××___

审核意见:

　　☐ 不同意此项索赔。

　　☑ 同意此项索赔,与本期进度款同期支付。

发包人(章)

发包人代表___×××___

日　　　期___×××___

注:1. 在选择栏中的"☐"内作标志"√"。

　　2. 本表一式四份,由承包人填报,发包人、监理人、造价咨询人、承包人各存一份。

第二部分　工程价款支付

某施工单位承包某工程项目,甲、乙双方签订的关于工程价款的合同内容有:

1. 建筑安装工程造价 660 万元,建筑材料及设备费占施工产值的比重为 60%。

2. 工程预付款为建筑安装工程造价的 20%。工程实施后,工程预付款从未施工工程尚需的主要材料及构件的价值相当于工程预付款数额时起扣。从每次结算工程价款中,按材料和设备比重扣抵工程预付款,竣工前全部扣清。

3. 工程进度款逐月计算。

4. 工程保修金为建筑安装工程造价的 3%,竣工结算月一次扣留。

5. 材料价差调整按规定进行(按有关规定上半年材料价差上调 10%,在 6 月份一次调增)。

工程各月实际完成产值如下表:

各月实际完成产值　　　　　　　　　　　　　　　　　　　　　　单位:万元

月　份	2	3	4	5	6
完成产值	55	110	165	220	110

【问题】

1. 该工程的工程预付款、起扣点为多少?

2. 该工程 2 月至 5 月每月拨付工程款为多少? 累计工程款为多少?

3. 6 月份办理工程竣工结算,该工程结算造价为多少? 甲方应付工程结算款为多少?

4. 该工程在保修期间发生屋面漏水,甲方多次催促乙方修理,乙方一再拖延,最后甲方另请施工单位修理,修理费 1.5 万元。该项费用如何处理?

【分析要点】

本案例主要考核工程结算方式,按月结算工程款的计算方法,工程预付款和起扣点的计算等;要求针对本案例对工程结算方式、工程预付款和起扣点的计算、按月结算工程款的计算方法和工程竣工结算等内容进行全面、系统地学习掌握。

【答案】

1. 预付工程款:660 万元×20%=132 万元

　　起扣点:660 万元−132 万元/60%=440 万元

2. 各月拨付工程款为

　　2 月:工程款 55 万元,累计工程款 55 万元

　　3 月:工程款 110 万元,累计工程款 165 万元

　　4 月:工程款 165 万元,累计工程款 330 万元

　　5 月:工程款 220 万元−(220 万元+330 万元−440 万元)×60%=154 万元

　　累计工程款 484 万元

3. 工程结算总造价为

　　660 万元+660 万元×0.6×10%=699.6 万元

　　甲方应付工程结算款:

　　699.6 万元−484 万元−(699.6 万元×3%)−132 万元=62.612 万元

4. 1.5 万元维修费应从乙方(承包方)的保修金中扣除。

5. 填写 6 月份"工程款支付申请(核准)表"。

工程款支付申请(核准)表

工程名称:××××× 标段:××× 编号:0007

致:×××××（发包人全称）

我方于 2009 年 1 月 至 2009 年 6 月 期间已完成了 某工程项目全部 工作,根据施工合同的约定,现申请支付本期的工程价款为(大写) 陆拾贰万陆仟壹佰贰拾元 元,(小写) 626 120 元,请予核准。

序号	名称	金额(元)	备注
1	累计已完成的工程价款	660 万	
2	累计已实际支付的工程价款	616 万	
3	本周期已完成的工程价款	110 万	
4	本周期完成的计日工金额	0	
5	本周期应增加和扣减的变更金额	0	
6	本周期应增加和扣减的索赔金额	0	
7	本周期应抵扣的预付款	66 万	
8	本周期应扣减的质保金	20.988 万	
9	本周期应增加或扣减的其他金额	39.6 万	材料价差
10	本周期实际应支付的工程价款	62.612 万	

承包人(章)

承包人代表 ×××

日　　期 ×××

复核意见:

□ 与实际施工情况不相符,修改意见见附件。

☑ 与实际施工情况相符,具体金额由造价工程师复核。

监理工程师 ×××

日　　期 ×××

复核意见:

你方提出的支付申请经复核,本周期已完成工程价款为(大写) 陆佰陆拾万元 ,(小写) 6 600 000 元,本期间应支付金额为(大写) 陆拾贰万陆仟壹佰贰拾元 元,(小写) 626 120 元。

造价工程师 ×××

日　　期 ×××

审核意见:

□ 不同意。

☑ 同意,支付时间为本表签发后的 15 天内。

发包人(章)

发包人代表 ×××

日　　期 ×××

注:1. 在选择栏中的"□"内作标志"√"。

2. 本表一式四份,由承包人填报,发包人、监理人、造价咨询人、承包人各存一份。

参考文献

[1] 建设部.建设工程工程量清单计价规范(GB 50500—2008).北京:中国计划出版社,2008

[2] 江苏省建设厅.江苏省建筑与装饰工程计价表.北京:知识产权出版社,2004

[3] 江苏省建设厅.江苏省建设工程工程量清单计价项目指引.北京:知识产权出版社,2004

[4] 《建设工程工程量清单计价规范》编制组编.中华人民共和国国家标准《建设工程工程量清单计价规范》宣传贯彻辅导教材:GB 50500—2008.北京:中国计划出版社,2008

[5] 李希伦.建设工程工程量清单计价编制实用手册.北京:中国计划出版社,2003

[6] 田永复.建筑装饰工程概预算.北京:中国建筑工业出版社,2000

[7] 杜训.国际工程估价.北京:中国建筑工业出版社,1996

[8] 孙昌玲.土木工程造价.北京:中国建筑工业出版社,2000

[9] 倪俭,刘仲莹.建筑工程造价题解.南京:东南大学出版社,2000

[10] 沈杰.建筑工程定额与预算.南京:东南大学出版社,1999

[11] 唐连珏.工程造价人员进修必读.北京:中国建筑工业出版社,1997

[12] 蒋传辉.建设工程造价管理.南昌:江西高校出版社,1999

[13] 陈建国.工程计量与造价管理.上海:同济大学出版社,2001

[14] 刘钟莹.工程估价.南京:东南大学出版社,2002

[15] 刘钟莹.建筑工程造价与投标报价.南京:东南大学出版社,2002